普通高等教育“十一五”国家级规划教材辅助教材

《数字信号处理(第五版)》学习指导

高西全　丁玉美　编著

西安电子科技大学出版社

内 容 简 介

本书是《数字信号处理(第五版)》(高西全、丁玉美编著，西安电子科技大学出版社 2022 年出版)的配套学习指导书。

全书共 9 章，其中，第 1～7 章分别给出了配套教材第 1～8 章的学习要点、重要公式、若干难掌握问题的深入分析与解法、习题与上机题的详细解答(包括所使用的 MATLAB 程序)，第 8 章给出了配套教材第 10 章 6 个上机实验的实验原理、实验方法、实验程序和实验结果，第 9 章给出了 5 套自测题及其参考答案。

本书适合与《数字信号处理(第五版)》配套使用，可作为高等学校相关专业学生和从事数字信号处理教学与科研工作的人员的参考书。

图书在版编目(CIP)数据

《数字信号处理(第五版)》学习指导/高西全，丁玉美编著. --西安：西安电子科技大学出版社，2023.6(2024.1 重印)
ISBN 978-7-5606-6865-9

Ⅰ. ①数…　Ⅱ. ①高…　②丁…　Ⅲ. ①数字信号处理—高等学校—教学参考资料
Ⅳ. ①TN911.72

中国国家版本馆 CIP 数据核字(2023)第 080014 号

责任编辑　阎　彬
出版发行　西安电子科技大学出版社(西安市太白南路 2 号)
电　　话　(029)88202421　88201467　　邮　　编　710071
网　　址　www.xduph.com　　电子邮箱　xdupfxb001@163.com
经　　销　新华书店
印刷单位　陕西天意印务有限责任公司
版　　次　2023 年 6 月第 1 版　2024 年 1 月第 2 次印刷
开　　本　787 毫米×1092 毫米　1/16　印　张　16
字　　数　377 千字
定　　价　41.00 元
ISBN 978-7-5606-6865-9/TN

XDUP 7167001-2

前　言

本书是《数字信号处理(第五版)》(高西全、丁玉美编著)的配套学习指导书。

全书共有9章。第1章是时域离散信号和时域离散系统，除介绍配套教材第1章中的学习要点和重要公式外，还重点介绍了解线性卷积的方法，并补充了若干例题，给出了习题与上机题的详细解答。第2章是时域离散信号和系统的频域分析，除介绍配套教材第2章中的学习要点和重要公式外，还重点介绍了较难掌握的IFT、IZT的计算方法，以及分析信号和系统的频率特性的方法，同样列举了若干例题，给出了配套教材第2章习题与上机题的详细解答。第3章是DFT和FFT，除介绍配套教材第3章中的学习要点和重要公式以外，还重点介绍了教材第4章中计算循环卷积和线性卷积的快速算法，并给出了配套教材第3、4章的习题与上机题的详细解答。第4章是时域离散系统的网络结构及数字信号处理的实现，除涉及配套教材第5章和第9章的学习要点以外，还重点介绍了如何按照流图写出系统的差分方程和系统函数，以及按照系统函数和差分方程设计系统的网络结构，并画出其流图，最后列举了若干例题，给出了配套教材第5章的习题与上机题的详细解答。第5章是无限脉冲响应数字滤波器的设计，重点介绍了设计指标和设计方法，并列举了若干例题进一步帮助读者掌握设计方法，章末给出了配套教材第6章的习题与上机题的详细解答。第6章是有限脉冲响应数字滤波器的设计，重点介绍了线性相位FIR滤波器的特点及FIR滤波器的设计方法，章末给出了配套教材第7章的习题与上机题的详细解答。第7章是多采样率数字信号处理，重点介绍了整数因子抽取方法，章末给出了配套教材第8章的习题与上机题的详细解答。第8章是上机实验，共有六个实验，均给出实验程序、实验结果和有关波形，供读者参考。第9章是五份自测题，均给出了详细解答，以便本科生或大专生期末复习检查用。

本指导书具有如下特点：

(1) 着重介绍配套教材各章的重点内容、重要公式，对难点进行分析，对解题方法进行介绍，滤波器部分汇总了设计方法及公式，避免了对一般理论或者教材内容的简单重复。

(2) 各章的习题解答中包括求解程序及运行结果，可辅导读者用MATLAB语言上机分析与仿真数字信号处理的基本内容。

(3) 部分章节增加了例题，这对学生掌握基本理论和基本概念有很大帮助。

(4) 本书虽然是《数字信号处理(第五版)》的配套辅助教材，但可以独立使用。各章内容和习题与上机题及其解答相对独立，因此可以作为一般学习数字信号处理的辅导教材。

(5) 本书有助于初次讲授“数字信号处理”课程的教师掌握教材内容，扩充讲授素材，顺利完成答疑和上机辅导等常规教学工作。

本书的出版得到了西安电子科技大学出版社编辑的大力支持，这里谨对他们深表感谢!

限于编著者的水平，书中难免存在不妥之处，欢迎读者批评指正，我们不胜感谢。

编著者

于西安电子科技大学

2022 年 12 月

目　　录

第 1 章　时域离散信号和时域离散系统

本章内容与教材第 1 章内容相对应。

1.1　学习要点与重要公式

本章内容是全书的基础。读者从学习模拟信号分析与处理到学习数字信号处理，要建立许多新的概念。数字信号和数字系统与原来的模拟信号和模拟系统不同，尤其在处理方法上有本质的区别。模拟系统由许多模拟器件实现，数字系统则通过数值运算方法实现。如果读者对本章关于时域离散信号与系统的若干基本概念不清楚，那么在学到数字滤波器时，会感到“数字信号处理”这门课不好掌握，总觉得学得不扎实。因此学好本章是极其重要的。

1.1.1　学习要点

（1）信号：模拟信号、时域离散信号、数字信号三者之间的区别；常用的时域离散信号；如何判断信号是周期性的，其周期如何计算等。

（2）系统：什么是系统的线性、时不变性以及因果性、稳定性；线性、时不变系统输入和输出之间的关系；求解线性卷积的图解法（列表法）、解析法，以及用 MATLAB 工具箱函数求解的方法；线性常系数差分方程的递推解法。

（3）模拟信号的采样与恢复：采样定理；采样前的模拟信号和采样后得到的采样信号之间的频谱关系；如何将采样信号恢复成原来的模拟信号；实际中如何将时域离散信号恢复成模拟信号。

1.1.2　重要公式

（1）
$$y(n)=\sum_{m=-\infty}^{\infty}x(m)h(n-m)=x(n)*h(n)$$

这是一个线性卷积公式，注意公式中是在 $-\infty\sim\infty$ 之间对 m 求和。如果公式中 $x(n)$ 和 $h(n)$ 分别是系统的输入和单位脉冲响应，$y(n)$ 是系统输出，则该式说明系统的输入、输出和单位脉冲响应之间服从线性卷积关系。

（2）
$$x(n)=x(n)*\delta(n)$$

该式说明任何序列与 $\delta(n)$ 的线性卷积等于原序列。

$$x(n-n_0)=x(n)*\delta(n-n_0)$$

（3）
$$\hat{X}_a(\mathrm{j}\Omega)=\frac{1}{T}\sum_{k=-\infty}^{\infty}X_a(\mathrm{j}\Omega-\mathrm{j}k\Omega_s),\ \Omega_s=\frac{2\pi}{T}$$

这是理想采样信号频谱 $\hat{X}_a(j\Omega)$ 与原模拟信号频谱 $X_a(j\Omega)$ 的关系式，是揭示采样定理的重要公式。该公式要求对信号的采样频率要大于等于该信号的最高频率的两倍以上，才能得到不失真的采样信号。

(4) $$x_a(t)=\sum_{n=-\infty}^{\infty}x_a(nT)\frac{\sin[\pi(t-nT)/T]}{\pi(t-nT)/T}$$

这是由时域离散信号恢复模拟信号的理想插值公式。

1.2 解线性卷积的方法

解线性卷积是数字信号处理中的重要运算。解线性卷积有三种方法，即图解法(列表法)、解析法和在计算机上用 MATLAB 语言求解。它们各有特点。图解法(列表法)适合于短序列的线性卷积，因此考试中常用，但不容易得到封闭解。解析法适合于用公式表示序列的线性卷积，得到的是封闭解，考试中会出现简单情况的解析法求解。解析法求解过程中，关键问题是确定求和限，求和限可以借助于画图确定。第三种方法适合于用计算机求解一些复杂的较难的线性卷积，实验中常用。

解线性卷积也可用 Z 变换法，以及离散傅里叶变换求解，这是后面几章的内容。下面通过例题说明。

设 $x(n)=R_4(n)$，$h(n)=R_4(n)$，求 $y(n)=x(n)*h(n)$。

该题是两个短序列的线性卷积，可以用图解法(列表法)或者解析法求解。表 1.2.1 给出了图解法(列表法)的求解结果，用公式可表示为

$$y(n)=\{\cdots,0,0,\underline{1},2,3,4,3,2,1,0,0,\cdots\}$$

表 1.2.1 图解法(列表法)

$x(m)$				1	1	1	1				
$h(m)$				1	1	1	1				
$h(-m)$	1	1	1	1							$y(0)=1$
$h(1-m)$		1	1	1	1						$y(1)=2$
$h(2-m)$			1	1	1	1					$y(2)=3$
$h(3-m)$				1	1	1	1				$y(3)=4$
$h(4-m)$					1	1	1	1			$y(4)=3$
$h(5-m)$						1	1	1	1		$y(5)=2$
$h(6-m)$							1	1	1	1	$y(6)=1$

下面用解析法求解，写出卷积公式为

$$y(n)=\sum_{m=-\infty}^{\infty}x(m)h(n-m)=\sum_{m=-\infty}^{\infty}R_4(m)R_4(n-m)$$

在该例题中，$R_4(m)$ 的非零区间为 $0\leqslant m\leqslant 3$，$R_4(n-m)$ 的非零区间为 $0\leqslant n-m\leqslant 3$，或写成 $n-3\leqslant m\leqslant n$，这样 $y(n)$ 的非零区间要求 m 同时满足下面两个不等式：

$$0\leqslant m\leqslant 3$$

$$n-3\leqslant m\leqslant n$$

上面公式表明 m 的取值和 n 的取值有关，需要将 n 作分段的假设。按照上式，当 n 变化时，m 应该按下式取值：

$$\max\{0,\ n-3\} \leqslant m \leqslant \min\{3,\ n\}$$

当 $0\leqslant n\leqslant 3$ 时，下限应该是 0，上限应该是 n；当 $4\leqslant n\leqslant 6$ 时，下限应该是 $n-3$，上限应该是 3；当 $n<0$ 或 $n>6$ 时，上面的不等式不成立，因此 $y(n)=0$。这样将 n 分成三种情况计算：

(1) $n<0$ 或 $n>6$ 时，

$$y(n)=0$$

(2) $0\leqslant n\leqslant 3$ 时，

$$y(n)=\sum_{m=0}^{n}1=n+1$$

(3) $4\leqslant n\leqslant 6$ 时，

$$y(n)=\sum_{m=n-3}^{3}1=7-n$$

将 $y(n)$ 写成一个表达式，如下式：

$$y(n)=\begin{cases} n+1 & 0\leqslant n\leqslant 3 \\ 7-n & 4\leqslant n\leqslant 6 \\ 0 & \text{其他} \end{cases}$$

在封闭式求解过程中，有时候决定求和的上下限有些麻烦，可借助于非零值区间的示意图确定求和限。在该例题中，非零值区间的示意图如图 1.2.1 所示。在图 1.2.1(b)中，当 $n<0$ 时，图形向左移动，图形不可能和图 1.2.1(a)的图形有重叠的部分，因此 $y(n)=0$。当图形向右移动时，$0\leqslant n\leqslant 3$，图形如图 1.2.1(c)所示，对照图 1.2.1(a)，重叠部分的上下限自然是 $0\leqslant m\leqslant n$。当图形再向右移动时，$4\leqslant n\leqslant 6$，如图 1.2.1(d)所示，重叠部分的上下限是 $n-3\leqslant m\leqslant 3$。当图形再向右移动时，$7\leqslant n$，图形不可能和图 1.2.1(a)有重叠部分，因此 $y(n)=0$。

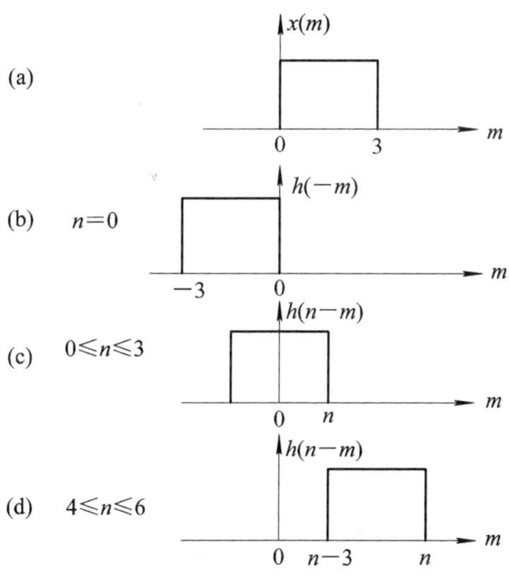

图 1.2.1

该例题说明，解析法中定求和限有些麻烦，但借助图示容易解决。短序列的线性卷积用列表法简单，尽量不用解析法。

1.3 例　　题

[**例 1.3.1**]　线性时不变系统的单位脉冲响应用 $h(n)$表示，输入 $x(n)$是以 N 为周期的周期序列，试证明输出 $y(n)$亦是以 N 为周期的周期序列。

证明：

$$y(n)=h(n)*x(n)=\sum_{m=-\infty}^{\infty}h(m)x(n-m) \tag{1}$$

因为输入 $x(n)$是以 N 为周期的周期序列，因此

$$x(n+kN-m)=x(n-m)$$

将上式代入(1)式，得到

$$y(n)=h(n)*x(n+kN)=\sum_{m=-\infty}^{\infty}h(m)x(n+kN-m)=y(n+kN)$$

上式说明 $y(n)$也是以 N 为周期的周期序列。

[**例 1.3.2**]　线性时不变系统的单位脉冲响应 $h(n)$为

$$h(n)=a^{-n}u(-n),\ 0<a<1$$

计算该系统的单位阶跃响应。

解：用 $s(n)$表示系统的单位阶跃响应，则

$$\begin{aligned}s(n)&=h(n)*x(n)=\sum_{m=-\infty}^{\infty}h(m)u(n-m)\\&=\sum_{m=-\infty}^{\infty}a^{-m}u(-m)u(n-m)\end{aligned}$$

按照上式，$s(n)$的非零区间可由下面两个不等式确定：

$$m\leqslant 0\quad 及\quad m\leqslant n$$

(1) $n\leqslant 0$ 时，

$$\begin{aligned}s(n)&=\sum_{m=-\infty}^{n}a^{-m}=\sum_{m=-n}^{\infty}a^{m}=\sum_{m=-n}^{0}a^{m}+\sum_{m=0}^{\infty}a^{m}-1\\&=\frac{1-a^{-(n+1)}}{1-a^{-1}}+\frac{1}{1-a}-1\\&=\frac{a-a^{-n}}{a-1}+\frac{a}{1-a}=\frac{a^{-n}}{1-a}\end{aligned}$$

(2) $n>0$ 时，

$$s(n)=\sum_{m=-\infty}^{0}a^{-m}=\sum_{m=0}^{\infty}a^{m}=\frac{1}{1-a}$$

最后得到

$$s(n)=\frac{1}{1-a}[a^{-n}u(-n)+u(n-1)]$$

[**例 1.3.3**]　设时域离散线性时不变系统的单位脉冲响应 $h(n)$和输入激励信号 $x(n)$

分别为

$$h(n)=\left(\frac{\mathrm{j}}{2}\right)^n u(n) \qquad \mathrm{j}=\sqrt{-1}$$

$$x(n)=\cos(\pi n)u(n)$$

求系统的稳态响应 $y(n)$。

解： $x(n)=\cos(\pi n)u(n)=(-1)^n u(n)$

$$\begin{aligned}
y(n)&=\sum_{m=-\infty}^{\infty}h(m)x(n-m)\\
&=\sum_{m=-\infty}^{\infty}\left(\frac{\mathrm{j}}{2}\right)^m u(m)(-1)^{n-m}u(n-m)\\
&=\sum_{m=0}^{n}\left(\frac{\mathrm{j}}{2}\right)^m(-1)^{n-m}=(-1)^n\sum_{m=0}^{n}\left(-\frac{\mathrm{j}}{2}\right)^m\\
&=(-1)^n\frac{1-\left(-\frac{\mathrm{j}}{2}\right)^{n+1}}{1+\frac{\mathrm{j}}{2}}
\end{aligned}$$

当 $n\to\infty$时，稳态解为

$$y(n)=(-1)^n\left(\frac{4}{5}-\mathrm{j}\,\frac{2}{5}\right)$$

［例 1.3.4］　假设 5 项滑动平均滤波器的差分方程为

$$y(n)=\frac{1}{5}[x(n)+x(n-1)+x(n-2)+x(n-3)+x(n-4)]$$

输入信号用图 1.3.1 表示，画出该滤波器输出的前 16 个序列值的波形，并说明该滤波器对输入信号起什么作用。

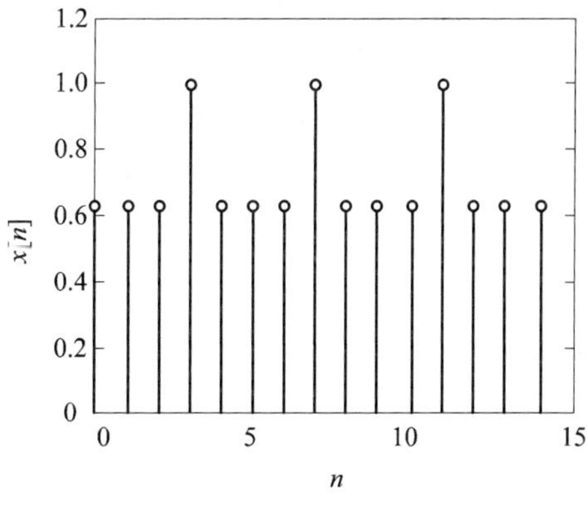

图 1.3.1

解： 已知系统的差分方程和输入信号求系统输出，可以用递推法求解，这里采用 MATLAB 函数 filter 计算。

调用 MATLAB 函数 filter 计算该系统的系统响应的程序 exp134. m 如下：

```
%程序 exp134.m
%调用 conv 实现 5 项滑动平均滤波
```

```
xn=0.5*ones(1, 15); xn(4)=1; xn(6)=1; xn(10)=1;
hn=ones(1, 5);
yn=conv(hn, xn);
%以下为绘图部分
n=0: length(yn)-1;
subplot(2, 1, 1); stem(n, yn, '.')
xlabel('n'); ylabel('y(n)')
```

程序运行结果如图 1.3.2 所示。由图形可以看出，5 项滑动平均滤波器对输入波形起平滑滤波作用，将信号的第 4、8、12、16 的序列值平滑去掉。

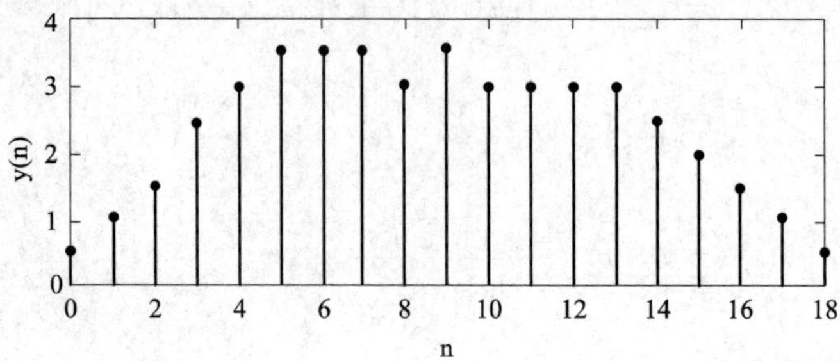

图 1.3.2

[例 1.3.5] 已知 $x_1(n)=\delta(n)+3\delta(n-1)+2\delta(n-2)$，$x_2(n)=u(n)-u(n-3)$，试求信号 $x(n)$，它满足 $x(n)=x_1(n)*x_2(n)$，并画出 $x(n)$的波形。(选自西安交通大学 2003 年攻读硕士学位研究生入学考试试题)

解： 这是一个简单的计算线性卷积的题目。

$$\begin{aligned}x(n)&=x_1(n)*x_2(n)\\&=[\delta(n)+3\delta(n-1)+2\delta(n-2)]*[u(n)-u(n-3)]\\&=[\delta(n)+3\delta(n-1)+2\delta(n-2)]*R_3(n)\\&=R_3(n)+3R_3(n-1)+2R_3(n-2)\\&=\delta(n)+4\delta(n-1)+6\delta(n-2)+5\delta(n-3)+2\delta(n-4)\end{aligned}$$

画出 $x(n)$的波形如图 1.3.3 所示。

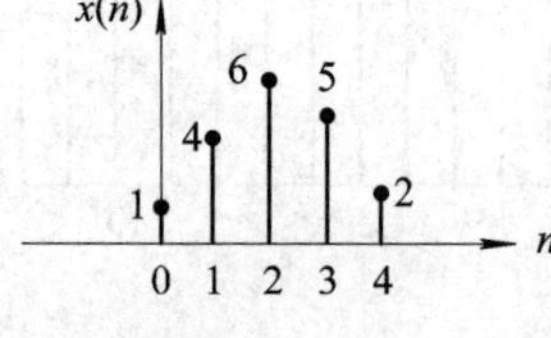

图 1.3.3

[例 1.3.6] 已知离散信号 $x(n)$如图 1.3.4(a)所示，试求 $y(n)=x(2n)*x(n)$，并绘出 $y(n)$的波形。(选自西安交通大学 2001 年攻读硕士学位研究生入学考试试题)

解： 这也是一个计算线性卷积的题目，只不过要先求出 $x(2n)$。解该题适合用列表法(图解法)。

$$x(2n)=\{\underline{1}, 1, 1, 0.5\}$$

$$y(n) = x(2n) * x(n) = \{\underline{1}, 2, 3, 3, 3, 3, 2.75, 2, 1, 0.25\}$$

绘出 $y(n)$的波形如图 1.3.4(b)所示。

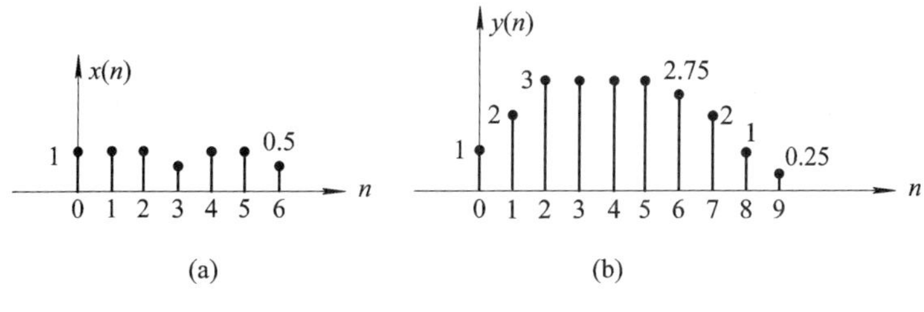

图 1.3.4

1.4　教材第 1 章习题与上机题解答

1. 用单位脉冲序列 $\delta(n)$及其加权和表示题 1 图所示的序列。

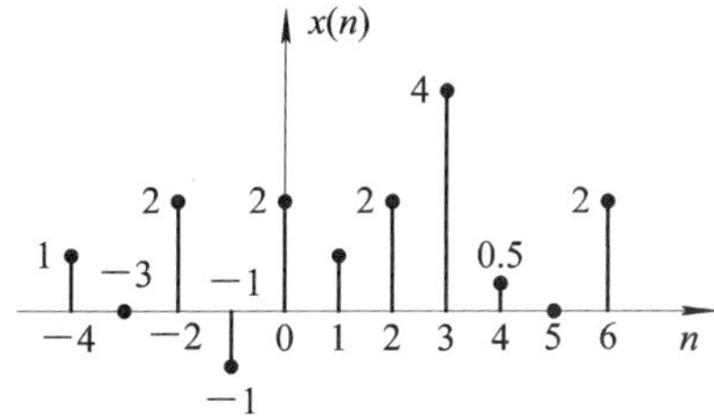

题 1 图

解：

$$x(n) = \delta(n+4) + 2\delta(n+2) - \delta(n+1) + 2\delta(n) + \delta(n-1) + 2\delta(n-2) + 4\delta(n-3) + 0.5\delta(n-4) + 2\delta(n-6)$$

2. 给定信号：

$$x(n) = \begin{cases} 2n+5 & -4 \leqslant n \leqslant -1 \\ 6 & 0 \leqslant n \leqslant 4 \\ 0 & \text{其他} \end{cases}$$

(1) 画出 $x(n)$序列的波形，标上各序列值；

(2) 试用延迟的单位脉冲序列及其加权和表示 $x(n)$序列；

(3) 令 $x_1(n) = 2x(n-2)$，试画出 $x_1(n)$波形；

(4) 令 $x_2(n) = 2x(n+2)$，试画出 $x_2(n)$波形；

(5) 令 $x_3(n) = x(2-n)$，试画出 $x_3(n)$波形。

解：(1) $x(n)$序列的波形如题 2 解图(一)所示。

(2)

$$\begin{aligned} x(n) &= -3\delta(n+4) - \delta(n+3) + \delta(n+2) + 3\delta(n+1) + 6\delta(n) \\ &\quad + 6\delta(n-1) + 6\delta(n-2) + 6\delta(n-3) + 6\delta(n-4) \\ &= \sum_{m=-4}^{-1} (2m+5)\delta(n-m) + \sum_{m=0}^{4} 6\delta(n-m) \end{aligned}$$

(3) $x_1(n)$的波形是 $x(n)$的波形右移 2 位，再乘以 2，画出图形如题 2 解图(二)所示。

(4) $x_2(n)$的波形是$x(n)$的波形左移 2 位，再乘以 2，画出图形如题 2 解图(三)所示。

(5) 画$x_3(n)$时，先画$x(-n)$的波形(即将$x(n)$的波形以纵轴为中心翻转 180°)，然后再右移 2 位，$x_3(n)$波形如题 2 解图(四)所示。

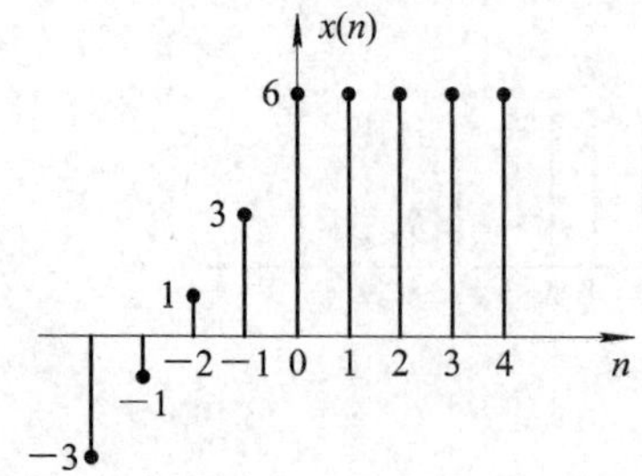

题 2 解图(一)

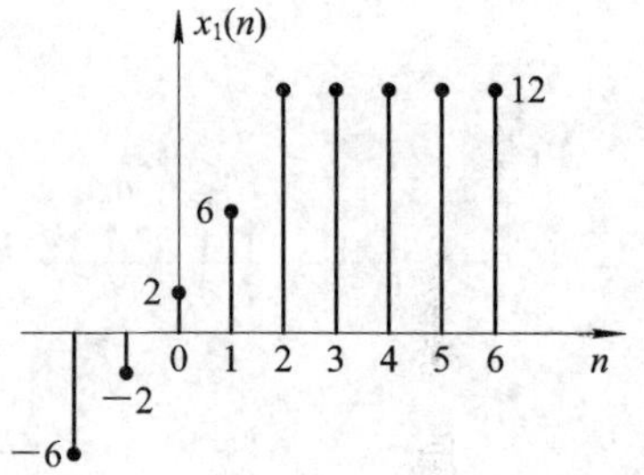

题 2 解图(二)

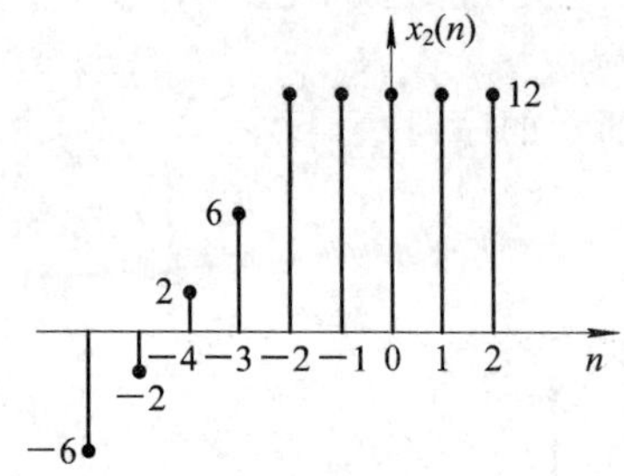

题 2 解图(三)

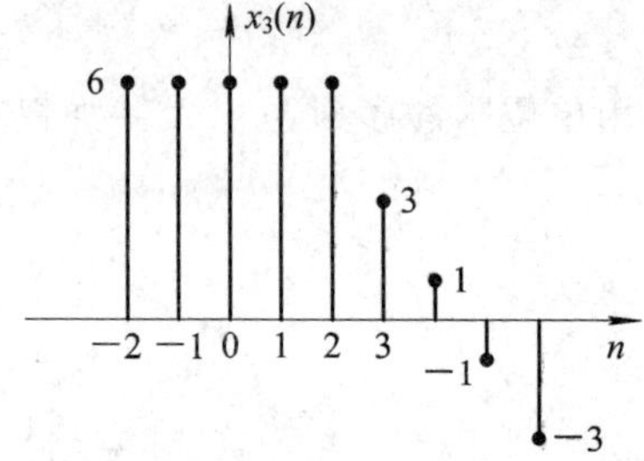

题 2 解图(四)

3. 判断下面的序列是否是周期的；若是周期的，确定其周期。

(1) $x(n)=A\cos\left(\frac{3}{7}\pi n-\frac{\pi}{8}\right)$　　A 是常数

(2) $x(n)=\mathrm{e}^{\mathrm{j}\left(\frac{1}{8}n-\pi\right)}$

解：(1) 因为$\omega=\frac{3}{7}\pi$，所以$\frac{2\pi}{\omega}=\frac{14}{3}$，这是有理数，因此是周期序列，周期 $T=14$。

(2) 因为$\omega=\frac{1}{8}$，所以$\frac{2\pi}{\omega}=16\pi$，这是无理数，因此是非周期序列。

4. 对题 1 图给出的$x(n)$要求：

(1) 画出$x(-n)$的波形；

(2) 计算$x_e(n)=\frac{1}{2}[x(n)+x(-n)]$，并画出$x_e(n)$波形；

(3) 计算$x_o(n)=\frac{1}{2}[x(n)-x(-n)]$，并画出$x_o(n)$波形；

(4) 令$x_1(n)=x_e(n)+x_o(n)$，将$x_1(n)$与$x(n)$进行比较，你能得到什么结论？

解：(1) $x(-n)$的波形如题 4 解图(一)所示。

(2) 将$x(n)$与$x(-n)$的波形对应相加，再除以 2，得到$x_e(n)$。毫无疑问，这是一个偶对称序列。$x_e(n)$的波形如题 4 解图(二)所示。

(3) 画出$x_o(n)$的波形如题 4 解图(三)所示。

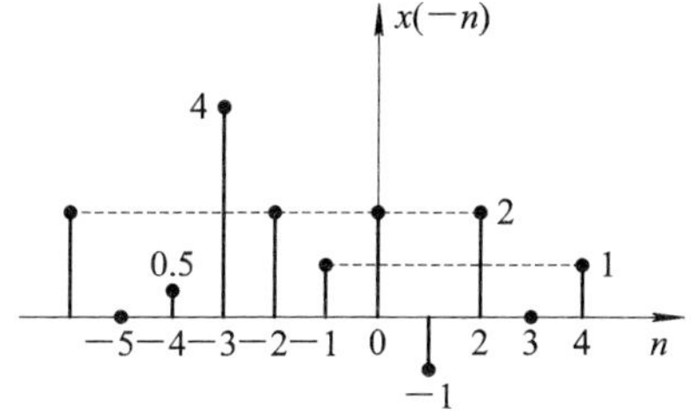

题 4 解图(一)

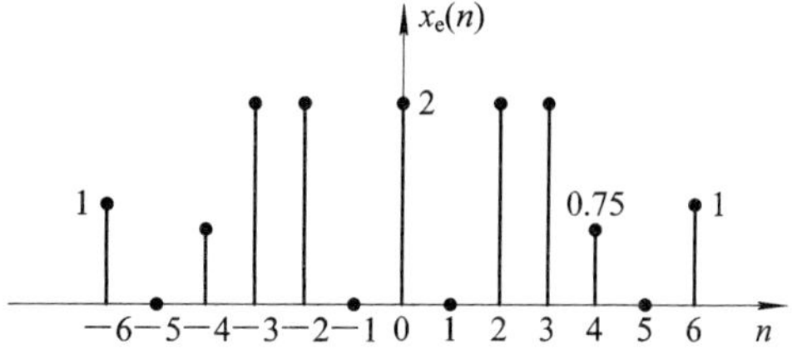

题 4 解图(二)

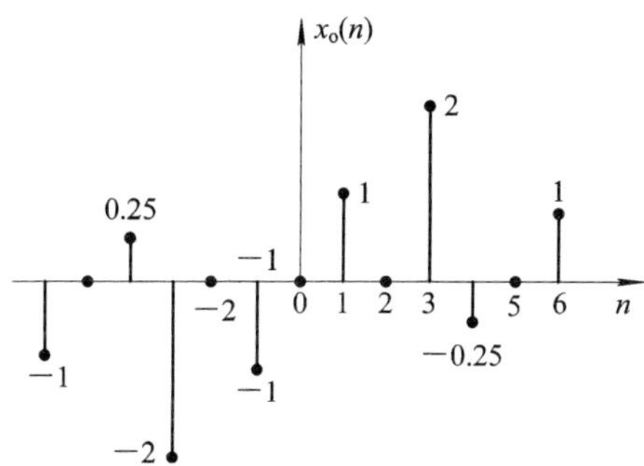

题 4 解图(三)

(4) 很容易证明：

$$x(n)=x_1(n)=x_e(n)+x_o(n)$$

上面等式说明实序列可以分解成偶对称序列和奇对称序列。偶对称序列可以用题中(2)的公式计算，奇对称序列可以用题中(3)的公式计算。

5. 设系统分别用下面的差分方程描述，$x(n)$与$y(n)$分别表示系统输入和输出，判断系统是否是线性非时变的。

(1) $y(n)=x(n)+2x(n-1)+3x(n-2)$

(2) $y(n)=2x(n)+3$

(3) $y(n)=x(n-n_0)$　　n_0 为整常数

(4) $y(n)=x(-n)$

(5) $y(n)=x^2(n)$

(6) $y(n)=x(n^2)$

(7) $y(n)=\sum_{m=0}^{n}x(m)$

(8) $y(n)=x(n)\sin(\omega n)$

解：(1) 令输入为

$$x(n-n_0)$$

输出为

$$\begin{aligned} y'(n) &= x(n-n_0)+2x(n-n_0-1)+3x(n-n_0-2) \\ y(n-n_0) &= x(n-n_0)+2x(n-n_0-1)+3(n-n_0-2) \\ &= y'(n) \end{aligned}$$

故该系统是非时变系统。因为

$$
\begin{aligned}
y(n) &= T[ax_1(n)+bx_2(n)] \\
&= ax_1(n)+bx_2(n)+2[ax_1(n-1)+bx_2(n-1)]+3[ax_1(n-2)+bx_2(n-2)]
\end{aligned}
$$

$$
T[ax_1(n)] = ax_1(n)+2ax_1(n-1)+3ax_1(n-2)
$$

$$
T[bx_2(n)] = bx_2(n)+2bx_2(n-1)+3bx_2(n-2)
$$

所以

$$
T[ax_1(n)+bx_2(n)] = aT[x_1(n)]+bT[x_2(n)]
$$

故该系统是线性系统。

(2) 令输入为

$$
x(n-n_0)
$$

输出为

$$
\begin{aligned}
y'(n) &= 2x(n-n_0)+3 \\
y(n-n_0) &= 2x(n-n_0)+3 \\
&= y'(n)
\end{aligned}
$$

故该系统是非时变的。由于

$$
T[ax_1(n)+bx_2(n)] = 2ax_1(n)+2bx_2(n)+3
$$

$$
T[ax_1(n)] = 2ax_1(n)+3, \qquad T[bx_2(n)] = 2bx_2(n)+3
$$

$$
T[ax_1(n)+bx_2(n)] \neq aT[x_1(n)]+bT[x_2(n)]
$$

故该系统是非线性系统。

(3) 这是一个延时器，延时器是线性非时变系统，下面证明。令输入为

$$
x(n-n_1)
$$

输出为

$$
\begin{aligned}
y'(n) &= x(n-n_1-n_0) \\
y(n-n_1) &= x(n-n_1-n_0) \\
&= y'(n)
\end{aligned}
$$

故延时器是非时变系统。由于

$$
\begin{aligned}
T[ax_1(n)+bx_2(n)] &= ax_1(n-n_0)+bx_2(n-n_0) \\
&= aT[x_1(n)]+bT[x_2(n)]
\end{aligned}
$$

故延时器是线性系统。

(4) $y(n)=x(-n)$

令输入为

$$
x_1(n) = x(n-n_0)
$$

输出为

$$
y_1(n) = x_1(-n)x(-n-n_0)
$$

$$
y(n-n_0) = x(-n+n_0) \neq y_1(n)
$$

因此系统是时变系统。由于

$$
\begin{aligned}
T[ax_1(n)+bx_2(n)] &= ax_1(-n)+bx_2(-n) \\
&= aT[x_1(n)]+bT[x_2(n)]
\end{aligned}
$$

因此系统是线性系统。

(5) $y(n)=x^2(n)$

令输入为

$$x(n-n_0)$$

输出为

$$y'(n)=x^2(n-n_0)$$
$$y(n-n_0)=x^2(n-n_0)=y'(n)$$

故系统是非时变系统。由于

$$\begin{aligned}T[ax_1(n)+bx_2(n)]&=[ax_1(n)+bx_2(n)]^2\\&\neq aT[x_1(n)]+bT[x_2(n)]\\&=ax_1^2(n)+bx_2^2(n)\end{aligned}$$

因此系统是非线性系统。

(6) $y(n)=x(n^2)$

非时变系统必须满足：若输入 $x(n)$引起的零状态输出为 $y(n)$，则输入 $x(n-n_0)$ 引起的零状态输出为 $y(n-n_0)$。

$x(n)$引起的输出 $y(n)=x(n^2)$，则有 $y(n-n_0)=x[(n-n_0)^2]$。

设 $x_1(n)=x(n-n_0)$，则 $x_1(n)$引起的输出为 $y_1(n)=x_1(n^2)=x(n^2-n_0)$。可见，$y_1(n)\neq y(n-n_0)$。所以，$y(n)=x(n^2)$是时变系统。

由于

$$T[ax_1(n)+bx_2(n)]=ax_1(n^2)+bx_2(n^2)=aT[x_1(n)]+bT[x_2(n)]$$

故系统是线性系统。

(7) $y(n)=\sum_{m=0}^{n}x(m)$

令输入为

$$x(n-n_0)$$

输出为

$$y'(n)=\sum_{m=0}^{n}x(m-n_0)$$
$$y(n-n_0)=\sum_{m=0}^{n-n_0}x(m)\neq y'(n)$$

故系统是时变系统。由于

$$\begin{aligned}T[ax_1(n)+bx_2(n)]&=\sum_{m=0}^{n}[ax_1(m)+bx_2(m)]\\&=aT[x_1(n)]+bT[x_2(n)]\end{aligned}$$

故系统是线性系统。

(8) $y(n)=x(n)\ \sin(\omega n)$

令输入为

$$x(n-n_0)$$

输出为

$$y'(n) = x(n-n_0)\sin(\omega n)$$
$$y(n-n_0) = x(n-n_0)\sin[\omega(n-n_0)] \neq y'(n)$$

故系统不是非时变系统。由于

$$T[ax_1(n)+bx_2(n)] = ax_1(n)\sin(\omega n)+bx_2(n)\sin(\omega n) = aT[x_1(n)]+bT[x_2(n)]$$

故系统是线性系统。

6. 给定下述系统的差分方程，试判定系统是否是因果稳定系统，并说明理由。

(1) $y(n) = \frac{1}{N}\sum_{k=0}^{N-1}x(n-k)$

(2) $y(n)=x(n)+x(n+1)$

(3) $y(n) = \sum_{k=n-n_0}^{n+n_0}x(k)$

(4) $y(n)=x(n-n_0)$

(5) $y(n)=e^{x(n)}$

解：(1) 只要 $N\geqslant1$，该系统就是因果系统，因为输出只与 n 时刻的和 n 时刻以前的输入有关。如果 $|x(n)|\leqslant M$，则 $|y(n)|\leqslant M$，因此系统是稳定系统。

(2) 该系统是非因果系统，因为 n 时间的输出还和 n 时间以后($(n+1)$时间)的输入有关。如果 $|x(n)|\leqslant M$，则 $|y(n)|\leqslant|x(n)|+|x(n+1)|\leqslant 2M$，因此系统是稳定系统。

(3) 如果 $|x(n)|\leqslant M$，则 $|y(n)|\leqslant\sum_{k=n-n_0}^{n+n_0}|x(k)|\leqslant|2n_0+1|M$，因此系统是稳定的；假设 $n_0>0$，系统是非因果的，因为输出还和 $x(n)$ 的将来值有关。

(4) 假设 $n_0>0$，系统是因果系统，因为 n 时刻输出只和 n 时刻以前的输入有关。如果 $|x(n)|\leqslant M$，则 $|y(n)|\leqslant M$，因此系统是稳定的。

(5) 系统是因果系统，因为系统的输出不取决于 $x(n)$ 的未来值。如果 $|x(n)|\leqslant M$，则 $|y(n)|=|e^{x(n)}|\leqslant e^{|x(n)|}\leqslant e^M$，因此系统是稳定的。

7. 设线性时不变系统的单位脉冲响应 $h(n)$ 和输入序列 $x(n)$ 如题 7 图所示，求出输出序列 $y(n)$。

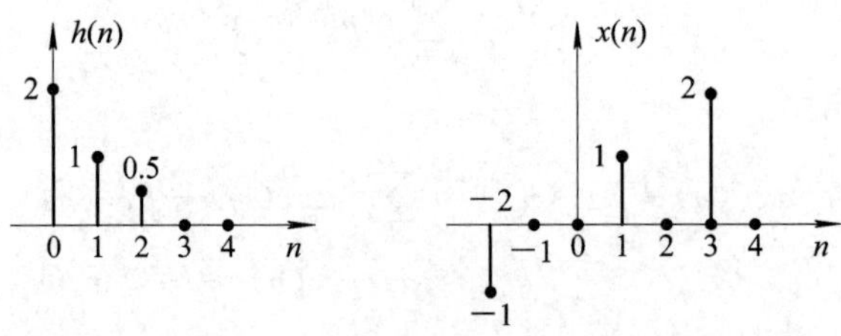

题 7 图

解：解法(一)　采用列表法。

$$y(n) = x(n)*h(n) = \sum_{m=-\infty}^{\infty}x(m)h(n-m)$$

$$y(n) = \{-2,\ -1,\ -0.5,\ 2,\ 1,\ 4.5,\ 2,\ 1;\ n=-2,\ -1,\ 0,\ 1,\ 2,\ 3,\ 4,\ 5\}$$

m	-4	-3	-2	-1	0	1	2	3	4		
$x(m)$			-1	0	0	1	0	2			
$h(m)$					2	1	0.5				
$h(-m)$			0.5	1	2						$y(0)=-0.5$
$h(1-m)$				0.5	1	2					$y(1)=2$
$h(2-m)$					0.5	1	2				$y(2)=1$
$h(3-m)$						0.5	1	2			$y(3)=4.5$
$h(4-m)$							0.5	1	2		$y(4)=2$
$h(5-m)$								0.5	1	2	$y(5)=1$
$h(-1-m)$		0.5	1	2							$y(-1)=-1$
$h(-2-m)$	0.5	1	2								$y(-2)=-2$

解法(二)　采用解析法。按照题 7 图写出 $x(n)$和 $h(n)$的表达式分别为

$$x(n)=-\delta(n+2)+\delta(n-1)+2\delta(n-3)$$

$$h(n)=2\delta(n)+\delta(n-1)+\frac{1}{2}\delta(n-2)$$

由于

$$x(n)*\delta(n)=x(n)$$

$$x(n)*A\delta(n-k)=Ax(n-k)$$

故

$$\begin{aligned}y(n)&=x(n)*h(n)\\&=x(n)*\left[2\delta(n)+\delta(n-1)+\frac{1}{2}\delta(n-2)\right]\\&=2x(n)+x(n-1)+\frac{1}{2}x(n-2)\end{aligned}$$

将 $x(n)$的表示式代入上式，得到

$$\begin{aligned}y(n)=&-2\delta(n+2)-\delta(n+1)-0.5\delta(n)+2\delta(n-1)+\delta(n-2)\\&+4.5\delta(n-3)+2\delta(n-4)+\delta(n-5)\end{aligned}$$

8. 设线性时不变系统的单位脉冲响应 $h(n)$和输入 $x(n)$分别有以下三种情况，分别求出输出 $y(n)$。

(1) $h(n)=R_4(n)$，$x(n)=R_5(n)$

(2) $h(n)=2R_4(n)$，$x(n)=\delta(n)-\delta(n-2)$

(3) $h(n)=0.5^n u(n)$，$x_n=R_5(n)$

解：　(1) $y(n)=x(n)*h(n)=\sum_{m=-\infty}^{\infty}R_4(m)R_5(n-m)$

先确定求和域。$R_4(m)$和 $R_5(n-m)$对于 m 的非零区间如下：

$$0\leqslant m\leqslant 3$$

$$n-4\leqslant m\leqslant n$$

根据非零区间，将 n 分成四种情况求解：

① $n<0$ 时，$y(n)=0$

② $0\leqslant n\leqslant 3$ 时，$y(n)=\sum_{m=0}^{n}1=n+1$

③ $4\leqslant n\leqslant 7$ 时，$y(n)=\sum_{m=n-4}^{3}1=8-n$

④ $n>7$ 时，$y(n)=0$

最后结果为

$$y(n)=\begin{cases}0 & n<0\text{ 或 }n>7\\ n+1 & 0\leqslant n\leqslant 3\\ 8-n & 4\leqslant n\leqslant 7\end{cases}$$

$y(n)$的波形如题 8 解图(一)所示。

(2) $y(n)=2R_4(n)*[\delta(n)-\delta(n-2)]=2R_4(n)-2R_4(n-2)$

$=2[\delta(n)+\delta(n-1)-\delta(n+4)-\delta(n+5)]$

$y(n)$的波形如题 8 解图(二)所示。

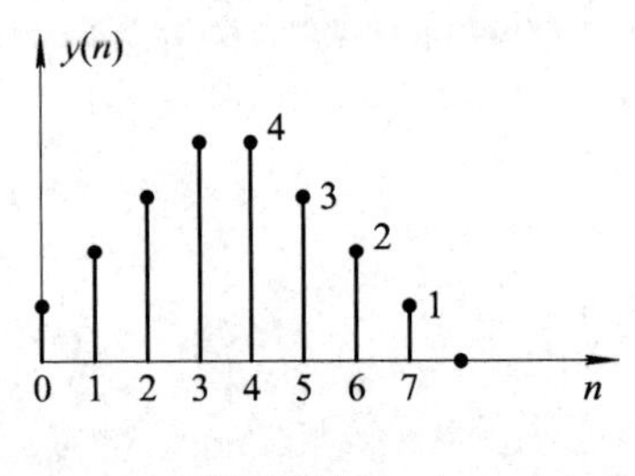

题 8 解图(一)

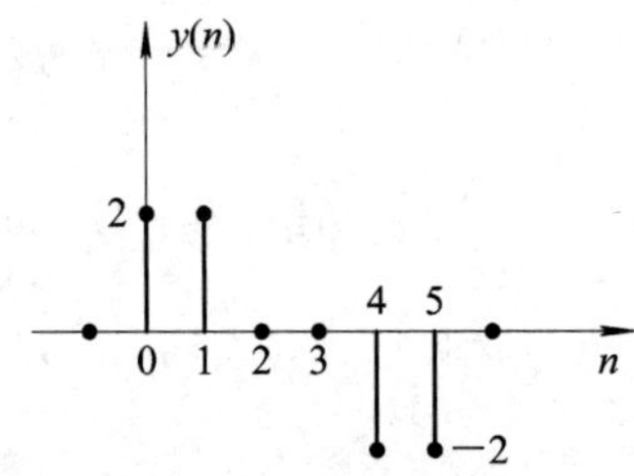

题 8 解图(二)

(3) $y(n)=x(n)*h(n)$

$$=\sum_{m=-\infty}^{\infty}R_5(m)0.5^{n-m}u(n-m)=0.5^n\sum_{m=-\infty}^{\infty}R_5(m)0.5^{-m}u(n-m)$$

$y(n)$对于 m 的非零区间为

$$0\leqslant m\leqslant 4,\ m\leqslant n$$

① $n<0$ 时，$y(n)=0$

② $0\leqslant n\leqslant 4$ 时，

$$y(n)=0.5^n\sum_{m=0}^{n}0.5^{-m}=\frac{1-0.5^{-n-1}}{1-0.5^{-1}}0.5^n=-(1-0.5^{-n-1})0.5^n=2-0.5^n$$

③ $n\geqslant 5$ 时，

$$y(n)=0.5^n\sum_{m=0}^{4}0.5^{-m}=\frac{1-0.5^{-5}}{1-0.5^{-1}}0.5^n=31\times 0.5^n$$

最后写成统一表达式：

$$y(n)=(2-0.5^n)R_5(n)+31\times 0.5^n u(n-5)$$

9. 证明线性卷积服从交换律、结合律和分配律，即证明下面等式成立：

(1) $x(n)*h(n)=h(n)*x(n)$

(2) $x(n)*[h_1(n)*h_2(n)]=[x(n)*h_1(n)]*h_2(n)$

(3) $x(n)*[h_1(n)+h_2(n)]=x(n)*h_1(n)+x(n)*h_2(n)$

证明：(1) 因为

$$x(n)*h(n)=\sum_{m=-\infty}^{\infty}x(m)h(n-m)$$

令 $m'=n-m$，则

$$x(n)*h(n)=\sum_{m'=-\infty}^{\infty}x(n-m')h(m')=h(n)*x(n)$$

(2) 利用上面已证明的结果，得到

$$\begin{aligned}x(n)*[h_1(n)*h_2(n)]&=x(n)*[h_2(n)*h_1(n)]\\&=\sum_{m=-\infty}^{\infty}x(m)[h_2(n-m)*h_1(n-m)]\\&=\sum_{m=-\infty}^{\infty}x(m)\sum_{k=-\infty}^{\infty}h_2(k)h_1(n-m-k)\end{aligned}$$

交换求和号的次序，得到

$$\begin{aligned}x(n)*[h_1(n)*h_2(n)]&=\sum_{k=-\infty}^{\infty}h_2(k)\sum_{m=-\infty}^{\infty}x(m)h_1(n-m-k)\\&=\sum_{k=-\infty}^{\infty}h_2(k)[x(n-k)*h_1(n-k)]\\&=h_2(n)*[x(n)*h_1(n)]\\&=[x(n)*h_1(n)]*h_2(n)\end{aligned}$$

(3)
$$\begin{aligned}x(n)*[h_1(n)+h_2(n)]&=\sum_{m=-\infty}^{\infty}x(m)[h_1(n-m)+h_2(n-m)]\\&=\sum_{m=-\infty}^{\infty}x(m)h_1(n-m)+\sum_{m=-\infty}^{\infty}x(m)h_2(n-m)\\&=x(n)*h_1(n)+x(n)*h_2(n)\end{aligned}$$

10. 设系统的单位脉冲响应 $h(n)=(3/8)0.5^n u(n)$，系统的输入 $x(n)$ 是一些观测数据，设 $x(n)=\{x_0, x_1, x_2, \cdots, x_k, \cdots\}$，试利用递推法求系统的输出 $y(n)$。递推时设系统初始状态为零状态。

解：
$$\begin{aligned}y(n)&=x(n)*h(n)\\&=\frac{3}{8}\sum_{m=-\infty}^{\infty}x_m 0.5^{n-m}u(n-m)\\&=\frac{3}{8}\sum_{m=0}^{n}x_m 0.5^{n-m}\qquad n\geqslant 0\end{aligned}$$

$n=0$ 时，

$$y(n)=\frac{3}{8}x_0$$

$n=1$ 时，

$$y(n)=\frac{3}{8}\sum_{m=0}^{1}x_m 0.5^{1-m}=\frac{3}{8}(0.5x_0+x_1)$$

$n=2$ 时，

$$y(n)=\frac{3}{8}\sum_{m=0}^{2}x_m 0.5^{2-m}=\frac{3}{8}(0.5^2x_0+0.5x_1+x_2)$$

⋮

最后得到

$$y(n)=\frac{3}{8}\sum_{m=0}^{n}0.5^m x_{n-m}$$

11. 设系统由下面差分方程描述：

$$y(n)=\frac{1}{2}y(n-1)+x(n)+\frac{1}{2}x(n-1)$$

设系统是因果的，利用递推法求系统的单位脉冲响应。

解： 令 $x(n)=\delta(n)$，则

$$h(n)=\frac{1}{2}h(n-1)+\delta(n)+\frac{1}{2}\delta(n-1)$$

$n=0$ 时，

$$h(0)=\frac{1}{2}h(-1)+\delta(0)+\frac{1}{2}\delta(-1)=1$$

$n=1$ 时，

$$h(1)=\frac{1}{2}h(0)+\delta(1)+\frac{1}{2}\delta(0)=\frac{1}{2}+\frac{1}{2}=1$$

$n=2$ 时，

$$h(2)=\frac{1}{2}h(1)=\frac{1}{2}$$

$n=3$ 时，

$$h(3)=\frac{1}{2}h(2)=\left(\frac{1}{2}\right)^2$$

归纳起来，结果为

$$h(n)=\left(\frac{1}{2}\right)^{n-1}u(n-1)+\delta(n)$$

12. 设系统用一阶差分方程 $y(n)=ay(n-1)+x(n)$ 描述，初始条件 $y(-1)=0$，试分析该系统是否是线性非时变系统。

解： 分析的方法是让系统输入分别为 $\delta(n)$、$\delta(n-1)$、$\delta(n)+\delta(n-1)$ 时，求它的输出，再检查是否满足线性叠加原理和非时变性。

(1) 令 $x(n)=\delta(n)$，这时系统的输出用 $y_1(n)$ 表示。

$$y_1(n)=ay_1(n-1)+\delta(n)$$

该情况在教材例 1.4.1 中已求出，系统的输出为

$$y_1(n)=a^n u(n)$$

(2) 令 $x(n)=\delta(n-1)$，这时系统的输出用 $y_2(n)$ 表示。

$$y_2(n)=ay_2(n-1)+\delta(n-1)$$

$n=0$ 时，

$$y_2(0)=ay_2(-1)+\delta(-1)=0$$

$n=1$ 时，

$$y_2(1) = ay_2(0) + \delta(0) = 1$$

$n=2$ 时，

$$y_2(2) = ay_2(1) + \delta(1) = a$$

$$\vdots$$

任意 n 时，

$$y_2(n)=a^{n-1}$$

最后得到

$$y_2(n) = a^{n-1}u(n-1)$$

(3) 令 $x(n)=\delta(n)+\delta(n-1)$，系统的输出用 $y_3(n)$表示。

$$y_3(n) = ay_3(n-1) + \delta(n) + \delta(n-1)$$

$n=0$ 时，

$$y_3(0)=ay_3(-1)+\delta(0)+\delta(-1)=1$$

$n=1$ 时，

$$y_3(1)=ay_3(0)+\delta(1)+\delta(0)=a+1$$

$n=2$ 时，

$$y_3(2)=ay_3(1)+\delta(2)+\delta(1)=(1+a)a=a+a^2$$

$n=3$ 时，

$$y_3(3)=ay_3(2)+\delta(3)+\delta(2)=(a+a^2)a=a^2+a^3$$

$$\vdots$$

任意 n 时，

$$y_3(n)=a^n+a^{n-1}$$

最后得到

$$y_3(n) = a^{n-1}u(n-1) + a^n u(n)$$

由(1)和(2)得到

$$y_1(n) = T[\delta(n)],\ y_2(n) = T[\delta(n-1)]$$

$$y_1(n) = y_2(n-1)$$

因此可断言这是一个时不变系统。情况(3)的输入信号是情况(1)和情况(2)输入信号的相加信号，因此 $y_3(n)=T[\delta(n)+\delta(n-1)]$。观察 $y_1(n)$、$y_2(n)$、$y_3(n)$，得到 $y_3(n)=y_1(n)+y_2(n)$，因此该系统是线性系统。最后得到结论：用差分方程 $y(n)=ay(n-1)+x(n)$，$0<a<1$ 描写的系统，当初始条件为零时，是一个线性时不变系统。

13. 有一连续信号 $x_a(t)=\cos(2\pi ft+\varphi)$，式中，$f=20$ Hz，$\varphi=\pi/2$。

(1) 求出 $x_a(t)$的周期；

(2) 用采样间隔 $T=0.02$ s 对 $x_a(t)$进行采样，试写出采样信号 $\hat{x}_a(t)$的表达式；

(3) 画出对应 $\hat{x}_a(t)$的时域离散信号(序列)$x(n)$的波形，并求出 $x(n)$的周期。

解：(1) $x_a(t)$的周期为

$$T = \frac{1}{f} = 0.05\ \text{s}$$

(2) $\hat{x}_a(t) = \sum_{n=-\infty}^{\infty} \cos(2\pi fnT + \varphi)\delta(t - nT) = \sum_{n=-\infty}^{\infty} \cos(40\pi nT + \varphi)\delta(t - nT)$

(3) $x(n)$的数字频率 $\omega=0.8\pi$，故$\frac{2\pi}{\omega}=\frac{5}{2}$，因而周期 $N=5$，所以

$$x(n) = \cos(0.8\pi n + \pi/2)$$

画出其波形如题 13 解图所示。

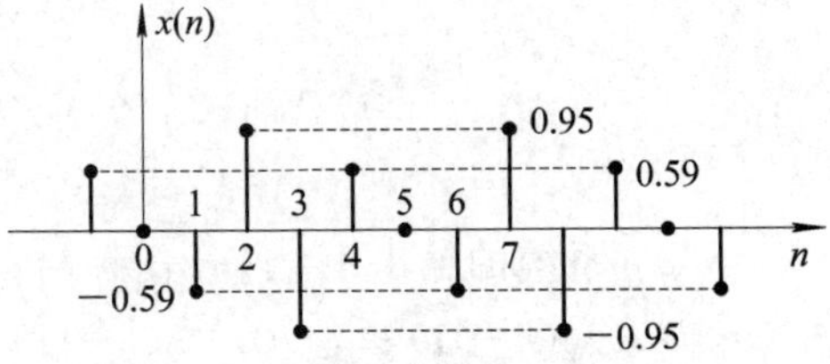

题 13 解图

14. 已知滑动平均滤波器的差分方程为

$$y(n) = \frac{1}{5}(x(n) + x(n-1) + x(n-2) + x(n-3) + x(n-4))$$

(1) 求出该滤波器的单位脉冲响应；

(2) 如果输入信号波形如前面例 1.3.4 的图 1.3.1 所示，试求出 $y(n)$并画出它的波形。

解：(1) 将题中差分方程中的 $x(n)$用 $\delta(n)$代替，得到该滤波器的单位脉冲响应，即

$$h(n) = \frac{1}{5}[\delta(n) + \delta(n-1) + \delta(n-2) + \delta(n-3) + \delta(n-4)] = \frac{1}{5}R_5(n)$$

(2) 已知输入信号，用卷积法求输出。输出信号 $y(n)$为

$$y(n) = \sum_{k=-\infty}^{\infty} x(k)h(n-k)$$

表 1.4.1 表示了用列表法解卷积的过程。计算时，表中 $x(k)$不动，$h(k)$反转后变成 $h(-k)$，$h(n-k)$则随着 n 的加大向右滑动，每滑动一次，将 $h(n-k)$和 $x(k)$对应相乘，再相加和平均，得到相应的 $y(n)$。“滑动平均”清楚地表明了这种计算过程。最后得到的输出波形如前面图 1.3.2 所示。该图清楚地说明滑动平均滤波器可以消除信号中的快速变化，使波形变化缓慢。

表 1.4.1　题 14 解 (用列表法解卷积)

$x(k)$					1.0	1.0	1.0	1.0	1.0	1.0	1.0	1.0	1.0	1.0	1.0	1.0	2.0	
$h(k)$					0.2	0.2	0.2	0.2	0.2									
$h(-k)$	0.2	0.2	0.2	0.2	0.2													$y(0)=0.2$
$h(1-k)$		0.2	0.2	0.2	0.2	0.2												$y(1)=0.4$
$h(2-k)$			0.2	0.2	0.2	0.2	0.2											$y(2)=0.6$
$h(3-k)$				0.2	0.2	0.2	0.2	0.2										$y(3)=0.8$
$h(4-k)$					0.2	0.2	0.2	0.2	0.2									$y(4)=1.0$
$h(5-k)$						0.2	0.2	0.2	0.2	0.2								$y(5)=1.0$

15*. 已知系统的差分方程和输入信号分别为

$$y(n)+\frac{1}{2}y(n-1)=x(n)+2x(n-2)$$

$$x(n)=\{\underline{1}, 2, 3, 4, 2, 1\}$$

用递推法计算系统的零状态响应。

解：求解程序 ex115.m 如下：

```
%程序 ex115.m
% 调用 filter 解差分方程 y(n)+0.5y(n-1)=x(n)+2x(n-2)
xn=[1, 2, 3, 4, 2, 1, zeros(1, 10)];      %x(n)=单位脉冲序列，长度 N=31
B=[1, 0, 2]; A=[1, 0.5];       %差分方程系数
yn=filter(B, A, xn)     %调用 filter 解差分方程，求系统输出信号 y(n)
n=0: length(yn)-1;
subplot(3, 2, 1); stem(n, yn, '.') ; axis([1, 15, -2, 8])
title('系统的零状态响应 '); xlabel('n'); ylabel('y(n)')
```

程序运行结果：

```
yn =[1.0000  1.5000  4.2500  5.8750  5.0625  6.4688  0.7656  1.6172  -0.8086
     0.4043  -0.2021  0.1011  -0.0505  0.0253  -0.0126  0.0063  -0.0032
     0.0016  -0.0008  0.0004  -0.0002  0.0001  -0.0000  0.0000  -0.0000
     0.0000]
```

程序运行结果的 y(n)波形图如题 15* 解图所示。

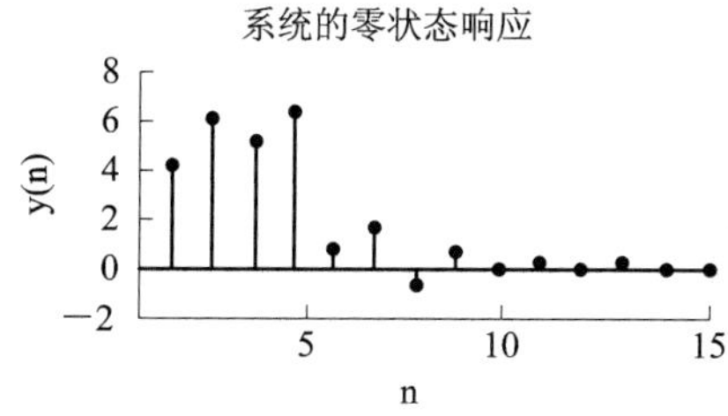

题 15* 解图

16*. 已知两个系统的差分方程分别为

(1) $y(n)=0.6y(n-1)-0.08y(n-2)+x(n)$

(2) $y(n)=0.7y(n-1)-0.1y(n-2)+2x(n)-x(n-2)$

分别求出所描述的系统的单位脉冲响应和单位阶跃响应。

解：(1) 系统差分方程的系数向量为

$$B1=1, A1=[1, -0.6, 0.08]$$

(2) 系统差分方程的系数向量为

$$B2=[2, 0, -1], A2=[1, -0.7, 0.1]$$

调用 MATLAB 函数 filter 计算两个系统的单位脉冲响应和单位阶跃响应的程序 ex116.m 如下：

```
%程序 ex116.m
B1=1; A1=[1, -0.6, 0.08];           %设差分方程(1)系数向量
B2=[2, 0, -1]; A2=[1, -0.7, 0.1];   %设差分方程(2)系数向量
```

```
%==========================================
%系统 1
xn=[1, zeros(1, 30)];                %xn=单位脉冲序列, 长度 N=31
xi=filtic(B1, A1, ys);               %由初始条件计算等效初始条件输入序列 xi
hn1=filter(B1, A1, xn, xi);          %调用 filter 解差分方程, 求系统输出信号 hn1
n=0: length(hn1)-1;
subplot(3, 2, 1); stem(n, hn1, '.')
title('(a) 系统 1 的系统单位脉冲响应'); xlabel('n'); ylabel('h(n)')
xn=ones(1, 30);                      %xn=单位阶跃序列, 长度 N=31
sn1=filter(B1, A1, xn, xi);          %调用 filter 解差分方程, 求系统输出信号 sn1
n=0: length(sn1)-1;
subplot(3, 2, 2); stem(n, sn1, '.')
title('(b) 系统 1 的单位阶跃响应'); xlabel('n'); ylabel('s(n)')
%==========================================
%系统 2
xn=[1, zeros(1, 30)];                %xn=单位脉冲序列, 长度 N=31
xi=filtic(B2, A2, ys);               %由初始条件计算等效初始条件输入序列 xi
hn2=filter(B2, A2, xn, xi);          %调用 filter 解差分方程, 求系统输出信号 hn2
n=0: length(hn2)-1;
subplot(3, 2, 5); stem(n, hn2, '.')
title('(a) 系统 2 的系统单位脉冲响应'); xlabel('n'); ylabel('h(n)')
xn=ones(1, 30);                      %xn=单位阶跃序列, 长度 N=31
sn2=filter(B2, A2, xn, xi);          %调用 filter 解差分方程, 求系统输出信号 sn2
n=0: length(sn2)-1;
subplot(3, 2, 6); stem(n, sn2, '.')
title('(b) 系统 2 的单位阶跃响应'); xlabel('n'); ylabel('s(n)')
```

程序运行结果如题 16* 解图所示。

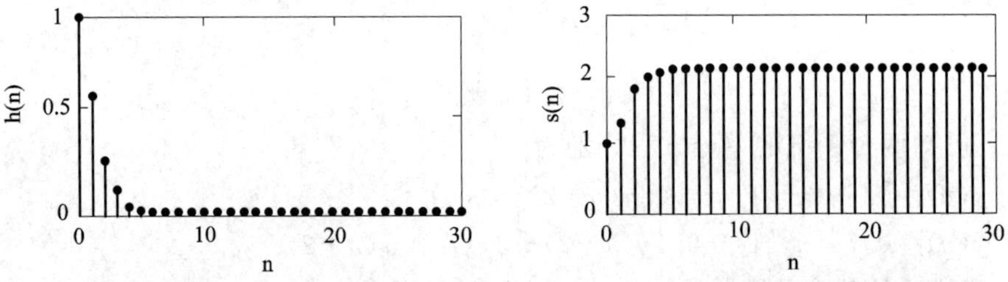

(a) 系统1的系统单位脉冲响应

(b) 系统1的单位阶跃响应

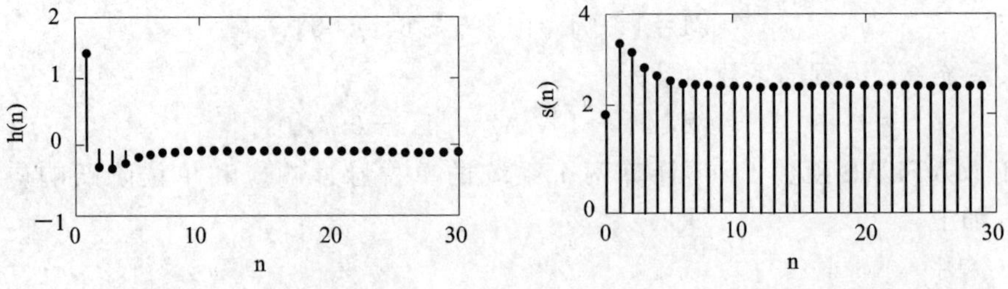

(c) 系统2的系统单位脉冲响应

(d) 系统2的单位阶跃响应

题 16* 解图

17*. 已知系统的差分方程为

$$y(n) = -a_1 y(n-1) - a_2 y(n-2) + bx(n)$$

其中，$a_1 = -0.8$，$a_2 = 0.64$，$b = 0.866$。

(1) 编写求解系统单位脉冲响应 $h(n)(0 \leqslant n \leqslant 49)$ 的程序，并画出 $h(n)(0 \leqslant n \leqslant 49)$；

(2) 编写求解系统零状态单位阶跃响应 $s(n)(0 \leqslant n \leqslant 100)$ 的程序，并画出 $s(n)(0 \leqslant n \leqslant 100)$。

解：调用 MATLAB 函数 filter 计算该系统的系统响应的程序 ex117.m 如下：

```
%程序 ex117.m
%调用 filter 解差分方程，求系统单位脉冲响应和单位阶跃响应
B=0.866; A=[1, -0.8, 0.64];              %差分方程系数向量
%=====================================
%(1)求解系统单位脉冲响应，并画出 h(n)
xn=[1, zeros(1, 48)];                    %xn=单位脉冲序列，长度 N=31
hn=filter(B1, A1, xn);                   %调用 filter 解差分方程，求系统输出信号 hn
n=0: length(hn)-1;
subplot(3, 2, 1); stem(n, hn, '.')
title('(a) 系统的单位脉冲响应'); xlabel('n'); ylabel('h(n)')
%=====================================
%(2)求解系统单位阶跃响应，并画出 h(n)
xn=ones(1, 100);                         %xn=单位阶跃序列，长度 N=100
sn=filter(B, A, xn);                     %调用 filter 解差分方程，求系统单位阶跃响应 sn
n=0: length(sn)-1;
subplot(3, 2, 2); stem(n, sn, '.'); axis([0, 30, 0, 2])
title('(b) 系统的单位阶跃响应'); xlabel('n'); ylabel('s(n)')
%=====================================
```

程序运行结果如题 17* 解图所示。

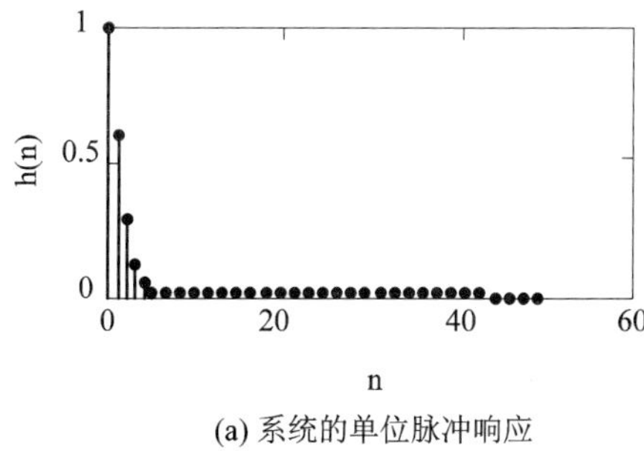

(a) 系统的单位脉冲响应

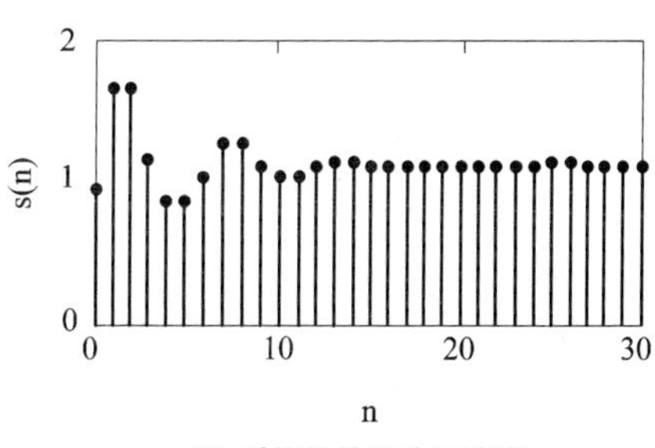

(b) 系统的单位阶跃响应

题 17* 解图

18*. 在题 18* 图中，有四个分系统 T_1、T_2、T_3 和 T_4，四个分系统分别用下面的单位脉冲响应或者差分方程描述：

$$T_1: h_1(n) = \begin{cases} \dfrac{1}{2^n} & n = 0, 1, 2, 3, 4, 5 \\ 0 & \text{其他} \end{cases}$$

$$T_2:h_2(n)=\begin{cases}1 & n=0,1,2,3,4,5\\0 & 其他\end{cases}$$

$$T_3:y_3(n)=\frac{1}{4}x(n)+\frac{1}{2}x(n-1)+\frac{1}{4}x(n-2)$$

$$T_4:y(n)=0.9y(n-1)-0.81y(n-2)+v(n)+v(n-1)$$

编写程序计算整个系统的单位脉冲响应 $h(n)$，$0\leqslant n\leqslant 99$。

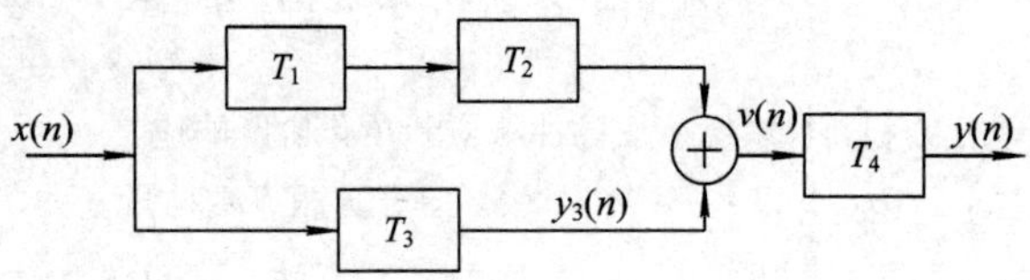

题 18* 图

解：由题 18* 图可知，可以采用以下步骤计算整个系统的单位脉冲响应 $h(n)$。设 $x(n)=\delta(n)$，则

$$v(n)=[h_1(n)*h_2(n)+h_3(n)]$$

该式调用 conv 函数计算。

$$h(n)=T_4[v(n)]$$

该式调用 filter 函数计算。

调用 MATLAB 函数 conv 和 filter 计算该系统的系统响应的程序 ex118.m 如下：

```
%程序 ex118.m
%调用 conv 和 filter 求总系统单位脉冲响应序列
h1n=[1, 1/2, 1/4, 1/8, 1/16, 1/32]; %对 h1n 赋值
h2n=ones(1, 6);
h3n=[1/4, 1/2, 1/4, zeros(1, 97)];
%计算 v(n)=h1(n)*h2(n)+h3(n)
h12n=conv(h1n, h2n);
h12n=[h12n, zeros(1, 89)];
vn=h12n++h3n;
%调用 filer 计算 hn 等于 T4 对 vn 响应
B4=[1, 1]; A4=[1, -0.9, 0.81];
hn=filter(B4, A4, vn);
%以下为绘图部分
n=0: length(hn)-1;
subplot(2, 1, 1); stem(n, hn, '.')
xlabel('n');
ylabel('h(n)')
```

程序运行结果如题 18* 解图所示。

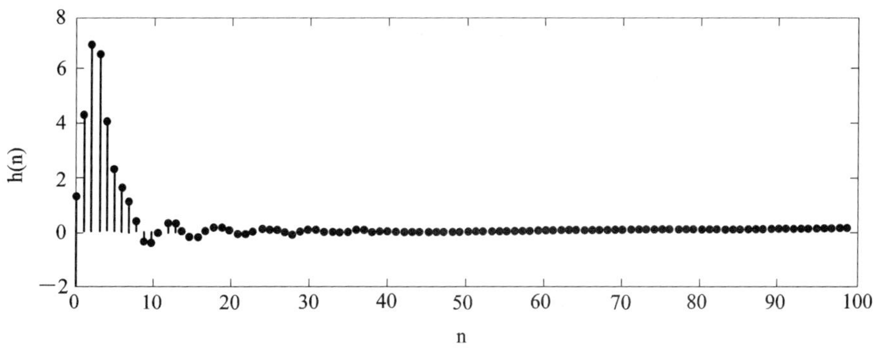

题 18* 解图

19. 已知序列 $x_1(n)=a^n u(n)$，$0<a<1$，$x_2(n)=u(n)-u(n-N)$，分别求它们的自相关函数，并证明二者都是偶对称的实序列。

解：
$$r_{x_1}(m)=\sum_{n=-\infty}^{\infty}x_1(n)x_1(n-m)=\sum_{n=-\infty}^{\infty}a^n u(n)a^{n-m}u(n-m)$$

当 $m\geqslant 0$ 时，

$$r_{x_1}(m)=a^{-m}\sum_{n=m}^{\infty}a^{2n}=\frac{a^m}{1-a^2}$$

当 $m<0$ 时，

$$r_{x_1}(m)=a^{-m}\sum_{n=0}^{\infty}a^{2n}=\frac{a^{-m}}{1-a^2}$$

所以

$$r_{x_1}(m)=\frac{a^{|m|}}{1-a^2}$$

$$x_2(n)=u(n)-u(n-N)=R_N(n)$$

$$r_{x_2}(m)=\sum_{n=-\infty}^{\infty}x_2(n)x_2(n-m)=\sum_{n=-\infty}^{\infty}R_N(n)R_N(n-m)$$

$$=\begin{cases}\displaystyle\sum_{n=0}^{N-1-|m|}1=N-|m| & -N<m<0\\ \displaystyle\sum_{n=m}^{N-1}1=N-m & 0\leqslant m<N\\ 0 & \text{其他}\end{cases}$$

$$=(N-|m|)R_{2N-1}(m+N-1)$$

从 $r_{x_1}(m)$ 和 $r_{x_2}(m)$ 的表达式可以看出二者都是偶对称的实序列。

20. 设 $x(n)=\mathrm{e}^{-nT}u(n)$，$n=0, 1, 2, \cdots, \infty$，$T$ 为采样间隔。求 $x(n)$ 的自相关函数 $r_x(m)$。

解：
$$r_x(m)=\sum_{n=-\infty}^{\infty}x(n)x(n-m)=\sum_{n=-\infty}^{\infty}\mathrm{e}^{-nT}u(n)\mathrm{e}^{-(n-m)T}u(n-m)$$

用 19 题计算 $r_{x_1}(m)$ 的相同方法可得

$$r_x(m)=\frac{e^{-|m|T}}{1-e^{-2T}}$$

21. 已知 $x(n)=A\sin(2\pi f_1 nT)+B\sin(2\pi f_2 nT)$，其中 A，B，f_1，f_2 均为常数。求 $x(n)$的自相关函数 $r_x(m)$。

解： $x(n)$可表示为 $x(n)=u(n)+v(n)$的形式，其中 $u(n)=A_1\sin(2\pi f_1 nT)$，$v(n)=A_2\sin(2\pi f_2 nT)$，$u(n)$，$v(n)$的周期分别为 $N_1=\dfrac{1}{f_1 T}$，$N_2=\dfrac{1}{f_2 T}$，$x(n)$的周期 N 则是 N_1 和 N_2 的最小公倍数。由周期信号自相关函数的定义，有

$$\begin{aligned}r_x(m)&=\frac{1}{N}\sum_{n=0}^{N-1}x(n)x(n+m)=\frac{1}{N}\sum_{n=0}^{N-1}[u(n)+v(n)][u(n+m)+v(n+m)]\\&=\frac{1}{N}\sum_{n=0}^{N-1}[u(n)u(n+m)+v(n)v(n+m)+u(n)v(n+m)+v(n)u(n+m)]\\&=r_u(m)+r_v(m)+r_{uv}(m)+r_{vu}(m)\end{aligned}$$

其中

$$\begin{aligned}r_u(m)&=\frac{1}{N}\sum_{n=0}^{N-1}[A_1\sin(2\pi f_1 nT)\times A_1\sin[2\pi f_1(n+m)T]\\&=\frac{A_1^2}{N}\cos(2\pi f_1 mT)\sum_{n=0}^{N-1}\sin^2 2\pi f_1 nT\\&\quad+\frac{A_1^2}{N}\sin(2\pi f_1 mT)\sum_{n=0}^{N-1}\sin(2\pi f_1 nT)\cos(2\pi f_1 nT) &\text{(A)}\\&=\frac{A_1^2}{N}\cos(2\pi f_1 mT)\sum_{n=0}^{N-1}\frac{1}{2}(1-\cos 4\pi f_1 nT) &\text{(B)}\end{aligned}$$

由于三角序列的正交性，所以(A)式的第二项等于零。由于正(余)弦序列在一个(或多个)周期内和等于零，所以(B)式中第二项的和为零，于是

$$r_u(m)=\frac{A_1^2}{2}\cos(2\pi f_1 mT)$$

同理，可求出

$$r_v(m)=\frac{A_2^2}{2}\cos(2\pi f_2 mT)$$

现在，我们分别来求 $r_{uv}(m)$和 $r_{vu}(m)$。

$$\begin{aligned}r_{uv}(m)&=\frac{1}{N}\sum_{n=0}^{N-1}A_1\sin(2\pi f_1 nT)A_2\sin[2\pi f_2(n+m)T]\\&=\frac{A_1A_2}{N}\cos(2\pi f_2 mT)\sum_{n=0}^{N-1}[\sin(2\pi f_1 nT)\sin(2\pi f_2 nT)]\\&\quad+\frac{A_1A_2}{N}\sin(2\pi f_2 nT)\sum_{n=0}^{N-1}[\sin(2\pi f_1 nT)\cos(2\pi f_2 nT)]\end{aligned}$$

当 $f_1\neq f_2$ 时，由于三角序列的正交性，有 $r_{uv}(m)=0$；

当 $f_1=f_2$ 时，$r_{uv}(m)=\dfrac{A_1A_2}{2}\cos(2\pi f_1 mT)$。

同理，当 $f_1\neq f_2$ 时，$r_{vu}(m)=0$；

当 $f_1=f_2$ 时，$r_{vu}(m)=\frac{A_1A_2}{2}\cos(2\pi f_1 mT)$。

所以，当 $f_1\neq f_2$ 时，

$$r_x(m)=r_u(m)+r_v(m)+r_{uv}(m)+r_{vu}(m)=\frac{A_1^2}{2}\cos(2\pi f_1 mT)+\frac{A_2^2}{2}\cos(2\pi f_2 mT)$$

当 $f_1=f_2$ 时，

$$\begin{aligned}r_x(m)&=r_u(m)+r_v(m)+r_{uv}(m)+r_{vu}(m)\\&=\frac{1}{2}[A_1^2\cos(2\pi f_1 mT)+2A_1A_2\cos(2\pi f_1 mT)+A_2^2\cos(2\pi f_1 mT)]\\&=\frac{1}{2}(A_1+A_2)^2\cos(2\pi f_1 mT)\end{aligned}$$

22*. 设 $x(n)=A\sin(\omega n)+w(n)$，其中 $\omega=\pi/6$，$w(n)$是均匀分布的白噪声。

(1) 调用 MATLAB 函数 rand，产生均匀分布，均值为 0，功率 $P=0.1$ 的白噪声信号 $w(n)$，画出 $w(n)$的时域波形图，并求 $w(n)$的自相关函数 $r_w(m)$，画出 $r_w(m)$的波形图。

(2) 欲使 $x(n)$的信噪比为 10 dB，试确定 A 的值，编程序产生 $x(n)$，画出 $x(n)$的时域波形图，并求 $x(n)$的自相关函数 $r_x(m)$，画出 $r_x(m)$的波形图，最后由 $r_x(m)$的波形确定 $x(n)$中正弦序列的周期 N。

解：(1) 本题中，产生噪声序列 $w(n)$的 120 个采样值，调用 MATLAB 函数 rand，产生的白噪声 $w(n)$均值为 $q/2$，幅度在$[0, q]$上均匀分布，平均功率 $P_w=q^2/12=0.1$，即 $q=\sqrt{1.2}=1.0954$。

(2) 正弦信号 $A\sin(\omega n)$的功率为 $P_x=A^2/2$，所以 $x(n)$的信噪比为

$$\frac{P_x}{P_w}=\frac{A^2/2}{0.1}=5A^2$$

通常，SNR 以对数表示：$\text{SNR}=10\lg(P_x/P_w)$ dB。当 $\text{SNR}=10\lg(P_x/P_w)=10\lg(5A^2)=10$ dB 时，$A=\sqrt{2}$。

产生 $w(n)$、$x(n)$，计算 $w(n)$自相关函数的 $r_w(m)$，计算 $x(n)$自相关函数 $r_x(m)$的程序如下：

```
%上机题 22 求解程序 ex122*.m
clear
N=120; M=60;                  %设置信号和噪声序列长度 N，自相关函数单边长度 M
q=sqrt(1.2);                  %噪声功率=0.1 时，计算噪声分布参数 q
A=sqrt(2);                    %SNR=10 dB 时，计算正弦信号幅度 A
n=0:N-1;
w=q*(rand(1, N)-0.5);         %产生白噪声，均值为零，在[-q/2, q/2]上均匀分布
s=A*sin(pi*n/6);              %产生正弦信号的 120 个值
x=s+w;                        %x(n)=s(n)+w(n)
rw=xcorr(w, M, 'biased');     %计算 w(n)自相关函数的 2M+1 个值
rx=xcorr(x, M, 'biased');     %计算 x(n)自相关函数的 2M+1 个值
m=-M: M;                      %自相关函数的 2M+1 个值对应的自变量 m=-M, …, 0, …M
figure(1)
subplot(2, 1, 1); stem(n, w, '.'); xlabel('n'); ylabel('w(n)'); title('(a)')
```

```
subplot(2, 1, 2); stem(m, rw,'.'); xlabel('m'); ylabel('r_w(m)'); title('(b)')
figure(2)
subplot(2, 1, 1); stem(n, x, '.'); xlabel('n'); ylabel('x(n)'); title('(c)')
subplot(2, 1, 2); stem(m, rx,'.'); xlabel('m'); ylabel('r_x(m)'); title('(d)')
```

$w(n)$的时域波形和$w(n)$的自相关函数$r_w(m)$波形分别如题 22* 解图(a)和(b)所示，$x(n)$的时域波形和$x(n)$的自相关函数$r_x(m)$波形分别如题 22* 解图(c)和(d)所示。

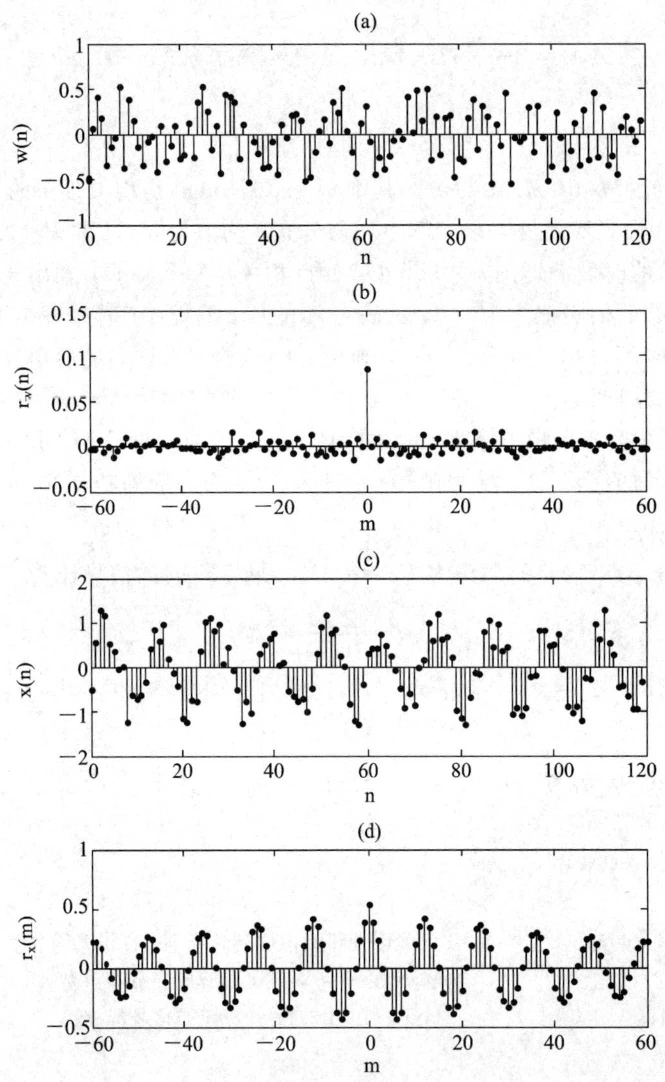

题 22* 解图

从题 22* 解图(b)可看出，噪声$w(n)$近似白噪声，所以只有在$m=0$时出现峰值$r_w(0)$，但迅速衰减到很小。从题 22* 解图(c)可看出，虽然信噪比较大，但由于干扰噪声的影响，很难确定$x(n)$的周期。但从题 22* 解图(d)可看出，除$m=0$处出现较大峰值以外，$r_x(m)$是以 12 为周期的，这正是$x(n)$中正弦信号$s(n)$的自相关函数导致的，所以可以确定$s(n)$的周期为 12。$r_x(0)$的峰值是由白噪声$w(n)$的自相关函数导致的。

第 2 章　时域离散信号和系统的频域分析

本章内容与教材第 2 章内容相对应。

2.1　学习要点与重要公式

数字信号处理中有三个重要的数学变换工具，即傅里叶变换(FT)、Z 变换(ZT)和离散傅里叶变换(DFT)。利用它们可以将信号和系统在时域空间和频域空间相互转换，这大大方便了对信号和系统的分析和处理。

三种变换互有联系，但又不同。表征一个信号和系统的频域特性时使用傅里叶变换。Z 变换是傅里叶变换的一种推广，单位圆上的 Z 变换就是傅里叶变换。在 z 域进行分析问题会感到既灵活又方便。离散傅里叶变换是离散化的傅里叶变换，因此用计算机分析和处理信号时，全用离散傅里叶变换进行。离散傅里叶变换具有快速算法 FFT，使离散傅里叶变换在应用中更加方便与广泛。但是离散傅里叶变换不同于傅里叶变换和 Z 变换，它将信号的时域和频域都进行了离散化，这是它的优点。DFT 还有它自己的特点，只有掌握了这些特点，才能合理正确地使用 DFT。本章只学习前两种变换，离散傅里叶变换及其 FFT 将在下一章学习。

2.1.1　学习要点

(1) 傅里叶变换的正变换和逆变换定义，以及存在条件。

(2) 傅里叶变换的性质和定理：傅里叶变换的周期性、移位与频移性质、时域卷积定理、巴塞伐尔定理、频域卷积定理、频域微分性质、实序列和一般序列的傅里叶变换的共轭对称性。

(3) 周期序列的离散傅里叶级数及周期序列的傅里叶变换表示式。

(4) Z 变换的正变换和逆变换定义，以及收敛域与序列特性之间的关系。

(5) Z 变换的定理和性质：移位、反转、z 域微分、共轭序列的 Z 变换、时域卷积定理、初值定理、终值定理、巴塞伐尔定理。

(6) 系统的传输函数和系统函数的求解。

(7) 用极点分布判断系统的因果性和稳定性。

(8) 零状态响应、零输入响应和稳态响应的求解。

(9) 用零极点分布定性分析并画出系统的幅频特性。

2.1.2 重要公式

(1)
$$X(\mathrm{e}^{\mathrm{j}\omega}) = \sum_{n=-\infty}^{\infty} x(n)\mathrm{e}^{-\mathrm{j}\omega n}$$
$$x(n) = \frac{1}{2\pi}\int_{-\pi}^{\pi} X(\mathrm{e}^{\mathrm{j}\omega})\mathrm{e}^{\mathrm{j}\omega n}\,\mathrm{d}\omega$$

这两式分别是傅里叶变换的正变换和逆变换的公式。注意正变换存在的条件是序列服从绝对可和的条件，即

$$\sum_{n=-\infty}^{\infty} |x(n)| < \infty$$

(2)
$$\widetilde{X}(k) = \mathrm{DFS}[\widetilde{x}(n)] = \sum_{n=0}^{N-1}\widetilde{x}(n)\mathrm{e}^{-\mathrm{j}\frac{2\pi}{N}kn} \qquad -\infty < k < \infty$$
$$\widetilde{x}(n) = \mathrm{IDFS}[\widetilde{X}(k)] = \frac{1}{N}\sum_{k=0}^{\infty}\widetilde{X}(k)\mathrm{e}^{\mathrm{j}\frac{2\pi}{N}kn} \qquad -\infty < n < \infty$$

这两式是周期序列的离散傅里叶级数变换对，可用以表现周期序列的频谱特性。

(3)
$$X(\mathrm{e}^{\mathrm{j}\omega}) = \mathrm{FT}[\widetilde{x}(n)] = \frac{2\pi}{N}\sum_{k=-\infty}^{N-1}\widetilde{X}(k)\delta\left(\omega - \frac{2\pi}{N}k\right)$$

该式用以求周期序列的傅里叶变换。如果周期序列的周期是 N，则其频谱由 N 条谱线组成，注意画图时要用带箭头的线段表示。

(4) 若 $y(n)=x(n)*h(n)$，则
$$Y(\mathrm{e}^{\mathrm{j}\omega})=X(\mathrm{e}^{\mathrm{j}\omega})H(\mathrm{e}^{\mathrm{j}\omega})$$
这是时域卷积定理。

(5) 若 $y(n)=x(n)h(n)$，则
$$Y(\mathrm{e}^{\mathrm{j}\omega})=\frac{1}{2\pi}H(\mathrm{e}^{\mathrm{j}\omega})*X(\mathrm{e}^{\mathrm{j}\omega})$$
这是频域卷积定理或者称复卷积定理。

(6)
$$x_{\mathrm{e}}(n)=\frac{1}{2}[x(n)+x^{*}(-n)]$$
$$x_{\mathrm{o}}(n)=\frac{1}{2}[x(n)-x^{*}(-n)]$$

式中，$x_{\mathrm{e}}(n)$和 $x_{\mathrm{o}}(n)$是序列 $x(n)$的共轭对称序列和共轭反对称序列。上式常用以求序列的$x_{\mathrm{e}}(n)$和 $x_{\mathrm{o}}(n)$。

(7)
$$X(z) = \sum_{n=-\infty}^{\infty} x(n)z^{-n}$$
$$x(n) = \frac{1}{2\pi\mathrm{j}}\oint_{c} X(z)z^{n-1}\,\mathrm{d}z \qquad c \in (R_{x+}, R_{x-})$$

这两式分别是序列 Z 变换的正变换定义和它的逆 Z 变换定义。

(8)
$$\sum_{n=-\infty}^{\infty} |x(n)|^{2} = \frac{1}{2\pi}\int_{-\pi}^{\pi} |X(\mathrm{e}^{\mathrm{j}\omega})|^{2}\,\mathrm{d}\omega$$
$$\sum_{n=-\infty}^{\infty} x(n)y^{*}(n) = \frac{1}{2\pi}\oint_{c} X(v)Y^{*}\left(\frac{1}{v^{*}}\right)\frac{\mathrm{d}v}{v}$$

$$\max\left[R_{x-},\frac{1}{R_{y+}}\right]<|v|<\min\left[R_{x+},\frac{1}{R_{y-}}\right]\qquad R_{x-}R_{y-}<1,\ R_{x+}R_{y+}>1$$

前两式均称为巴塞伐尔定理，第一式是用序列的傅里叶变换表示，第二式是用序列的Z 变换表示。如果令 $x(n)=y(n)$，可用第二式推导出第一式。

(9) 若 $x(n)=a^{|n|}$，则

$$X(z)=\frac{1-a^2}{(1-az)(1-az^{-1})}\qquad |a|<|z|<|a|^{-1}$$

$x(n)=a^{|n|}$ 是数字信号处理中很典型的双边序列，一些测试题都是用它演变出来的。

2.2　FT 和 ZT 的逆变换

(1) FT 的逆变换为

$$x(n)=\frac{1}{2\pi}\int_{-\pi}^{\pi}X(e^{j\omega})e^{j\omega n}d\omega$$

用留数定理求其逆变换，或者将 $z=e^{j\omega}$代入 $X(e^{j\omega})$中，得到 $X(z)$函数，再用求逆 Z 变换的方法求原序列。注意收敛域要取能包含单位圆的收敛域，或者说封闭曲线 c 可取单位圆。

例如，已知序列 $x(n)$的傅里叶变换为

$$X(e^{j\omega})=\frac{1}{1-ae^{-j\omega}}\qquad |a|<1$$

求其反变换 $x(n)$。将 $z=e^{j\omega}$代入 $X(e^{j\omega})$中，得到 $X(z)=\dfrac{1}{1-az^{-1}}$，因极点 $z=a$，取收敛域为$|z|>|a|$，由 $X(z)$很容易得到 $x(n)=a^nu(n)$。

(2) ZT 的逆变换为

$$x(n)=\frac{1}{2\pi j}\oint_c X(z)z^{n-1}dz\qquad c\in(R_{x+},R_{x-})$$

求逆 Z 变换可以用部分分式法和围线积分法求解。

用围线积分法求逆 Z 变换有两个关键。一个关键是知道收敛域以及收敛域和序列特性之间的关系，可以总结成几句话：① 收敛域包含∞点，序列是因果序列；② 收敛域在某圆以内，是左序列；③ 收敛域在某圆以外，是右序列；④ 收敛域在整个 z 面，是有限长序列；⑤ 以上②、③、④均未考虑 0 与∞两点，这两点可以结合问题具体考虑。另一个关键是会求极点留数。

2.3　分析信号和系统的频率特性

求信号与系统的频域特性要用傅里叶变换。但分析频率特性使用 Z 变换却更方便。我们已经知道系统函数的极、零点分布完全决定了系统的频率特性，因此可以用分析极、零点分布的方法分析系统的频率特性，包括定性地画幅频特性，估计峰值频率或者谷值频率，判定滤波器是高通、低通等滤波特性，以及设计简单的滤波器(内容在教材第 5 章)等。

根据零、极点分布可定性画幅频特性。当频率由 0 到 2π 变化时，观察零点矢量长度和

极点矢量长度的变化，在极点附近会形成峰。极点愈靠进单位圆，峰值愈高；零点附近形成谷，零点愈靠进单位圆，谷值愈低，零点在单位圆上则形成幅频特性的零点。当然，峰值频率就在最靠近单位圆的极点附近，谷值频率就在最靠近单位圆的零点附近。

滤波器是高通还是低通等滤波特性，也可以通过分析极、零点分布确定，不必等画出幅度特性再确定。一般在最靠近单位圆的极点附近是滤波器的通带；阻带在最靠近单位圆的零点附近，如果没有零点，则离极点最远的地方是阻带。参见下节例 2.4.1。

2.4 例　　题

[例 2.4.1]　已知 IIR 数字滤波器的系统函数 $H(z)=\dfrac{1}{1-0.9z^{-1}}$，试判断滤波器的类型(低通、高通、带通、带阻)。(某校硕士研究生入学考试题中的一个简单的填空题)

解：将系统函数写成下式：

$$H(z)=\frac{1}{1-0.9z^{-1}}=\frac{z}{z-0.9}$$

系统的零点为 $z=0$，极点为 $z=0.9$，零点在 z 平面的原点，不影响频率特性，而唯一的极点在实轴的 0.9 处，因此滤波器的通带中心在 $\omega=0$ 处。毫无疑问，这是一个低通滤波器。

[例 2.4.2]　假设 $x(n)=x_r(n)+jx_i(n)$，$x_r(n)$和 $x_j(n)$为实序列，$X(z)=\mathrm{ZT}[x(n)]$在单位圆的下半部分为零。已知

$$x_r(n)=\begin{cases}\dfrac{1}{2} & n=0\\ -\dfrac{1}{4} & n=\pm 2\\ 0 & \text{其他}\end{cases}$$

求 $X(e^{j\omega})=\mathrm{FT}[x(n)]$。

解：$X_e(e^{j\omega})=\mathrm{FT}[x_r(n)]$

$$=\frac{1}{2}-\frac{1}{4}e^{-j2\omega}-\frac{1}{4}e^{j2\omega}=\frac{1}{2}(1-\cos 2\omega)$$

$$X_e(e^{j\omega})=\frac{1}{2}[X(e^{j\omega})+X(e^{-j\omega})]$$

因为　$X(e^{j\omega})=0 \qquad \pi\leqslant\omega\leqslant 2\pi$

所以

$$X(e^{-j\omega})=X(e^{j(2\pi-\omega)})=0 \qquad 0\leqslant\omega\leqslant\pi$$

当 $0\leqslant\omega\leqslant\pi$ 时，$X_e(e^{j\omega})=\dfrac{1}{2}X(e^{j\omega})$，故

$$X_e(e^{j\omega})=\frac{1}{2}X(e^{j\omega})=\frac{1}{2}(1-\cos 2\omega)$$

$$X(e^{j\omega})=1-\cos 2\omega$$

当 $\pi\leqslant\omega\leqslant 2\pi$ 时，$X(e^{j\omega})=0$，故

$$X(e^{j\omega}) = \begin{cases} 1-\cos 2\omega & 0 \leqslant \omega \leqslant \pi \\ 0 & \pi \leqslant \omega \leqslant 2\pi \end{cases}$$

因此

$$\mathrm{Re}[X(e^{j\omega})] = X(e^{j\omega})$$
$$\mathrm{Im}[X(e^{j\omega})] = 0$$

[例 2.4.3] 已知

$$x(n) = \begin{cases} n & 0 \leqslant n \leqslant N \\ 2N-n & N+1 \leqslant n \leqslant 2N \\ 0 & n<0,\ 2N<n \end{cases}$$

求 $x(n)$的 Z 变换。

解：题中 $x(n)$是一个三角序列，可以看作两个相同的矩形序列的卷积。

设 $y(n)=R_N(n)*R_N(n)$，则

$$y(n) = R_N(n)*R_N(n) = \begin{cases} 0 & n<0 \\ n+1 & 0 \leqslant n \leqslant N-1 \\ 2N-(n+1) & N \leqslant n \leqslant 2N-1 \\ 0 & 2N \leqslant n \end{cases}$$

将 $y(n)$和 $x(n)$进行比较，得到 $y(n-1)=x(n)$。因此

$$Y(z)z^{-1} = X(z)$$
$$Y(z) = \mathrm{ZT}[R_N(n)]\cdot \mathrm{ZT}[R_N(n)]$$
$$\mathrm{ZT}[R_N(n)] = \sum_{n=0}^{N-1} z^{-n} = \frac{1-z^{-N}}{1-z^{-1}} = \frac{z^N-1}{z^{N-1}(z-1)} \qquad 0<|z|$$

故

$$X(z) = z^{-1}\frac{z^N-1}{z^{N-1}(z-1)}\cdot\frac{z^N-1}{z^{N-1}(z-1)} = \frac{1}{z^{2N-1}}\left(\frac{z^N-1}{z-1}\right)^2 \qquad 0<|z|$$

[例 2.4.4] 时域离散线性非移变系统的系统函数 $H(z)$为

$$H(z) = \frac{1}{(z-a)(z-b)} \qquad a \text{ 和 } b \text{ 为常数}$$

(1) 要求系统稳定，确定 a 和 b 的取值域。

(2) 要求系统因果稳定，重复(1)。

解：(1) $H(z)$的极点为 a、b，系统稳定的条件是收敛域包含单位圆，即单位圆上不能有极点。因此，只要满足$|a|\neq 1$，$|b|\neq 1$ 即可使系统稳定，或者说 a 和 b 的取值域为除单位圆以外的整个 z 平面。

(2) 系统因果稳定的条件是所有极点全在单位圆内，所以 a 和 b 的取值域为

$$0\leqslant |a|<1,\ 0\leqslant |b|<1$$

[例 2.4.5] $x(t)=\cos(2\pi f_1 t)+\cos(2\pi f_2 t)$，$f_1=10$ Hz，$f_2=25$ Hz，用采样频率 $F_s=40$ Hz 对其进行理想采样得到 $\hat{x}(t)$。

(1) 写出 $\hat{x}(t)$的表达式；

(2) 对 $\hat{x}(t)$进行频谱分析，写出其傅里叶变换表达式，并画出其幅度谱；

(3) 如要用理想低通滤波器将 $\cos(2\pi f_1 t)$滤出来，理想滤波器的截止频率应该取多少？

解：(1) $\hat{x}(t)=\sum_{n=-\infty}^{\infty}[\cos(2\pi f_1 nT)+\cos(2\pi f_2 nT)]\delta(t-nT)$

(2) 按照采样定理，$\hat{x}(t)$的频谱是 $x(t)$频谱的周期延拓，延拓周期为 $F_s=40$ Hz，$x(t)$的频谱为

$$X(\mathrm{j}\Omega)=\pi[\delta(\Omega-2\pi f_1)+\delta(\Omega+2\pi f_1)]+\pi[\delta(\Omega-2\pi f_2)+\delta(\Omega+2\pi f_2)]$$

$$\hat{X}(\mathrm{j}\Omega)=\mathrm{FT}[\hat{x}(t)]=\frac{1}{T}\sum_{k=-\infty}^{\infty}X(\mathrm{j}\Omega-\mathrm{j}k\Omega_s)$$

$$=\frac{\pi}{T}\sum_{k=-\infty}^{\infty}[\delta(\Omega-2\pi f_1-2\pi F_s k)+\delta(\Omega+2\pi f_1-2\pi F_s k)$$

$$+\delta(\Omega-2\pi f_2-2\pi F_s k)+\delta(\Omega+2\pi f_2-2\pi F_s k)]$$

画出幅度谱如图 2.4.1 所示。

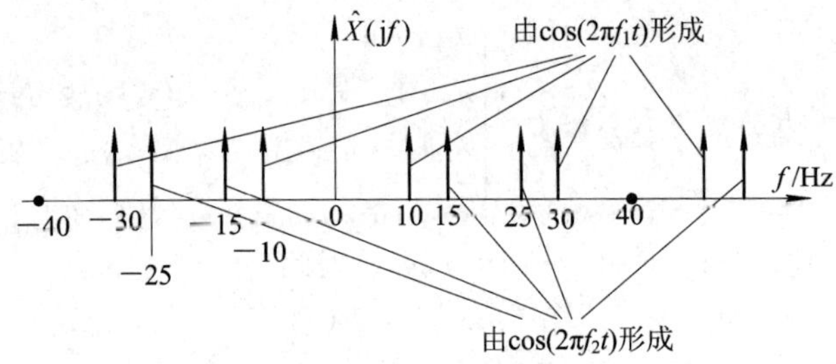

图 2.4.1

(3) 观察图 2.4.1，要把 $\cos(2\pi f_1 t)$滤出来，理想低通滤波器的截止频率 f_c 应选在 10 Hz 和15 Hz 之间，可选 $f_c=13$ Hz。

如果直接对模拟信号 $x(t)=\cos(2\pi f_1 t)+\cos(2\pi f_2 t)$进行滤波，模拟理想低通滤波器的截止频率选在 10 Hz 和 25 Hz 之间，可以把 10 Hz 的信号滤出来，但采样信号由于把模拟频谱按照采样频率周期性地延拓，使频谱发生变化，因此对理想低通滤波器的截止频率要求不同。

[例 2.4.6]　对 $x(t)=\cos(2\pi t)+\cos(5\pi t)$进行理想采样，采样间隔 $T=0.25$ s，得到 $\hat{x}(t)$，再让 $\hat{x}(t)$通过理想低通滤波器 $G(\mathrm{j}\Omega)$，$G(\mathrm{j}\Omega)$用下式表示：

$$G(\mathrm{j}\Omega)=\begin{cases}0.25 & |\Omega|\leqslant 4\pi\\ 0 & |\Omega|>4\pi\end{cases}$$

(1) 写出 $\hat{x}(t)$的表达式；

(2) 求出理想低通滤波器的输出信号 $y(t)$。

解：(1) $\hat{x}(t)=\sum_{n=-\infty}^{\infty}[\cos(2\pi nT)+\cos(5\pi nT)]\delta(t-nT)$

$$=\sum_{n=-\infty}^{\infty}[\cos(0.5\pi n)+\cos(1.25\pi n)]\delta(t-nT)$$

(2) 为了求理想低通滤波器的输出，要分析 $\hat{x}(t)$的频谱。$\hat{x}(t)$中的两个余弦信号频谱分别为在$\pm 0.5\pi$ 和$\pm 1.25\pi$ 的位置，并且以 2π 为周期进行周期性延拓，画出采样信号 $\hat{x}(t)$的频谱示意图如图 2.4.2(a)所示，图 2.4.2(b)是理想低通滤波器的幅频特性。显然，

理想低通滤波器的输出信号有两个，一个的数字频率为 0.5π，另一个的数字频率为 2π−1.35π=0.75π，相应的模拟频率为 2π 和 3π，这样理想低通滤波器的输出为

$$y(t)=0.25[\cos(2\pi t)+\cos(3\pi t)]$$

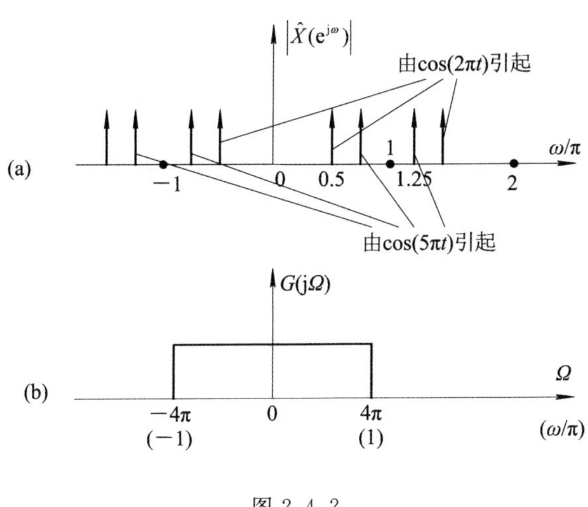

图 2.4.2

2.5　教材第 2 章习题与上机题解答

1. 设 $X(e^{j\omega})$ 和 $Y(e^{j\omega})$ 分别是 $x(n)$ 和 $y(n)$ 的傅里叶变换，试求下面序列的傅里叶变换：

(1) $x(n-n_0)$　　(2) $x^*(n)$

(3) $x(-n)$　　(4) $x(n)*y(n)$

(5) $x(n)y(n)$　　(6) $nx(n)$

(7) $x(2n)$　　(8) $x^2(n)$

(9) $x_9(n)=\begin{cases}x(n/2) & n=\text{偶数}\\ 0 & n=\text{奇数}\end{cases}$

解：(1)
$$\text{FT}[x(n-n_0)]=\sum_{n=-\infty}^{\infty}x(n-n_0)e^{-j\omega n}$$

令 $n'=n-n_0$，　即 $n=n'+n_0$，则

$$\text{FT}[x(n-n_0)]=\sum_{n'=-\infty}^{\infty}x(n')e^{-j\omega(n'+n_0)}=e^{-j\omega n_0}X(e^{j\omega})$$

(2)
$$\text{FT}[x^*(n)]=\sum_{n=-\infty}^{\infty}x^*(n)e^{-j\omega n}=\left[\sum_{n=-\infty}^{\infty}x(n)e^{j\omega n}\right]^*=X^*(e^{-j\omega})$$

(3)
$$\text{FT}[x(-n)]=\sum_{n=-\infty}^{\infty}x(-n)e^{-j\omega n}$$

令 $n'=-n$，则

$$\text{FT}[x(-n)]=\sum_{n'=-\infty}^{\infty}x(n')e^{j\omega n'}=X(e^{-j\omega})$$

(4)
$$\text{FT}[x(n)*y(n)]=X(e^{j\omega})Y(e^{j\omega})$$

下面证明上式成立：

$$x(n) * y(n) = \sum_{m=-\infty}^{\infty} x(m)y(n-m)$$

$$\mathrm{FT}[x(n) * y(n)] = \sum_{n=-\infty}^{\infty}\Big[\sum_{m=-\infty}^{\infty} x(m)y(n-m)\Big]\mathrm{e}^{-\mathrm{j}\omega n}$$

令 $k=n-m$，则

$$\begin{aligned}\mathrm{FT}[x(n) * y(n)] &= \sum_{k=-\infty}^{\infty}\Big[\sum_{m=-\infty}^{\infty} x(m)y(k)\Big]\mathrm{e}^{-\mathrm{j}\omega k}\mathrm{e}^{-\mathrm{j}\omega n}\\ &= \sum_{k=-\infty}^{\infty} y(k)\mathrm{e}^{-\mathrm{j}\omega k}\sum_{m=-\infty}^{\infty} x(m)\mathrm{e}^{-\mathrm{j}\omega n}\\ &= X(\mathrm{e}^{\mathrm{j}\omega})Y(\mathrm{e}^{\mathrm{j}\omega})\end{aligned}$$

(5)

$$\begin{aligned}\mathrm{FT}[x(n)y(n)] &= \sum_{n=-\infty}^{\infty} x(n)y(n)\mathrm{e}^{-\mathrm{j}\omega n}\\ &= \sum_{n=-\infty}^{\infty} x(n)\Big[\frac{1}{2\pi}\int_{-\pi}^{\pi} Y(\mathrm{e}^{\mathrm{j}\omega'})\mathrm{e}^{\mathrm{j}\omega' n}\mathrm{d}\omega'\Big]\mathrm{e}^{-\mathrm{j}\omega n}\\ &= \frac{1}{2\pi}\int_{-\pi}^{\pi} Y(\mathrm{c}^{\mathrm{j}\omega'})\sum_{n=-\infty}^{\infty} x(n)\mathrm{e}^{-\mathrm{j}(\omega-\omega')n}\mathrm{d}\omega'\\ &= \frac{1}{2\pi}\int_{-\pi}^{\pi} Y(\mathrm{e}^{\mathrm{j}\omega'})X(\mathrm{e}^{\mathrm{j}(\omega-\omega')})\mathrm{d}\omega'\end{aligned}$$

或者

$$\mathrm{FT}[x(n)y(n)] = \frac{1}{2\pi}\int_{-\pi}^{\pi} X(\mathrm{e}^{\mathrm{j}\omega'})Y(\mathrm{e}^{\mathrm{j}(\omega-\omega')})\mathrm{d}\omega'$$

(6) 因为 $X(\mathrm{e}^{\mathrm{j}\omega}) = \sum_{n=-\infty}^{\infty} x(n)\mathrm{e}^{-\mathrm{j}\omega n}$，该式两边对 ω 求导，得到

$$\frac{\mathrm{d}X(\mathrm{e}^{\mathrm{j}\omega})}{\mathrm{d}\omega} = -\mathrm{j}\sum_{n=-\infty}^{\infty} nx(n)\mathrm{e}^{-\mathrm{j}\omega n} = -\mathrm{j}\mathrm{FT}[nx(n)]$$

因此

$$\mathrm{FT}[nx(n)] = \mathrm{j}\frac{\mathrm{d}X(\mathrm{e}^{\mathrm{j}\omega})}{\mathrm{d}\omega}$$

(7)

$$\mathrm{FT}[x(2n)] = \sum_{n=-\infty}^{\infty} x(2n)\mathrm{e}^{-\mathrm{j}\omega n}$$

令 $n'=2n$，则

$$\begin{aligned}\mathrm{FT}[x(2n)] &= \sum_{n'=-\infty,\ n\text{取偶数}}^{\infty} x(n')\mathrm{e}^{-\mathrm{j}\omega n'/2}\\ &= \sum_{n=-\infty}^{\infty}\frac{1}{2}[x(n)+(-1)^n x(n)]\mathrm{e}^{-\mathrm{j}\frac{1}{2}\omega n}\\ &= \frac{1}{2}\Big[\sum_{n=-\infty}^{\infty} x(n)\mathrm{e}^{-\mathrm{j}\frac{1}{2}\omega n} + \sum_{n=-\infty}^{\infty}\mathrm{e}^{\mathrm{j}\pi n}x(n)\mathrm{e}^{-\mathrm{j}\frac{1}{2}\omega n}\Big]\\ &= \frac{1}{2}[X(\mathrm{e}^{\mathrm{j}\frac{1}{2}\omega}) + X(\mathrm{e}^{\mathrm{j}\frac{1}{2}(\omega-\pi)})]\end{aligned}$$

(8)

$$\mathrm{FT}[x^2(n)] = \sum_{n=-\infty}^{\infty} x^2(n)\mathrm{e}^{-\mathrm{j}\omega n}$$

利用(5)题结果，令 $x(n)=y(n)$，则

$$\mathrm{FT}[x^2(n)]=\frac{1}{2\pi}X(\mathrm{e}^{\mathrm{j}\omega})*X(\mathrm{e}^{\mathrm{j}\omega})=\frac{1}{2\pi}\int_{-\pi}^{\pi}X(\mathrm{e}^{\mathrm{j}\omega'})X(\mathrm{e}^{\mathrm{j}(\omega-\omega')})\mathrm{d}\omega'$$

(9)
$$\mathrm{FT}[x(n/2)]=\sum_{n=-\infty}^{\infty}x(n/2)\mathrm{e}^{-\mathrm{j}\omega n}$$

令 $n'=n/2$，则

$$\mathrm{FT}[x(n/2)]=\sum_{n=-\infty}^{\infty}x(n')\mathrm{e}^{-\mathrm{j}2\omega n'}=X(\mathrm{e}^{\mathrm{j}2\omega})$$

2. 已知

$$X(\mathrm{e}^{\mathrm{j}\omega})=\begin{cases}1 & |\omega|<\omega_0\\ 0 & \omega_0<|\omega|\leqslant\pi\end{cases}$$

求 $X(\mathrm{e}^{\mathrm{j}\omega})$的傅里叶反变换 $x(n)$。

解：
$$x(n)=\frac{1}{2\pi}\int_{-\omega_0}^{\omega_0}\mathrm{e}^{\mathrm{j}\omega n}\mathrm{d}\omega=\frac{\sin(\omega_0 n)}{\pi n}$$

3. 线性时不变系统的频率响应(频率响应函数)$H(\mathrm{e}^{\mathrm{j}\omega})=|H(\mathrm{e}^{\mathrm{j}\omega})|\mathrm{e}^{\mathrm{j}\theta(\omega)}$，如果单位脉冲响应 $h(n)$为实序列，试证明输入 $x(n)=A\cos(\omega_0 n+\varphi)$的稳态响应为

$$y(n)=A|H(\mathrm{e}^{\mathrm{j}\omega_0})|\cos[\omega_0 n+\varphi+\theta(\omega_0)]$$

解：假设输入信号 $x(n)=\mathrm{e}^{\mathrm{j}\omega_0 n}$，系统单位脉冲响应为 $h(n)$，则系统输出为

$$\begin{aligned}y(n)&=h(n)*x(n)=\sum_{m=-\infty}^{\infty}h(m)\mathrm{e}^{\mathrm{j}\omega_0(n-m)}\\&=\mathrm{e}^{\mathrm{j}\omega_0 n}\sum_{m=-\infty}^{\infty}h(m)\mathrm{e}^{-\mathrm{j}\omega_0 m}=H(\mathrm{e}^{\mathrm{j}\omega_0})\mathrm{e}^{\mathrm{j}\omega_0 n}\end{aligned}$$

上式说明当输入信号为复指数序列时，输出序列仍是复指数序列，且频率相同，但幅度和相位取决于网络频率响应函数。利用该性质解此题：

$$x(n)=A\cos(\omega_0 n+\varphi)=\frac{1}{2}A[\mathrm{e}^{\mathrm{j}\omega_0 n}\mathrm{e}^{\mathrm{j}\varphi}+\mathrm{e}^{-\mathrm{j}\omega_0 n}\mathrm{e}^{-\mathrm{j}\varphi}]$$

$$\begin{aligned}y(n)&=\frac{1}{2}A[\mathrm{e}^{\mathrm{j}\varphi}\mathrm{e}^{\mathrm{j}\omega_0 n}H(\mathrm{e}^{\mathrm{j}\omega_0})+\mathrm{e}^{-\mathrm{j}\varphi}\mathrm{e}^{-\mathrm{j}\omega_0 n}H(\mathrm{e}^{-\mathrm{j}\omega_0})]\\&=\frac{1}{2}A[\mathrm{e}^{\mathrm{j}\varphi}\mathrm{e}^{\mathrm{j}\omega_0 n}|H(\mathrm{e}^{\mathrm{j}\omega_0})|\mathrm{e}^{\mathrm{j}\theta(\omega_0)}+\mathrm{e}^{-\mathrm{j}\varphi}\mathrm{e}^{-\mathrm{j}\omega_0 n}|H(\mathrm{e}^{-\mathrm{j}\omega_0})|]\mathrm{e}^{\mathrm{j}\theta(-\omega_0)}\end{aligned}$$

因为 $h(n)$为实序列，所以上式中$|H(\mathrm{e}^{\mathrm{j}\omega})|$是 ω 的偶函数，相位函数是 ω 的奇函数，$|H(\mathrm{e}^{\mathrm{j}\omega})|=|H(\mathrm{e}^{-\mathrm{j}\omega})|$，$\theta(\omega)=-\theta(-\omega)$，故

$$\begin{aligned}y(n)&=\frac{1}{2}A|H(\mathrm{e}^{\mathrm{j}\omega_0})|[\mathrm{e}^{\mathrm{j}\varphi}\mathrm{e}^{\mathrm{j}\omega_0 n}\mathrm{e}^{\mathrm{j}\theta(\omega_0)}+\mathrm{e}^{-\mathrm{j}\varphi}\mathrm{e}^{-\mathrm{j}\omega_0 n}\mathrm{e}^{-\mathrm{j}\theta(\omega_0)}]\\&=A|H(\mathrm{e}^{\mathrm{j}\omega_0})|\cos[\omega_0 n+\varphi+\theta(\omega_0)]\end{aligned}$$

4. 设

$$x(n)=\begin{cases}1 & n=0,1\\ 0 & \text{其他}\end{cases}$$

将 $x(n)$以 4 为周期进行周期延拓，形成周期序列 $\tilde{x}(n)$，画出 $x(n)$和 $\tilde{x}(n)$的波形，求出 $\tilde{x}(n)$的离散傅里叶级数 $\tilde{X}(k)$和傅里叶变换。

解：画出 $x(n)$和 $\tilde{x}(n)$的波形如题 4 解图所示。

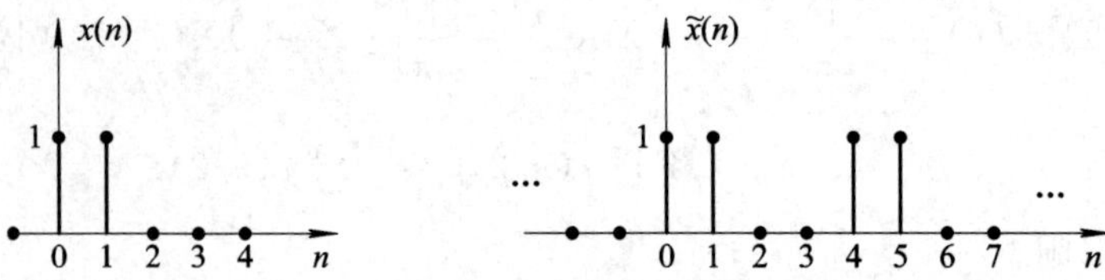

题 4 解图

$$\tilde{X}(k)=\text{DFS}[\tilde{x}(n)]=\sum_{n=0}^{3}\tilde{x}(n)\mathrm{e}^{-\mathrm{j}\frac{2\pi}{4}kn}=\sum_{n=0}^{1}\mathrm{e}^{-\mathrm{j}\frac{\pi}{2}kn}=1+\mathrm{e}^{-\mathrm{j}\frac{\pi}{2}k}$$

$$=\mathrm{e}^{-\mathrm{j}\frac{\pi}{4}k}(\mathrm{e}^{\mathrm{j}\frac{\pi}{4}k}+\mathrm{e}^{-\mathrm{j}\frac{\pi}{4}k})=2\cos\left(\frac{\pi}{4}k\right)\cdot\mathrm{e}^{-\mathrm{j}\frac{\pi}{4}k}\qquad \tilde{X}(k)\text{ 以 4 为周期}$$

或者

$$\tilde{X}(k)=\sum_{n=0}^{1}\mathrm{e}^{-\mathrm{j}\frac{\pi}{2}kn}=\frac{1-\mathrm{e}^{-\mathrm{j}\pi k}}{1-\mathrm{e}^{-\mathrm{j}\frac{\pi}{2}k}}=\frac{\mathrm{e}^{-\mathrm{j}\frac{1}{2}\pi k}(\mathrm{e}^{\mathrm{j}\frac{1}{2}\pi k}-\mathrm{e}^{-\mathrm{j}\frac{1}{2}\pi k})}{\mathrm{e}^{-\mathrm{j}\frac{1}{4}\pi k}(\mathrm{e}^{\mathrm{j}\frac{1}{4}\pi k}-\mathrm{e}^{-\mathrm{j}\frac{1}{4}\pi k})}$$

$$=\mathrm{e}^{-\mathrm{j}\frac{1}{4}\pi k}\frac{\sin\frac{1}{2}\pi k}{\sin\frac{1}{4}\pi k}\qquad \tilde{X}(k)\text{ 以 4 为周期}$$

$$X(\mathrm{e}^{\mathrm{j}\omega})=\text{FT}[\tilde{x}(n)]=\frac{2\pi}{4}\sum_{k=-\infty}^{\infty}\tilde{X}(k)\delta\left(\omega-\frac{2\pi}{4}k\right)=\frac{\pi}{2}\sum_{k=-\infty}^{\infty}\tilde{X}(k)\delta\left(\omega-\frac{\pi}{2}k\right)$$

$$=\pi\sum_{k=-\infty}^{\infty}\cos\left(\frac{\pi}{4}k\right)\mathrm{e}^{-\mathrm{j}\frac{\pi k}{4}}\cdot\delta\left(\omega-\frac{\pi}{2}k\right)$$

5. 设题 5 图所示的序列 $x(n)$的 FT 用 $X(\mathrm{e}^{\mathrm{j}\omega})$表示，不直接求出 $X(\mathrm{e}^{\mathrm{j}\omega})$，完成下列运算或工作：

(1) $X(\mathrm{e}^{\mathrm{j}0})$；

(2) $\int_{-\pi}^{\pi}X(\mathrm{e}^{\mathrm{j}\omega})\,\mathrm{d}\omega$；

(3) $X(\mathrm{e}^{\mathrm{j}\pi})$；

(4) 确定并画出傅里叶变换实部 $\text{Re}[X(\mathrm{e}^{\mathrm{j}\omega})]$的时间序列 $x_{\mathrm{e}}(n)$；

(5) $\int_{-\pi}^{\pi}|X(\mathrm{e}^{\mathrm{j}\omega})|^2\,\mathrm{d}\omega$；

(6) $\int_{-\pi}^{\pi}\left|\frac{\mathrm{d}X(\mathrm{e}^{\mathrm{j}\omega})}{\mathrm{d}\omega}\right|^2\mathrm{d}\omega$。

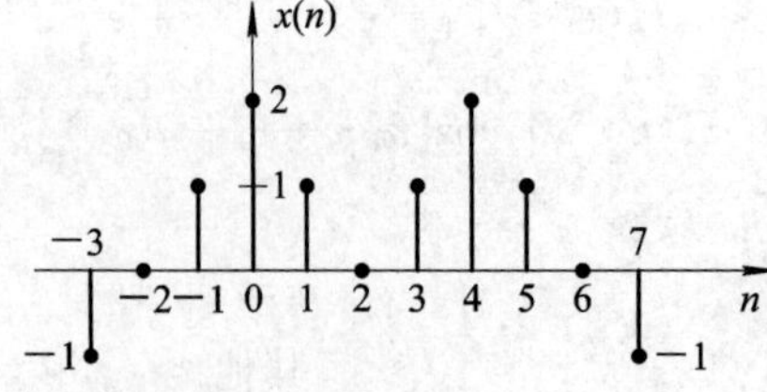

题 5 图

解：(1) $X(e^{j0})=\sum_{n=-3}^{7}x(n)=6$

(2) $\int_{-\pi}^{\pi}X(e^{j\omega})d\omega=x(0)\cdot 2\pi=4\pi$

(3) $X(e^{j\pi})=\sum_{n=-\infty}^{\infty}x(n)e^{-j\pi n}=\sum_{n=-3}^{7}(-1)^n x(n)=2$

(4) 因为傅里叶变换的实部对应序列的共轭对称部分，即

$$R_e[X(e^{j\omega})]=\sum_{n=-\infty}^{\infty}x_e(n)e^{-j\omega n}$$

$$x_e(n)=\frac{1}{2}[x(n)+x(-n)]$$

按照上式画出 $x_e(n)$的波形如题 5 解图所示。

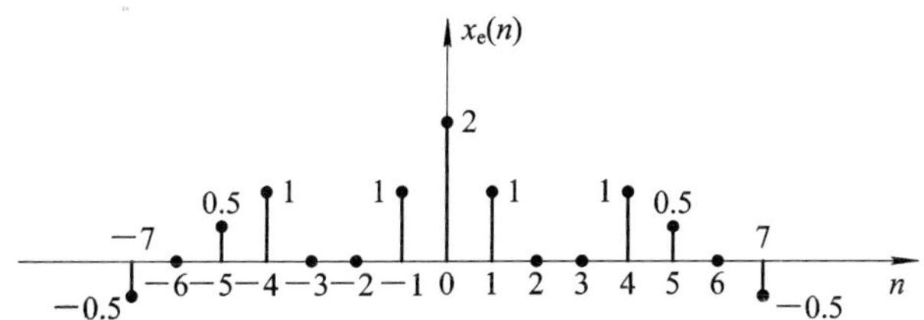

题 5 解图

(5) $$\int_{-\pi}^{\pi}|X(e^{j\omega})|^2 d\omega=2\pi\sum_{n=-3}^{7}|x(n)|^2=28\pi$$

(6) 因为

$$\frac{dX(e^{j\omega})}{d\omega}=\mathrm{FT}[-jnx(n)]$$

因此

$$\int_{-\pi}^{\pi}\left|\frac{dX(e^{j\omega})}{d\omega}\right|^2 d\omega=2\pi\sum_{n=-3}^{7}|nx(n)|^2=316\pi$$

6. 试求如下序列的傅里叶变换：

(1) $x_1(n)=\delta(n-3)$

(2) $x_2(n)=\frac{1}{2}\delta(n+1)+\delta(n)+\frac{1}{2}\delta(n-1)$

(3) $x_3(n)=a^n u(n)\qquad 0<a<1$

(4) $x_4(n)=u(n+3)-u(n-4)$

解：

(1) $X_1(e^{j\omega})=\sum_{n=-\infty}^{\infty}\delta(n-3)e^{-j\omega n}=e^{-j3\omega}$

(2) $X_2(e^{j\omega})=\sum_{n=-\infty}^{\infty}x_2(n)e^{-j\omega n}=\frac{1}{2}e^{j\omega}+1+\frac{1}{2}e^{-j\omega}$

$$=1+\frac{1}{2}(e^{j\omega}+e^{-j\omega})=1+\cos\omega$$

(3) $X_3(e^{j\omega})=\sum_{n=-\infty}^{\infty}a^n u(n)e^{-j\omega n}=\sum_{n=0}^{\infty}a^n e^{-j\omega n}=\frac{1}{1-ae^{-j\omega}}$

(4) $X_4(e^{j\omega}) = \sum_{n=-\infty}^{\infty}[u(n+3)-u(n-4)]e^{-j\omega n} = \sum_{n=-3}^{3}e^{-j\omega n}$

$$= \sum_{n=0}^{3}e^{-j\omega n} + \sum_{n=-1}^{-3}e^{-j\omega n} = \sum_{n=0}^{3}e^{-j\omega n} + \sum_{n=1}^{3}e^{j\omega n} = \frac{1-e^{-j4\omega}}{1-e^{-j\omega}} + \frac{1-e^{j3\omega}}{1-e^{j\omega}}e^{j\omega}$$

$$= \frac{1-e^{-j4\omega}}{1-e^{-j\omega}} - \frac{1-e^{j3\omega}}{1-e^{-j\omega}} = \frac{e^{j3\omega}-e^{-j4\omega}}{1-e^{-j\omega}} = \frac{1-e^{-j7\omega}}{1-e^{-j\omega}}e^{j3\omega}$$

$$= \frac{e^{-j\frac{7}{2}\omega}(e^{j\frac{7}{2}\omega}-e^{-j\frac{7}{2}\omega})}{e^{-j\frac{1}{2}\omega}(e^{j\frac{1}{2}\omega}-e^{-j\frac{1}{2}\omega})}e^{j3\omega} = \frac{\sin\left(\frac{7}{2}\omega\right)}{\sin\left(\frac{1}{2}\omega\right)}$$

或者

$$x_3(n) = u(n+3) - u(n-4) = R_7(n+3)$$

$$X_4(e^{j\omega}) = \sum_{n=-\infty}^{\infty}R_7(n+3)e^{-j\omega n}$$

$$\text{FT}[R_7(n)] = \sum_{n=0}^{6}e^{-j\omega n} = \frac{1-e^{-j7\omega}}{1-e^{-j\omega}}$$

$$X_4(e^{j\omega}) = \sum_{n=-\infty}^{\infty}R_7(n+3)e^{-j\omega n} = \frac{1-e^{-j7\omega}}{1-e^{-j\omega}}e^{j3\omega} = \frac{e^{-j\frac{7}{2}\omega}(e^{j\frac{7}{2}\omega}-e^{-j\frac{7}{2}\omega})}{e^{-j\frac{\omega}{2}}(e^{j\frac{\omega}{2}}-e^{-j\frac{\omega}{2}})}e^{j3\omega}$$

$$= \frac{e^{-j\frac{\omega}{2}}(e^{j\frac{7}{2}\omega}-e^{-j\frac{7}{2}\omega})}{e^{-j\frac{\omega}{2}}(e^{j\frac{\omega}{2}}-e^{-j\frac{\omega}{2}})} = \frac{\sin\left(\frac{7}{2}\omega\right)}{\sin\left(\frac{1}{2}\omega\right)}$$

7. 设：

(1) $x(n)$是实偶函数，

(2) $x(n)$是实奇函数，

分别分析推导以上两种假设下，其 $x(n)$的傅里叶变换性质。

解： 令
$$X(e^{j\omega}) = \sum_{n=-\infty}^{\infty}x(n)e^{-j\omega n}$$

(1) 因为 $x(n)$是实偶函数，对上式两边取共轭，得到

$$X^*(e^{j\omega}) = \sum_{n=-\infty}^{\infty}x(n)e^{j\omega n} = \sum_{n=-\infty}^{\infty}x(n)e^{-j(-\omega)n} = X(e^{-j\omega})$$

因此

$$X(e^{j\omega}) = X^*(e^{-j\omega})$$

上式说明 $x(n)$是实序列，$X(e^{j\omega})$具有共轭对称性质，即

$$X(e^{j\omega}) = \sum_{n=-\infty}^{\infty}x(n)e^{-j\omega n} = \sum_{n=-\infty}^{\infty}x(n)[\cos\omega n + j\sin\omega n]$$

由于 $x(n)$是偶函数，$x(n)\sin\omega n$ 是奇函数，那么 $\sum_{n=-\infty}^{\infty}x(n)\sin\omega n = 0$，因此

$$X(e^{j\omega}) = \sum_{n=-\infty}^{\infty}x(n)\cos\omega n$$

该式说明 $X(e^{j\omega})$是实函数，且是 ω 的偶函数。

总结以上，$x(n)$是实偶函数时，对应的傅里叶变换 $X(e^{j\omega})$是实函数，是 ω 的偶函数。

(2) $x(n)$是实奇函数。上面已推出，由于 $x(n)$是实序列，$X(e^{j\omega})$具有共轭对称性质，即

$$X(e^{j\omega}) = X^*(e^{-j\omega})$$

$$X(e^{j\omega}) = \sum_{n=-\infty}^{\infty} x(n)e^{-j\omega n} = \sum_{n=-\infty}^{\infty} x(n)[\cos\omega n + j\ \sin\omega n]$$

由于 $x(n)$是奇函数，上式中 $x(n)\ \cos\omega n$ 是奇函数，那么 $\sum_{n=-\infty}^{\infty} x(n)\ \cos\omega n = 0$，因此

$$X(e^{j\omega}) = j\sum_{n=-\infty}^{\infty} x(n)\ \sin\omega n$$

这说明 $X(e^{j\omega})$是纯虚数，且是 ω 的奇函数。

8. 设 $x(n)=R_4(n)$，试求 $x(n)$的共轭对称序列 $x_e(n)$和共轭反对称序列 $x_o(n)$，并分别用图表示。

解： $x_e(n) = \frac{1}{2}[R_4(n) + R_4(-n)]$，$x_o(n) = \frac{1}{2}[R_4(n) - R_4(-n)]$

$x_e(n)$和 $x_o(n)$的波形如题 8 解图所示。

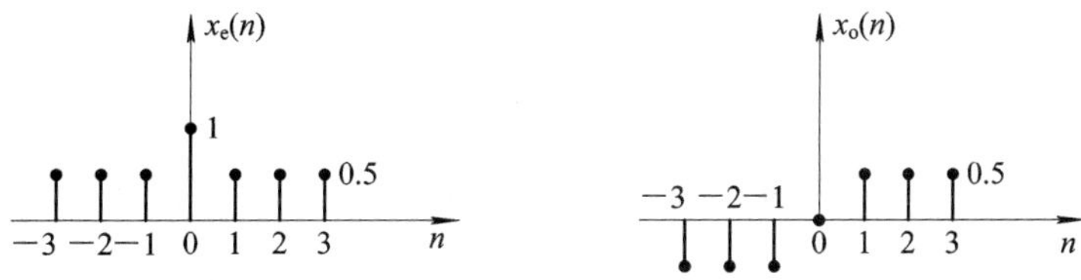

题 8 解图

9. 已知 $x(n)=a^n u(n)$，$0<a<1$，分别求出其偶函数 $x_e(n)$和奇函数 $x_o(n)$的傅里叶变换。

解：
$$X(e^{j\omega}) = \sum_{n=-\infty}^{\infty} x(n)e^{-j\omega n}$$

因为 $x_e(n)$的傅里叶变换对应 $X(e^{j\omega})$的实部，$x_o(n)$的傅里叶变换对应 $X(e^{j\omega})$的虚部乘以 j，因此

$$\mathrm{FT}[x_e(n)] = \mathrm{Re}[X(e^{j\omega})] = \mathrm{Re}\left[\frac{1}{1-ae^{-j\omega}}\right] = \mathrm{Re}\left[\frac{1}{1-ae^{-j\omega}} \cdot \frac{1-ae^{j\omega}}{1-ae^{j\omega}}\right]$$

$$= \frac{1-a\ \cos\omega}{1+a^2-2a\ \cos\omega}$$

$$\mathrm{FT}[x_o(n)] = \mathrm{jIm}[X(e^{j\omega})] = \mathrm{jIm}\left[\frac{1}{1-ae^{-j\omega}}\right] = \mathrm{jIm}\left[\frac{1}{1-ae^{-j\omega}} \cdot \frac{1-ae^{j\omega}}{1-ae^{j\omega}}\right]$$

$$= \frac{-a\ \sin\omega}{1+a^2-2a\ \cos\omega}$$

10. 若序列 $h(n)$是实因果序列，其傅里叶变换的实部如下式：

$$H_R(e^{j\omega}) = 1 + \cos\omega$$

求序列 $h(n)$及其傅里叶变换 $H(e^{j\omega})$。

解： $H_R(e^{j\omega}) = 1 + \cos\omega = 1 + \frac{1}{2}e^{j\omega} + \frac{1}{2}e^{-j\omega} = \mathrm{FT}[h_e(n)] = \sum_{n=-\infty}^{\infty} h_e(n)e^{-j\omega n}$

$$h_e(n)=\begin{cases}\dfrac{1}{2} & n=-1\\ 1 & n=0\\ \dfrac{1}{2} & n=1\end{cases}$$

$$h(n)=\left.\begin{cases}0 & n<0\\ h_e(n) & n=0\\ 2h_e(n) & n>0\end{cases}\right\}=\begin{cases}1 & n=0\\ 1 & n=1\\ 0 & 其它\ n\end{cases}$$

$$H(e^{j\omega})=\sum_{n=-\infty}^{\infty}h(n)e^{-j\omega n}=1+e^{-j\omega}=2e^{-j\omega/2}\cos\left(\frac{\omega}{2}\right)$$

11. 若序列 $h(n)$是实因果序列，$h(0)=1$，其傅里叶变换的虚部为

$$H_I(e^{j\omega})=-\sin\omega$$

求序列 $h(n)$及其傅里叶变换 $H(e^{j\omega})$。

解：

$$H_I(e^{j\omega})=-\sin\omega=-\frac{1}{2j}[e^{j\omega}-e^{-j\omega}]$$

$$\mathrm{FT}[h_o(n)]=jH_I(e^{j\omega})=-\frac{1}{2}[e^{j\omega}-e^{-j\omega}]=\sum_{n=-\infty}^{\infty}h_o(n)e^{-j\omega n}$$

$$h_o(n)=\begin{cases}-\dfrac{1}{2} & n=-1\\ 0 & n=0\\ \dfrac{1}{2} & n=1\end{cases}$$

$$h(n)=\left.\begin{cases}0 & n<0\\ h(n) & n=0\\ 2h_o(n) & n>0\end{cases}\right\}=\begin{cases}1 & n=0\\ 1 & n=1\\ 0 & 其他\ n\end{cases}$$

$$H(e^{j\omega})=\sum_{n=-\infty}^{\infty}h(n)e^{-j\omega n}=1+e^{-j\omega}=2e^{-j\omega/2}\cos\left(\frac{\omega}{2}\right)$$

12. 设系统的单位脉冲响应 $h(n)=a^nu(n)$，$0<a<1$，输入序列为

$$x(n)=\delta(n)+2\delta(n-2)$$

完成下面各题：

(1) 求出系统输出序列 $y(n)$；

(2) 分别求出 $x(n)$、$h(n)$和 $y(n)$的傅里叶变换。

解： (1) $y(n)=h(n)*x(n)=a^nu(n)*[\delta(n)+\delta(n-2)]$

$=a^nu(n)+2a^{n-2}u(n-2)$

(2) $X(e^{j\omega})=\displaystyle\sum_{n=-\infty}^{\infty}[\delta(n)+2\delta(n-2)]e^{-j\omega n}=1+2e^{-j2\omega}$

$$H(e^{j\omega})=\sum_{n=-\infty}^{\infty}a^nu(n)e^{-j\omega n}=\sum_{n=0}^{\infty}a^ne^{-j\omega n}=\frac{1}{1-ae^{-j\omega}}$$

$$Y(e^{j\omega})=H(e^{j\omega})X(e^{j\omega})=\frac{1+2e^{-j2\omega}}{1-ae^{-j\omega}}$$

13. 已知 $x_a(t)=2\cos(2\pi f_0 t)$，式中 $f_0=100$ Hz，以采样频率 $f_s=400$ Hz 对 $x_a(t)$ 进行采样，得到采样信号 $\hat{x}_a(t)$ 和时域离散信号 $x(n)$，试完成下面各题：

(1) 写出 $x_a(t)$ 的傅里叶变换表示式 $X_a(j\Omega)$；

(2) 写出 $\hat{x}_a(t)$ 和 $x(n)$ 的表达式；

(3) 分别求出 $\hat{x}_a(t)$ 的傅里叶变换和 $x(n)$ 的傅里叶变换。

解：

(1) $$X_a(j\Omega)=\int_{-\infty}^{\infty}x_a(t)e^{-j\Omega t}dt=\int_{-\infty}^{\infty}2\cos(\Omega_0 t)e^{-j\Omega t}dt=\int_{-\infty}^{\infty}[e^{j\Omega_0 t}+e^{-j\Omega_0 t}]e^{-j\Omega t}dt$$

上式中指数函数的傅里叶变换不存在，引入奇异函数 δ 函数，它的傅里叶变换可以表示为

$$X_a(j\Omega)=2\pi[\delta(\Omega-\Omega_0)+\delta(\Omega+\Omega_0)],\ \Omega_0=2\pi f_0=200\pi\ \text{rad/s}$$

(2) $$\hat{x}_a(t)=\sum_{n=-\infty}^{\infty}x_a(t)\delta(t-nT)=\sum_{n=-\infty}^{\infty}2\cos(\Omega_0 nT)\delta(t-nT)$$

$$x(n)=2\cos(\Omega_0 nT)\qquad -\infty<n<\infty$$

$$T=\frac{1}{f_s}=2.5\ \text{ms}$$

(3) $$\hat{X}_a(j\Omega)=\frac{1}{T}\sum_{k=-\infty}^{\infty}X_a(j\Omega-jk\Omega_s)=\frac{2\pi}{T}\sum_{k=-\infty}^{\infty}[\delta(\Omega-\Omega_0-k\Omega_s)+\delta(\Omega+\Omega_0-k\Omega_s)]$$

式中

$$\Omega_s=2\pi f_s=800\pi\ \text{rad/s}$$

$$X(e^{j\omega})=\sum_{n=-\infty}^{\infty}x(n)e^{-j\omega n}=\sum_{n=-\infty}^{\infty}2\cos(\Omega_0 nT)e^{-j\omega n}=\sum_{n=-\infty}^{\infty}2\cos(\omega_0 n)e^{-j\omega n}$$

$$=\sum_{n=-\infty}^{\infty}[e^{j\omega_0 n}+e^{-j\omega_0 n}]e^{-j\omega n}=2\pi\sum_{k=-\infty}^{\infty}[\delta(\omega-\omega_0-2k\pi)+\delta(\omega+\omega_0-2k\pi)]$$

式中

$$\omega_0=\Omega_0 T=0.5\pi\ \text{rad}$$

上式推导过程中，指数序列的傅里叶变换仍然不存在，只有引入奇异函数 δ 函数才能写出它的傅里叶变换表示式。

14. 求出以下序列的 Z 变换及收敛域：

(1) $2^{-n}u(n)$　　(2) $-2^{-n}u(-n-1)$

(3) $2^{-n}u(-n)$　　(4) $\delta(n)$

(5) $\delta(n-1)$　　(6) $2^{-n}[u(n)-u(n-10)]$

解：

(1) $$\text{ZT}[2^{-n}u(n)]=\sum_{n=-\infty}^{\infty}2^{-n}u(n)z^{-n}=\sum_{n=0}^{\infty}2^{-n}z^{-n}=\frac{1}{1-2^{-1}z^{-1}}\qquad |z|>\frac{1}{2}$$

(2) $$\text{ZT}[-2^{-n}u(-n-1)]=\sum_{n=-\infty}^{\infty}-2^{-n}u(-n-1)z^{-n}=\sum_{n=-1}^{-\infty}-2^{-n}z^{-n}=\sum_{n=1}^{\infty}-2^{n}z^{n}$$

$$=\frac{-2z}{1-2z}=\frac{1}{1-2^{-1}z^{-1}}\qquad |z|<\frac{1}{2}$$

(3) $\text{ZT}[2^{-n}u(-n)] = \sum_{n=-\infty}^{\infty} 2^{-n}u(-n)z^{-n} = \sum_{n=0}^{-\infty} 2^{-n}z^{-n} = \sum_{n=0}^{\infty} 2^{n}z^{n} = \frac{1}{1-2z} \quad |z| < \frac{1}{2}$

(4) $\text{ZT}[\delta(n)] = 1 \quad 0 \leqslant |z| \leqslant \infty$

(5) $\text{ZT}[\delta(n-1)] = z^{-1} \quad 0 < |z| \leqslant \infty$

(6) $\text{ZT}[2^{-n}(u(n)-u(n-10))] = \sum_{n=0}^{9} 2^{-n}z^{-n} = \frac{1-2^{-10}z^{-10}}{1-2^{-1}z^{-1}} \quad 0 < |z| \leqslant \infty$

15. 求以下序列的Z变换及其收敛域，并在 z 平面上画出极零点分布图。

(1) $x(n)=R_N(n) \quad N=4$

(2) $x(n)=Ar^n\cos(\omega_0 n+\varphi)u(n) \quad r=0.9,\ \omega_0=0.5\pi\ \text{rad},\ \varphi=0.25\pi\ \text{rad}$

(3) $x(n)=\begin{cases} n & 0\leqslant n\leqslant N \\ 2N-n & N+1\leqslant n\leqslant 2N \\ 0 & \text{其他} \end{cases}$

式中，$N=4$。

解:

(1) $X(z) = \sum_{n=-\infty}^{\infty} R_4(n)z^{-n} = \sum_{n=0}^{3} z^{-n} = \frac{1-z^{-4}}{1-z^{-1}} = \frac{z^4-1}{z^3(z-1)} \quad 0 < |z| \leqslant \infty$

由 $z^4-1=0$，得零点为

$$z_k = e^{j\frac{2\pi}{4}k} \quad k=0,\ 1,\ 2,\ 3$$

由 $z^3(z-1)=0$，得极点为

$$z_{1,2} = 0,\ 1$$

零极点图和收敛域如题15解图(a)所示，图中，$z=1$ 处的零极点相互对消。

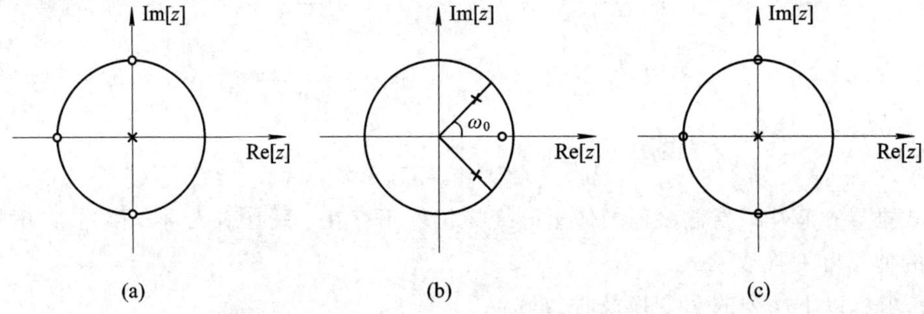

题15解图

(2) $x(n) = Ar^n\cos(\omega_0 n+\varphi)u(n) = \frac{1}{2}Ar^n(e^{j\omega_0 n}e^{j\varphi} + e^{-j\omega_0 n}e^{-j\varphi})u(n)$

$$\begin{aligned} X(z) &= \frac{1}{2}A\left(\sum_{n=0}^{\infty} r^n e^{j\omega_0 n}e^{j\varphi}z^{-n} + \sum_{n=0}^{\infty} r^n e^{-j\omega_0 n}e^{-j\varphi}z^{-n}\right) \\ &= \frac{1}{2}A\left(\frac{e^{j\varphi}}{1-re^{j\omega_0}z^{-1}} + \frac{e^{-j\varphi}}{1-re^{-j\omega_0}z^{-1}}\right) \\ &= A\,\frac{\cos\varphi - r\cos(\omega_0-\varphi)z^{-1}}{(1-re^{j\omega_0}z^{-1})(1-re^{-j\omega_0}z^{-1})} \quad |z| > r \end{aligned}$$

零点为　　$z_1 = r\dfrac{\cos(\omega_0-\varphi)}{\cos\varphi}$

极点为　　$z_2 = r\mathrm{e}^{\mathrm{j}\omega_0}$，$z_3 = r\mathrm{e}^{-\mathrm{j}\omega_0}$

极零点分布图如题 15 解图(b)所示。

(3) 令 $y(n)=R_4(n)$，则

$$x(n+1) = y(n) * y(n)$$

$$zX(z) = [Y(z)]^2, \quad X(z) = z^{-1}[Y(z)]^2$$

因为

$$Y(z) = \frac{1-z^{-4}}{1-z^{-1}} = \frac{z^4-1}{z^3(z-1)}$$

因此

$$X(z) = z^{-1}\left[\frac{z^4-1}{z^3(z-1)}\right]^2 = \frac{1}{z^7}\left[\frac{z^4-1}{z-1}\right]^2$$

极点为　　$z_1=0$，$z_2=1$

零点为　　$z_k=\mathrm{e}^{\mathrm{j}\frac{2\pi}{4}k}$　　$k=0, 1, 2, 3$

在 $z=1$ 处的极零点相互对消，收敛域为 $0<|z|\leqslant\infty$，极零点分布图如题 15 解图(c)所示。

16. 已知

$$X(z)=\frac{3}{1-\dfrac{1}{2}z^{-1}}+\frac{2}{1-2z^{-1}}$$

求出对应 $X(z)$的各种可能的序列表达式。

解：$X(z)$有两个极点：$z_1=0.5$，$z_2=2$，因为收敛域总是以极点为界，因此收敛域有三种情况：$|z|<0.5$，$0.5<|z|<2$，$2<|z|$。三种收敛域对应三种不同的原序列。

(1) 收敛域$|z|<0.5$：

$$x(n) = \frac{1}{2\pi\mathrm{j}}\oint_c X(z)z^{n-1}\mathrm{d}z$$

令

$$F(z) = X(z)z^{n-1} = \frac{5-7z^{-1}}{(1-0.5z^{-1})(1-2z^{-1})}z^{n-1} = \frac{5z-7}{(z-0.5)(z-2)}z^n$$

$n\geqslant0$ 时，因为 c 内无极点，$x(n)=0$；

$n\leqslant-1$ 时，c 内有极点 0，但 $z=0$ 是一个 n 阶极点，改为求圆外极点留数，圆外极点有 $z_1=0.5$，$z_2=2$，那么

$$\begin{aligned}
x(n)&=-\operatorname{Res}[F(z), 0.5]-\operatorname{Res}[F(z), 2]\\
&=-\frac{(5z-7)z^n}{(z-0.5)(z-2)}(z-0.5)\Big|_{z=0.5}-\frac{(5z-7)z^n}{(z-0.5)(z-2)}(z-2)\Big|_{z=2}\\
&=-\left[3\cdot\left(\frac{1}{2}\right)^n+2\cdot2^n\right]u(-n-1)
\end{aligned}$$

(2) 收敛域 $0.5<|z|<2$：

$$F(z) = \frac{(5z-7)z^n}{(z-0.5)(z-2)}$$

$n \geqslant 0$ 时，c 内有极点 0.5，

$$x(n) = \operatorname{Res}[F(z), 0.5] = 3 \cdot \left(\frac{1}{2}\right)^n$$

$n<0$ 时，c 内有极点 0.5、0，但 0 是一个 n 阶极点，改成求 c 外极点留数，c 外极点只有一个，即 2，

$$x(n) = -\operatorname{Res}[F(z), 2] = -2 \cdot 2^n u(-n-1)$$

最后得到

$$x(n) = 3 \cdot \left(\frac{1}{2}\right)^n u(n) - 2 \cdot 2^n u(-n-1)$$

(3) 收敛域 $|z|>2$：

$$F(z) = \frac{(5z-7)z^n}{(z-0.5)(z-2)}$$

$n \geqslant 0$ 时，c 内有极点 0.5、2，

$$x(n) = \operatorname{Res}[F(z), 0.5] + \operatorname{Res}[F(z), 2] = 3 \cdot \left(\frac{1}{2}\right)^n + 2 \cdot 2^n$$

$n<0$ 时，由收敛域判断，这是一个因果序列，因此 $x(n)=0$；或者这样分析，c 内有极点 0.5、2、0，但 0 是一个 n 阶极点，改求 c 外极点留数，c 外无极点，所以 $x(n)=0$。

最后得到

$$x(n) = \left[3 \cdot \left(\frac{1}{2}\right)^n + 2 \cdot 2^n\right] u(n)$$

17. 已知 $x(n)=a^n u(n)$，$0<a<1$。分别求：

(1) $x(n)$的 Z 变换；

(2) $nx(n)$的 Z 变换；

(3) $a^{-n}u(-n)$的 Z 变换。

解：

(1) $$X(z) = \mathrm{ZT}[a^n u(n)] = \sum_{n=-\infty}^{\infty} a^n u(n) z^{-n} = \frac{1}{1-az^{-1}} \qquad |z|>a$$

(2) $$\mathrm{ZT}[nx(n)] = -z \frac{\mathrm{d}}{\mathrm{d}z} X(z) = \frac{-az^{-2}}{(1-az^{-1})^2} \qquad |z|>a$$

(3) $$\mathrm{ZT}[a^{-n}u(-n)] = \sum_{n=0}^{-\infty} a^{-n} z^{-n} = \sum_{n=0}^{\infty} a^n z^n = \frac{1}{1-az} \qquad |a|<a^{-1}$$

18. 已知 $X(z)=\dfrac{-3z^{-1}}{2-5z^{-1}+2z^{-2}}$，分别求：

(1) 收敛域 $0.5<|z|<2$ 对应的原序列 $x(n)$；

(2) 收敛域 $|z|>2$ 对应的原序列 $x(n)$。

解：

$$x(n) = \frac{1}{2\pi \mathrm{j}} \oint_c X(z) z^{n-1} \mathrm{d}z$$

$$F(z) = X(z) z^{n-1} = \frac{-3z^{-1}}{2-5z^{-1}+2z^{-2}} z^{n-1} = \frac{-3 \cdot z^n}{2(z-0.5)(z-2)}$$

(1) 收敛域 $0.5<|z|<2$：

$n \geqslant 0$ 时，c 内有极点 0.5，

$$x(n) = \text{Res}[F(z), 0.5] = 0.5^n = 2^{-n}$$

$n<0$ 时，c 内有极点 0.5、0，但 0 是一个 n 阶极点，改求 c 外极点留数，c 外极点只有 2，

$$x(n) = -\text{Res}[F(z), 2] = 2^n$$

最后得到

$$x(n) = 2^{-n}u(n) + 2^n u(-n-1) = 2^{-|n|} \qquad \infty < n < -\infty$$

(2) 收敛域 $|z|>2$：

$n \geqslant 0$ 时，c 内有极点 0.5、2，

$$x(n) = \text{Res}[F(z), 0.5] + \text{Res}[F(z), 2] = 0.5^n + \frac{-3z^n}{2(z-0.5)(z-2)}(z-2)\Big|_{z=2}$$

$$= 0.5^n - 2^n$$

$n<0$ 时，c 内有极点 0.5、2、0，但极点 0 是一个 n 阶极点，改成求 c 外极点留数，可是 c 外没有极点，因此

$$x(n)=0$$

最后得到

$$x(n)=(0.5^n-2^n)u(n)$$

19. 用部分分式法求以下 $X(z)$ 的反变换：

(1) $X(z)=\dfrac{1-\dfrac{1}{3}z^{-1}}{2-5z^{-1}+2z^{-2}} \qquad |z|>\dfrac{1}{2}$

(2) $X(z)=\dfrac{1-2z^{-1}}{1-\dfrac{1}{4}z^{-2}} \qquad |z|<\dfrac{1}{2}$

解：

(1) $X(z)=\dfrac{1-\dfrac{1}{3}z^{-1}}{1-\dfrac{1}{4}z^{-2}} \qquad |z|>\dfrac{1}{2}$

$$X(z)=\frac{z^2-\dfrac{1}{3}z}{z^2-\dfrac{1}{4}}$$

$$\frac{X(z)}{z}=\frac{z-\dfrac{1}{3}}{z^2-\dfrac{1}{4}}=\frac{z-\dfrac{1}{3}}{\left(z-\dfrac{1}{2}\right)\left(z+\dfrac{1}{2}\right)}=\frac{\dfrac{1}{6}}{z-\dfrac{1}{2}}+\frac{\dfrac{5}{6}}{z+\dfrac{1}{2}}$$

$$X(z)=\frac{\dfrac{1}{6}}{1-\dfrac{1}{2}z^{-1}}+\frac{\dfrac{5}{6}}{1+\dfrac{1}{2}z^{-1}}$$

$$x(n)=\left[\frac{1}{6}\left(\frac{1}{2}\right)^n+\frac{5}{6}\left(-\frac{1}{2}\right)^n\right]u(n)$$

(2) $X(z)=\dfrac{1-2z^{-1}}{1-\dfrac{1}{4}z^{-2}} \qquad |z|<\dfrac{1}{2}$

$$\frac{X(z)}{z}=\frac{z-2}{z^2-\frac{1}{4}}=\frac{z-2}{\left(z-\frac{1}{2}\right)\left(z+\frac{1}{2}\right)}=\frac{-\frac{3}{2}}{z-\frac{1}{2}}+\frac{\frac{5}{2}}{z+\frac{1}{2}}$$

$$X(z)=\frac{-\frac{3}{2}}{1-\frac{1}{2}z^{-1}}+\frac{\frac{5}{2}}{1+\frac{1}{2}z^{-1}}$$

$$x(n)=\left[\frac{3}{2}\left(\frac{1}{2}\right)^n-\frac{5}{2}\left(-\frac{1}{2}\right)^n\right]u(-n-1)$$

20. 设确定性序列 $x(n)$的自相关函数用下式表示：

$$r_{xx}(m)=\sum_{n=-\infty}^{\infty}x(n)x(n+m)$$

试用 $x(n)$的 Z 变换 $X(z)$和 $x(n)$的傅里叶变换 $X(e^{j\omega})$分别表示自相关函数的 Z 变换 $R_{xx}(z)$和傅里叶变换 $R_{xx}(e^{j\omega})$。

解：解法一

$$r_{xx}(m)=\sum_{n=-\infty}^{\infty}x(n)x(n+m)$$

$$R_{xx}(z)=\sum_{m=-\infty}^{\infty}\sum_{n=-\infty}^{\infty}x(n)x(n+m)z^{-m}=\sum_{n=-\infty}^{\infty}x(n)\sum_{m=-\infty}^{\infty}x(n+m)z^{-m}$$

令 $m'=n+m$，则

$$R_{xx}(z)=\sum_{n=-\infty}^{\infty}x(n)\sum_{m'=-\infty}^{\infty}x(m')z^{-m'+n}=\sum_{n=-\infty}^{\infty}x(n)z^{n}\sum_{m'=-\infty}^{\infty}x(m')z^{-m'}=X(z^{-1})X(z)$$

解法二

$$r_{xx}(m)=\sum_{n=-\infty}^{\infty}x(n)x(n+m)=x(m)*x(-m)$$

$$R_{xx}(z)=X(z)X(z^{-1})$$

$$R_{xx}(e^{j\omega})=R_{xx}(z)\big|_{z=e^{j\omega}}=X(e^{j\omega})X(e^{-j\omega})$$

因为 $x(n)$是实序列，$X(e^{-j\omega})=X^*(e^{j\omega})$，因此

$$R_{xx}(e^{j\omega})=|X(e^{j\omega})|^2$$

21. 用 Z 变换法解下列差分方程：

(1) $y(n)-0.9y(n-1)=0.05u(n)$，$y(n)=0 \qquad n\leqslant -1$

(2) $y(n)-0.9y(n-1)=0.05u(n)$，$y(-1)=1$，$y(n)=0 \qquad n<-1$

(3) $y(n)-0.8y(n-1)-0.15y(n-2)=\delta(n)$

$y(-1)=0.2$，$y(-2)=0.5$，$y(n)=0$，当 $n\leqslant -3$ 时。

解：

(1) $y(n)-0.9y(n-1)=0.05u(n)$，$y(n)=0 \qquad n\leqslant -1$

$$Y(z)-0.9Y(z)z^{-1}=0.05\frac{1}{1-z^{-1}}$$

$$Y(z)=\frac{0.05}{(1-0.9z^{-1})(1-z^{-1})}$$

$$F(z)=Y(z)z^{n-1}=\frac{0.05}{(1-0.9z^{-1})(1-z^{-1})}z^{n-1}=\frac{0.05}{(z-0.9)(z-1)}z^{n+1}$$

$n\geqslant 0$ 时，

$$y(n)=\mathrm{Res}[F(z),0.9]+\mathrm{Res}[F(z),1]=\frac{0.05}{-0.1}(0.9)^{n+1}+\frac{0.05}{0.1}$$

$$=-0.5\cdot(0.9)^{n+1}+0.5$$

$n<0$ 时，

$$y(n)=0$$

最后得到

$$y(n)=[-0.5\cdot(0.9)^{n+1}+0.5]u(n)$$

(2) $y(n)-0.9y(n-1)=0.05u(n)$，　$y(-1)=1$，$y(n)=0$　$n<-1$

$$Y(z)-0.9z^{-1}\left[Y(z)+\sum_{k=-\infty}^{-1}y(k)z^{-k}\right]=\frac{0.05}{1-z^{-1}}$$

$$Y(z)-0.9z^{-1}[Y(z)+y(-1)z^{1}]=\frac{0.05}{1-z^{-1}}$$

$$Y(z)-0.9z^{-1}Y(z)-0.9=\frac{0.05}{1-z^{-1}}$$

$$Y(z)=\frac{0.95-0.9z^{-1}}{(1-0.9z^{-1})(1-z^{-1})}$$

$$F(z)=Y(z)z^{n-1}=\frac{0.95-0.9z^{-1}}{(1-0.9z^{-1})(1-z^{-1})}z^{n-1}=\frac{0.95z-0.9}{(z-0.9)(z-1)}z^{n}$$

$n\geqslant 0$ 时，

$$y(n)=\mathrm{Res}[F(z),0.9]+\mathrm{Res}[F(z),1]=[0.45(0.9)^{n}+0.5]u(n)$$

$n<0$ 时，

$$y(n)=0$$

最后得到

$$y(n)=[0.45(0.9)^{n}+0.5]u(n)$$

(3) $y(n)-0.8y(n-1)-0.15y(n-2)=\delta(n)$

$y(-1)=0.2$，$y(-2)=0.5$，$y(n)=0$，当 $n<-2$ 时

$$Y(z)-0.8z^{-1}[Y(z)+y(-1)z]-0.15z^{-2}[Y(z)+y(-1)z+y(-2)z^{2}]=1$$

$$Y(z)=\frac{1.91+0.3z^{-1}}{1-0.8z^{-1}-0.15z^{-2}}$$

$$F(z)=Y(z)z^{n-1}=\frac{1.91+0.3z^{-1}}{1-0.8z^{-1}-0.15z^{-2}}z^{n-1}=\frac{1.91z+0.3}{(z-0.3)(z-0.5)}z^{n}$$

$n\geqslant 0$ 时，

$$y(n)=\mathrm{Res}[F(z),0.3]+\mathrm{Res}[F(z),0.5]=\frac{0.873}{-0.2}\cdot 0.3^{n}+\frac{1.275}{0.2}\cdot 0.5^{n}$$

$$y(n)=-4.365\cdot 0.3^{n}+6.375\cdot 0.5^{n}$$

$n<0$ 时，

$$y(n)=0$$

最后得到

$$y(n)=(-4.365\cdot 0.3^n+6.375\cdot 0.5^n)u(n)$$

22. 设线性时不变系统的系统函数 $H(z)$ 为

$$H(z)=\frac{1-a^{-1}z^{-1}}{1-az^{-1}}\qquad a\text{ 为实数}$$

(1) 在 z 平面上用几何法证明该系统是全通网络，即 $|H(e^{j\omega})|=$常数；

(2) 参数 a 如何取值，才能使系统因果稳定？画出其极零点分布及收敛域。

解：

(1) $H(z)=\dfrac{1-a^{-1}z^{-1}}{1-az^{-1}}=\dfrac{z-a^{-1}}{z-a}$

极点为 a，零点为 a^{-1}。

设 $a=0.6$，极零点分布图如题 22 解图(a)所示。我们知道 $|H(e^{j\omega})|$ 等于极点矢量的长度除以零点矢量的长度，按照题 22 解图(a)，得到

$$|H(e^{j\omega})|=\left|\frac{z-a^{-1}}{z-a}\right|_{z=e^{j\omega}}=\left|\frac{e^{j\omega}-a^{-1}}{e^{j\omega}-a}\right|-\frac{AB}{AC}$$

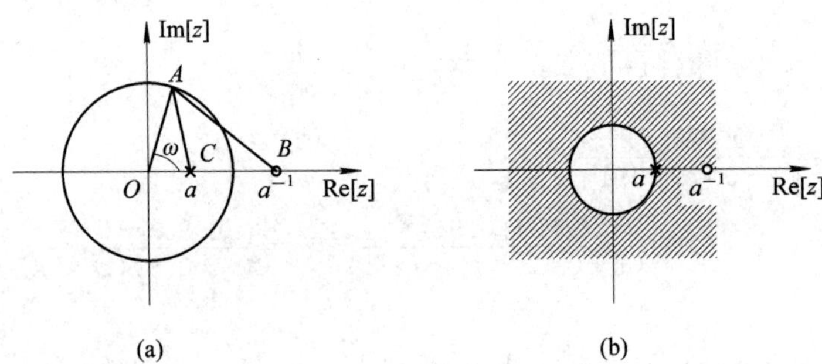

题 22 解图

因为角 ω 公用，$\dfrac{OA}{OC}=\dfrac{OB}{OA}=\dfrac{1}{a}$，且 $\triangle AOB\sim\triangle AOC$，故 $\dfrac{AB}{AC}=\dfrac{1}{a}$，即

$$|H(e^{j\omega})|=\frac{AB}{AC}=\frac{1}{a}$$

故 $H(z)$ 是一个全通网络。

或者按照余弦定理证明：

$$AC=\sqrt{a^2-2a\cos\omega+1},\ AB=\sqrt{a^{-2}-2a^{-1}\cos\omega+1}$$

$$|H(e^{j\omega})|=\frac{AB}{AC}=\frac{a^{-1}\sqrt{1-2a\cos\omega+a^2}}{\sqrt{1-2a\cos\omega+a^2}}=\frac{1}{a}$$

(2) 只有选择 $|a|<1$ 才能使系统因果稳定。设 $a=0.6$，极零点分布图及收敛域如题 22 解图(b)所示。

23. 设系统由下面差分方程描述：

$$y(n)=y(n-1)+y(n-2)+x(n-1)$$

(1) 求系统的系统函数 $H(z)$，并画出极零点分布图；

(2) 限定系统是因果的，写出 $H(z)$的收敛域，并求出其单位脉冲响应 $h(n)$；

(3) 限定系统是稳定性的，写出 $H(z)$的收敛域，并求出其单位脉冲响应 $h(n)$。

解：

(1) $y(n)=y(n-1)+y(n-2)+x(n-1)$

将上式进行 Z 变换，得到

$$Y(z)=Y(z)z^{-1}+Y(z)z^{-2}+X(z)z^{-1}$$

因此

$$H(z)=\frac{z^{-1}}{1-z^{-1}-z^{-2}}$$

$$H(z)=\frac{z^{-1}}{1-z^{-1}-z^{-2}}=\frac{z}{z^2-z-1}$$

零点为 $z=0$。令 $z^2-z-1=0$，求出极点：

$$z_1=\frac{1+\sqrt{5}}{2},\qquad z_2=\frac{1-\sqrt{5}}{2}$$

极零点分布图如题 23 解图所示。

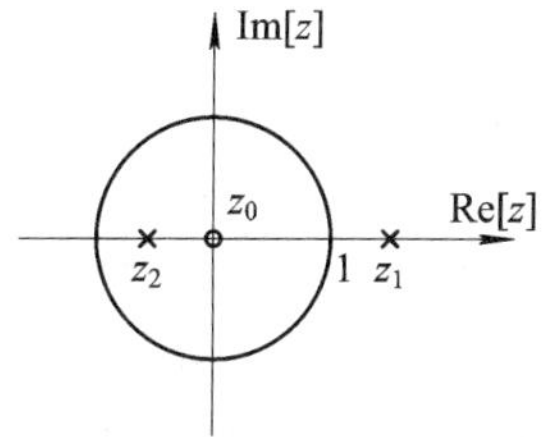

题 23 解图

(2) 由于限定系统是因果的，收敛域需选包含∞点在内的收敛域，即$|z|>(1+\sqrt{5})/2$。求系统的单位脉冲响应可以用两种方法，一种是令输入等于单位脉冲序列，通过解差分方程，其零状态输入解便是系统的单位脉冲响应；另一种方法是求 $H(z)$的逆 Z 变换。我们采用第二种方法。

$$h(n)=\mathrm{ZT}^{-1}[H(z)]=\frac{1}{2\pi \mathrm{j}}\oint_c H(z)z^{n-1}\mathrm{d}z$$

式中

$$H(z)=\frac{z}{z^2-z-1}=\frac{z}{(z-z_1)(z-z_2)}\qquad z_1=\frac{1+\sqrt{5}}{2},\ z_2=\frac{1-\sqrt{5}}{2}$$

令

$$F(z)=H(z)z^{n-1}=\frac{z^n}{(z-z_1)(z-z_2)}$$

$n\geqslant 0$ 时，

$$\begin{aligned}h(n)&=\mathrm{Res}[F(z),\ z_1]+\mathrm{Res}[F(z),\ z_2]\\&=\frac{z^n}{(z-z_1)(z-z_2)}(z-z_1)\Big|_{z=z_1}+\frac{z^n}{(z-z_1)(z-z_2)}(z-z_2)\Big|_{z=z_2}\\&=\frac{z_1^n}{z_1-z_2}+\frac{z_2^n}{z_2-z_1}=\frac{1}{\sqrt{5}}\left[\left(\frac{1+\sqrt{5}}{2}\right)^n-\left(\frac{1-\sqrt{5}}{2}\right)^n\right]\end{aligned}$$

因为 $h(n)$ 是因果序列，$n<0$ 时，$h(n)=0$，故

$$h(n)=\frac{1}{\sqrt{5}}\left[\left(\frac{1+\sqrt{5}}{2}\right)^n-\left(\frac{1-\sqrt{5}}{2}\right)^n\right]u(n)$$

(3) 由于限定系统是稳定的，收敛域需选包含单位圆在内的收敛域，即 $|z_2|<|z|<|z_1|$，

$$F(z)=H(z)z^{n-1}=\frac{z^n}{(z-z_1)(z-z_2)}$$

$n\geqslant 0$ 时，c 内只有极点 z_2，只需求 z_2 点的留数，

$$h(n)=\text{Res}[F(z),\ z_2]=-\frac{1}{\sqrt{5}}\left(\frac{1-\sqrt{5}}{2}\right)^n$$

$n<0$ 时，c 内只有两个极点：z_2 和 $z=0$，因为 $z=0$ 是一个 n 阶极点，改成求圆外极点留数，圆外极点只有一个，即 z_1，那么

$$h(n)=-\text{Res}[F(z),\ z_1]=-\frac{1}{\sqrt{5}}\left(\frac{1+\sqrt{5}}{2}\right)^n$$

最后得到

$$y(n)=-\frac{1}{\sqrt{5}}\left(\frac{1-\sqrt{5}}{2}\right)^n u(n)-\frac{1}{\sqrt{5}}\left(\frac{1+\sqrt{5}}{2}\right)^n u(-n-1)$$

24. 已知线性因果网络用下面差分方程描述：

$$y(n)=0.9y(n-1)+x(n)+0.9x(n-1)$$

(1) 求网络的系统函数 $H(z)$ 及单位脉冲响应 $h(n)$；

(2) 写出网络频率响应函数 $H(e^{j\omega})$ 的表达式，并定性画出其幅频特性曲线；

(3) 设输入 $x(n)=e^{j\omega_0 n}$，求输出 $y(n)$。

解：

(1) $y(n)=0.9y(n-1)+x(n)+0.9x(n-1)$

$$Y(z)=0.9Y(z)z^{-1}+X(z)+0.9X(z)z^{-1}$$

$$H(z)=\frac{1+0.9z^{-1}}{1-0.9z^{-1}}$$

$$h(n)=\frac{1}{2\pi j}\oint_c H(z)z^{n-1}\,dz$$

令 $F(z)=H(z)z^{n-1}=\dfrac{z+0.9}{z-0.9}z^{n-1}$

$n\geqslant 1$ 时，c 内有极点 0.9，

$$h(n)=\text{Res}[F(z),\ 0.9]=\frac{z+0.9}{z-0.9}z^{n-1}(z-0.9)_{z=0.9}=2\cdot 0.9^n$$

$n=0$ 时，c 内有极点 0.9，0，

$$h(n)=\text{Res}[F(z),\ 0.9]+\text{Res}[F(z),\ 0]$$

$$\text{Res}[F(z),\ 0.9]=\frac{z+0.9}{(z-0.9)z}(z-0.9)\Big|_{z=0.9}=2$$

$$\text{Res}[F(z),\ 0]=\frac{z+0.9}{(z-0.9)z}z\Big|_{z=0}=-1$$

最后得到

$$h(n) = 2 \cdot 0.9^n u(n-1) + \delta(n)$$

(2) $H(\mathrm{e}^{\mathrm{j}\omega}) = \mathrm{FT}[h(n)] = \left.\dfrac{1+0.9z^{-1}}{1-0.9z^{-1}}\right|_{z=\mathrm{e}^{\mathrm{j}\omega}} = \dfrac{1+0.9\mathrm{e}^{-\mathrm{j}\omega}}{1-0.9\mathrm{e}^{-\mathrm{j}\omega}}$

极点为 $z_1=0.9$，零点为 $z_2=-0.9$。极零点图如题24解图(a)所示。按照极零点图定性画出的幅度特性如题24解图(b)所示。

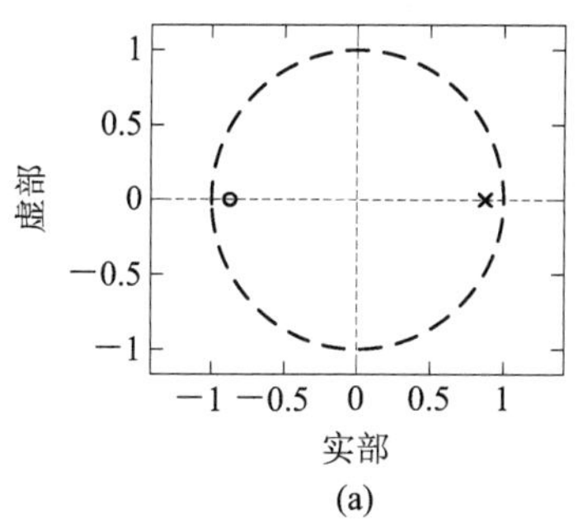

(a)

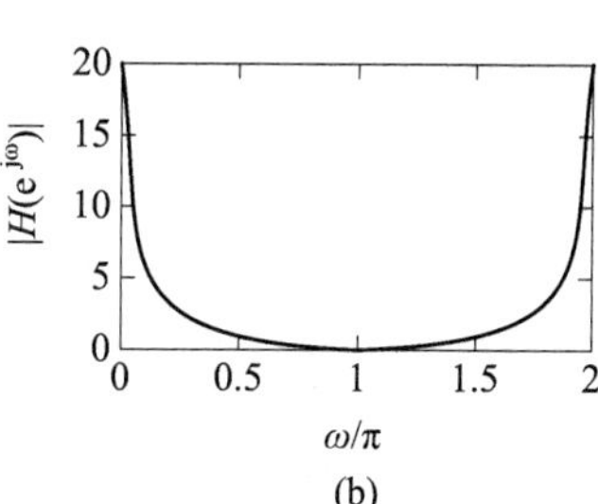

(b)

题24解图

(3) $x(n) = \mathrm{e}^{\mathrm{j}\omega_0 n}$

$$y(n) = \mathrm{e}^{\mathrm{j}\omega_0 n} H(\mathrm{e}^{\mathrm{j}\omega_0}) = \mathrm{e}^{\mathrm{j}\omega_0 n} \frac{1+0.9\mathrm{e}^{-\mathrm{j}\omega_0}}{1-0.9\mathrm{e}^{-\mathrm{j}\omega_0}}$$

25. 已知网络的输入和单位脉冲响应分别为

$$x(n) = a^n u(n),\ h(n) = b^n u(n) \qquad 0<a<1,\ 0<b<1$$

(1) 试用卷积法求网络输出 $y(n)$；

(2) 试用ZT法求网络输出 $y(n)$。

解：(1) 用卷积法求 $y(n)$。

$$y(n) = h(n) * x(n) = \sum_{m=-\infty}^{\infty} b^m u(m) a^{n-m} u(n-m)$$

$n \geqslant 0$ 时，

$$y(n) = \sum_{m=0}^{n} a^{n-m} b^m = a^n \sum_{m=0}^{n} a^{-m} b^m = a^n \frac{1-a^{-n-1}b^{n+1}}{1-a^{-1}b} = \frac{a^{n+1}-b^{n+1}}{a-b}$$

$n<0$ 时，

$$y(n) = 0$$

最后得到

$$y(n) = \frac{a^{n+1}-b^{n+1}}{a-b} u(n)$$

(2) 用ZT法求 $y(n)$。

$$X(z) = \frac{1}{1-az^{-1}} \qquad a<|z|$$

$$H(z) = \frac{1}{1-bz^{-1}} \qquad b<|z|$$

$$Y(z) = X(z)H(z) = \frac{1}{(1-az^{-1})(1-bz^{-1})} \qquad \max[a,b]<|z|$$

$$y(n) = \frac{1}{2\pi \mathrm{j}} \oint_c Y(z) z^{n-1} \mathrm{d}z$$

令

$$F(z)=Y(z)z^{n-1}=\frac{z^{n-1}}{(1-az^{-1})(1-bz^{-1})}=\frac{z^{n+1}}{(z-a)(z-b)}$$

$n\geqslant 0$ 时，c 内有极点：a、b，因此

$$\begin{aligned}y(n)&=\text{Res}[F(z),\ a]+\text{Res}[F(z),\ b]\\&=\frac{a^{n+1}}{a-b}+\frac{b^{n+1}}{b-a}=\frac{a^{n+1}-b^{n+1}}{a-b}\end{aligned}$$

因为系统是因果系统，所以 $n<0$ 时，$y(n)=0$。

最后得到

$$y(n)=\frac{a^{n+1}-b^{n+1}}{a-b}u(n)$$

26. 线性因果系统用下面差分方程描述：

$$y(n)-2ry(n-1)\cos\theta+r^2y(n-2)=x(n)$$

式中，$x(n)=a^nu(n)$，$0<a<1$，$0<r<1$，$\theta=$常数，试求系统的响应 $y(n)$。

解：将题中给出的差分方程进行Z变换，

$$Y(z)-2rY(z)z^{-1}\cos\theta+r^2Y(z)z^{-2}=\frac{1}{1-az^{-1}}$$

$$Y(z)=\frac{1}{1-az^{-1}}\cdot\frac{1}{1-2r\cos\theta\cdot z^{-1}+r^2z^{-2}}=\frac{z^3}{(z-a)(z-z_1)(z-z_2)}$$

式中

$$z_1=re^{j\theta},\ z_2=re^{-j\theta}$$

因为是因果系统，收敛域为$|z|>\max(r,\ |a|)$，且 $n<0$ 时，$y(n)=0$，故

$$y(n)=\frac{1}{2\pi j}\oint_c Y(z)z^{n-1}dz$$

c 包含三个极点，即 a、z_1、z_2。

$$F(z)=Y(z)z^{n-1}=\frac{z^3}{(z-a)(z-z_1)(z-z_2)}z^{n-1}=\frac{z^{n+2}}{(z-a)(z-z_1)(z-z_2)}$$

$$\begin{aligned}y(n)=&\ \text{Res}[F(z),\ a]+\text{Res}[F(z),\ z_1]+\text{Res}[F(z),\ z_2]\\=&\ \frac{z^{n+2}}{(z-a)(z-z_1)(z-z_2)}(z-a)\Big|_{z=a}\\&+\frac{z^{n+2}}{(z-a)(z-z_1)(z-z_2)}(z-z_1)\Big|_{z=z_1}\\&+\frac{z^{n+2}}{(z-a)(z-z_1)(z-z_2)}(z-z_2)\Big|_{z=z_2}\\=&\ \frac{a^{n+2}}{(a-z_1)(a-z_2)}+\frac{z_1^{n+2}}{(z_1-a)(z_1-z_2)}+\frac{z_2^{n+2}}{(z_2-a)(z_2-z_1)}\\=&\ \frac{(re^{-j\theta}-a)(re^{j\theta})^{n+2}-(re^{j\theta}-a)(re^{-j\theta})^{n+2}+j2r\sin\theta\cdot a^{n+2}}{j2r\sin\theta\cdot(re^{j\theta}-a)(re^{-j\theta}-a)}\end{aligned}$$

27. 如果 $x_1(n)$ 和 $x_2(n)$ 是两个不同的因果稳定实序列，求证：

$$\frac{1}{2\pi}\int_{-\pi}^{\pi}X_1(e^{j\omega})X_2(e^{j\omega})\,d\omega=\left[\frac{1}{2\pi}\int_{-\pi}^{\pi}X_1(e^{j\omega})d\omega\right]\left[\frac{1}{2\pi}\int_{-\pi}^{\pi}\int_{-\pi}^{\pi}X_2(e^{j\omega})d\omega\right]$$

式中，$X_1(e^{j\omega})$和 $X_2(e^{j\omega})$分别表示 $x_1(n)$和 $x_2(n)$的傅里叶变换。

解：
$$\mathrm{FT}[x_1(n)*x_2(n)]=X_1(e^{j\omega})X_2(e^{j\omega})$$

进行 IFT，得到

$$\frac{1}{2\pi}\int_{-\pi}^{\pi}X_1(e^{j\omega})X_2(e^{j\omega})e^{j\omega n}d\omega=x_1(n)*x_2(n)$$

令 $n=0$，则

$$\frac{1}{2\pi}\int_{-\pi}^{\pi}X_1(e^{j\omega})X_2(e^{j\omega})d\omega=[x_1(n)*x_2(n)]\big|_{n=0}\tag{1}$$

由于 $x_1(n)$和 $x_2(n)$是实稳定因果序列，因此

$$[x_1(n)*x_2(n)]\big|_{n=0}=\sum_{m=0}^{n}x_1(m)x_2(n-m)\big|_{n=0}=x_1(0)x_2(0)\tag{2}$$

$$x_1(0)x_2(0)=\left[\frac{1}{2\pi}\int_{-\pi}^{\pi}X_1(e^{j\omega})d\omega\right]\left[\frac{1}{2\pi}\int_{-\pi}^{\pi}X_2(e^{j\omega})d\omega\right]\tag{3}$$

由(1)、(2)、(3)式，得到

$$\frac{1}{2\pi}\int_{-\pi}^{\pi}X_1(e^{j\omega})X_2(e^{j\omega})d\omega=\left[\frac{1}{2\pi}\int_{-\pi}^{\pi}X_1(e^{j\omega})d\omega\right]\left[\frac{1}{2\pi}\int_{-\pi}^{\pi}X_2(e^{j\omega})d\omega\right]$$

28. 若序列 $h(n)$是因果序列，其傅里叶变换的实部如下式：

$$H_R(e^{j\omega})=\frac{1-a\cos\omega}{1+a^2-2a\cos\omega}\qquad |a|<1$$

求序列 $h(n)$及其傅里叶变换 $H(e^{j\omega})$。

解：$H_R(e^{j\omega})=\dfrac{1-a\cos\omega}{1+a^2-2a\cos\omega}=\dfrac{1-0.5a(e^{j\omega}+e^{-j\omega})}{1+a^2-a(e^{j\omega}+e^{-j\omega})}$

$$H_R(z)=\frac{1-0.5(z+z^{-1})}{1+a^2-a(z+z^{-1})}=\frac{1-0.5(z+z^{-1})}{(1-az^{-1})(1-az)}$$

求上式的 Z 的反变换，得到序列 $h(n)$的共轭对称序列 $h_e(n)$为

$$h_e(n)=\frac{1}{2\pi j}\oint_c H_R(z)z^{n-1}dz$$

$$F(z)=H_R(z)z^{n-1}=\frac{-0.5z^2+z-0.5}{-a(z-a)(z-a^{-1})}z^{n-1}$$

因为 $h(n)$是因果序列，$h_e(n)$必定是双边序列，收敛域取：$a<|z|<a^{-1}$。

$n\geqslant 1$ 时，c 内有极点：a，

$$\begin{aligned}h_e(n)&=\mathrm{Res}[F(z),a]\\&=\frac{-0.5az^2+z-0.5a}{-a(z-a^{-1})(z-a)}z^{n-1}(z-a)\big|_{z=a}\\&=\frac{1}{2}a^n\end{aligned}$$

$n=0$ 时，

$$F(z)=H_R(z)z^{n-1}=\frac{-0.5z^2+z-0.5}{-a(z-a)(z-a^{-1})}z^{-1}$$

c 内有极点：a、0，

$$h_e(n)=\mathrm{Res}[F(z),a]+\mathrm{Res}[F(z),0]=\frac{0.5z^2-z+0.5a}{a(z-a)(z-a^{-1})z}\cdot z\big|_{z=0}=1$$

因为 $h_e(n)=h_e(-n)$，所以

$$h_e(n)=\begin{cases}1 & n=0\\ 0.5a^n & n>0\\ 0.5a^{-n} & n<0\end{cases}$$

$$h(n)=\begin{cases}h_e(n) & n=0\\ 2h_e(n) & n>0\\ 0 & n<0\end{cases}=\begin{cases}1 & n=0\\ a^n & n>0\\ 0 & n<0\end{cases}=a^nu(n)$$

$$H(e^{j\omega})=\sum_{n=0}^{\infty}a^ne^{-j\omega n}=\frac{1}{1-ae^{-j\omega}}$$

29. 若序列 $h(n)$是因果序列，$h(0)=1$，其傅里叶变换的虚部为

$$H_I(e^{j\omega})=\frac{-a\ \sin\omega}{1+a^2-2a\ \cos\omega}\qquad |\ a\ |<1$$

求序列 $h(n)$及其傅里叶变换 $H(e^{j\omega})$。

解： $H_I(e^{j\omega})=\dfrac{-a\ \sin\omega}{1+a^2-2a\ \cos\omega}=\dfrac{-a\ \dfrac{1}{2j}(e^{j\omega}+e^{j\omega})}{1+a^2-a(e^{j\omega}+e^{-j\omega})}$

令 $z=e^{j\omega}$，有

$$H_I(z)=\frac{1}{2j}\cdot\frac{-a(z+z^{-1})}{1+a^2-a(z+z^{-1})}=\frac{1}{2j}\cdot\frac{z+z^{-1}}{(z-a)(z-a^{-1})}$$

$jH_I(e^{j\omega})$对应 $h(n)$的共轭反对称序列 $h_o(n)$，因此 $jH_I(z)$的反变换就是 $h_o(n)$，

$$h_o(n)=\frac{1}{2\pi j}\oint_c jH_I(z)z^{n-1}dz$$

因为 $h(n)$是因果序列，$h_o(n)$是双边序列，收敛域取：$a<|z|<a^{-1}$。

$$F(z)=jH_I(z)z^{n-1}=\frac{1}{2}\cdot\frac{z^2-1}{(z-a)(z-a^{-1})}z^{n-1}$$

$n\geqslant 1$ 时，c 内有极点：a，

$$\begin{aligned}h_I(n)&=\text{Res}[F(z),\ a]\\&=\frac{z^2-1}{2(z-a)(z-a^{-1})}z^{n-1}(z-a)\mid_{z=a}\\&=\frac{1}{2}a^n\end{aligned}$$

$n=0$ 时，c 内有极点：a、0，

$$F(z)=jH_I(z)z^{n-1}=\frac{1}{2}\cdot\frac{z^2-1}{(z-a)(z-a^{-1})}z^{-1}$$

$$h_I(n)=\text{Res}[F(z),\ a]+\text{Res}[F(z),\ 0]=0$$

因为 $h_I(n)=-h_I(-n)$，所以

$$h_I(n)=\begin{cases}0 & n=0\\ 0.5a^n & n>0\\ -0.5a^{-n} & n<0\end{cases}$$

$$h(n)=h_I(n)u_+(n)+h(0)\delta(n)=\begin{cases}1 & n=0\\ a^n & n>0\\ 0 & n<0\end{cases}=a^nu(n)$$

$$H(e^{j\omega}) = \sum_{n=0}^{\infty} a^n e^{-j\omega n} = \frac{1}{1-ae^{-j\omega}}$$

30*. 假设系统函数如下式：

$$H(z) = \frac{(z+9)(z-3)}{3z^4 - 3.98z^3 + 1.17z^2 + 2.3418z - 1.5147}$$

试用 MATLAB 语言判断系统是否稳定。

解：调用 MATLAB 函数 roots 计算系统极点。本例求解程序 ex230.m 如下：

```
%程序 ex230.m
%调用 roots 函数求极点，并判断系统的稳定性
A=[3, -3.98, 1.17, 2.3418, -1.5147];        %H(z)的分母多项式系数
p=roots(A)          %求 H(z)的极点
pm=abs(p);          %求 H(z)的极点的模
if max(pm)<1 disp('系统因果稳定'), else, disp('系统不因果稳定'), end
```

程序运行结果如下：

极点：-0.7486　0.6996　-0.7129i　0.6996+0.7129i　0.6760

由极点分布判断系统因果稳定。

31*. 假设系统函数如下式：

$$H(z) = \frac{z^2 + 5z - 50}{2z^4 - 2.98z^3 + 0.17z^2 + 2.3418z - 1.5147}$$

(1) 画出极、零点分布图，并判断系统是否稳定；

(2) 用输入单位阶跃序列 $u(n)$ 检查系统是否稳定。

解：(1) 求解程序 ex231.m 如下：

```
%程序 ex231.m
%判断系统的稳定性
A=[2, -2.98, 0.17, 2.3418, -1.5147];        %H(z)的分母多项式系数
B=[1, 5, -50];                               %H(z)的分子多项式系数
%用极点分布判断系统是否稳定
subplot(2, 1, 1);
zplane(B, A);                                %绘制 H(z)的零极点图
p=roots(A);                                  %求 H(z)的极点
pm=abs(p);                                   %求 H(z)的极点的模
if max(pm)<1 disp('系统因果稳定'), else, disp('系统不因果稳定'), end
%画出 u(n)的系统输出波形进行判断
un=ones(1, 700);
sn=filter(B, A, un);
n=0: length(sn)-1;
subplot(2, 1, 2); plot(n, sn)
xlabel('n');
ylabel('s(n)')
```

程序运行结果如下：系统因果稳定。系统的零极点图如题 31* 解图所示。

(2) 系统对于单位阶跃序列的响应如题 31* 解图所示,因为它趋于稳态值,因此系统稳定。

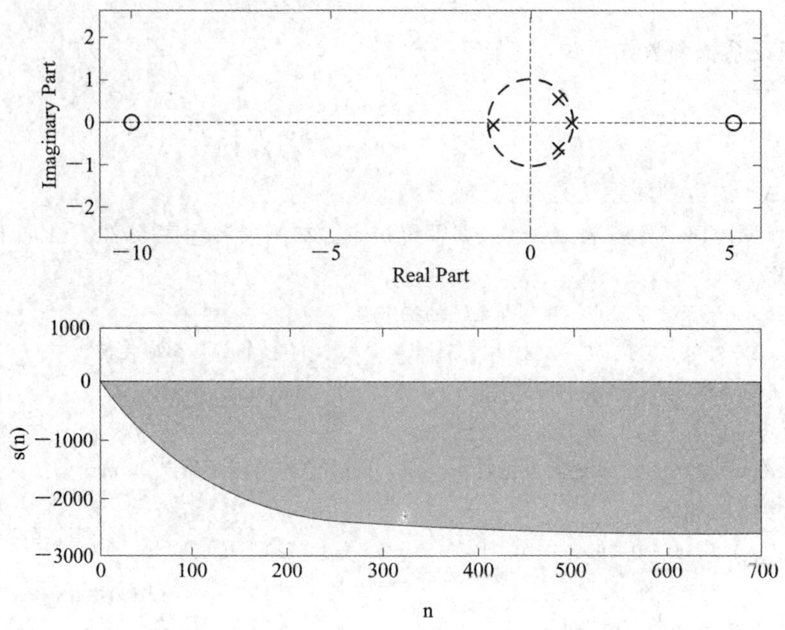

题 31* 解图

32*. 下面四个二阶网络的系统函数具有一样的极点分布:

$$H_1(z) = \frac{1}{1 - 1.6z^{-1} + 0.9425z^{-2}}$$

$$H_2(z) = \frac{1 - 0.3z^{-1}}{1 - 1.6z^{-1} + 0.9425z^{-2}}$$

$$H_3(z) = \frac{1 - 0.8z^{-1}}{1 - 1.6z^{-1} + 0.9425z^{-2}}$$

$$H_4(z) = \frac{1 - 1.6z^{-1} + 0.8z^{-2}}{1 - 1.6z^{-1} + 0.9425z^{-2}}$$

试用 MATLAB 语言研究零点分布对于单位脉冲响应的影响。要求:

(1) 分别画出各系统的零、极点分布图;

(2) 分别求出各系统的单位脉冲响应,并画出其波形;

(3) 分析零点分布对于单位脉冲响应的影响。

解:求解程序为 ex232.m,程序如下:

```
%程序 ex232.m
A=[1, -1.6, 0.9425];        %H(z)的分母多项式系数
B1=1; B2=[1, -0.3]; B3=[1, -0.8]; B4=[1, -1.6, 0.8];     %H(z)的分子多项式系数
b1=[1 0 0]; b2=[1 -0.3 0]; b3=[1, -0.8, 0]; b4=[1, -1.6, 0.8]; %H(z)的正次幂分
                                                                %子多项式系数
```

```
p=roots(A)              %求 H1(z), H2(z), H3(z), H4(z)的极点
z1=roots(b1)            %求 H1(z)的零点
z2=roots(b2)            %求 H2(z)的零点
z3=roots(b3)            %求 H3(z)的零点
z4=roots(b4)            %求 H4(z)的零点
[h1n, n]=impz(B1, A, 100);   %计算单位脉冲响应 h1(n)的 100 个样值
[h2n, n]=impz(B2, A, 100);   %计算单位脉冲响应 h1(n)的 100 个样值
[h3n, n]=impz(B3, A, 100);   %计算单位脉冲响应 h1(n)的 100 个样值
[h4n, n]=impz(B4, A, 100);   %计算单位脉冲响应 h1(n)的 100 个样值
%=====================================
%以下是绘图部分
subplot(2, 2, 1);
zplane(B1, A);          %绘制 H1(z)的零极点图
subplot(2, 2, 2);
stem(n, h1n, '.');      %绘制 h1(n)的波形图
line([0, 100], [0, 0])
xlabel('n'); ylabel('h1(n)')
subplot(2, 2, 3);
zplane(B2, A);          %绘制 H2(z)的零极点图
subplot(2, 2, 4);
stem(n, h2n, '.');      %绘制 h2(n)的波形图
line([0, 100], [0, 0])
xlabel('n'); ylabel('h2(n)')
figure(2); subplot(2, 2, 1);
zplane(B3, A);          %绘制 H3(z)的零极点图
subplot(2, 2, 2);
stem(n, h3n, '.');      %绘制 h3(n)的波形图
line([0, 100], [0, 0])
xlabel('n'); ylabel('h3(n)')
subplot(2, 2, 3);
zplane(B4, A);          %绘制 H4(z)的零极点图
subplot(2, 2, 4);
stem(n, h4n, '.');      %绘制 h4(n)的波形图
line([0, 100], [0, 0])
xlabel('n'); ylabel('h4(n)')
```

程序运行结果如题 32* 解图所示。

四种系统函数的极点分布一样，只是零点不同，第一种零点在原点，不影响系统的频率特性，也不影响单位脉冲响应。第二种的零点在实轴上，但离极点较远。第三种的零点靠近极点。第四种的零点非常靠近极点，比较它们的单位脉冲响应，会发现零点愈靠近极点，单位脉冲响应的变化愈缓慢，因此零点对极点的作用起抵消作用；同时，第四种两个零点非常靠近相应的极点，抵消作用更明显。

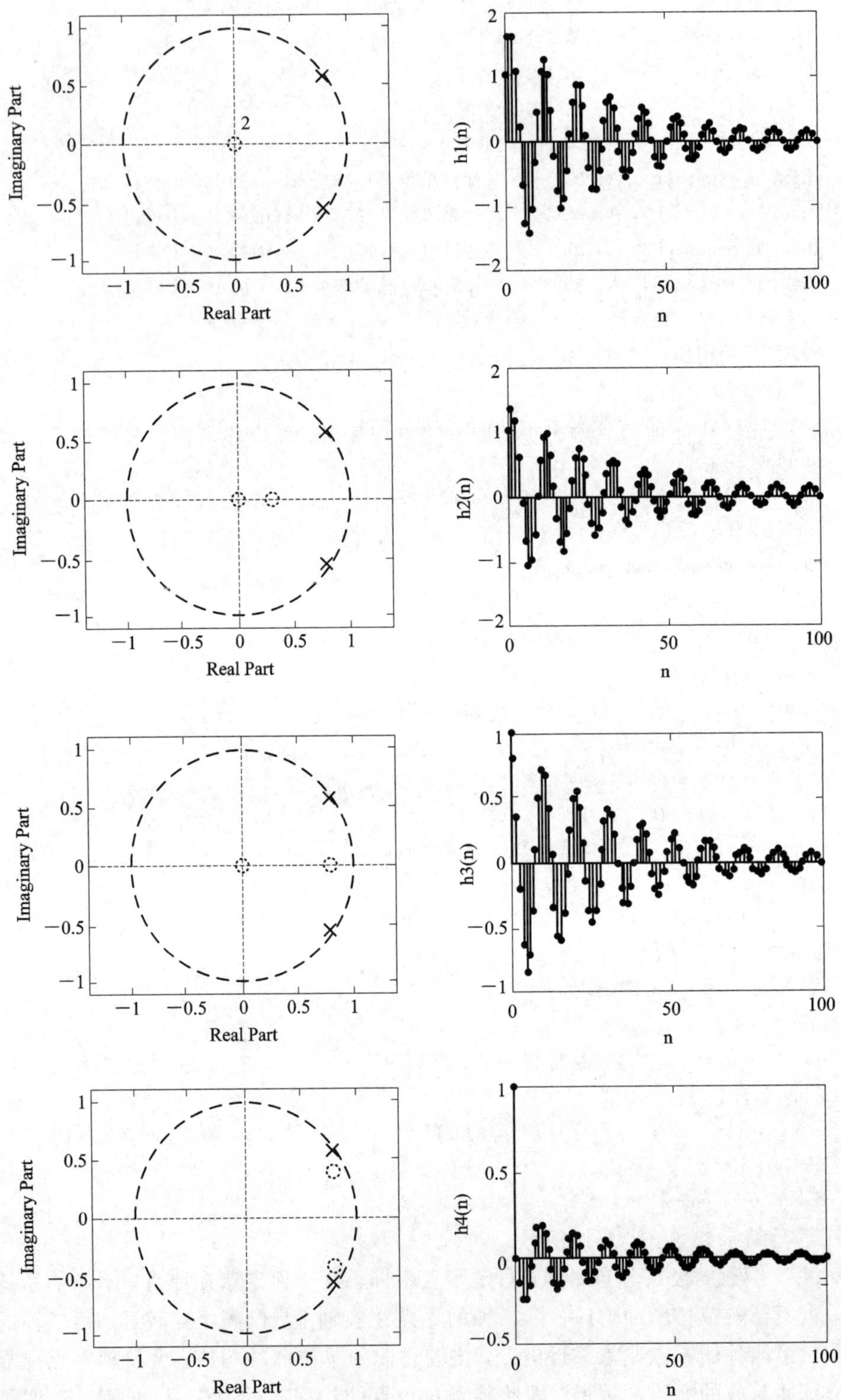

题 32* 解图

第 3 章　离散傅里叶变换(DFT)及其快速算法(FFT)

本章内容与教材第 3、4 章内容相对应。

本章是全书的重点之一，更是学习数字信号处理技术的重点内容之一。这是因为 DFT(或 FFT)在数字信号处理这门学科中起着不一般的作用，它开拓了用数字方法在计算机上在频域对信号进行处理的先例，使处理方法更加灵活，能完成模拟信号处理完不成的许多功能，增加了若干新颖的处理内容。

离散傅里叶变换(DFT)也是一种时域到频域的变换，能够表征信号的频域特性，和已学过的 FT 和 ZT 有着密切的联系。但是它有不同于 FT 和 ZT 的物理概念和重要性质，只有很好地掌握了这些概念和性质，才能正确地应用 DFT/FFT，在各种不同的信号处理中充分灵活地发挥作用。

FFT 仅是 DFT 的一种快速算法，重要的物理概念在 DFT 部分，因此一定要掌握 DFT 的基本理论；对于 FFT，只要掌握它的基本快速算法原理和使用方法即可。

3.1　学习要点与重要公式

3.1.1　学习要点

(1) DFT 的定义和物理意义，DFT 和 FT、ZT 之间的关系；

(2) DFT 的重要性质和定理：隐含周期性、循环移位性质、共轭对称性、实序列 DFT 的特点、循环卷积定理、离散巴塞伐尔定理；

(3) 频率域采样定理；

(4) FFT 的基本原理及其应用。

3.1.2　重要公式

1) 定义

$$X(k) = \mathrm{DFT}[x(n)]_N = \sum_{n=0}^{N-1} x(n) W_N^{kn} \qquad k = 0, 1, \cdots, N-1$$

$$x(n) = \mathrm{IDFT}[X(k)]_N = \frac{1}{N}\sum_{k=0}^{N-1} X(k) W_N^{-kn} \qquad n = 0, 1, \cdots, N-1$$

2) 隐含周期性

$$X(k+mN) = \sum_{n=0}^{N-1} x(n) W_N^{(k+mN)n} = \sum_{n=0}^{N-1} x(n) W_N^{kn} = X(k)$$

3）线性性质

若 $y(n)=ax_1(n)+bx_2(n)$，则 $Y(k)=\text{DFT}[y(n)]=aX_1(k)+bX_2(k)$。

4）时域循环移位性质

$$\text{DFT}[x((n+m))_N R_N(n)] = W_N^{-km}X(k)$$

5）频域循环移位性质

$$\text{DFT}[W_N^{nm}x(n)] = X((k+m))_N R_N(k)$$

6）循环卷积定理

L 点循环卷积：

$$y_c(n) = \left[\sum_{m=0}^{L-1} h(m)x((n-m))_L\right]R_L(n) = h(n) \textcircled{L} x(n)$$

循环卷积的矩阵表示：

$$\begin{bmatrix} y_c(0) \\ y_c(1) \\ y_c(2) \\ \vdots \\ y_c(L-1) \end{bmatrix} = \begin{bmatrix} x(0) & x(L-1) & x(L-2) & \cdots & x(1) \\ x(1) & x(0) & x(L-1) & \cdots & x(2) \\ x(2) & x(1) & x(0) & \cdots & x(3) \\ \vdots & \vdots & \vdots & & \vdots \\ x(L-1) & x(L-2) & x(L-3) & \cdots & x(0) \end{bmatrix} \begin{bmatrix} h(0) \\ h(1) \\ h(2) \\ \vdots \\ h(L-1) \end{bmatrix}$$

循环卷积定理：若

$$y_c(n) = h(n) \textcircled{L} x(n)$$

则

$$Y_c(k) = \text{DFT}[y_c(n)]_L = H(k)X(k) \qquad k = 0, 1, 2, \cdots, L-1$$

其中 $H(k)=\text{DFT}[h(n)]_L$，$X(k)=\text{DFT}[x(n)]_L$

6）离散巴塞伐尔定理

$$\sum_{n=0}^{N-1} |x(n)|^2 = \frac{1}{N}\sum_{k=0}^{N-1} |X(k)|^2$$

7）共轭对称性质

(1) 长度为 N 的共轭对称序列 $x_{ep}(n)$ 与反共轭对称序列 $x_{op}(n)$：

$$x_{ep}(n) = x_{ep}^*(N-n)$$

$$x_{op}(n) = -x_{op}^*(N-n)$$

序列 $x(n)$ 的共轭对称分量与共轭反对称分量：

$$x_{ep}(n) = \frac{1}{2}[x(n) + x^*(N-n)]$$

$$x_{op}(n) = \frac{1}{2}[x(n) - x^*(N-n)]$$

(2) 如果 $x(n)=x_r(n)+jx_i(n)$，且 $X(k)=X_{ep}(k)+X_{op}(k)$，则

$$X_{ep}(k) = \text{DFT}[x_r(n)]$$

$$X_{op}(k) = \text{DFT}[jx_i(n)]$$

(3) 如果 $x(n)=x_{ep}(n)+x_{op}(n)$，且 $X(k)=X_r(k)+jX_i(k)$，则

$$X_r(k) = \text{DFT}[x_{ep}(n)]$$

$$jX_i(k) = \text{DFT}[x_{op}(n)]$$

(4) 实序列 DFT 及 FT 的特点：假设 $x(n)$是实序列，$X(k)=\mathrm{DFT}[x(n)]$，则

$$X(k) = X^*(N-k)$$

$$|X(k)|=|X(N-k)|,\quad \theta(k)=-\theta(N-k)$$

3.2　频率域采样

我们知道，时域采样和频域采样各有相应的采样定理。频域采样定理包含以下内容：

(1) 设 $x(n)$是任意序列，$X(\mathrm{e}^{\mathrm{j}\omega})=\mathrm{FT}[x(n)]$，对 $X(\mathrm{e}^{\mathrm{j}\omega})$等间隔采样得到

$$X_N(k) = X(\mathrm{e}^{\mathrm{j}\omega})\big|_{\omega=\frac{2\pi}{N}k}\qquad k=0,1,2,3,\cdots,N-1$$

则

$$x_N(n) = \mathrm{IDFT}[X_N(k)] = \sum_{n=-\infty}^{\infty} x(n+iN)R_N(n)$$

(2) 如果 $x(n)$的长度为 M，只有当频域采样点数 $N\geqslant M$ 时，$x_N(n)=x(n)$，否则 $\tilde{x}_N(n) = \sum\limits_{n=-\infty}^{\infty} x(n+iN)$ 会发生时域混叠，$x_N(n)\neq x(n)$。

通过频率域采样得到频域离散序列 $X_N(k)$，再对 $x_N(k)$进行 IDFT 得到的序列 $x_N(n)$应是原序列 $x(n)$以采样点数 N 为周期进行周期化后的主值区序列，这一概念非常重要。

(3) 如果在频率域采样的点数满足频率域采样定理，即采样点数 N 大于等于序列的长度 M，则可以用频率采样得到的离散函数 $X(k)$恢复原序列的 Z 变换 $X(z)$，公式为

$$X(z) = \sum_{k=0}^{N-1} X(k)\varphi_k(z)$$

式中

$$\varphi_k(z) = \frac{1}{N}\frac{1-z^{-N}}{1-W_N^{-k}z^{-1}}$$

上面第一式称为 z 域内插公式，第二式称为内插函数。

3.3　循环卷积和线性卷积的快速计算以及信号的频谱分析

3.3.1　循环卷积的快速计算

如果两个序列的长度均不很长，可以直接采用循环卷积的矩阵乘法计算其循环卷积；如果序列较长，可以采用快速算法。快速算法的理论基础是循环卷积定理。设 $h(n)$的长度为 N，$x(n)$的长度为 M，计算 $y_c(n)=h(n)\,Ⓛ\,x(n)$的快速算法如下：

(1) 计算 $\left.\begin{aligned}H(k)&=\mathrm{FFT}[h(n)]\\X(k)&=\mathrm{FFT}[x(n)]\end{aligned}\right\}\qquad k=0,1,2,3,\cdots,L-1,\ L=\max[N,M]$

(2) 计算　$Y_c(k)=H(k)X(k)\qquad k=0,1,2,\cdots,L-1$

(3) 计算　$y_c(n)=\mathrm{IDFT}[Y_c(k)]_L\qquad n=0,1,2,\cdots,L-1$

说明： 如上计算过程中的 DFT 和 IDFT 均采用 FFT 算法时，才称为快速算法，否则比直接在时域计算循环卷积的运算量大 3 倍以上。

3.3.2 线性卷积的快速计算——快速卷积法

序列 $h(n)$和 $x(n)$的长度分别为 N 和 M，$L=N+M-1$，求 $y(n)=h(n)*x(n)$的方法如下：

(1) 在 $h(n)$的尾部加 $L-N$ 个零点，在 $x(n)$的尾部加 $L-M$ 个零点；

(2) 计算 L 点的 $H(k)=\text{FFT}[h(n)]$和 L 点的 $X(k)=\text{FFT}[x(n)]$；

(3) 计算 $Y(k)=H(k)X(k)$；

(4) 计算 $Y(n)=\text{IFFT}[Y(k)]$，$n=0, 1, 2, 3, \cdots, L-1$。

但当 $h(n)$和 $x(n)$中任一个的长度很长或者无限长时，需用书上介绍的重叠相加法和重叠保留法。

3.3.3 用 DFT/FFT 进行频谱分析

对序列进行 N 点的 DFT/FFT 就是对序列频域的 N 点离散采样，采样点的频率为 $\omega_k=2\pi k/N$，$k=0, 1, 2, \cdots, N-1$。

对信号进行频谱分析要关心三个问题：频谱分辨率、频谱分析范围和分析误差。

DFT 的分辨率指的是频域采样间隔 $2\pi/N$，用 DFT/FFT 进行频谱分析时，在相邻采点之间的频谱是不知道的，因此频率分辨率是一个重要指标，希望分辨率高，即 $2\pi/N$ 要小，DFT 的变换区间 N 要大。当然，截取信号的长度要足够长。但如果截取的长度不够长，而依靠在所截取的序列尾部加零点，增加变换区间长度，也不会提高分辨率。例如，分析周期序列的频谱，只观察了一个周期的 1/4 长度，用这些数据进行 DFT，再通过尾部增加零点，加大 DFT 的变换区间 N，也不能分辨出是周期序列，更不能得到周期序列的精确频谱。

用 DFT/FFT 对序列进行频谱分析，频谱分析范围为 π；用 DFT/FFT 对模拟信号进行频谱分析，频谱分析范围为采样频率的一半，即 $0.5F_s$。

用 DFT/FFT 对信号进行谱分析的误差表现在三个方面，即混叠现象、栅栏效应和截断效应。截断效应包括泄漏和谱间干扰。

3.4 例　　题

［**例 3.4.1**］ 设 $x(n)$为存在傅里叶变换的任意序列，其 Z 变换为 $X(z)$，$X(k)$是对 $X(z)$在单位圆上的 N 点等间隔采样，即

$$X(k)=X(z)\big|_{z=e^{j\frac{2\pi}{N}k}} \qquad k=0, 1, \cdots, N-1$$

求 $X(k)$的 N 点离散傅里叶逆变换(记为 $x_N(n)$)与 $x(n)$的关系式。

解：由题意知

$$X(k)=X(e^{j\omega})\big|_{\omega=\frac{2\pi}{N}k}$$

即 $X(k)$是对 $X(e^{j\omega})$在$[0, 2\pi]$上的 N 点等间隔采样。由于 $X(e^{j\omega})$是以 2π 为周期的，所以采样序列

$$\widetilde{X}(k)=X(e^{j\omega})\big|_{\omega=\frac{2\pi}{N}k}=X((k))_N$$

即 $\widetilde{X}(k)$以 N 为周期。所以它必然与一周期序列 $\widetilde{x}(n)_N$ 相对应，$\widetilde{X}(k)$为 $\widetilde{x}(n)_N$ 的 DFS 系数。

$$\widetilde{x}(n)_N = \frac{1}{N}\sum_{k=0}^{N-1}\widetilde{X}(k)\mathrm{e}^{\mathrm{j}\frac{2\pi}{N}kn}$$

为了导出 $\widetilde{x}(n)_N$ 与 $x(n)$之间的关系，应将上式中的 $\widetilde{X}(k)$用 $x(n)$表示：

$$\widetilde{X}(k) = X(z)\mid_{z=\mathrm{e}^{\mathrm{j}\frac{2\pi}{N}k}} = \sum_{n=-\infty}^{\infty}x(n)z^{-n}\mid_{z=\mathrm{e}^{\mathrm{j}\frac{2\pi}{N}k}} = \sum_{n=-\infty}^{\infty}x(n)\mathrm{e}^{-\mathrm{j}\frac{2\pi}{N}kn}$$

所以

$$\widetilde{x}_N(n) = \frac{1}{N}\sum_{k=0}^{N-}\left(\sum_{m=-\infty}^{\infty}x(m)\mathrm{e}^{-\mathrm{j}\frac{2\pi}{N}km}\right)\mathrm{e}^{\mathrm{j}\frac{2\pi}{N}kn} = \sum_{m=-\infty}^{\infty}x(m)\frac{1}{N}\sum_{k=0}^{N-1}\mathrm{e}^{\mathrm{j}\frac{2\pi}{N}k(n-m)}$$

因为

$$\frac{1}{N}\sum_{k=0}^{N-1}\mathrm{e}^{\mathrm{j}\frac{2\pi}{N}k(n-m)} = \begin{cases}1 & m = n - rN，r\text{ 为整数}\\ 0 & \text{其他 } m\end{cases}$$

所以

$$\widetilde{x}_N(n) = \sum_{r=-\infty}^{\infty}x(n+rN)$$

即 $\widetilde{x}_N(n)$是 $x(n)$的周期延拓序列，由 DFT 与 DFS 的关系可得出

$$\begin{aligned}x_N(n) &= \mathrm{IDFT}[X(k)] = \widetilde{x}_N(n)R_N(n)\\ &= \sum_{r=-\infty}^{\infty}x(n-rN)R_N(n)\end{aligned}$$

$x_N(n)=\mathrm{IDFT}[X(k)]$为 $x(n)$的周期延拓序列(以 N 为延拓周期)的主值序列。以后这一结论可以直接引用。

[例 3.4.2]　已知

$$x(n) = R_8(n)，X(\mathrm{e}^{\mathrm{j}\omega}) = \mathrm{FT}[x(n)]$$

对 $X(\mathrm{e}^{\mathrm{j}\omega})$采样得到 $X(k)$，

$$X(k) = X(\mathrm{e}^{\mathrm{j}\omega})\mid_{\omega=\frac{2\pi}{6}k}\qquad k = 0，1，\cdots，5$$

求

$$x_6(n) = \mathrm{IDFT}[X(k)]\qquad n = 0，1，2，\cdots，5$$

解：直接根据频域采样概念得到

$$x_6(n) = \sum_{l=-\infty}^{\infty}x(n-6l)\cdot R_6(n) = R_6(n) + R_2(n)$$

[例 3.4.3]　令 $X(k)$表示 $x(n)$的 N 点 DFT，分别证明：

(1) 如果 $x(n)$满足关系式

$$x(n) = -x(N-1-n)$$

则

$$X(0) = 0$$

(2) 当 N 为偶数时，如果

$$x(n) = x(N-1-n)$$

则

$$X\left(\frac{N}{2}\right)=0$$

证　(1) 直接按 DFT 定义即可得证。因为

$$X(k)=\sum_{n=0}^{N-1}x(n)W_N^{kn}$$

所以

$$X(0)=\sum_{n=0}^{N-1}x(n) \qquad ①$$

令 $n=N-1-m$，则

$$X(0)=\sum_{m=N-1}^{0}x(N-1-m) \qquad ②$$

①式+②式得

$$2X(0)=\sum_{n=0}^{N-1}[x(n)+x(N-1-n)]=0$$

所以

$$X(0)=0$$

(2) 因为 $x(n)=x(N-1-n)$，所以

$$X(k)=\sum_{n=0}^{N-1}x(n)W_N^{kn}=\sum_{n=0}^{N-1}x(N-1-n)W_N^{kn}$$

令 $m=N-1-n$，则上式可写成

$$\begin{aligned}X(k)&=\sum_{m=N-1}^{0}x(m)W_N^{k(N-1-m)}=W_N^{k(N-1)}\sum_{m=0}^{N-1}x(m)W_N^{-km}\\&=W_N^{k(N-1)}X((-k))_N R_N(k)\end{aligned}$$

当 $k=\dfrac{N}{2}$ 时(N 为偶数)，

$$X\left(\frac{N}{2}\right)=W_N^{\frac{N}{2}(N-1)}X\left(\left(-\frac{N}{2}\right)\right)_N=W_N^{\frac{N}{2}(N-1)}X\left(\frac{N}{2}\right)$$

因为

$$W_N^{\frac{N}{2}(N-1)}=\mathrm{e}^{-\mathrm{j}\frac{2\pi}{N}(N-1)\frac{N}{2}}=-1$$

所以

$$X\left(\frac{N}{2}\right)=-X\left(\frac{N}{2}\right)$$

因此证得

$$X\left(\frac{N}{2}\right)=0$$

[例 3.4.4]　有限时宽序列的 N 点离散傅里叶变换相当于其 Z 变换在单位圆上的 N 点等间隔采样。我们希望求出 $X(z)$ 在半径为 r 的圆上的 N 点等间隔采样，即

$$\hat{X}(k)=X(z)\big|_{z=re^{\mathrm{j}\frac{2\pi}{N}kn}} \qquad k=0,1,\cdots,N-1$$

试给出一种用 DFT 计算得到 $\hat{X}(k)$ 的算法。

解： 因为

$$X(z)=\sum_{n=0}^{N-1}x(n)z^{-n}$$

所以

$$\begin{aligned}\hat{X}(k)&=\sum_{n=0}^{N-1}x(n)r^{-n}\mathrm{e}^{-\mathrm{j}\frac{2\pi}{N}kn}\\&=\sum_{n=0}^{N-1}x(n)r^{-n}W_N^{kn}\qquad k=0,1,\cdots,N-1\\&=\mathrm{DFT}[x(n)r^{-n}]\end{aligned}$$

由此可见，先对 $x(n)$ 乘以指数序列 r^{-n}，然后再进行 N 点 DFT，即可得到题中所要求的复频域采样 $\hat{X}(k)$。

[例 3.4.5]　长度为 N 的一个有限长序列 $x(n)$ 的 N 点 DFT 为 $X(k)$。另一个长度为 $2N$ 的序列 $y(n)$ 定义为

$$y(n)=\begin{cases}x\left(\dfrac{n}{2}\right) & n\text{ 为偶数}\\ 0 & n\text{ 为奇数}\end{cases}$$

试用 $X(k)$ 表示 $y(n)$ 的 $2N$ 点离散傅里叶变换 $Y(k)$。

解： 该题可以直接按 DFT 定义求解。

$$\begin{aligned}Y(k)&=\sum_{n=0}^{2N-1}y(n)W_{2N}^{kn}=\sum_{n=\text{偶数}}^{2N-1}x\left(\frac{n}{2}\right)W_{2N}^{kn}\\&=\sum_{l=0}^{N-1}x(l)W_{2N}^{k(2l)}\\&=\sum_{l=0}^{N-1}x(l)W_N^{kl}\qquad k=0,1,\cdots,2N-1\\&=X(k)\qquad k=0,1,\cdots,2N-1\\&=X((k))_NR_{2N}(k)\end{aligned}$$

上面最后一步采用的是 $X(k)$ 以 N 为周期的概念。

[例 3.4.6]　用 DFT 对模拟信号进行谱分析，设模拟信号 $x_a(t)$ 的最高频率为 200 Hz，以奈奎斯特频率采样得到时域离散序列 $x(n)=x_a(nT)$，要求频率分辨率为 10 Hz。假设模拟信号频谱 $X_a(\mathrm{j}\Omega)$ 如图 3.4.1 所示，试画出 $X(\mathrm{e}^{\mathrm{j}\omega})=\mathrm{FT}[x(n)]$ 和 $X(k)=\mathrm{DFT}[x(n)]$ 的谱线图，并标出每个 k 值对应的数字频率 ω_k 和模拟频率 f_k 的取值。

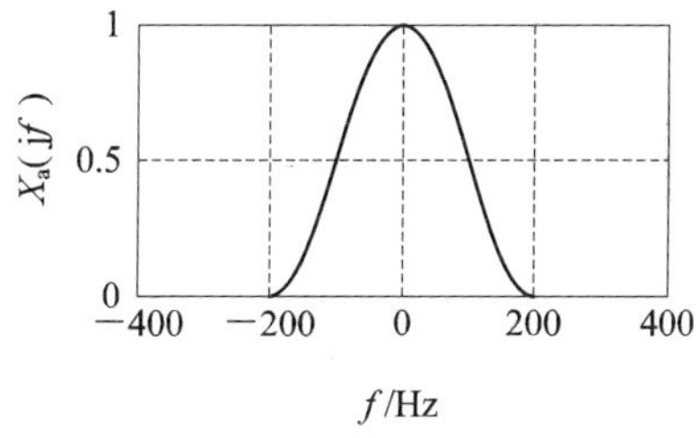

图 3.4.1

解： 因为最高频率 $f_{\max}=200$ Hz，频率分辨率 $F=10$ Hz，所以采样频率 f_s 为

$$f_s = 2f_{\max} = 400\ \text{次}/\text{s},\ T = \frac{1}{f_s} = \frac{1}{400}\ \text{s}$$

观察时间

$$T_p = \frac{1}{F} = 0.1\ \text{s}$$

采样点数

$$N = T_p f_s = 0.1 \times 400 = 40\ \text{个}$$

所以，对 $x_a(t)$进行采样得

$$x(n) = x_a(nT) \qquad n = 0, 1, \cdots, 39$$

$$X(e^{j\omega}) = \text{FT}[x(n)] = \frac{1}{T}\sum_{k=-\infty}^{\infty} X_a\left(j\frac{\omega}{T} - j\frac{2\pi}{T}k\right)$$

$$X(k) = \text{DFT}[x(n)] = X(e^{j\frac{2\pi}{N}k}) \qquad k = 0, 1, \cdots, 39$$

$X_a(jf)$、$X(e^{j\omega})$及 $X((k))_N$ 分别如图 3.4.2(a)、(b)、(c)所示。当 $f_s=2f_{\max}$时，$f=f_{\max}$对应 $\omega=2\pi fT=\frac{2\pi f_{\max}}{2f_{\max}}=\pi$，由 $\omega=\pi=\frac{2\pi}{N}k$，可求得 $k=\frac{N}{2}$；当 $f_s>2f_{\max}$时，$f_{\max}$对应的数字频率 $\omega=2\pi f_{\max}T<\pi$。$X_a(if)$与 $X(k)$的对应关系(由图 3.4.2(a)、(c)可看出)为

$$TX(k) = X_a(jkF) \qquad k = 0, 1, \cdots, \frac{N}{2}$$

$$F = \frac{f_s}{N} = \frac{1}{NT} = \frac{1}{T_p}\ \text{Hz}$$

(a)

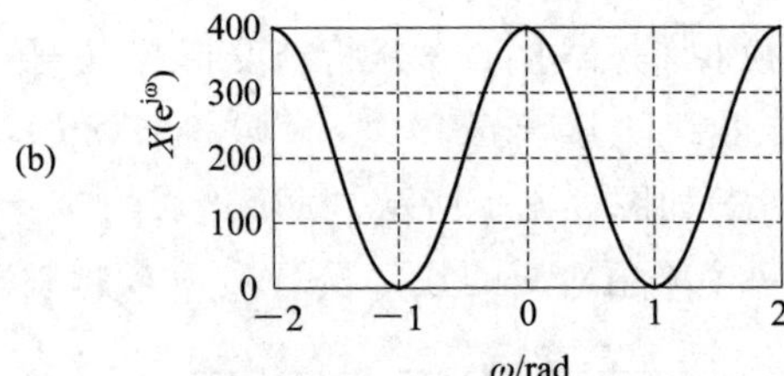

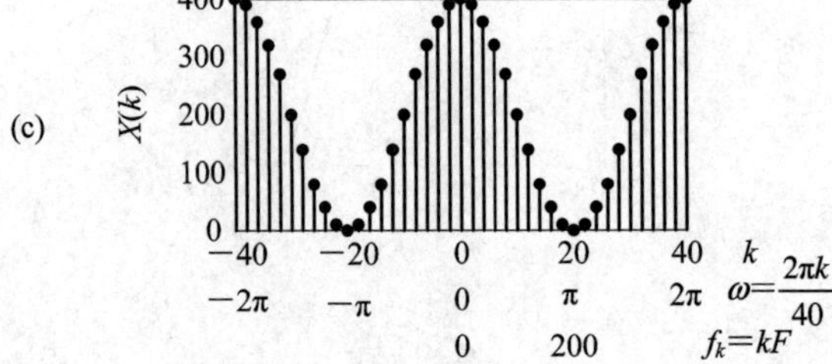

图 3.4.2

该例题主要说明了模拟信号$x_a(t)$的时域采样序列$x(n)$的N点离散傅里叶变换$X(k)$与$x_a(t)$的频谱$X_a(jf)$之间的对应关系。只有搞清该关系，才能由$X(k)$看出$X_a(jf)$的频谱特征。否则，即使计算出$X(k)$，也搞不清$X(k)$的第k条谱线对应于$X_a(jf)$的哪个频率点的采样，这样就达不到谱分析的目的。实际中，$X(k)$求出后，也可以将横坐标换算成模拟频率，换算公式为$f_k=kF=k/(NT)$。直接作出$X_a(kF)=X_a(f_k)=TX(k)$谱线图。

[例3.4.7]　已知$x(n)$长度为N，$X(z)=\text{ZT}[x(n)]$。要求计算$X(z)$在单位圆上的M个等间隔采样。假定$M<N$，试设计一种计算M个采样值的方法，它只需计算一次M点DFT。

解：这是一个典型的频域采样理论应用问题。根据频域采样、时域周期延拓以及DFT的唯一性概念，容易解答该题。

由频域采样理论知道，如果

$$X(k)=X(z)\big|_{z=e^{j\frac{2\pi}{M}k}}\qquad k=0,1,\cdots,M-1$$

即$X(k)$是$X(z)$在单位圆上的M点等间隔采样，则

$$x_M(n)=\text{IDFT}[X(k)]=\sum_{r=-\infty}^{\infty}x(n+rM)R_M(n)$$

当然

$$X(k)=\text{DFT}[x_M(n)]\qquad k=0,1,\cdots,M-1$$

即首先将$x(n)$以M为周期进行周期延拓，取主值区序列$x_M(n)$，最后进行M点DFT则可得到$X(k)=X(e^{j\frac{2\pi}{M}k})$，$k=0,1,\cdots,M-1$。

应当注意，$M<N$，所以周期延拓$x(n)$时，有重叠区，$x_M(n)$在重叠区上的值等于重叠在n点处的所有序列值相加。

显然，由于频域采样点数$M<N$，不满足频域采样定理，所以，不能由$X(k)$恢复$x(n)$，即丢失了$x(n)$的频谱信息。

[例3.4.8]　已知序列

$$x(n)=\{\underline{1},2,2,1\},\ h(n)=\{\underline{3},2,-1,1\}$$

(1) 计算5点循环卷积$y_5(n)=x(n)\circledast h(n)$；

(2) 用计算循环卷积的方法计算线性卷积$y(n)=x(n)*h(n)$。

解：(1) 这里是2个短序列的循环卷积计算，可以用矩阵相乘的方法(即用教材第103页式(3.2.7))计算，也可以用类似于线性卷积的列表法。因为要求5点循环卷积，因此每个序列尾部加一个零值点，按照教材式(3.2.7)写出

$$\begin{bmatrix}y_5(0)\\y_5(1)\\y_5(2)\\y_5(3)\\y_5(4)\end{bmatrix}=\begin{bmatrix}1&0&1&2&2\\2&1&0&1&2\\2&2&1&0&1\\1&2&2&1&0\\0&1&2&2&1\end{bmatrix}\begin{bmatrix}3\\2\\-1\\1\\0\end{bmatrix}=\begin{Bmatrix}4\\9\\9\\6\\2\end{Bmatrix}$$

得到$y_5(n)=\{\underline{4},9,9,6,2\}$。注意上面矩阵方程右边第一个$5\times5$矩阵称为$x(n)$的循环矩阵，它的第一行是$x(n)$的5点循环倒相，第二行是第一行的向右循环移一位，第三行是第二行向右循环移一位，依次类推。

用列表法可以省去写矩阵方程，下面用列表法解：

3	2	−1	1	0	
1	0	1	2	2	$y_5(0)=4$
2	1	0	1	2	$y_5(1)=9$
2	2	1	0	1	$y_5(2)=9$
1	2	2	1	0	$y_5(3)=6$
0	1	2	2	1	$y_5(4)=2$

表中的第一行是 $h(n)$序列，第 2、3、4、5、6 行的前五列即是 $x(n)$的循环矩阵的对应行。同样得到 $y_5(n)=\{\underline{4}, 9, 9, 6, 2\}$。

(2) 我们知道只有当循环卷积的长度大于等于线性卷积结果的长度时，循环卷积的结果才能等于线性卷积的结果。该题目中线性卷积的长度为 $L=4+4-1=7$，因此循环卷积的长度可选 $L=7$，这样两个序列的尾部分别加 3 个零点后，进行 7 点循环卷积，其结果就是线性卷积的结果。即

$$\begin{bmatrix} y(0) \\ y(1) \\ y(2) \\ y(3) \\ y(4) \\ y(5) \\ y(6) \end{bmatrix} = \begin{bmatrix} 1 & 0 & 0 & 0 & 1 & 2 & 2 \\ 2 & 1 & 0 & 0 & 0 & 1 & 2 \\ 2 & 2 & 1 & 0 & 0 & 0 & 1 \\ 1 & 2 & 2 & 1 & 0 & 0 & 0 \\ 0 & 1 & 2 & 2 & 1 & 0 & 0 \\ 0 & 0 & 1 & 2 & 2 & 1 & 0 \\ 0 & 0 & 0 & 1 & 2 & 2 & 1 \end{bmatrix} \begin{bmatrix} 3 \\ 2 \\ -1 \\ 1 \\ 0 \\ 0 \\ 0 \end{bmatrix} = \begin{bmatrix} 3 \\ 8 \\ 9 \\ 6 \\ 2 \\ 1 \\ 1 \end{bmatrix}$$

得到

$$y(n) = x(n) * h(n) = \{\underline{3}, 8, 9, 6, 2, 1, 1\}$$

[例 3.4.9] 已知实序列 $x(n)$和 $y(n)$的 DFT 分别为 $X(k)$和 $Y(k)$，试给出一种计算一次 IDFT 就可得出 $x(n)$和 $y(n)$的计算方法。(选自 2004 年北京交通大学硕士研究生入学试题。)

解： 令

$$w(n)=x(n)+\mathrm{j}y(n)$$

对其进行 DFT，得到

$$W(k) = X(k) + \mathrm{j}Y(k)$$
$$w(n) = \mathrm{IDFT}[W(k)]$$

因为 $x(n)$和 $y(n)$分别为实序列，因此

$$x(n) = \mathrm{Re}[w(n)]$$
$$y(n) = \mathrm{Im}[w(n)]$$

[例 3.4.10] 已知 $x(n)$ $(n=0, 1, 2, \cdots, 1023)$，$h(n)$ $(n=0, 1, 2, \cdots, 15)$。在进行线性卷积时，每次只能进行 16 点线性卷积运算。试问为了得到 $y(n)=x(n) * h(n)$的正确结果，原始数据应作怎样处理，并如何进行运算。(选自 1996 年西安电子科技大学硕士研究生入学试题。)

解： 将 $x(n)$进行分组后，采用书上介绍的重叠相加法。

$x(n)$的长度为 1024 点，按照 16 分组，共分 64 组，记为 $x_i(n)$，$i=0, 1, 2, \cdots, 63$。即

$$x(n)=\sum_{i=0}^{63}x_i(n-16i),\ x_i(n)=x(n+16i)R_{16}(n)$$

$$y(n)=x(n)*h(n)=\sum_{i=0}^{63}y_i(n-16i)$$

式中，$y_i(n)=x_i(n)*h(n)$，$i=0, 1, 2, \cdots, 63$。可以用 FFT 计算 16 点的线性卷积$y_i(n)$。最后结果 $y(n)$的长度为 $1024+16-1=1039$。

[例 3.4.11]　$x(n)$是一个长度 $M=142$ 的信号序列，即：$x(n)=0$，当 $n<0$ 或 $n\geqslant M$ 时。现希望用 $N=100$ 的 DFT 来分析频谱。试问：如何通过一次 $N=100$ 的 DFT 求得 $X(e^{j\omega})|_{\omega=\frac{2\pi}{N}k}$，$k=0, 1, 2, \cdots, 99$；这样进行频谱分析是否存在误差？(选自 2006 年西安交通大学硕士研究生入学试题。)

解： 通过频率域采样得到频域离散函数，再对其进行 IDFT 得到的序列应是原序列 $x(n)$以N 为周期进行周期化后的主值序列。按照这一概念，在频域 $0\sim2\pi$ 采样 100 点，那么相应的时域应以 100 为周期进行延拓后截取主值区。该题要求用一次 100 点的 DFT 求得，可以用下式计算：

$$X_{100}(k)=\mathrm{DFT}\left[\sum_{i=-\infty}^{\infty}x(n+100i)R_{100}(n)\right]$$

式中，k 对应的频率为 $\omega_k=\dfrac{2\pi k}{100}$ rad。这样进行频谱分析存在误差，误差是因为时域混叠引起的。

3.5　教材第 3 章习题与上机题解答

1. 计算以下序列的 N 点 DFT，在变换区间 $0\leqslant n\leqslant N-1$ 内，序列定义为

(1)　$x(n)=1$

(2)　$x(n)=\delta(n)$

(3)　$x(n)=\delta(n-n_0)$　　$0<n_0<N$

(4)　$x(n)=R_m(n)$　　$0<m<N$

(5)　$x(n)=e^{j\frac{2\pi}{N}mn}$　　$0<m<N$

(6)　$x(n)=\cos\left(\dfrac{2\pi}{N}mn\right)$　　$0<m<N$

(7)　$x(n)=e^{j\omega_0 n}R_N(n)$

(8)　$x(n)=\sin(\omega_0 n)R_N(n)$

(9)　$x(n)=\cos(\omega_0 n)R_N(N)$

(10)　$x(n)=nR_N(n)$

解：

(1) $X(k)=\sum_{n=0}^{N-1}1\cdot W_N^{kn}=\sum_{n=0}^{N-1}e^{-j\frac{2\pi}{N}kn}=\dfrac{1-e^{-j\frac{2\pi}{N}kN}}{1-e^{-j\frac{2\pi}{N}k}}=\begin{cases}N & k=0\\0 & k=1, 2, \cdots, N-1\end{cases}$

(2) $X(k)=\sum_{n=0}^{N-1}\delta(n)W_N^{kn}=\sum_{n=0}^{N-1}\delta(n)=1\qquad k=0, 1, \cdots, N-1$

(3) $X(k)=\sum_{n=0}^{N-1}\delta(n-n_0)W_N^{kn}$

$$=W_N^{kn_0}\sum_{n=0}^{N-1}\delta(n-n_0)=W_N^{kn_0}\qquad k=0,1,\cdots,N-1$$

(4) $X(k)=\sum_{n=0}^{m-1}W_N^{kn}=\dfrac{1-W_N^{km}}{1-W_N^k}=\mathrm{e}^{-\mathrm{j}\frac{\pi}{N}(m-1)k}\dfrac{\sin\left(\frac{\pi}{N}mk\right)}{\sin\left(\frac{\pi}{N}k\right)}R_N(k)$

(5) $X(k)=\sum_{n=0}^{N-1}\mathrm{e}^{\mathrm{j}\frac{2\pi}{N}mn}W_N^{kn}=\sum_{n=0}^{N-1}\mathrm{e}^{\mathrm{j}\frac{2\pi}{N}(m-k)n}=\dfrac{1-\mathrm{e}^{-\mathrm{j}\frac{2\pi}{N}(m-k)N}}{1-\mathrm{e}^{-\mathrm{j}\frac{2\pi}{N}(m-k)}}$

$$=\begin{cases}N & k=m\\0 & k\neq m\end{cases},\quad 0\leqslant k\leqslant N-1$$

(6) $X(k)=\sum_{n=0}^{N-1}\cos\left(\frac{2\pi}{N}mn\right)W_N^{kn}=\sum_{n=0}^{N-1}\frac{1}{2}\left(\mathrm{e}^{\mathrm{j}\frac{2\pi}{N}mn}+\mathrm{e}^{-\mathrm{j}\frac{2\pi}{N}mn}\right)\mathrm{e}^{-\mathrm{j}\frac{2\pi}{N}kn}$

$$=\frac{1}{2}\sum_{n=0}^{N-1}\mathrm{e}^{\mathrm{j}\frac{2\pi}{N}(m-k)n}+\frac{1}{2}\sum_{n=0}^{N-1}\mathrm{e}^{-\mathrm{j}\frac{2\pi}{N}(m+k)n}$$

$$=\frac{1}{2}\left[\frac{1-\mathrm{e}^{\mathrm{j}\frac{2\pi}{N}(m-k)N}}{1-\mathrm{e}^{\mathrm{j}\frac{2\pi}{N}(m-k)}}+\frac{1-\mathrm{e}^{-\mathrm{j}\frac{2\pi}{N}(m+k)N}}{1-\mathrm{e}^{-\mathrm{j}\frac{2\pi}{N}(m+k)}}\right]$$

$$=\begin{cases}\dfrac{N}{2} & k=m,\ k=N-m\\[2mm]0 & k\neq m,\ k\neq N-m\end{cases},\ 0\leqslant k\leqslant N-1$$

(7) $X_7(k)=\sum_{n=0}^{N-1}\mathrm{e}^{\mathrm{j}\omega_0 n}W_N^{kn}=\sum_{n=0}^{N-1}\mathrm{e}^{\mathrm{j}\left(\omega_0-\frac{2\pi}{N}k\right)n}=\dfrac{1-\mathrm{e}^{\mathrm{j}\left(\omega_0-\frac{2\pi}{N}k\right)N}}{1-\mathrm{e}^{\mathrm{j}\left(\omega_0-\frac{2\pi}{N}k\right)}}$

$$=\mathrm{e}^{\mathrm{j}\left(\omega_0-\frac{2\pi}{N}k\right)\frac{N-1}{2}}\frac{\sin\left[\left(\omega_0-\frac{2\pi}{N}k\right)\frac{N}{2}\right]}{\sin\left[\dfrac{\left(\omega_0-\frac{2\pi}{N}k\right)}{2}\right]}\qquad k=0,1,\cdots,N-1$$

或

$$X_7(k)=\frac{1-\mathrm{e}^{\mathrm{j}\omega_0 N}}{1-\mathrm{e}^{\mathrm{j}\left(\omega_0-\frac{2\pi}{N}k\right)}}\qquad k=0,1,\cdots,N-1$$

(8) **解法一** 直接计算:

$$x_8(n)=\sin(\omega_0 n)R_N(n)=\frac{1}{2\mathrm{j}}\left[\mathrm{e}^{\mathrm{j}\omega_0 n}-\mathrm{e}^{-\mathrm{j}\omega_0 n}\right]R_N(n)$$

$$X_8(n)=\sum_{n=0}^{N-1}x_8(n)W_N^{kn}=\frac{1}{2\mathrm{j}}\sum_{n=0}^{N-1}\left[\mathrm{e}^{\mathrm{j}\omega_0 n}-\mathrm{e}^{-\mathrm{j}\omega_0 n}\right]\mathrm{e}^{-\mathrm{j}\frac{2\pi}{N}kn}$$

$$=\frac{1}{2\mathrm{j}}\left[\sum_{n=0}^{N-1}\mathrm{e}^{\mathrm{j}\left(\omega_0-\frac{2\pi}{N}k\right)n}-\sum_{n=0}^{N-1}\mathrm{e}^{-\mathrm{j}\left(\omega_0+\frac{2\pi}{N}k\right)n}\right]$$

$$=\frac{1}{2\mathrm{j}}\left[\frac{1-\mathrm{e}^{\mathrm{j}\omega_0 N}}{1-\mathrm{e}^{\mathrm{j}\left(\omega_0-\frac{2\pi}{N}k\right)}}-\frac{1-\mathrm{e}^{-\mathrm{j}\omega_0 N}}{1-\mathrm{e}^{-\mathrm{j}\left(\omega_0+\frac{2\pi}{N}k\right)}}\right]$$

解法二　由 DFT 的共轭对称性求解。

因为

$$x_7(n) = e^{j\omega_0 n}R_N(n) = [\cos(\omega_0 n) + j\ \sin(\omega_0 n)]R_N(n)$$

所以

$$x_8(n) = \sin(\omega_0 n)R_N(n) = \mathrm{Im}[x_7(n)]$$

所以

$$\mathrm{DFT}[jx_8(n)] = \mathrm{DFT}[j\ \mathrm{Im}[x_7(n)]] = X_{7o}(k)$$

即

$$X_8(k) = -jX_{7o}(k) = -j\frac{1}{2}[X_7(k) - X_7^*(N-k)]$$

结果与解法一所得结果相同。此题验证了共轭对称性。

(9) **解法一**　直接计算：

$$x_9(n)\ \cos(\omega_0 n)R_N(n) = \frac{1}{2}[e^{j\omega_0 n} + e^{-j\omega_0 n}]$$

$$\begin{aligned} X_9(k) &= \sum_{n=0}^{N-1} x_9(n)W_N^{kn} \\ &= \frac{1}{2}\sum_{n=0}^{N-1}[e^{j\omega_0 n} + e^{-j\omega_0 n}]e^{-j\frac{2\pi}{N}kn} \\ &= \frac{1}{2}\left[\frac{1-e^{j\omega_0 N}}{1-e^{j(\omega_0-\frac{2\pi}{N}k)}} + \frac{1-e^{-j\omega_0 N}}{1-e^{-j(\omega_0-\frac{2\pi}{N}k)}}\right] \end{aligned}$$

解法二　由 DFT 共轭对称性可得同样结果。

因为

$$x_9(n) = \cos(\omega_0 n)R_N(n) = \mathrm{Re}[x_7(n)]$$

所以

$$\begin{aligned} X_9(k) &= X_{7e}(k) = \frac{1}{2}[X_7(k) + X_7^*(N-k)] \\ &= \frac{1}{2}\left[\frac{1-e^{j\omega_0 N}}{1-e^{j(\omega_0-\frac{2\pi}{N}k)}} + \frac{1-e^{-j\omega_0 N}}{1-e^{-j(\omega_0+\frac{2\pi}{N})k}}\right] \end{aligned}$$

(10) **解法一**　$X(k) = \sum_{n=0}^{N-1} nW_N^{kn} \qquad k = 0, 1, \cdots, N-1$

上式直接计算较难，可根据循环移位性质来求解 $X(k)$。因为 $x(n)=nR_N(n)$，所以

$$x(n) - x((n-1))_N R_N(n) + N\delta(n) = R_N(n)$$

等式两边进行 DFT，得到

$$X(k) - X(k)W_N^k + N = N\delta(k)$$

故

$$X(k) = \frac{N[\delta(k)-1]}{1-W_N^k} \qquad k = 1, 2, \cdots, N-1$$

当 $k=0$ 时，可直接计算得出 $X(0)$ 为

$$X(0) = \sum_{n=0}^{N-1} nW_N^0 = \sum_{n=0}^{N-1} n = \frac{N(N-1)}{2}$$

这样，$X(k)$ 可写成如下形式：

$$X(k)=\begin{cases}\dfrac{N(N-1)}{2} & k=0\\ \dfrac{-N}{1-W_N^k} & k=1,2,\cdots,N-1\end{cases}$$

解法二 $k=0$ 时，

$$X(k)=\sum_{n=0}^{N-1}n=\frac{N(N-1)}{2}$$

$k\neq 0$ 时，

$$X(k)=0+W_N^k+2W_N^{2k}+3W_N^{3k}+\cdots+(N-1)W_N^{(N-1)k}$$
$$W_N^kX(k)=0+W_N^{2k}+2W_N^{3k}+3W_N^{4k}+\cdots+(N-2)W_N^{(N-1)k}+(N-1)$$
$$X(k)-W_N^kX(k)=\sum_{m=1}^{N-1}W_N^{km}-(N-1)$$
$$=\sum_{n=0}^{N-1}W_N^{kn}-1-(N-1)=-N$$

所以，$X(k)=\dfrac{-N}{1-W_N^k}$，$k\neq 0$，即

$$X(k)=\begin{cases}\dfrac{N(N-1)}{2} & k=0\\ \dfrac{-N}{1-W_N^k} & k=1,2,\cdots,N-1\end{cases}$$

2. 已知下列 $X(k)$，求 $x(n)=\text{IDFT}[X(k)]$

(1) $$X(k)=\begin{cases}\dfrac{N}{2}e^{j\theta} & k=m\\ \dfrac{N}{2}e^{-j\theta} & k=N-m\\ 0 & 其他\ k\end{cases}$$

(2) $$X(k)=\begin{cases}-\dfrac{N}{2}e^{j\theta} & k=m\\ j\,\dfrac{N}{2}e^{-j\theta} & k=N-m\\ 0 & 其他\ k\end{cases}$$

其中，m 为正整数，$0<m<\dfrac{N}{2}$，N 为变换区间长度。

解：(1) $$x(n)=\text{IDFT}[X(k)]=\frac{1}{N}\sum_{k=0}^{N-1}X(k)W_N^{-kn}$$
$$=\frac{1}{N}\left[\frac{N}{2}e^{j\theta}e^{j\frac{2\pi}{N}nm}+\frac{N}{2}e^{-j\theta}e^{j\frac{2\pi}{N}(N-m)n}\right]$$
$$=\frac{1}{2}\left[e^{j\left(\frac{2\pi}{N}mn+\theta\right)}+e^{-j\left(\frac{2\pi}{N}mn+\theta\right)}\right]$$
$$=\cos\left(\frac{2\pi}{N}mn+\theta\right)\qquad n=0,1,\cdots,N-1$$

(2) $x(n)=\frac{1}{N}\left[-\frac{N}{2}\mathrm{j}\mathrm{e}^{\mathrm{j}\theta}W_N^{-mn}+\frac{N}{2}\mathrm{j}\mathrm{e}^{-\mathrm{j}\theta}W_N^{-(N-m)n}\right]$

$$=\frac{1}{2\mathrm{j}}\left[\mathrm{e}^{\mathrm{j}\left(\frac{2\pi}{N}mn+\theta\right)}-\mathrm{e}^{-\mathrm{j}\left(\frac{2\pi}{N}mn+\theta\right)}\right]$$

$$=\sin\left(\frac{2\pi}{N}mn+\theta\right)\qquad n=0,\ 1,\ \cdots,\ N-1$$

3. 已知长度为 $N=10$ 的两个有限长序列：

$$x_1(n)=\begin{cases}1 & 0\leqslant n\leqslant 4\\ 0 & 5\leqslant n\leqslant 9\end{cases}$$

$$x_2(n)=\begin{cases}1 & 0\leqslant n\leqslant 4\\ -1 & 5\leqslant n\leqslant 9\end{cases}$$

做图表示 $x_1(n)$、$x_2(n)$和 $y(n)=x_1(n)\circledast x_2(n)$，循环卷积区间长度 $L=10$。

解： $x_1(n)$、$x_2(n)$和 $y(n)=x_1(n)\circledast x_2(n)$分别如题 3 解图(a)、(b)、(c)所示。

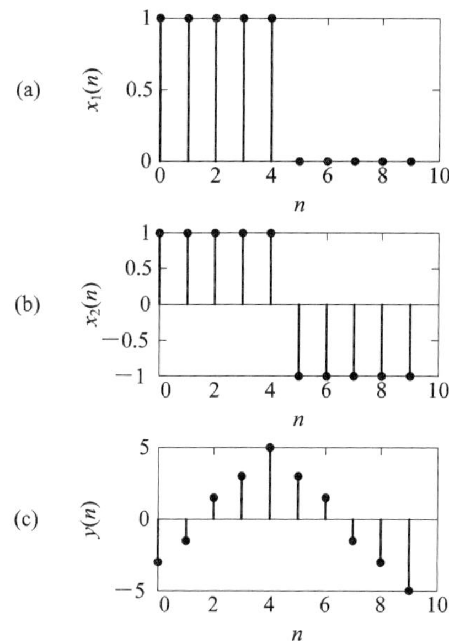

题 3 解图

4. 证明 DFT 的对称定理，即假设 $X(k)=\mathrm{DFT}[x(n)]$，证明

$$\mathrm{DFT}[X(n)]=Nx(N-k)$$

证： 因为

$$X(k)=\sum_{n=0}^{N-1}x(n)W_N^{kn}$$

所以

$$\mathrm{DFT}[X(n)]=\sum_{n=0}^{N-1}X(n)W_N^{kn}=\sum_{n=0}^{N-1}\left[\sum_{m=0}^{N-1}x(m)W_N^{mn}\right]W_N^{kn}$$

$$=\sum_{m=0}^{N-1}x(m)\sum_{n=0}^{N-1}W_N^{n(m+k)}$$

由于

$$\sum_{n=0}^{N-1} W_N^{n(m+k)} = \begin{cases} N & m = N-k \\ 0 & m \neq N-k,\ 0 \leqslant m \leqslant N-1 \end{cases}$$

所以

$$\text{DFT}[X(n)] = Nx(N-k) \qquad k = 0,\ 1,\ \cdots,\ N-1$$

5. 如果 $X(k)=\text{DFT}[x(n)]$，证明 DFT 的初值定理

$$x(0) = \frac{1}{N}\sum_{k=0}^{N-1} X(k)$$

证：由 IDFT 定义式

$$x(n) = \frac{1}{N}\sum_{k=0}^{N-1} X(k) W_N^{-kn} \qquad n = 0,\ 1,\ \cdots,\ N-1$$

可知

$$x(0) = \frac{1}{N}\sum_{k=0}^{N-1} X(k)$$

6. 设 $x(n)$的长度为 N，且

$$X(k) = \text{DFT}[x(n)] \qquad 0 \leqslant k \leqslant N-1$$

令

$$h(n) = x((n))_N R_{mN}(n) \qquad m \text{ 为自然数}$$

$$H(k) = \text{DFT}[h(n)]_{mN} \qquad 0 \leqslant k \leqslant mN-1$$

求 $H(k)$与 $X(k)$的关系式。

解： $H(k)=\text{DFT}[h(n)] \qquad 0\leqslant k\leqslant mN-1$

令 $n=n'+lN$，$l=0,\ 1,\ \cdots,\ m-1$，$n'=0,\ 1,\ \cdots,\ N-1$，则

$$\begin{aligned} H(k) &= \sum_{l=0}^{m-1}\sum_{n'=0}^{N-1} x((n'+lN))_N \mathrm{e}^{-\mathrm{j}\frac{2\pi(n'+lN)}{mN}k} \\ &= \sum_{l=0}^{m-1}\Big[\sum_{n'=0}^{N-1} x(n')\mathrm{e}^{-\mathrm{j}\frac{2\pi}{mN}n'k}\Big]\mathrm{e}^{-\mathrm{j}\frac{2\pi}{m}lk} \\ &= X\left(\frac{k}{m}\right)\sum_{l=0}^{m-1}\mathrm{e}^{-\mathrm{j}\frac{2\pi}{m}lk} \end{aligned}$$

因为

$$\sum_{l=0}^{m-1}\mathrm{e}^{-\mathrm{j}\frac{2\pi}{m}lk} = \begin{cases} m & \dfrac{k}{m} = \text{整数} \\ 0 & \dfrac{k}{m} \neq \text{整数} \end{cases}$$

所以

$$X(k) = \begin{cases} mX\left(\dfrac{k}{m}\right) & \dfrac{k}{m} = \text{整数} \\ 0 & \dfrac{k}{m} \neq \text{整数} \end{cases}$$

7. 证明：若 $x(n)$为实序列，$X(k)=\text{DFT}[x(n)]_N$，则 $X(k)$为共轭对称序列，即 $X(k)=X^*(N-k)$；若 $x(n)$实偶对称，即 $x(n)=x(N-n)$，则 $X(k)$也实偶对称；若 $x(n)$实奇对称，即 $x(n)=-x(N-n)$，则 $X(k)$为纯虚函数并奇对称。

证：(1) 由教材(3.2.17)～(3.2.20)式知道，如果将 $x(n)$表示为

$$x(n)=x_r(n)+jx_i(n)$$

则

$$X(k)=\text{DFT}[x(n)]=X_{ep}(k)+X_{op}(k)$$

其中，$X_{ep}(k)=\text{DFT}[x_r(n)]$，是 $X(k)$的共轭对称分量；$X_{op}(k)=\text{DFT}[jx_i(n)]$，是 $X(k)$的共轭反对称分量。所以，如果 $x(n)$为实序列，则 $X_{op}(k)=\text{DFT}[jx_i(n)]=0$，故 $X(k)=\text{DFT}[x(n)]=X_{ep}(k)$，即 $X(k)=X^*(N-k)$。

(2) 由 DFT 的共轭对称性可知，如果

$$x(n)=x_{ep}(n)+x_{op}(n)$$

且

$$X(k)=\text{Re}[X(k)]+j\,\text{Im}[X(k)]$$

则

$$\text{Re}[X(k)]=\text{DFT}[x_{ep}(n)],\quad j\,\text{Im}[X(k)]=\text{DFT}[x_{op}(n)]$$

所以，当 $x(n)=x(N-n)$时，等价于上式中 $x_{op}(n)=0$，$x(n)$中只有 $x_{ep}(n)$成分，所以 $X(k)$只有实部，即 $X(k)$为实函数。又由(1)证明结果知道，实序列的 DFT 必然为共轭对称函数，即 $X(k)=X^*(N-k)=X(N-k)$，所以 $X(k)$实偶对称。

同理，当 $x(n)=-x(N-n)$时，等价于 $x(n)$只有 $x_{op}(n)$成分(即 $x_{ep}(n)=0$)，故 $X(k)$只有纯虚部，且由于 $x(n)$为实序列，即 $X(k)$共轭对称，$X(k)=X^*(N-k)=-X(N-k)$，为纯虚奇函数。

8. 证明频域循环移位性质：设 $X(k)=\text{DFT}[x(n)]$，$Y(k)=\text{DFT}[y(n)]$，如果 $Y(k)=X((k+l))_N R_N(k)$，则

$$y(n)=\text{IDFT}[Y(k)]=W_N^{ln}x(n)$$

证：

$$y(n)=\text{IDFT}[Y(k)]=\frac{1}{N}\sum_{k=0}^{N-1}Y(k)W_N^{-kn}=\frac{1}{N}\sum_{k=0}^{N-1}X((k+l))_N W_N^{-kn}$$

$$=W_N^{ln}\frac{1}{N}\sum_{k=0}^{N-1}X((k+l))_N W_N^{-(k+l)n}$$

令 $m=k+l$，则

$$y(n)=W_N^{ln}\frac{1}{N}\sum_{m=l}^{N-1}X((m))_N W_N^{-mn}=W_N^{ln}\frac{1}{N}\sum_{m=0}^{N-1}X(m)W_N^{-mn}=W_N^{ln}x(n)$$

9. 已知 $x(n)$长度为 N，$X(k)=\text{DFT}[x(n)]$，

$$y(n)=\begin{cases}x(n) & 0\leqslant n\leqslant N-1\\ 0 & N\leqslant n\leqslant mN-1,\ m\text{ 为自然数}\end{cases}$$

$$Y(k)=\text{DFT}[y(n)]_{mN}\qquad 0\leqslant k\leqslant mN-1$$

求 $Y(k)$与 $X(k)$的关系式。

解：

$$Y(k)=\sum_{n=0}^{mN-1}y(n)W_{mN}^{kn}=\sum_{n=0}^{N-1}x(n)W_{mN}^{kn}$$

$$=\sum_{n=0}^{N-1}x(n)W_N^{\frac{k}{m}n}=X\left(\frac{k}{m}\right)\qquad \frac{k}{m}=\text{整数}$$

10. 证明离散相关定理。若

$$X(k)=X_1^*(k)X_2(k)$$

则

$$x(n)=\text{IDFT}[X(k)]=\sum_{l=0}^{N-1}x_1^*(l)x_2((l+n))_N R_N(n)$$

证：根据 DFT 的唯一性，只要证明

$$\text{DFT}[x(n)]_N=\text{DFT}\Big[\sum_{l=0}^{N-1}x_1^*(l)x_2((l+n))_N R_N(n)\Big]_N=X_1^*(k)X_2(k)$$

即可。

$$\begin{aligned}X(k)=\text{DFT}[x(n)]&=\sum_{n=0}^{N-1}x(n)W_N^{kn}\\&=\sum_{n=0}^{N-1}\Big(\sum_{l=0}^{N-1}x_1^*(l)x_2((l+n))_N\Big)W_N^{kn}\\&=\sum_{l=0}^{N-1}x_1^*(l)\sum_{n=0}^{N-1}x_2((l+n))_N W_N^{kn}\\&=\Big(\sum_{l=0}^{N-1}x_1(l)W_N^{kl}\Big)^*\sum_{n=0}^{N-1}x_2((l+n))_N W_N^{k(l+n)}\\&=X_1^*(k)\sum_{n=0}^{N-1}x_2((l+n))_N W_N^{k(l+n)}\end{aligned}$$

令 $m=l+n$，则

$$\begin{aligned}\sum_{n=0}^{N-1}x_2((l-m))_N W_N^{k(l+n)}&=\sum_{m=l}^{N-1+l}x_2((m))_N W_N^{km}\\&=\sum_{m=0}^{N-1}x_2((m))_N W_N^{km}\\&=\sum_{m=0}^{N-1}x_2(m)W_N^{km}=X_2(k)\end{aligned}$$

所以

$$X(k)=X_1^*(k)X_2(k)\qquad 0\leqslant k\leqslant N-1$$

当然也可以直接计算 $X(k)=X_1^*(k)X_2(k)$ 的 IDFT。

$$\begin{aligned}x(n)&=\text{IDFT}[X(k)]=\text{IDFT}[X_1^*(k)X_2(k)]\\&=\frac{1}{N}\sum_{k=0}^{N-1}X_1^*(k)X_2(k)W_N^{-kn}=\frac{1}{N}\sum_{k=0}^{N-1}\Big(\sum_{l=0}^{N-1}x_1(l)W_N^{kl}\Big)^*X_2(k)W_N^{-kn}\\&=\sum_{l=0}^{N-1}x_1^*(l)\frac{1}{N}\sum_{k=0}^{N-1}X_2(k)W_N^{-k(l+n)}\qquad 0\leqslant n\leqslant N-1\end{aligned}$$

由于

$$\frac{1}{N}\sum_{k=0}^{N-1}X_2(k)W_N^{-k(l+n)}=\frac{1}{N}\sum_{k=0}^{N-1}X_2(k)W^{-k((l+n))_N}=x_2((l+n))_N\qquad 0\leqslant n\leqslant N-1$$

所以

$$x(n)=\sum_{l=0}^{N-1}x_1^*(l)x_2((l+n))_N R_N(n)$$

11．证明离散帕塞瓦尔定理。若 $X(k)=\text{DFT}[x(n)]$，则

$$\sum_{n=0}^{N-1} |x(n)|^2 = \frac{1}{N}\sum_{k=0}^{N-1} |X(k)|^2$$

证：
$$\frac{1}{N}\sum_{n=0}^{N-1} |X(k)|^2 = \frac{1}{N}\sum_{k=0}^{N-1} X(k)X^*(k) = \frac{1}{N}\sum_{k=0}^{N-1} X(k)\Big(\sum_{n=0}^{N-1} x(n)W_N^{kn}\Big)^*$$
$$= \sum_{n=0}^{N-1} x^*(n)\frac{1}{N}\sum_{k=0}^{N-1} X(k)W_N^{-kn}$$
$$= \sum_{n=0}^{N-1} x^*(n)x(n) = \sum_{n=0}^{N-1} |x(n)|^2$$

12. 已知 $f(n)=x(n)+\mathrm{j}y(n)$，$x(n)$与 $y(n)$均为长度为 N 的实序列。设

$$F(k) = \mathrm{DFT}[f(n)]_N \qquad 0\leqslant k\leqslant N-1$$

(1)
$$F(k)=\frac{1-a^N}{1-aW_N^k}+\mathrm{j}\frac{1-b^N}{1-bW_N^k} \qquad a,\ b\text{ 为实数}$$

(2)
$$F(k)=1+\mathrm{j}N$$

试求 $X(k)=\mathrm{DFT}[x(n)]_N$，$Y(k)=\mathrm{DFT}[y(n)]_N$ 以及 $x(n)$和 $y(n)$。

解： 由 DFT 的共轭对称性可知

$$x(n)\leftrightarrow X(k) = F_{\mathrm{ep}}(k)$$
$$\mathrm{j}y(n)\leftrightarrow \mathrm{j}Y(k) = F_{\mathrm{op}}(k)$$

方法一　(1)

$$F(k) = \frac{1-a^N}{1-aW_N^k}+\mathrm{j}\frac{1-b^N}{1-bW_N^k}$$

$$X(k) = F_{\mathrm{ep}}(k) = \frac{1}{2}[F(k)+F^*(N-k)] = \frac{1-a^N}{1-aW_N^k}$$

$$Y(k) = -\mathrm{j}F_{\mathrm{op}}(k) = \frac{1}{2\mathrm{j}}[F(k)-F^*(N-k)] = \frac{1-b^N}{1-bW_N^k}$$

$$x(n)= \frac{1}{N}\sum_{k=0}^{N-1} X(k)W_N^{-kn} = \frac{1}{N}\sum_{k=0}^{N-1}\frac{1-a^N}{1-aW_N^k}W_N^{-kn}$$
$$= \frac{1}{N}\sum_{k=0}^{N-1}\Big(\sum_{m=0}^{N-1} a^m W_N^{km}\Big)W_N^{-kn} = \sum_{m=0}^{N-1} a^m \frac{1}{N}\sum_{k=0}^{N-1} W_N^{k(m-n)} \qquad 0\leqslant n\leqslant N-1$$

由于

$$\frac{1}{N}\sum_{k=0}^{N-1} W_N^{k(m-n)} = \begin{cases}1 & m=n\\ 0 & m\neq 0\end{cases},\ 0\leqslant n,\ m\leqslant N-1$$

所以

$$x(n) = a^n \qquad 0\leqslant n\leqslant N-1$$

同理

$$y(n) = b^n \qquad 0\leqslant n\leqslant N-1$$

(2)
$$F(k)=1+\mathrm{j}N$$

$$X(k) = \frac{1}{2}[F(k)+F^*(N-k)] = \frac{1}{2}[1+\mathrm{j}N+1-\mathrm{j}N] = 1$$

$$Y(k) = \frac{1}{2\mathrm{j}}[F(k)-F^*(N-k)] = N$$

$$x(n)=\frac{1}{N}\sum_{k=0}^{N-1}W_N^{-kn}=\delta(n)$$

$$y(n)=\frac{1}{N}\sum_{k=0}^{N-1}W_N^{-kn}=N\delta(n)$$

方法二 令

$$A(k)=\frac{1-a^N}{1-aW_N^k},\ B(k)=\mathrm{j}\,\frac{1-b^N}{1-bW_N^{-k}}$$

只要证明 $A(k)$为共轭对称的，$B(k)$为共轭反对称，则就会有

$$A(k)=F_{\mathrm{ep}}(k)=X(k),\quad B(k)=F_{\mathrm{op}}(k)=\mathrm{j}Y(k)$$

因为

$$A^*(N-k)=\left(\frac{1-a^N}{1-aW_N^{N-k}}\right)^*=\frac{1-a^N}{1-aW_N^k}=A(k)\text{，共轭对称}$$

$$B^*(N-k)=\left(\mathrm{j}\,\frac{1-a^N}{1-bW_N^{N-k}}\right)^*=-\mathrm{j}\,\frac{1-b^N}{1-bW_N^k}=-B(k)\text{，共轭反对称}$$

所以

$$X(k)=F_{\mathrm{ep}}(k)=A(k)=\frac{1-a^N}{1-aW_N^k}$$

$$Y(k)=\frac{1}{\mathrm{j}}F_{\mathrm{op}}(k)=\frac{1}{\mathrm{j}}B(k)=\frac{1-b^N}{1-bW_N^k}$$

由方法一知

$$x(n)=\mathrm{IDFT}[X(k)]=a^nR_N(n)$$
$$y(n)=\mathrm{IDFT}[Y(k)]=b^nR_N(n)$$

13. 已知序列 $x(n)=a^nu(n)$，$0<a<1$，对 $x(n)$的 Z 变换 $X(z)$在单位圆上等间隔采样 N 点，采样序列为

$$X(k)=X(z)\big|_{z=\mathrm{e}^{\mathrm{j}2\pi k/N}}\qquad k=0,\ 1,\ \cdots,\ N-1$$

求有限长序列 $\mathrm{IDFT}[X(k)]_N$。

解：我们知道，$X(\mathrm{e}^{\mathrm{j}\omega})=X(z)\big|_{z=\mathrm{e}^{\mathrm{j}\omega}}$，是以 2π 为周期的周期函数，所以

$$X((k))_N=X(z)\big|_{z=\mathrm{e}^{\mathrm{j}2\pi k/N}}=\widetilde{X}(k) \tag{①}$$

$\widetilde{X}(k)$以 N 为周期，将 $\widetilde{X}(k)$看作一周期序列 $\widetilde{x}(n)$的 DFS 系数，则

$$\widetilde{x}(n)=\frac{1}{N}\sum_{k=0}^{N-1}\widetilde{X}(k)\mathrm{e}^{\mathrm{j}\frac{2\pi}{N}kn}=\frac{1}{N}\sum_{k=0}^{N-1}\widetilde{X}(k)W_N^{-kn} \tag{②}$$

由式①知 $\widetilde{X}(k)$为

$$\widetilde{X}(k)=X(z)\big|_{z=\mathrm{e}^{\mathrm{j}\frac{2\pi}{N}k}}=\sum_{n=-\infty}^{\infty}x(n)z^{-n}\big|_{z=W_N^{-k}}=\sum_{n=-\infty}^{\infty}x(n)W_N^{kn} \tag{③}$$

将式③代入式②得到

$$\widetilde{x}(n)=\frac{1}{N}\sum_{k=0}^{N-1}\Big[\sum_{m=-\infty}^{\infty}x(m)W_N^{km}\Big]W_N^{-kn}=\sum_{m=-\infty}^{\infty}x(m)\,\frac{1}{N}\sum_{k=0}^{N-1}W_N^{k(m-n)}$$

由于

$$\frac{1}{N}\sum_{k=0}^{N-1}W_N^{k(m-n)}=\begin{cases}1 & m=n+lN\\0 & \text{其他 } m\end{cases}$$

所以

$$\tilde{x}(n)=\sum_{l=-\infty}^{\infty}x(n+lN)$$

由题意知

$$X(k)=\tilde{X}(k)R_N(k)$$

所以根据有关 $X(k)$ 与 $x_N(n)$ 的周期延拓序列的 DFS 系数的关系有

$$x_N(n)=\text{IDFT}[X(k)]=\tilde{x}(n)R_N(n)=\sum_{l=-\infty}^{\infty}x(n+lN)R_N(n)$$

$$=\sum_{l=-\infty}^{\infty}a^{n+lN}u(n+lN)R_N(n)$$

由于 $0\leqslant n\leqslant N-1$，所以

$$u(n+lN)=\begin{cases}1 & n+lN\geqslant 0\text{ 即 }l\geqslant 0\\0 & l<0\end{cases}$$

因此

$$x_N(n)=a^n\sum_{l=0}^{\infty}a^{lN}R_N(n)=\frac{a^n}{1-a^N}R_N(n)$$

说明：平时解题时，本题推导 $x_N(n)=\text{IDFT}[X(k)]_N=\sum_{l=-\infty}^{\infty}x(n+lN)R_N(n)$ 的过程可省去，直接引用频域采样理论给出的结论(教材中式(3.3.2)和(3.3.3))即可。

14. 两个有限长序列 $x(n)$ 和 $y(n)$ 的零值区间为

$$x(n)=0\qquad n<0,\ 8\leqslant n$$

$$y(n)=0\qquad n<0,\ 20\leqslant n$$

对每个序列作 20 点 DFT，即

$$X(k)=\text{DFT}[x(n)]\qquad k=0,1,\cdots,19$$

$$Y(k)=\text{DFT}[y(n)]\qquad k=0,1,\cdots,19$$

如果

$$F(k)=X(k)Y(k)\qquad k=0,1,\cdots,19$$

$$f(n)=\text{IDFT}[F(k)]\qquad k=0,1,\cdots,19$$

试问在哪些点上 $f(n)$ 与 $x(n)*y(n)$ 值相等，为什么？

解：如前所述，记 $f_l(n)=x(n)*y(n)$，而 $f(n)=\text{IDFT}[F(k)]=x(n)\,⑳\,y(n)$。$f_l(n)$ 长度为 27，$f(n)$ 长度为 20。由教材中式(3.4.3)知道 $f(n)$ 与 $f_l(n)$ 的关系为

$$f(n)=\sum_{m=-\infty}^{\infty}f_l(n+20m)R_{20}(n)$$

只有在如上周期延拓序列中无混叠的点上，才满足 $f(n)=f_l(n)$，所以

$$f(n)=f_l(n)=x(n)*y(n)\qquad 7\leqslant n\leqslant 19$$

15. 已知实序列 $x(n)$ 的 8 点 DFT 的前 5 个值为 0.25，0.125－j0.3018，0，0.125－j0.0518，0。

(1) 求 $X(k)$ 的其余 3 点的值；

(2) $x_1(n)=\sum_{m=-\infty}^{+\infty}x(n+5+8m)R_8(n)$，求 $X_1(k)=\text{DFT}[x_1(n)]_8$；

(3) $x_2(n)=x(n)\mathrm{e}^{\mathrm{j}\pi n/4}$，求 $x_2(k)=\mathrm{DFT}[x_2(n)]_8$。

解： (1) 因为 $x(n)$是实序列，由第 7 题证明结果有 $X(k)=X^*(N-k)$，即 $X(N-k)=X^*(k)$，所以，$X(k)$的其余 3 点值为

$$\{X(5),\ X(6),\ X(7)\}=\{0.125+\mathrm{j}0.0518,\ 0,\ 0.125+\mathrm{j}0.3018$$

(2) 根据 DFT 的时域循环移位性质，

$$X_1(k)=\mathrm{DFT}[x_1(n)]_8=W_8^{-5k}X(k)$$

(3)

$$\begin{aligned}X_2(k)&=\mathrm{DFT}[x_2(n)]_8=\sum_{n=0}^{N-1}x_2(n)W_8^{kn}=\sum_{n=0}^{N-1}x(n)\mathrm{e}^{\mathrm{j}\pi n/4}\mathrm{e}^{-\mathrm{j}\pi nk/4}\\&=\sum_{n=0}^{N-1}x(n)W_8^{(k-1)n}=\sum_{n=0}^{N-1}x(n)W_8^{((k-1))_8 n}=X((k-1))_8R_8(k)\end{aligned}$$

16. $x(n)$、$x_1(n)$和 $x_2(n)$分别如题 16 图(a)、(b)和(c)所示，已知 $X(k)=\mathrm{DFT}[x(n)]_8$。求

$$X_1(k)=\mathrm{DFT}[x_1(n)]_8 \quad 和 \quad X_2(k)=\mathrm{DFT}[x_2(n)]_8$$

(注：用 $X(k)$表示 $X_1(k)$和 $X_2(k)$。)

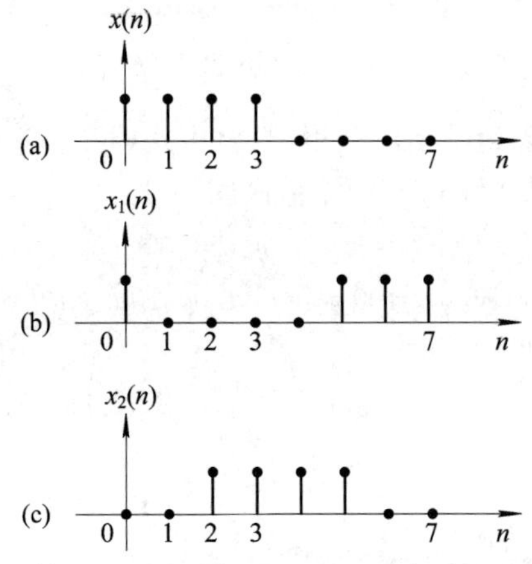

题 16 图

解： 因为 $x_1(n)=x((n+3))_8R_8(n)$，$x_2(n)=x((n-2))_8R_8(n)$，所以根据 DFT 的时域循环移位性质得到

$$X_1(k)=\mathrm{DFT}[x_1(n)]_8=W_8^{-3k}X(k)$$
$$X_2(k)=\mathrm{DFT}[x_2(n)]_8=W_8^{2k}X(k)$$

17. 设 $x(n)$是长度为 N 的因果序列，且

$$X(\mathrm{e}^{\mathrm{j}\omega})=\mathrm{FT}[x(n)],\ y(n)=\Big[\sum_{m=-\infty}^{\infty}x(n+mM)\Big]R_M(n),\ Y(k)=\mathrm{DFT}[y(n)]_M$$

试确定 $Y(k)$与 $X(\mathrm{e}^{\mathrm{j}\omega})$的关系式。

解： $y(n)$是 $x(n)$以 M 为周期的周期延拓序列的主值序列，根据频域采样理论得到

$$Y(k)=X(\mathrm{e}^{\mathrm{j}\omega})\Big|_{\omega=\frac{2\pi}{M}k} \qquad k=0,\ 1,\ 2,\ \cdots,\ M-1$$

18. 用微处理机对实数序列作谱分析，要求谱分辨率 $F\leqslant 50$ Hz，信号最高频率为 1 kHz，试确定以下各参数：

(1) 最小记录时间 $T_{p\,min}$；

(2) 最大取样间隔 T_{max}；

(3) 最少采样点数 N_{min}；

(4) 在频带宽度不变的情况下，使频率分辨率提高 1 倍(即 F 缩小一半)的 N 值。

解：(1) 已知 $F=50$ Hz，因而

$$T_{p\,min}=\frac{1}{F}=\frac{1}{50}=0.02\ \text{s}$$

(2)
$$T_{max}=\frac{1}{f_{s\,min}}=\frac{1}{2f_{max}}=\frac{1}{2\times 10^3}=0.5\ \text{ms}$$

(3)
$$N_{min}=\frac{T_{p\,min}}{T_{max}}=\frac{0.02\ \text{s}}{0.5\times 10^{-3}}=40$$

(4) 频带宽度不变就意味着采样间隔 T 不变，应该使记录时间扩大 1 倍，即为 0.04 s，实现频率分辨率提高 1 倍(F 变为原来的 1/2)。

$$N_{min}=\frac{0.04\ \text{s}}{0.5\ \text{ms}}=80$$

19. 已知调幅信号的载波频率 $f_c=1$ kHz，调制信号频率 $f_m=100$ Hz，用 FFT 对其进行谱分析，试求：

(1) 最小记录时间 $T_{p\,min}$；

(2) 最低采样频率 $f_{s\,min}$；

(3) 最少采样点数 N_{min}。

解：调制信号为单一频率正弦波时，已调 AM 信号为

$$x(t)=\cos(2\pi f_c t+\varphi_c)[1+\cos(2\pi f_m t+\varphi_m)]$$

所以，已调 AM 信号 $x(t)$ 只有 3 个频率：f_c、f_c+f_m、f_c-f_m。$x(t)$的最高频率 $f_{max}=1.1$ kHz，频率分辨率 $F\leqslant 100$ Hz(对本题所给单频 AM 调制信号应满足 $100/F=$整数，以便能采样到这三个频率成分)。故

(1)
$$T_{p\,min}=\frac{1}{F}=\frac{1}{100}=0.01\ \text{s}=10\ \text{ms}$$

(2)
$$F_{s\,min}=2f_{max}=2.2\ \text{kHz}$$

(3)
$$N_{min}=\frac{T_p}{T_{max}}=T_p f_{smin}=10\times 10^{-3}\times 2.2\times 10^3=22$$

(注意，对窄带已调信号可以采用亚奈奎斯特采样速率采样，压缩码率。而在本题的解答中，我们仅按基带信号的采样定理来求解。)

20. 在下列说法中选择正确的结论。线性调频 Z 变换可以用来计算一个有限长序列 $h(n)$在 z 平面实轴上诸点$\{z_k\}$的 Z 变换 $H(z_k)$，使

(1) $z_k=a^k$，$k=0, 1, \cdots, N-1$，a 为实数，$a\neq 1$；

(2) $z_k=ak$，$k=0, 1, \cdots, N-1$，a 为实数，$a\neq 1$；

(3) (1)和(2)都不行，即线性调频 Z 变换不能计算 $H(z)$在 z 平面实轴上的取样值。

解：在 chirp－Z 变换中，在 z 平面上分析的 N 点为

$$z_k=AW^{-k}\qquad k=0, 1, \cdots, N-1$$

其中

$$A = A_0 e^{j\omega_0}, W = W_0 e^{-j\varphi_0}$$

所以

$$z_k = A_0 e^{j\omega_0} W_0^{-k} e^{jk\varphi_0}$$

当 $A_0=1$, $\omega_0=0$, $W_0=a^{-1}$, $\varphi_0=0$ 时,

$$z^k = a^k$$

故说法(1)正确, 说法(2)、(3)不正确。

21. 我们希望利用 $h(n)$ 长度为 $N=50$ 的 FIR 滤波器对一段很长的数据序列进行滤波处理, 要求采用重叠保留法通过 DFT(即 FFT)来实现。所谓重叠保留法, 就是对输入序列进行分段(本题设每段长度为 $M=100$ 个采样点), 但相邻两段必须重叠 V 个点, 然后计算各段与 $h(n)$ 的 L 点(本题取 $L=128$)循环卷积, 得到输出序列 $y_m(n)$, m 表示第 m 段循环卷积计算输出。最后, 从 $y_m(n)$ 中选取 B 个样值, 使每段选取的 B 个样值连接得到滤波输出 $y(n)$。

(1) 求 V;

(2) 求 B;

(3) 确定取出的 B 个采样应为 $y_m(n)$ 中的哪些样点。

解: 为了便于叙述, 规定循环卷积的输出序列 $y_m(n)$ 的序列标号为 $n=0, 1, 2, \cdots, 127$。

先以 $h(n)$ 与各段输入的线性卷积 $y_{lm}(n)$ 分析问题, 因为当 $h(n)$ 的 50 个样值点完全与第 m 段输入序列 $x_m(n)$ 重叠后, $y_{lm}(n)$ 才与真正的滤波输出 $y(n)$ 相等, 所以, $y_{lm}(n)$ 中第 0 点到第 48 点(共 49 个点)不正确, 不能作为滤波输出, 第 49 点到第 99 点(共 51 个点)为正确的滤波输出序列 $y(n)$ 的第 m 段, 即 $B=51$。所以, 为了去除前面 49 个不正确点, 取出 51 个正确的点连接, 得到不间断又无多余点的 $y(n)$, 必须重叠 $100-51=49$ 个点, 即 $V=49$。

下面说明, 对 128 点的循环卷积 $y_m(n)$, 上述结果也是正确的。我们知道

$$y_m(n) = \sum_{r=-\infty}^{\infty} y_{lm}(n+128r) R_{128}(n)$$

因为 $y_{lm}(n)$ 长度为

$$N+M-1 = 50+100-1 = 149$$

所以 n 从 21 到 127 区域无时域混叠, $y_m(n)=y_{lm}(n)$, 当然, 第 49 点到第 99 点二者亦相等, 所以, 所取出的 51 点为从第 49 点到第 99 点的 $y_m(n)$。

综上所述, 总结所得结论:

$$V = 49, B = 51$$

选取 $y_m(n)$ 中第 49~99 点作为滤波输出。

读者可以通过作图来理解重叠保留法的原理和本题的解答。

22. 证明 DFT 的频域循环卷积定理。

证: DFT 的频域循环卷积定理重写如下:

设 $h(n)$ 和 $x(n)$ 的长度分别为 N 和 M,

$$y_m(n) = h(n)x(n)$$

$$H(k) = \text{DFT}[h(n)]_L, X(k) = \text{DFT}[X(n)]_L$$

则

$$Y_m(k)=\mathrm{DFT}[y_m(n)]_L=\frac{1}{L}H(k)\,\textcircled{L}\,X(k)$$
$$=\frac{1}{L}\sum_{j=0}^{L-1}H(j)X((j-k))_L R_L(k)$$

其中，$L\geqslant\max[N, M]$。

根据 DFT 的唯一性，只要证明 $y_m(n)=\mathrm{IDFT}[Y_m(k)]=h(n)x(n)$，就证明了 DFT 的频域循环卷积定理。

$$y_m(n)=\mathrm{IDFT}[Y_m(k)]=\mathrm{IDFT}\left[\frac{1}{L}\sum_{j=0}^{L-1}H(j)X((j-k))_L R_L(k)\right]$$
$$=\frac{1}{L}\sum_{k=0}^{N-1}\left[\frac{1}{L}\sum_{j=0}^{L-1}H(j)X((k-j))_L\right]W_N^{-kn}$$
$$=\frac{1}{L}\sum_{j=0}^{L-1}H(j)W_N^{-jn}\ \frac{1}{L}\sum_{k=0}^{N-1}X((k-j))_L W_N^{-(k-j)n}$$
$$\overset{令m=k-j}{=}h(n)\ \frac{1}{L}\sum_{m=-j}^{N-1-j}X((m))_L W_N^{-mn}=h(n)\ \frac{1}{L}\sum_{m=0}^{N-1}X((m))_L W_N^{-mn}$$
$$=h(n)\ \frac{1}{L}\sum_{m=0}^{N-1}X(m)W_N^{-mn}=h(n)x(n)$$

23*. 已知序列 $x(n)=\{\underline{1}, 2, 3, 3, 2, 1\}$。

(1) 求出 $x(n)$的傅里叶变换 $X(e^{j\omega})$，画出幅频特性和相频特性曲线(提示：用 1024 点 FFT 近似 $X(e^{j\omega})$)；

(2) 计算 $x(n)$的 $N(N\geqslant6)$点离散傅里叶变换 $X(k)$，画出幅频特性和相频特性曲线；

(3) 将 $X(e^{j\omega})$和 $X(k)$的幅频特性和相频特性曲线分别画在同一幅图中，验证 $X(k)$是 $X(e^{j\omega})$的等间隔采样，采样间隔为 $2\pi/N$；

(4) 计算 $X(k)$的 N 点 IDFT，验证 DFT 和 IDFT 的唯一性。

解：该题求解程序为 ex323.m，程序运行结果如题 23* 解图所示。第(1)小题用 1024 点 DFT 近似 $x(n)$的傅里叶变换；第(2)小题用 32 点 DFT。题 23* 解图(e)和(f)验证了 $X(k)$是$X(e^{j\omega})$的等间隔采样，采样间隔为 $2\pi/N$。题 23* 解图(g) 验证了 IDFT 的唯一性。

```
% DFT 与 FT 的关系验证
clear all; close all;
xn=[1 2 3 3 2 1];                  %输入时域序列向量 x(n)
N=32; M=1024;
Xjw=fft(xn, M);                    %计算 xn 的 1024 点 DFT，近似表示序列的傅里叶变换
Xk32=fft(xn, N);                   %计算 xn 的 32 点 DFT
xn32=ifft(Xk32, N);                %计算 Kk32 的 32 点 IDFT
%以下为绘图部分
k=0: M-1; wk=2*k/M;                %产生 M 点 DFT 对应的采样点频率(关于 π 归一化值)
subplot(3, 2, 1); plot(wk, abs(Xjw));          %绘制 M 点 DFT 的幅频特性图
title('(a) FT[x(n)]的幅频特性图'); xlabel('ω/π'); ylabel('幅度')
subplot(3, 2, 3); plot(wk, angle(Xjw));        %绘制 x(n)的相频特性图
line([0, 2], [0, 0])                           %画横坐标轴线
```

```
title('(b)FT[x(n)]的相频特性图');
xlabel('ω/π'); ylabel('相位');                    %axis([0, 2, -3.5, 3.5])
k=0: N-1;
subplot(3, 2, 2); stem(k, abs(Xk32), '.');        %绘制 64 点 DFT 的幅频特性图
title('(c)32 点 DFT 的幅频特性图');
xlabel('k'); ylabel('幅度'); axis([0, 32, 0, 15])
subplot(3, 2, 4); stem(k, angle(Xk32), '.');      %绘制 64 点 DFT 的相频特性图
line([0, 32], [0, 0])                             %画横坐标轴线
title('(d)32 点 DFT 的相频特性图')
xlabel('k'); ylabel('相位'); axis([0, 32, -3.5, 3.5])
figure(2)
k=0: M-1; wk=2*k/M;               %产生 M 点 DFT 对应的采样点频率(关于 π 归一化值)
subplot(3, 2, 1); plot(wk, abs(Xjw));             %绘制 M 点 DFT 的幅频特性图
title('(e) FT[x(n)]和 32 点 DFT[x(n)]的幅频特性'); xlabel('ω/π'); ylabel('幅度')
hold on
subplot(3, 2, 3); plot(wk, angle(Xjw));           %绘制 x(n)的相频特性图
title('(f)FT[x(n)]和 32 点 DFT[x(n)]的相频特性');
xlabel('ω/π'); ylabel('相 n)]位');
hold on
k=0: N-1; wk=2*k/N;               %产生 N 点 DFT 对应的采样点频率(关于 π 归一化值)
subplot(3, 2, 1); stem(wk, abs(Xk32), '.');       %绘制 64 点 DFT 的幅频特性图
subplot(3, 2, 3); stem(wk, angle(Xk32), '.');     %绘制 64 点 DFT 的相频特性图
line([0, 2], [0, 0]); n=0: 31;
subplot(3, 2, 2); stem(n, xn32, '.');
title('(g)32 点 IDFT[X(k)]波形');
xlabel('n'); ylabel('x(n)');
```


(a) FT[x(n)]的幅频特性图

(c) 32点DFT的幅频特性图

(b) FT[x(n)]的相频特性图

(d) 32点DFT的相频特性图

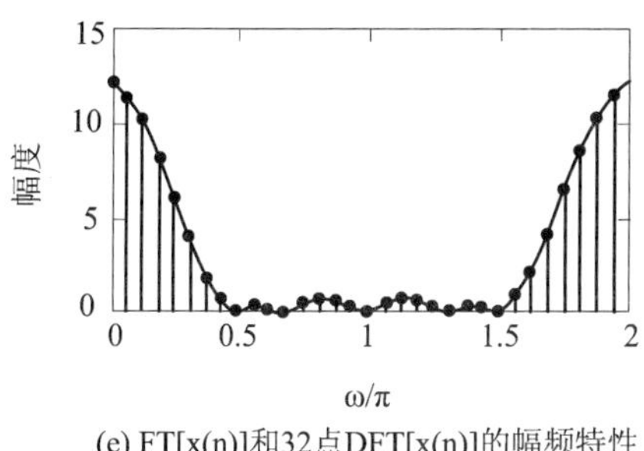

(e) FT[x(n)]和32点DFT[x(n)]的幅频特性

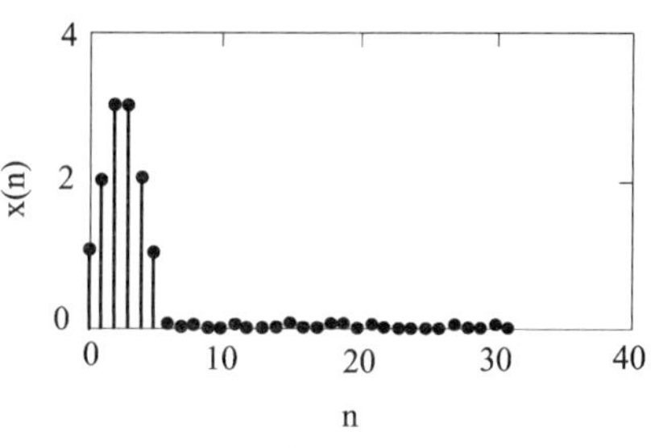

(g) 32点IDFT[X(k)]波形

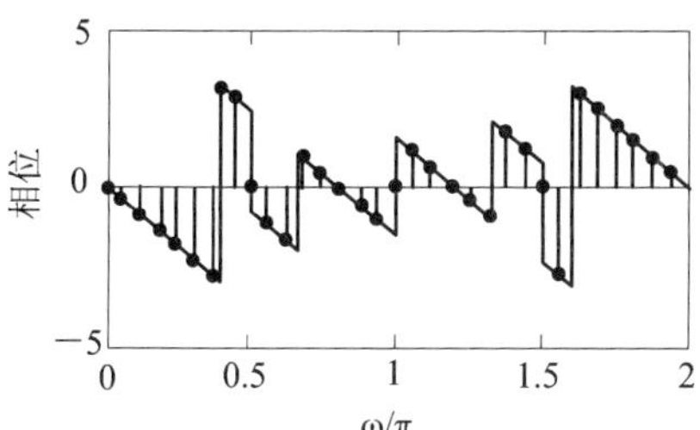

(f) FT[x(n)]和32点DFT[x(n)]的相频特性

题 23* 解图

24*. 给定两个序列：$x_1(n)=\{\underline{2}, 1, 1, 2\}$，$x_2(n)=\{\underline{1}, -1, -1, 1\}$。

(1) 直接在时域计算 $x_1(n)$ 与 $x_2(n)$ 的卷积；

(2) 用 DFT 计算 $x_1(n)$ 与 $x_2(n)$ 的卷积，总结出 DFT 的时域卷积定理。

解：设 $x_1(n)$ 和 $x_2(n)$ 的长度分别为 M_1 和 M_2，

$$X_1(k) = \mathrm{DFT}[x_1(n)]_N,\ X_2(k) = \mathrm{DFT}[x_2(n)]_N$$

$$Y_c(k) = X_1(k)X_2(k),\ y_c(n) = \mathrm{IDFT}[Y_c(k)]_N$$

所谓 DFT 的时域卷积定理，就是当 $N \geqslant M_1 + M_2 - 1$ 时，$y_c(n) = x_1(n) * x_2(n)$。本题中，$M_1 = M_2 = 4$，所以，程序中取 $N=7$。本题的求解程序 ex324.m 如下：

```
% 程序 ex324.m
x1n=[2 1 1 2]; x2n=[1 -1 -1 1];
%时域直接计算卷积 yn:
yn=conv(x1n, x2n)
%用 DFT 计算卷积 ycn:
M1=length(x1n);M2=length(x2n); N=M1+M2-1;
X1k=fft(x1n, N);              %计算 x1n 的 N 点 DFT
X2k=fft(x2n, N);              %计算 x2n 的 N 点 DFT
Yck=X1k.*X2k; ycn=ifft(Yck, N)
```

程序运行结果：

直接在时域计算 $x_1(n)$ 与 $x_2(n)$ 的卷积 yn 和用 DFT 计算 $x_1(n)$ 与 $x_2(n)$ 的卷积 ycn 如下：

```
yn=[2    -1    -2    2    -2    -1    2]
ycn=[2.0000   -1.0000   -2.0000   2.0000   -2.0000   -1.0000   2.0000]
```

25*. 已知序列 $h(n)=R_6(n)$，$x(n)=nR_8(n)$。

(1) 计算 $y_c(n)=h(n)$ ⑧$x(n)$；

(2) 计算 $y_c(n)=h(n)$ ⑯ $x(n)$ 和 $y(n)=h(n)*x(n)$；

(3) 画出 $h(n)$、$x(n)$、$y_c(n)$和 $y(n)$的波形图，观察总结循环卷积与线性卷积的关系。

解：本题的求解程序为 ex325.m。程序运行结果如题 25* 解图所示。由图可见，循环卷积为线性卷积的周期延拓序列的主值序列；当循环卷积区间长度大于等于线性卷积序列长度时，二者相等，见图(b)和图(c)。

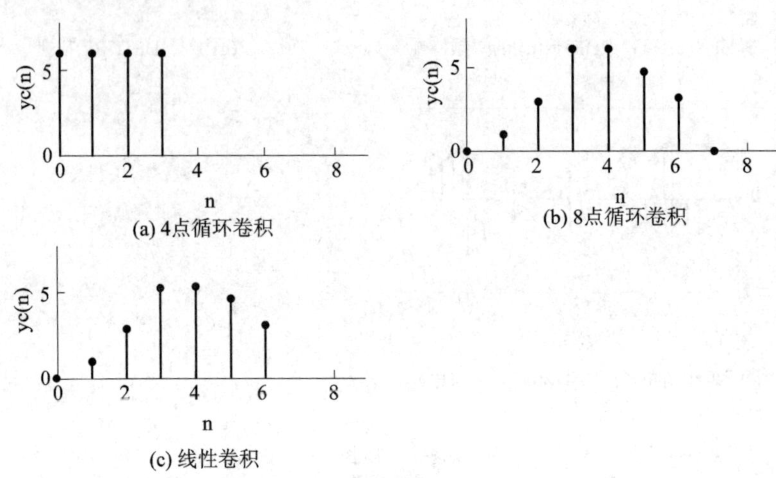

题 25* 解图

程序 ex325.m 如下：

```
%程序 ex325.m
hn=[1 1 1 1]; xn=[0 1 2 3];
%用 DFT 计算 4 点循环卷积 yc4n:
H4k=fft(hn, 4);              %计算 h(n)的 4 点 DFT
X4k=fft(xn, 4);              %计算 x(n)的 4 点 DFT
Yc4k=H4k. * X4k; yc4n=ifft(Yc4k, 4);
%用 DFT 计算 8 点循环卷积 yc8n:
H8k=fft(hn, 8);              %计算 h(n)的 8 点 DFT
X8k=fft(xn, 8);              %计算 x(n)的 8 点 DFT
Yc8k=H8k. * X8k; yc8n=ifft(Yc8k, 8);
yn=conv(hn, xn);             %时域计算线性卷积 yn:
```

26*. 验证频域采样定理。设时域离散信号为

$$x(n)=\begin{cases}a^{|n|} & |n|\leqslant L\\ 0 & |n|>L\end{cases}$$

其中 $a=0.9$，$L=10$。

(1) 计算并绘制信号 $x(n)$的波形。

(2) 证明：$X(e^{j\omega})=\mathrm{FT}[x(n)]=x(0)+2\sum_{n=1}^{L}x(n)\cos(\omega n)$。

(3) 按照 $N=30$ 对 $X(e^{j\omega})$采样得到 $C_k=X(e^{j\omega})\big|_{\omega=\frac{2\pi}{N}k}$，$k=0, 1, 2, \cdots, N-1$。

(4) 计算并图示周期序列 $\tilde{x}(n)=\frac{1}{N}\sum_{k=0}^{N-1}C_k e^{j(2\pi/N)kn}$，试根据频域采样定理解释序列$\tilde{x}(n)$与 $x(n)$的关系。

(5) 计算并图示周期序列 $\tilde{y}(n)=\sum_{m=-\infty}^{\infty}x(n+mN)$，比较 $\tilde{x}(n)$与 $\tilde{y}(n)$，验证(4)中的解释。

(6) 对 $N=15$，重复(3)～(5)。

解： 求解本题(1)、(3)、(4)、(5)、(6)的程序为 ex326.m。下面证明(2)。

$$X(e^{j\omega})=\text{FT}[x(n)]=\sum_{n=-L}^{L}a^{|n|}e^{-j\omega n}=a^0+\sum_{n=1}^{L}(a^n e^{-j\omega n}+a^n e^{j\omega n})$$

$$=x(0)+\sum_{n=1}^{L}a^n(e^{-j\omega n}+e^{j\omega n})=x(0)+2\sum_{n=1}^{L}x(n)\cos(\omega n)$$

$N=30$ 和 $N=15$ 时，对频域采样 C_k 进行离散傅里叶级数展开得到的序列分别如题 26* 解图(b)和(c)所示。由图显而易见，如果 C_k 表示对 $X(e^{j\omega})$在$[0, 2\pi]$上的 N 点等间隔采样，则 $x_N(n)=\text{IDFT}[C_k]_N=\sum_{m=-\infty}^{\infty}x(n+mN)R_N(n)=\tilde{x}(n)R_N(n)$，简言述之：$x_N(n)$是 $x(n)$以 N 为周期的周期延拓序列$\tilde{x}(n)$的主值序列。

程序 ex326.m 如下：程序中直接对(2)中证明得到的结果采样得到 C_k。

```
%程序 ex326.m
% 频域采样理论验证
clear all; close all;
a=0.9; L=10; n=-L: L;
%====== N=30 ================
N=30;
xn=a.^abs(n); %计算产生序列 x(n)
subplot(3, 2, 1); stem(n, xn, '.'); axis([-15, 15, 0, 1.2]); %(1)显示序列 x(n)
title('(a)x(n)的波形 '); xlabel('n'); ylabel('x(n)'); box on
% 对 X(jw)采样 30 点:
for k=0: N-1,
    Ck(k+1)=1;
    for m=1: L,
      Ck(k+1)=Ck(k+1)+2*xn(m+L+1)*cos(2*pi*k*m/N);      %(3)计算 30 点
                                                         %采样 Ck
    end
end
x30n=ifft(Ck, N);       %(4)30 点 IDFT 得到所要求的周期序列的主值序列
%以下为绘图部分
n=0: N-1;
subplot(3, 2, 2); stem(n, x30n, '.'); axis([0, 30, 0, 1.2]); box on
title('(b)N=30 由 Ck 展开的周期序列的主值序列 '); xlabel('n'); ylabel('x30(n)')
%======= N=15 =================
N=15;
% 对 X(jw)采样 15 点:
```

```
for k=0: N-1,
    Ck(k+1)=1;
    for m=1: L,
      Ck(k+1)=Ck(k+1)+2*xn(m+L+1)*cos(2*pi*k*m/N);        %(3)计算 30 点
                                                          %采样 Ck
    end
end
x15n=ifft(Ck, N);     %(4)15 点 IDFT 得到所要求的周期序列的主值序列
%以下为绘图部分
n=0: N-1;
subplot(3, 2, 3); stem(n, x15n, '.'); axis([0, 30, 0, 1.2]); box on
title('(c)N=15 由 Ck 展开的周期序列的主值序列 '); xlabel('n'); ylabel('x15(n)')
```

程序运行结果如题 26* 解图所示。

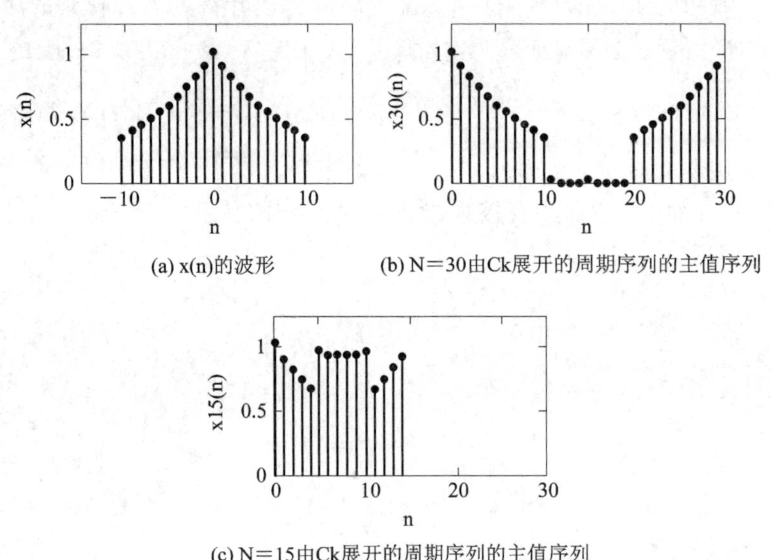

题 26* 解图

27*. 选择合适的变换区间长度 N，用 DFT 对下列信号进行谱分析，画出幅频特性和相频特性曲线。

(1) $x_1(n)=2\cos(0.2\pi n)$

(2) $x_2(n)=\sin(0.45\pi n)\sin(0.55\pi n)$

(3) $x_3(n)=2^{-|n|}R_{21}(n+10)$

解：求解本题的程序为 ex327.m，程序运行结果如题 27* 解图所示。本题选择变换区间长度 N 的方法如下：

对 $x_1(n)$，其周期为 10，所以取 $N_1=10$；因为 $x_2(n)=\sin(0.45\pi n)\ \sin(0.55\pi n)=0.5[\cos(0.1\pi n)-\cos(\pi n)]$，其周期为 20，所以取 $N_2=20$；$x_3(n)$不是因果序列，所以先构造其周期延拓序列(延拓周期为 N_3)，再对其主值序列进行 N_3 点 DFT。

$x_1(n)$和 $x_2(n)$是周期序列，所以截取 1 个周期，用 DFT 进行谱分析，得出精确的离散

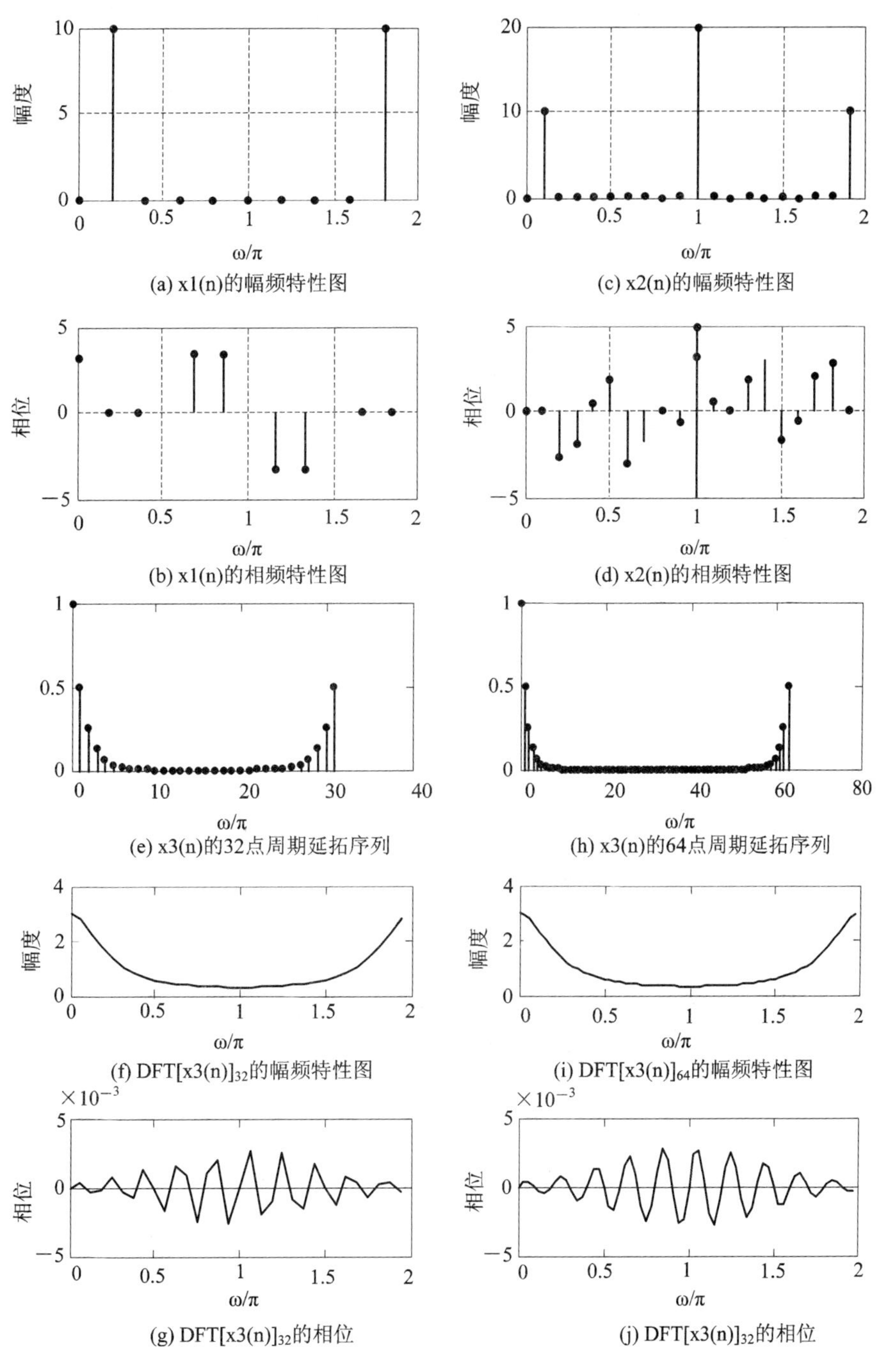

题 27* 解图

谱。$x_3(n)$是非因果、非周期序列，通过试验选取合适的 DFT 变换区间长度 N_3 进行谱分析。

$x_1(n)$的频谱如题 27* 解图(a)和(b)所示，$x_2(n)$的频谱如题 27* 解图(c)和(d)所示。用 32 点 DFT 对 $x_3(n)$的谱分析结果见题 27* 解图(e)、(f)和(g)，用 64 点 DFT 对 $x_3(n)$的谱分析结果见题 27* 解图(h)、(i)和(j)。比较可知，仅用 32 点分析结果就可以了。

请注意，$x_3(n)$的相频特性曲线的幅度很小，这是计算误差引起的。实质上，$x_3(n)$是一个实偶对称序列，所以其理论频谱应当是一个实偶函数，其相位应当是零。

程序 ex327.m 如下：

```
%程序 ex327.m
% 用 DFT 对序列谱分析
n1=0：9；n2=0：50；n3=-10：10；
N1=10；N2=20；N3a=32；N3b=64；
x1n=2*cos(0.2*pi*n1)；                          %计算序列 x1n
x2n=2*sin(0.45*pi*n2).*sin(0.55*pi*n2)；        %计算序列 x2n
x3n=0.5.^abs(n3)；                              %计算序列 x3n
x3anp=zeros(1，N3a)；                           %构造 x3n 的周期延拓序列，周期为 N3a
for m=1：10，
    x3anp(m)=x3n(m+10)；x3anp(N3a+1-m)=x3n(11-m)；
end
x3bnp=zeros(1，N3b)；                           %构造 x3n 的周期延拓序列，周期为 N3b
for m=1：10，
    x3bnp(m)=x3n(m+10)；x3bnp(N3b+1-m)=x3n(11-m)；
end
X1k=fft(x1n，N1)；                              %计算序列 x1n 的 N1 点 DFT
X2k=fft(x2n，N2)；                              %计算序列 x2n 的 N2 点 DFT
X3ak=fft(x3anp，N3a)；                          %计算序列 x3n 的 N3a 点 DFT
X3bk=fft(x3bnp，N3b)；                          %计算序列 x3n 的 N3b 点 DFT
%以下为绘图部分(省略)
```

3.6 教材第 4 章习题与上机题解答

快速傅里叶变换(FFT)是 DFT 的快速算法，没有新的物理概念。FFT 的基本思想和方法教材中都有详细的叙述，所以只给出教材第 4 章的习题与上机题解答。

1. 如果某通用单片计算机的速度为平均每次复数乘需要 4 μs，每次复数加需要 1 μs，用来计算 $N=1024$ 点 DFT，问直接计算需要多少时间。用 FFT 计算呢？照这样计算，用 FFT 进行快速卷积对信号进行处理时，估计可实现实时处理的信号最高频率。

解：当 $N=1024=2^{10}$ 时，直接计算 DFT 的复数乘法运算次数为

$$N^2 = 1024\times1024 = 1\ 048\ 576\ 次$$

复数加法运算次数为

$$N(N-1) = 1024\times1023 = 1\ 047\ 552\ 次$$

直接计算所用计算时间 T_D 为

$$T_D = 4\times10^{-6}\times1024^2 + 1\ 047\ 552\times10^{-6} = 5.241\ 856\ \text{s}$$

用 FFT 计算 1024 点 DFT 所需计算时间 T_F 为

$$\begin{aligned}T_F &= 4\times10^{-6}\times\frac{N}{2}\,\text{lb}N + N\,\text{lb}N\times10^{-6}\\ &= 4\times10^{-6}\times\frac{1024}{2}\times10 + 1024\times10\times10^{-6}\\ &= 30.72\ \text{ms}\end{aligned}$$

快速卷积时，需要计算一次 N 点 FFT(考虑到 $H(k)=\text{DFT}[h(n)]$已计算好存入内存)、N 次频域复数乘法和一次 N 点 IFFT。所以，计算 1024 点快速卷积的计算时间 T_c 约为

$$\begin{aligned}T_c &= 2T_F + 1024\text{ 次复数乘计算时间}\\ &= 71\ 680\ \mu\text{s} + 4\times 1024\ \mu\text{s}\\ &= 65\ 536\ \mu\text{s}\end{aligned}$$

所以，每秒钟处理的采样点数(即采样速率)

$$F_s < \frac{1024}{65\ 536\times 10^{-6}} = 15\ 625\ \text{次/秒}$$

由采样定理知，可实时处理的信号最高频率为

$$f_{\max} < \frac{F_s}{2} = \frac{15\ 625}{2} = 7.8125\ \text{kHz}$$

应当说明，实际实现时，$f_{\max}$还要小一些。这是由于实际中要求采样频率高于奈奎斯特速率，而且在采用重叠相加法时，重叠部分要计算两次。重叠部分长度与 $h(n)$长度有关，而且还有存取数据和指令周期等消耗的时间。

2. 如果将通用单片机换成数字信号处理专用单片机 TMS320 系列，计算复数乘和复数加各需要 10 ns。请重复做上题。

解： 与第 1 题同理。

直接计算 1024 点 DFT 所需计算时间 T_D 为

$$T_D = 10\times 10^{-9}\times 1024^2 + 10\times 10^{-9}\times 1\ 047\ 552 = 20.961\ 28\ \text{ms}$$

用 FFT 计算 1024 点 DFT 所需计算时间 T_F 为

$$\begin{aligned}T_F &= 10\times 10^{-9}\times \frac{N}{2}\,\text{lb}N + 10\times 10^{-9}\times N\ \text{lb}N\\ &= 10^{-8}\times \frac{1024}{2}\times 10 + 10^{-8}\times 1024\times 10\\ &= 0.1536\ \text{ms}\end{aligned}$$

快速卷积计算时间 T_c 约为

$$\begin{aligned}T_c &= 2T_F + 1024\text{ 次复数乘计算时间}\\ &= 2\times 0.1536\times 10^{-3} + 10\times 10^{-9}\times 1024\\ &= 0.317\ 44\ \text{ms}\end{aligned}$$

可实时处理的信号最高频率 $f_{\max}$为

$$f_{\max} \leqslant \frac{1}{2}F_s = \frac{1}{2}\cdot\frac{1024}{T_c} = \frac{1}{2}\cdot 3.2258\ \text{MHz} = 1.6129\ \text{MHz}$$

由此可见，用 DSP 专用单片机可大大提高信号处理速度。所以，DSP 在数字信号处理领域得到广泛应用。机器周期小于 1 ns 的 DSP 产品已上市，其处理速度更高。

3. 已知 $X(k)$和 $Y(k)$是两个 N 点实序列 $x(n)$和 $y(n)$的 DFT，希望从 $X(k)$和 $Y(k)$求 $x(n)$和 $y(n)$，为提高运算效率，试设计用一次 N 点 IFFT 来完成的算法。

解： 因为 $x(n)$和 $y(n)$均为实序列，所以，$X(k)$和 $Y(n)$为共轭对称序列，$\text{j}Y(k)$为共轭反对称序列。可令 $X(k)$和 $\text{j}Y(k)$分别作为复序列 $F(k)$的共轭对称分量和共轭反对称分量，即

$$F(k)=X(k)+\mathrm{j}Y(k)=F_{\mathrm{ep}}(k)+F_{\mathrm{op}}(k)$$

计算一次 N 点 IFFT 得到

$$f(n)=\mathrm{IFFT}[F(k)]=\mathrm{Re}[f(n)]+\mathrm{j}\ \mathrm{Im}[f(n)]$$

由 DFT 的共轭对称性可知

$$\mathrm{Re}[f(n)]=\mathrm{IDFT}[F_{\mathrm{ep}}(k)]=\mathrm{IDFT}[X(k)]=x(n)$$

$$\mathrm{j}\ \mathrm{Im}[f(n)]=\mathrm{IDFT}[F_{\mathrm{op}}(k)]=\mathrm{IDFT}[\mathrm{j}Y(k)]=\mathrm{j}y(n)$$

故

$$x(n)=\frac{1}{2}[f(n)+f^{*}(n)]$$

$$y(n)=\frac{1}{2\mathrm{j}}[f(n)-f^{*}(n)]$$

4. 设 $x(n)$是长度为 $2N$ 的有限长实序列，$X(k)$为 $x(n)$的 $2N$ 点 DFT。

(1) 试设计用一次 N 点 FFT 完成计算 $X(k)$的高效算法。

(2) 若已知 $X(k)$，试设计用一次 N 点 IFFT 实现求 $X(k)$的 $2N$ 点 IDFT 运算。

解： 本题的解题思路就是 DIT - FFT 思想。

(1) 在时域分别抽取偶数和奇数点 $x(n)$，得到两个 N 点实序列 $x_1(n)$和 $x_2(n)$：

$$x_1(n)=x(2n) \qquad n=0, 1, \cdots, N-1$$

$$x_2(n)=x(2n+1) \qquad n=0, 1, \cdots, N-1$$

根据 DIT - FFT 的思想，只要求得 $x_1(n)$和 $x_2(n)$的 N 点 DFT，再经过简单的一级蝶形运算就可得到 $x(n)$的 $2N$ 点 DFT。因为 $x_1(n)$和 $x_2(n)$均为实序列，所以根据 DFT 的共轭对称性，可用一次 N 点 FFT 求得 $X_1(k)$和 $X_2(k)$。具体方法如下：

令

$$y(n)=x_1(n)+\mathrm{j}x_2(n)$$

$$Y(k)=\mathrm{DFT}[y(n)] \qquad k=0, 1, \cdots, N-1$$

则

$$X_1(k)=\mathrm{DFT}[x_1(n)]=Y_{\mathrm{ep}}(k)=\frac{1}{2}[Y(k)+Y^{*}(N-k)]$$

$$\mathrm{j}X_2(k)=\mathrm{DFT}[\mathrm{j}x_2(n)]=Y_{\mathrm{op}}(k)=\frac{1}{2}[Y(k)-Y^{*}(N-k)]$$

$2N$ 点 DFT$[x(n)]=X(k)$可由 $X_1(k)$和 $X_2(k)$得到

$$\left.\begin{aligned}X(k)&=X_1(k)+W_{2N}^{k}X_2(k)\\X(k+N)&=X_1(k)-W_{2N}^{k}X_2(k)\end{aligned}\right\}\qquad k=0, 1, \cdots, N-1$$

这样，通过一次 N 点 IFFT 计算就完成了计算 $2N$ 点 DFT。当然还要进行由 $Y(k)$求 $X_1(k)$、$X_2(k)$和 $X(k)$的运算(运算量相对很少)。

(2) 与(1)相同，设

$$x_1(n)=x(2n) \qquad n=0, 1, \cdots, N-1$$

$$x_2(n)=x(2n+1) \qquad n=0, 1, \cdots, N-1$$

$$X_1(k)=\mathrm{DFT}[x_1(n)] \qquad k=0, 1, \cdots, N-1$$

$$X_2(k)=\mathrm{DFT}[x_2(n)] \qquad k=0, 1, \cdots, N-1$$

则应满足关系式

$$\left.\begin{aligned} X(k) &= X_1(k) + W_{2N}^k X_2(k) \\ X(k+N) &= X_1(k) - W_{2N}^k X_2(k) \end{aligned}\right\} \quad k = 0, 1, \cdots, N-1$$

由上式可解出

$$\left.\begin{aligned} X_1(k) &= \frac{1}{2}[X(k) + X(k+N)] \\ X_2(k) &= \frac{1}{2}[X(k) - X(k+N)]W_{2N}^{-k} \end{aligned}\right\} \quad k = 0, 1, 2, \cdots, N-1$$

由以上分析可得出运算过程如下：

① 由 $X(k)$ 计算出 $X_1(k)$ 和 $X_2(k)$：

$$X_1(k) = \frac{1}{2}[X(k) + X(k+N)]$$

$$X_2(k) = \frac{1}{2}[X(k) + X(k+N)]W_{2N}^{-k}$$

② 由 $X_1(k)$ 和 $X_2(k)$ 构成 N 点频域序列 $Y(k)$：

$$Y(k) = X_1(k) + \mathrm{j}X_2(k) = Y_{\mathrm{ep}}(k) + Y_{\mathrm{op}}(k)$$

其中，$Y_{\mathrm{ep}}(k) = X_1(k)$，$Y_{\mathrm{op}}(k) = \mathrm{j}X_2(k)$，进行 N 点 IFFT，得到

$$y(n) = \mathrm{IFFT}[Y(k)] = \mathrm{Re}[y(n)] + \mathrm{j}\ \mathrm{Im}[y(n)] \qquad n = 0, 1, \cdots, N-1$$

由 DFT 的共轭对称性知

$$\mathrm{Re}[y(n)] = \frac{1}{2}[y(n) + y^*(n)] = \mathrm{DFT}[Y_{\mathrm{ep}}(k)] = x_1(n)$$

$$\mathrm{j}\ \mathrm{Im}[y(n)] = \frac{1}{2}[y(n) + y^*(n)] = \mathrm{DFT}[Y_{\mathrm{op}}(k)] = \mathrm{j}x_2(n)$$

③ 由 $x_1(n)$ 和 $x_2(n)$ 合成 $x(n)$：

$$x(n) = \begin{cases} x_1\left(\dfrac{n}{2}\right) & n = \text{偶数} \\ x_2\left(\dfrac{n-1}{2}\right) & n = \text{奇数} \end{cases}, \qquad 0 \leqslant n \leqslant 2N-1$$

在编程序实现时，只要将存放 $x_1(n)$ 和 $x_2(n)$ 的两个数组的元素分别依次放入存放 $x(n)$ 的数组的偶数和奇数数组元素中即可。

5. 分别画出 16 点基 2DIT－FFT 和 DIF－FFT 运算流图，并计算其复数乘次数，如果考虑三类碟形的乘法计算，试计算复乘次数。

解： 本题比较简单，仿照教材中的 8 点基 2DIT－FFT 和 DIF－FFT 运算流图很容易画出 16 点基 2DIT－FFT 和 DIF－FFT 运算流图。但画图占篇幅较大，这里省略本题解答，请读者自己完成。

6*. 按照下面的 IDFT 算法编写 MATLAB 语言 IFFT 程序，其中的 FFT 部分不用写出清单，可调用 fft 函数。并分别对单位脉冲序列、矩形序列、三角序列和正弦序列进行 FFT 和 IFFT 变换，验证所编程序。

$$x(n) = \mathrm{IDFT}[X(k)] = \frac{1}{N}[\mathrm{DFT}[X^*(k)]]^*$$

解： 为了使用灵活方便，将本题所给算法公式作为函数编写 ifft46. m 如下：

```
%函数 ifft46.m
%按照所给算法公式计算 IFET
function xn=ifft46(Xk, N)
Xk=conj(Xk);                %对 Xk 取复共轭
xn=conj(fft(Xk, N))/N;      %按照所给算法公式计算 IFFT
```

分别对单位脉冲序列、长度为 8 的矩形序列和三角序列进行 FFT，并调用函数 ifft46 计算 IFFT 变换，验证函数 ifft46 的程序 ex406.m 如下：

```
%程序 ex406.m
%调用 fft 函数计算 IDFT
x1n=1;      %输入单位脉冲序列 x1n
x2n=[1 1 1 1 1 1 1 1];      %输入矩形序列向量 x2n
x3n=[1 2 3 4 4 3 2 1];      %输入三角序列序列向量 x3n
N=8;
X1k=fft(x1n, N);            %计算 x1n 的 N 点 DFT
X2k=fft(x2n, N);            %计算 x2n 的 N 点 DFT
X3k=fft(x3n, N);            %计算 x3n 的 N 点 DFT
x1n=ifft46(X1k, N)          %调用 ifft46 函数计算 X1k 的 IDFT
x2n=ifft46(X2k, N)          %调用 ifft46 函数计算 X2k 的 IDFT
x3n=ifft46(X3k, N)          %调用 ifft46 函数计算 X3k 的 IDFT
```

运行程序输出时域序列如下所示，正是原序列 x1n、x2n 和 x3n。

```
x1n = 1    0    0    0    0    0    0    0
x2n = 1    1    1    1    1    1    1    1
x3n = 1    2    3    4    4    3    2    1
```

第 4 章　时域离散系统的网络结构及数字信号处理的实现

本章内容与教材第 5、9 章内容相对应。

4.1　学习要点

数字信号处理系统设计完毕后，得到的是该系统的系统函数或者差分方程，要实现还需要按照系统函数设计一种具体的算法。不同的算法会影响系统的成本、运算的复杂程度、运算时间以及运算误差等。教材第 5 章的学习要点如下：

(1) 由系统流图写出系统的系统函数或者差分方程。

(2) 按照 FIR 系统的系统函数或者差分方程画出其直接型、级联型和频率采样结构、FIR 线性相位结构以及用快速卷积法实现 FIR 系统的算法框图。

(3) 按照 IIR 系统的系统函数或者差分方程画出其直接型、级联型、并联型结构流图。

(4) 一般了解格型网络结构，包括全零点格型网络结构系统函数、由 FIR 直接型转换成全零点格型网络结构；全极点格型网络结构及其系统函数。

4.2　按照系统流图求系统的系统函数或者差分方程

具体的网络结构一般用流图表示。掌握教材第 5 章内容就是必须能根据流图正确地求出系统函数。求系统函数的方法在先修课“信号与系统”中已讲过，这里仅帮助大家复习。

求系统函数的方法有两种。一种是先根据流图写出各节点的节点方程，联立节点方程，求出输入和输出之间的关系，得到系统函数；另一种是根据梅荪(Masson)公式直接写出系统函数。显然，后一种简单。下面仅介绍根据 Masson 公式直接写出系统函数的方法。

按照梅荪公式写出系统函数为

$$H(z)=\frac{\sum_{k} T_k \Delta_k}{\Delta}$$

式中，Δ 称为流图特征式，其计算公式如下：

$$\Delta = 1-\sum_{i} L_i + \sum_{i,j} L'_i L'_j - \sum_{i,j,k} L''_i L''_j L''_k + \cdots$$

式中，$\sum_{i} L_i$ 表示所有的环路增益之和；$\sum_{i,j} L'_i L'_j$ 表示所有的每两个互不接触的环路增益乘积之和；$\sum_{i,j,k} L''_i L''_j L''_k$ 表示所有的每三个互不接触的环路增益乘积之和；T_k 表示从输入节点

到输出节点的第 k 条前向支路的增益；Δ_k 表示不与第 k 条前向通路接触的 Δ 值。

下面用例题说明利用梅荪公式直接写系统函数的方法。

［**例 4.2.1**］ 写出图 4.2.1 中流图的系统函数。

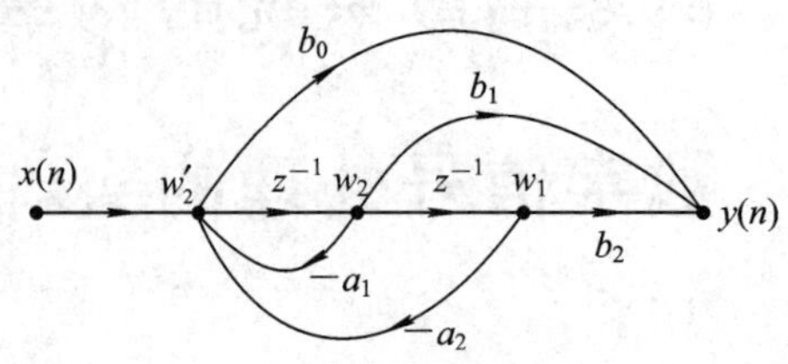

图 4.2.1

解： 该流图有两个环路，一个是 $w_2'\rightarrow w_2\rightarrow w_2'$，另一个是 $w_2'\rightarrow w_2\rightarrow w_1\rightarrow w_2'$，环路增益分别为 $-a_1z^{-1}$ 和 $-a_2z^{-2}$。没有互不接触的环路，这样流图特征式为

$$\Delta = 1-(-a_1z^{-1}-a_2z^{-2}) = 1+a_1z^{-1}+a_2z^{-2}$$

流图中有三条前向通路：第一条 T_1 是 $x(n)w_2'y(n)$，它的增益是 $T_1=b_0$；第二条 T_2 是 $x(n)\rightarrow w_2'\rightarrow w_2\rightarrow y(n)$，它的增益是 $T_2=b_1z^{-1}$；第三条 T_3 是 $x(n)\rightarrow w_2'\rightarrow w_2\rightarrow w_1\rightarrow y(n)$，它的增益是 $T_3=b_2z^{-2}$。流图中的两个环路均与所有的前向通路相接触，因此对应于三条前向通路的 $\Delta_1=1$，$\Delta_2=1$，$\Delta_3=1$。这样可以直接写出该流图的系统函数为

$$H(z) = \frac{T_1\Delta_1+T_2\Delta_2+T_3\Delta_3}{\Delta} = \frac{b_0+b_1z^{-1}+b_2z^{-2}}{1+a_1z^{-1}+a_2z^{-2}}$$

4.3 按照系统函数或者差分方程画系统流图

按照系统函数设计系统的实现方法主要依据的是系统函数的特点和要求，画出系统流图，然后根据流图设计用硬件或软件进行实现。

系统的网络结构有很多，但最基本的是 FIR 和 IIR 网络结构。这两类结构各有特点。FIR 结构一般没有反馈回路，单位脉冲响应是有限长的，系统稳定，但相对 IIR 结构，FIR 结构的频率选择性不高，换句话说，要求频率选择性高时，要求 FIR 有很高的阶数。FIR 中主要有直接型结构、线性相位结构和频率采样结构。IIR 网络结构主要有直接型结构、级联型结构和并联型结构。IIR 网络结构有反馈回路，单位脉冲响应是无限长的，存在稳定性问题，但频率选择性高。

画这些结构的流图时，最好能熟悉前一节介绍的梅荪公式，这样画起来得心应手。

4.3.1 FIR 中的线性相位结构

FIR 线性相位系统具有以下特点：

(1) FIR 线性相位系统单位脉冲响应满足下式：

$$h(n) = \pm h(N-n-1)$$

式中，$h(n)$是实序列；N 表示序列的长度。该式说明 $h(n)$对序列的$(N-1)/2$ 位置偶对称

(公式中取"＋"号)或奇对称(公式中取"－"号)。

(2) FIR线性相位系统系统函数满足下面公式：

$$H(z)=\sum_{n=0}^{N/2-1}h(n)[z^{-n}\pm z^{-(N-n-1)}]\qquad N\text{为偶数}$$

$$H(z)=\sum_{n=0}^{(N-1)/2-1}h(n)[z^{-n}\pm z^{-(N-n-1)}]+h\left(\frac{N-1}{2}\right)z^{-\frac{N-1}{2}}\qquad N\text{为奇数}$$

(3) FIR线性相位系统零点分布具有四个一组的特点，即如果 z_1 是零点，那么 z_1^*、z_1^{-1}、$(z_1^{-1})^*$ 也是零点。

以上三点的分析和公式推导请参考教材第5章内容。只要满足上面任意一个特点，就可以判断该系统具有线性相位的特点。按照该系统函数的特点，就可以构成它的线性相位结构，因此并不是所有FIR系统都能形成线性相位结构。线性相位结构的优点是能节约近一半的乘法器。

4.3.2　FIR中的频率采样结构

由频率采样定理得到公式：

$$H(z)=\frac{1-z^{-N}}{N}\sum_{k=0}^{N-1}\frac{H(k)}{1-W_N^{-k}z^{-1}}$$

式中，$H(k)$是在 $0\sim2\pi$ 区间对传数函数等间隔采样 N 点的采样值，可以对单位脉冲响应 $h(n)$进行DFT得到。这里要注意采样点数必须大于等于 $h(n)$的长度，否则会发生时域混叠现象。因为IIR系统的单位脉冲响应是无限长的，因此不能用频率采样结构实现。

该公式是频率采样结构的基本公式，但它是一个不考虑稳定性，又可以应用复数乘法器的公式。为了稳定，且使用实数乘法器，应使用如下公式：

当 N 为偶数时，

$$H(z)=(1-r^Nz^{-N})\frac{1}{N}\left[\frac{H(0)}{1-rz^{-1}}+\frac{H\left(\frac{N}{2}\right)}{1+rz^{-1}}+\sum_{k=1}^{\frac{N}{2}-1}\frac{\alpha_{0k}+\alpha_{1k}z^{-1}}{1-2\cos\left(\frac{2\pi}{N}k\right)z^{-1}+r^2z^{-2}}\right]$$

当 N 为奇数时，

$$H(z)=(1-r^Nz^{-N})\frac{1}{N}\left[\frac{H(0)}{1-rz^{-1}}+\sum_{k=1}^{(N-1)/2}\frac{\alpha_{0k}+\alpha_{1k}z^{-1}}{1-2\cos\left(\frac{2\pi}{N}k\right)z^{-1}+r^2z^{-2}}\right]$$

式中

$$\alpha_{0k}=2\mathrm{Re}[H(k)]$$

$$\alpha_{1k}=-2\mathrm{Re}[rH(k)W_N^{-k}]$$

4.3.3　IIR中的级联结构和并联结构

IIR基本结构有直接型、级联型和并联型。一般低阶的用直接型，高阶的用级联型或并联型。

在设计级联型结构时，需要将分子式和分母式进行因式分解，阶数高时可借助于

MATLAB语言用计算机解决。设计并联结构时要进行部分分式展开。

部分分式展开要求分子多项式的阶数低于分母多项式的阶数，否则是一个假分式(分子多项式的阶数不低于分母多项式的阶数)，要将其化为整数和真分式之和，然后再对真分式进行部分分式展开。部分分式的各系数通过待定系数法解决。部分分式的一般表达式为

$$H(z)=C+\sum_{k=1}^{N}\frac{A_k}{1-p_k z^{-1}}$$

式中，p_k 是极点，C 是整常数，A_k 是展开式中的系数。一般 p_k、A_k 都是复数。为了用实数乘法，将共轭成对的极点放在一起，形成一个二阶网络，公式为

$$H_k(z)=\frac{b_{k0}+b_{k1}z^{-1}}{1+a_{k1}z^{-1}+a_{k2}z^{-2}}$$

上式中的系数均是实数。总的系统函数为

$$H(z)=C+\sum_{k=1}^{L}H_k(z)$$

式中，L 是$(N+1)/2$ 的整数部分。当 N 为奇数时，$H_k(z)$中有一个是实数极点。按照上式形成IIR的并联型结构，其中每一个分系统均是一阶网络或者是二阶网络。每个分系统均用直接型结构。

4.4 例　　题

[例 4.4.1] 设FIR滤波器的系统函数为

$$H(z)=\frac{1}{10}(1+0.9z^{-1}+2.1z^{-2}+0.9z^{-3}+z^{-4})$$

求出其单位脉冲响应，判断是否具有线性相位，画出直接型结构和线性相位结构(如果存在)。

解： 单位脉冲响应为

$$h(n)=\frac{1}{10}[\delta(n)+0.9\delta(n-1)+2.1\delta(n-2)+0.9\delta(n-3)+\delta(n-4)]$$

序列的长度为 $N=5$，序列对 $n=2$ 偶对称，因此系统具有线性相位特性。画出其直接型结构和线性相位结构如图 4.4.1(a)和(b)所示。

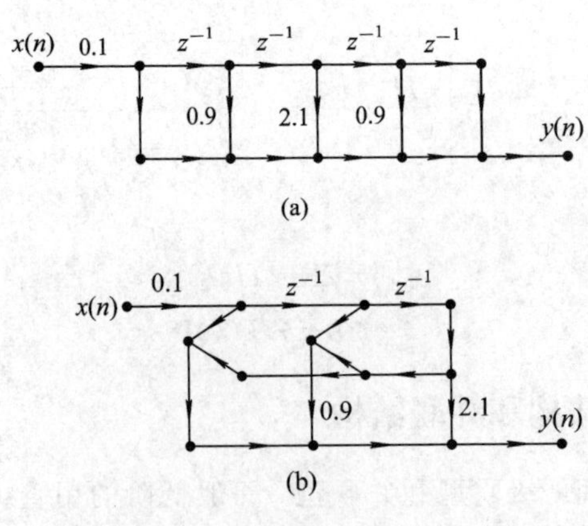

图 4.4.1

［**例 4.4.2**］ 假设系统函数如下式，画出它的并联型结构。

$$H(z)=\frac{(2-0.379z^{-1})(4-1.24z^{-1}+5.264z^{-2})}{(1-0.5z^{-1})(1-z^{-1}+0.5z^{-2})}$$

解：上式的分子分母是因式分解形式，再写成下式：

$$H(z)=16+\frac{-8+20z^{-1}-6z^{-2}}{(1-0.5z^{-1})(1-z^{-1}+0.5z^{-2})}$$

上式的第二项已是真分式，可以进行部分分式展开。

$$H_1(z)=\frac{-8+20z^{-1}-6z^{-2}}{(1-0.5z^{-1})(1-z^{-1}+0.5z^{-2})}$$

$$\frac{H_1(z)}{z}=\frac{-8z^2+20z-6}{(z-0.5)(z^2-z+0.5)}=\frac{A}{z-0.5}+\frac{Bz+C}{z^2-z+0.5}$$

$$A=\mathrm{Res}\left[\frac{H_1(z)}{z},0.5\right]=\frac{H_1(z)}{z}(z-0.5)\Big|_{z=0.5}=8$$

$$\frac{H_1(z)}{z}=\frac{8}{z-0.5}+\frac{Bz+C}{z^2-z+0.5}$$

再根据等式两边同次项系数必须相等的法则确定系数 B 和 C，得到

$$B=-16,\ C=20$$

$$H_1(z)=\frac{8}{1-0.5z^{-1}}+\frac{-16+20z^{-1}}{1-z^{-1}+0.5z^{-2}}$$

最后得到

$$H(z)=16+\frac{8}{1-0.5z^{-1}}+\frac{-16+20z^{-1}}{1-z^{-1}+0.5z^{-2}}$$

按照上式画出系统并联结构的流图如图 4.4.2 所示。

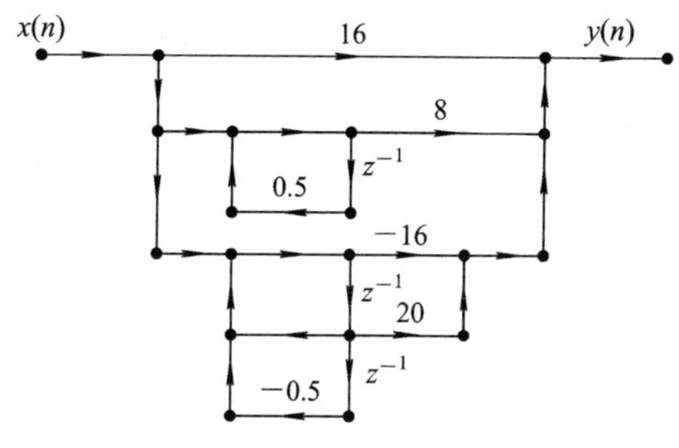

图 4.4.2

［**例 4.4.3**］ 为了保证滤波器的因果稳定性，其系统函数的极点必须保证全部集中在单位圆内。如果有极点在单位圆上，则可以形成一个正弦波发生器。利用这一原理试设计正弦波发生器。

解：假设有两个系统函数

$$H_1(z)=\frac{Y_1(z)}{X(z)}=\frac{(\sin\omega_0)z^{-1}}{1-2(\cos\omega_0)z^{-1}+z^{-2}}$$

$$H_2(z)=\frac{Y_2(z)}{X(z)}=\frac{1-(\cos\omega_0)z^{-1}}{1-2(\cos\omega_0)z^{-1}+z^{-2}}$$

令 $x(n)=A\delta(n)$，$X(z)=A$，得到

$$Y_1(z)=\frac{A(\sin\omega_0)z^{-1}}{1-2(\cos\omega_0)z^{-1}+z^{-2}}$$

$$Y_2(z)=\frac{A[1-(\cos\omega_0)z^{-1}]}{1-2(\cos\omega_0)z^{-1}+z^{-2}}$$

见配套教材第 71 页表 2.5.1，上面两式对应的时域信号分别为

$$y_1(n)=A\,\sin(\omega_0 n)u(n)$$

$$y_2(n)=A\,\cos(\omega_0 n)u(n)$$

上面两式说明系统 $H_1(z)$和 $H_2(z)$分别在 $x(n)=A\delta(n)$的激励下可以分别产生正弦波和余弦波。$H_1(z)$和 $H_2(z)$的极点为 $p_{1,2}=\mathrm{e}^{\pm\mathrm{j}\omega_0}$，这正是在单位圆上的两个极点，极点的相角为 ω_0。这样，$H_1(z)$和 $H_2(z)$可以分别称为正弦波和余弦波发生器，画出 $H_1(z)$实现结构图如图 4.4.3 所示，共需要两个乘法器、两个加法器和两个移位器。运行时要用 $x(n)=A\delta(n)$作激励。也可以令图中的 $v(n)$起始条件为 $v(0)=A$，$v(-1)=0$，$v(-2)=0$，代替输入信号 $x(n)-A\delta(n)$。在实际应用中有时需要两个正交相位正弦波，可以将 $H_1(z)$和 $H_2(z)$进行组合，同时产生正弦波和余弦波，实现结构如图 4.4.4 所示。

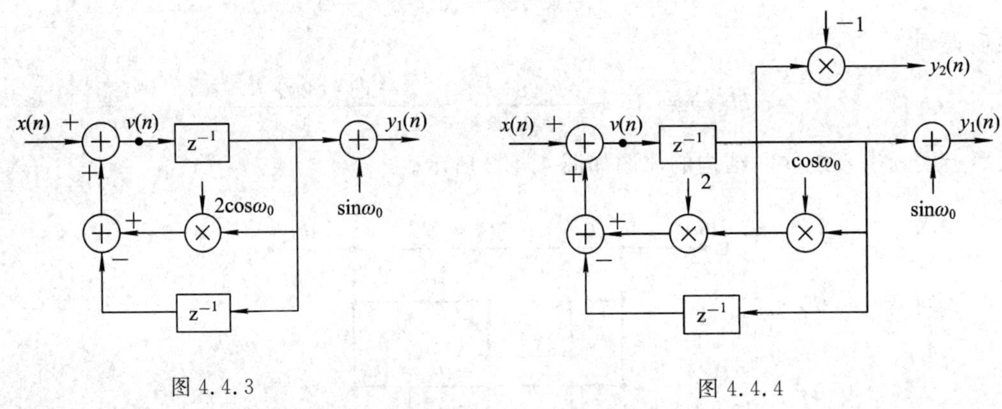

图 4.4.3　　图 4.4.4

[例 4.4.4]　研究一个 FIR 滤波器，其频率响应函数为

$$H(\mathrm{e}^{\mathrm{j}\omega})=H_{\mathrm{g}}(\omega)\mathrm{e}^{-\mathrm{j}\omega n_0}$$

式中，n_0 不一定为整数。设该系统的单位脉冲响应 $h(n)$的长度 $N=15$，$n_0=15/2$，且

$$H_k=H_{\mathrm{g}}\left(\frac{2\pi}{N}k\right)=\begin{cases}1 & k=0\\ \frac{1}{2} & k=1\\ 0 & k=2,3,\cdots,13\\ -\frac{1}{2} & k=14\end{cases}$$

(1) 画出该系统的频率采样结构；

(2) 求出系统的单位脉冲响应 $h(n)$，并画出直接型结构，要求用最少的乘法器。

解: (1) 已知

$$H(k)=H(\mathrm{e}^{\mathrm{j}\frac{2\pi}{N}k})=H_k\mathrm{e}^{\mathrm{j}\frac{2\pi}{N}kn_0}\qquad k=0,1,\cdots,N-1$$

代入 $N=15$，$n_0=15/2$ 及 H_k 的值，得到

$$H(k)=\begin{cases}1 & k=0\\ -\dfrac{1}{2} & k=1,\ 14\\ 0 & k=2,\ 3,\ \cdots,\ 13\end{cases}$$

由频域采样的 z 域内插公式有

$$\begin{aligned}H(z)&=\frac{1}{N}(1-z^{-N})\sum_{k=0}^{N-1}\frac{H(k)}{1-W_{15}^{-k}z^{-1}}=\frac{1}{15}(1-z^{-15})\sum_{k=0}^{14}\frac{H(k)}{1-W_{15}^{-k}z^{-1}}\\&=\frac{1}{15}(1-z^{-15})\left(\frac{1}{1-z^{-1}}+\frac{-1/2}{1-W_{15}^{-1}z^{-1}}+\frac{-1/2}{1-W_{15}^{-14}z^{-1}}\right)\\&=\frac{1}{15}(1-z^{-15})\left(\frac{1}{1-z^{-1}}+\frac{-1/2}{1-\mathrm{e}^{\mathrm{j}\frac{2\pi}{15}}z^{-1}}+\frac{-1/2}{1-\mathrm{e}^{-\mathrm{j}\frac{2\pi}{15}}z-1}\right)\\&=\frac{1}{15}(1-z^{-15})\left(\frac{1}{1-z^{-1}}-\frac{1-\cos(2\pi/15)\cdot z^{-1}}{1-z^{-1}2\cos(2\pi/15)+z^{-2}}\right)\end{aligned}$$

系统频率采样结构如图 4.4.5 所示。

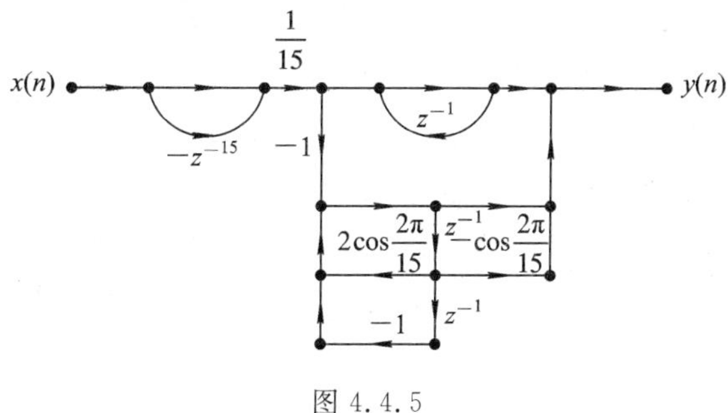

图 4.4.5

(2)

$$\begin{aligned}h(n)&=\mathrm{IDFT}[H(k)]=\frac{1}{N}\sum_{k=0}^{N-1}H(k)W_N^{-kn}\\&=\frac{1}{15}\left(1-\frac{1}{2}W_{15}^{-n}-\frac{1}{2}W_{15}^{-14n}\right)\\&=\frac{1}{15}\left[1-\frac{1}{2}\mathrm{e}^{\mathrm{j}\frac{2\pi}{15}n}-\frac{1}{2}\mathrm{e}^{-\mathrm{j}\frac{2\pi}{15}n}\right]\\&=\frac{1}{15}\left[1-\cos\left(\frac{2\pi}{15}n\right)\right]\qquad n=0,1,\cdots,14\end{aligned}$$

显然，式中，$h(0)=0$。因为 $h(n)=h(N-n)$，所以其直接型结构的高效形式(乘法运算最少)如图 4.4.6 所示。

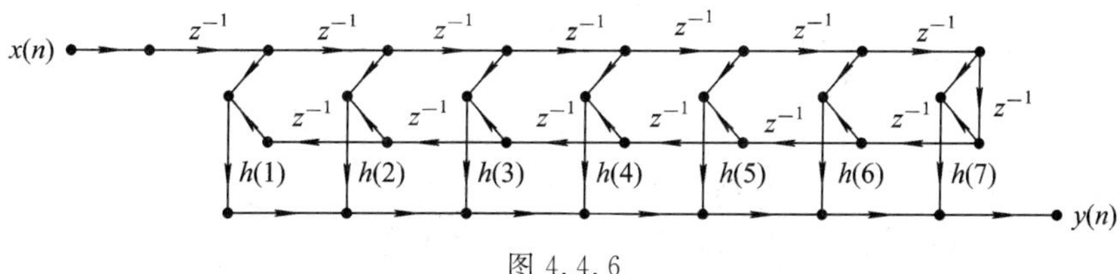

图 4.4.6

4.5 教材第9章学习要点

数字信号处理的实现方法一般有软件实现和硬件实现两种。教材第9章主要学习一般实现中的有关重要问题。教材第9章学习要点如下：

(1) 数字信号处理的实现中的重要问题是运算误差问题，运算误差主要来自于有限字长效应，表现在数字量化及其量化误差上。量化误差引起量化效应，量化效应主要有A/D变换器中的量化效应、系数量化效应、运算量化误差等。这些量化效应主要和计算中用的寄存器长度有关，寄存器长度愈长，量化效应愈小。

(2) A/D变换器中的量化效应使A/D变换器输出端的信噪比降低，如果不考虑输入信号中的噪声，仅考虑A/D变换器中的量化效应，A/D变换器输出端的信噪比为

$$\frac{S}{N} = 6.02b + 10.79 + \lg\sigma_x^2$$

(3) 系数量化效应会影响系统的频率特性，表现在使系统的零、极点位置改变。极点变化严重时，会使系统不稳定。为减少极点位置对于量化效应的敏感程度，应尽量加长寄存器长度，尽量采用阶数低的结构，以及极点不很密集的结构。

(4) 运算量化效应主要表现在定点运算中的乘法运算中以及浮点运算中的加法、乘法运算中。运算量化效应会使网络输出端的信噪比降低。运算量化效应的大小主要和寄存器的长度有关，它的长度愈长，运算量化效应愈小。另外，也和网络结构有关，比较起来，一般直接型结构的运算量化效应较大，级联型结构的次之，并联型的最小。

(5) 注意在加法运算中可能会产生溢出问题，要考虑适当加防溢出的措施。

(6) 数字信号处理有软、硬件两种实现方法，配套教材中主要介绍了软件实现方法，其中包括如何考虑网络结构的软件实现方法。

4.6 教材第5章习题与上机题解答

1. 已知系统用下面差分方程描述：

$$y(n) = \frac{3}{4}y(n-1) - \frac{1}{8}y(n-2) + x(n) + \frac{1}{3}x(n-1)$$

试分别画出系统的直接型、级联型和并联型结构。式中$x(n)$和$y(n)$分别表示系统的输入和输出信号。

解： 将原式移项得

$$y(n) - \frac{3}{4}y(n-1) + \frac{1}{8}y(n-2) = x(n) + \frac{1}{3}x(n-1)$$

将上式进行Z变换，得到

$$Y(z) - \frac{3}{4}Y(z)z^{-1} + \frac{1}{8}Y(z)z^{-2} = X(z) + \frac{1}{3}X(z)z^{-1}$$

$$H(z) = \frac{1 + \frac{1}{3}z^{-1}}{1 - \frac{3}{4}z^{-1} + \frac{1}{8}z^{-2}}$$

(1) 按照系统函数 $H(z)$，根据 Masson 公式，画出直接型结构如题 1 解图(一)所示。

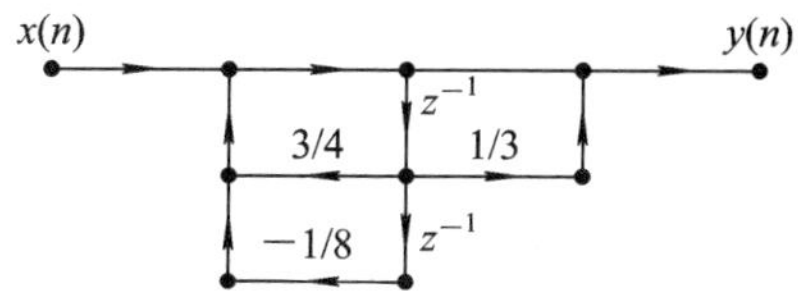

题 1 解图(一)

(2) 将 $H(z)$的分母进行因式分解：

$$H(z)=\frac{1+\frac{1}{3}z^{-1}}{1-\frac{3}{4}z^{-1}+\frac{1}{8}z^{-2}}=\frac{1+\frac{1}{3}z^{-1}}{\left(1-\frac{1}{2}z^{-1}\right)\left(1-\frac{1}{4}z^{-1}\right)}$$

按照上式可以有两种级联型结构：

①

$$H(z)=\frac{1+\frac{1}{3}z^{-1}}{1-\frac{1}{2}z^{-1}}\cdot\frac{1}{1-\frac{1}{4}z^{-1}}$$

画出级联型结构如题 1 解图(二)(a)所示。

②

$$H(z)=\frac{1}{1-\frac{1}{2}z^{-1}}\cdot\frac{1+\frac{1}{3}z^{-1}}{1-\frac{1}{4}z^{-1}}$$

画出级联型结构如题 1 解图(二)(b)所示。

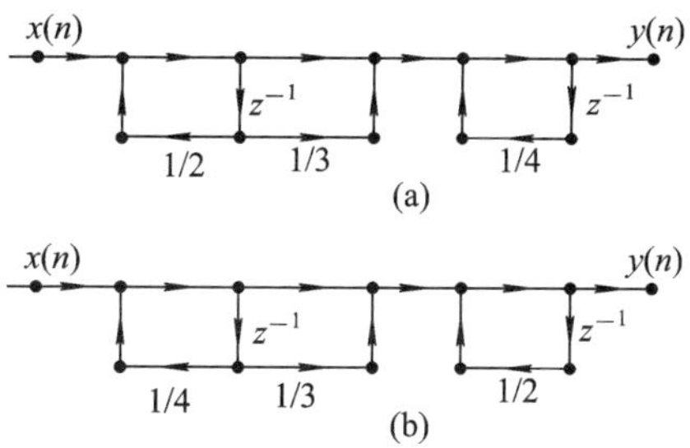

题 1 解图(二)

(3) 将 $H(z)$进行部分分式展开：

$$H(z)=\frac{1+\frac{1}{3}z^{-1}}{\left(1-\frac{1}{2}z^{-1}\right)\left(1-\frac{1}{4}z^{-1}\right)}$$

$$\frac{H(z)}{z}=\frac{z+\frac{1}{3}}{\left(z-\frac{1}{2}\right)\left(z-\frac{1}{4}\right)}=\frac{A}{z-\frac{1}{2}}+\frac{B}{z-\frac{1}{4}}$$

$$A=\frac{z+\frac{1}{3}}{\left(z-\frac{1}{2}\right)\left(z-\frac{1}{4}\right)}\left(z-\frac{1}{2}\right)\bigg|_{z=\frac{1}{2}}=\frac{10}{3}$$

$$B=\frac{z+\frac{1}{3}}{\left(z-\frac{1}{2}\right)\left(z-\frac{1}{4}\right)}\left(z-\frac{1}{4}\right)\bigg|_{z=\frac{1}{4}}=-\frac{7}{3}$$

$$\frac{H(z)}{z}=\frac{\frac{10}{3}}{z-\frac{1}{2}}-\frac{\frac{7}{3}}{z-\frac{1}{4}}$$

$$H(z)=\frac{\frac{10}{3}z}{z-\frac{1}{2}}-\frac{\frac{7}{3}z}{z-\frac{1}{4}}=\frac{\frac{10}{3}}{1-\frac{1}{2}z^{-1}}+\frac{-\frac{7}{3}}{1-\frac{1}{4}z^{-1}}$$

根据上式画出并联型结构如题 1 解图(三)所示。

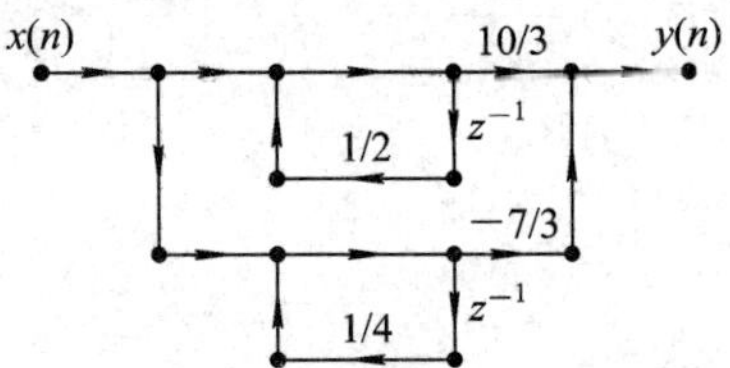

题 1 解图(三)

2. 设数字滤波器的差分方程为

$$y(n)=x(n)+x(n-1)+\frac{1}{3}y(n-1)+\frac{1}{4}y(n-2)$$

试画出系统的直接型结构。

解: 由差分方程得到滤波器的系统函数为

$$H(z)=\frac{1+z^{-1}}{1-\frac{1}{3}z^{-1}-\frac{1}{4}z^{-2}}$$

画出其直接型结构如题 2 解图所示。

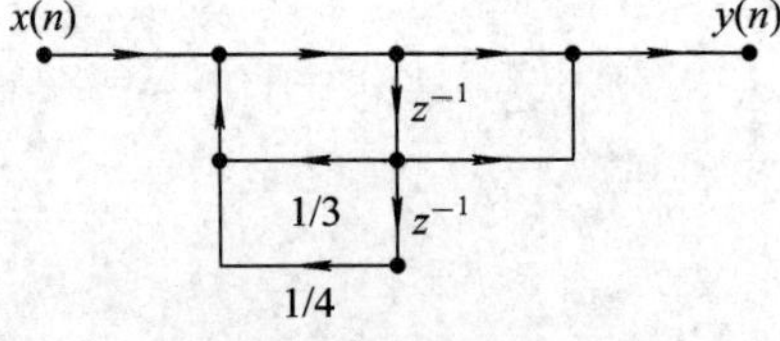

题 2 解图

3. 设系统的差分方程为

$$y(n)=(a+b)y(n-1)-aby(n-2)+x(n-2)+(a+b)x(n-1)+abx(n)$$

式中,$|a|<1$,$|b|<1$,$x(n)$和 $y(n)$分别表示系统的输入和输出信号,试画出系统的直接型和级联型结构。

解：(1) 直接型结构。将差分方程进行 Z 变换，得到

$$Y(z)=(a+b)Y(z)z^{-1}-abY(z)z^{-2}+X(z)z^{-2}+(a+b)X(z)z^{-1}+abX(z)$$

$$H(z)=\frac{Y(z)}{X(z)}=\frac{ab+(a+b)z^{-1}+z^{-2}}{1-(a+b)z^{-1}+abz^{-2}}$$

按照 Masson 公式画出直接型结构如题 3 解图(一)所示。

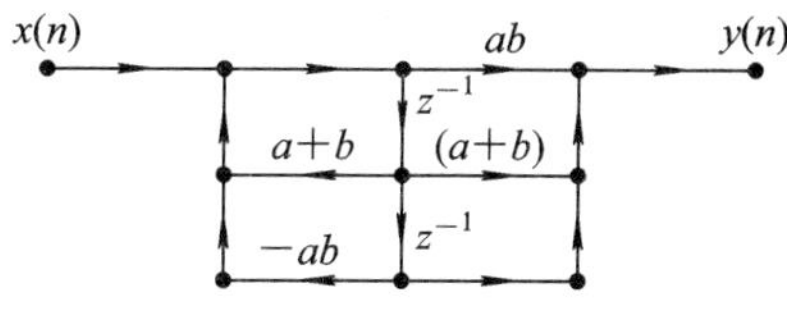

题 3 解图(一)

(2) 级联型结构。将 $H(z)$的分子和分母进行因式分解，得到

$$H(z)=\frac{(a+z^{-1})(b+z^{-1})}{(1-az^{-1})(1-bz^{-1})}=H_1(z)H_2(z)$$

按照上式可以有两种级联型结构：

①

$$H_1(z)=\frac{z^{-1}+a}{1-az^{-1}},\quad H_2(z)=\frac{z^{-1}+b}{1-bz^{-1}}$$

画出级联型结构如题 3 解图(二)(a)所示。

②

$$H_1(z)=\frac{z^{-1}+a}{1-bz^{-1}},\quad H_2(z)=\frac{z^{-1}+b}{1-az^{-1}}$$

画出级联型结构如题 3 解图(二)(b)所示。

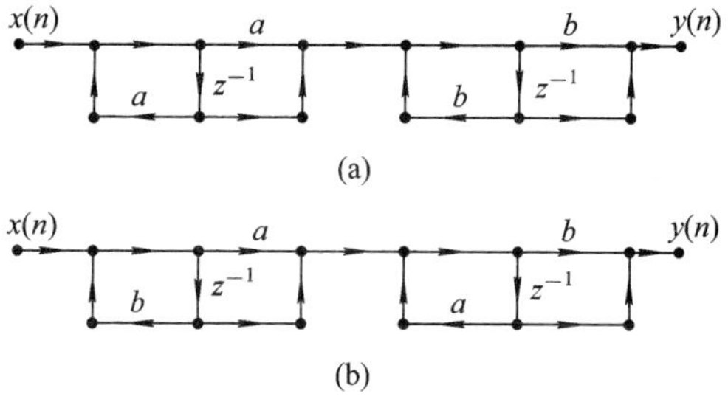

题 3 解图(二)

4. 设系统的系统函数为

$$H(z)=4\frac{(1+z^{-1})(1-1.414z^{-1}+z^{-2})}{(1-0.5z^{-1})(1+0.9z^{-1}+0.81z^{-2})}$$

试画出各种可能的级联型结构，并指出哪一种最好。

解：由于系统函数的分子和分母各有两个因式，因而可以有两种级联型结构。

$$H(z)=H_1(z)H_2(z)$$

①

$$H_1(z)=\frac{4(1+z^{-1})}{1-0.5z^{-1}},\quad H_2(z)=\frac{1-1.414z^{-1}+z^{-2}}{1+0.9z^{-1}+0.81z^{-2}}$$

画出级联型结构如题 4 解图(a)所示。

②

$$H_1(z)=\frac{1-1.414z^{-1}+z^{-2}}{1-0.5z^{-1}},\ H_2(z)=\frac{4(1+z^{-1})}{1+0.9z^{-1}+0.81z^{-2}}$$

画出级联型结构如题 4 解图(b)所示。

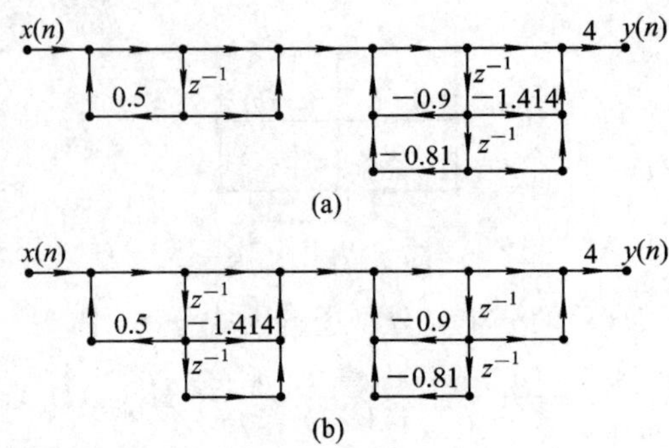

题 4 解图

第一种级联型结构最好，因为用的延时器少。

5. 题 5 图中画出了四个系统，试用各子系统的单位脉冲响应分别表示各总系统的单位脉冲响应，并求其总系统函数。

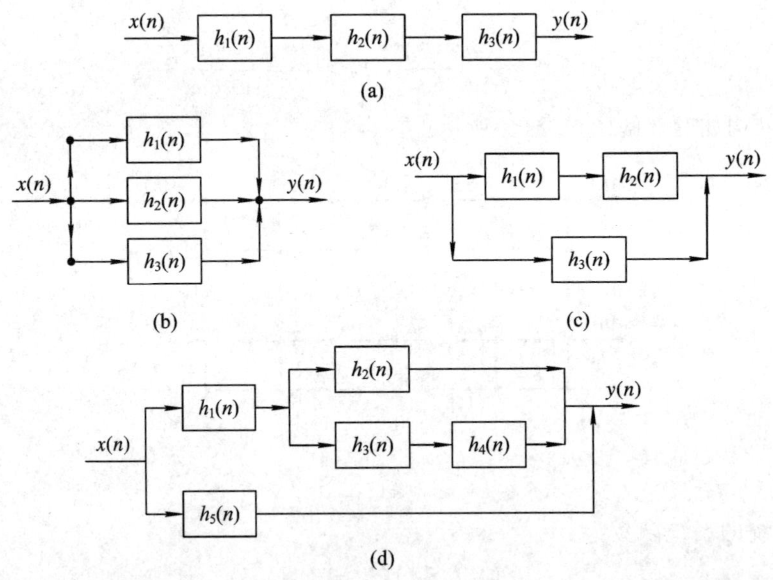

题 5 图

解： (1) $h(n)=h_1(n)*h_2(n)*h_3(n)$，$H(z)=H_1(z)H_2(z)H_3(z)$

(2) $h(n)=h_1(n)+h_2(n)+h_3(n)$，$H(z)=H_1(z)+H_2(z)+H_3(z)$

(3) $h(n)=h_1(n)*h_2(n)+h_3(n)$，$H(z)=H_1(z)\cdot H_2(z)+H_3(z)$

(4) $h(n)=h_1(n)*[h_2(n)+h_3(n)*h_4(n)]+h_5(n)$

$\quad =h_1(n)*h_2(n)+h_1(n)*h_3(n)*h_4(n)+h_5(n)$

$$H(z)=H_1(z)H_2(z)+H_1(z)H_3(z)H_4(z)+H_5(z)$$

6．题 6 图中画出了 10 种不同的流图，试分别写出它们的系统函数及差分方程。

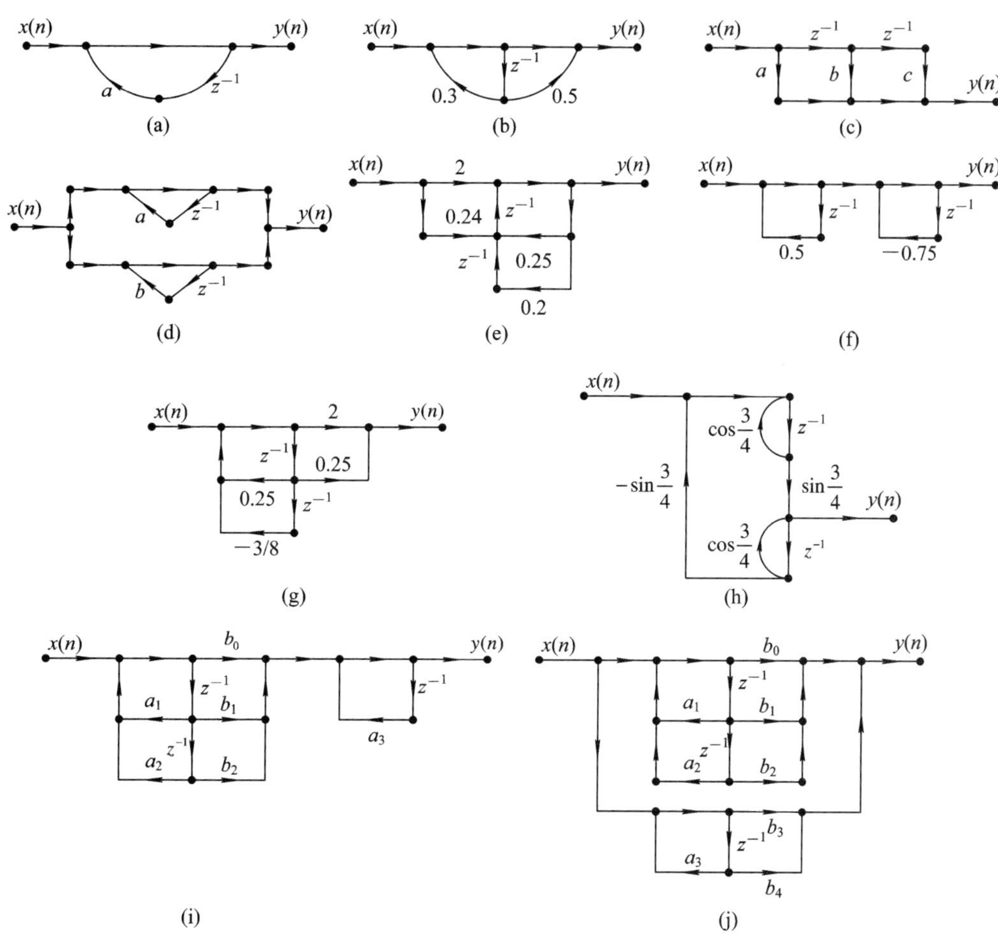

题 6 图

解： 图(a)　$H(z)=\dfrac{1}{1-az^{-1}}$

图(b)　$H(z)=\dfrac{1+0.5z^{-1}}{1-0.3z^{-1}}$

图(c)　$H(z)=a+bz^{-1}+cz^{-2}$

图(d)　$H(z)=\dfrac{1}{1-az^{-1}}+\dfrac{1}{1-bz^{-1}}$

图(e)　$H(z)=\dfrac{2+0.24z^{-1}}{1-0.25z^{-1}-0.2z^{-2}}$

图(f)　$H(z)=\dfrac{1}{1-0.5z^{-1}}\cdot\dfrac{1}{1+0.75z^{-1}}$

图(g)　$H(z)=\dfrac{2+0.25z^{-1}}{1-0.25z^{-1}+\dfrac{3}{8}z^{-2}}$

图(h)
$$H(z)=\frac{\sin\frac{3}{4}\cdot z^{-1}}{1-\cos\frac{3}{4}\cdot z^{-1}-\cos\frac{3}{4}\cdot z^{-1}+\sin^2\frac{3}{4}\cdot z^{-2}+\cos^2\frac{3}{4}\cdot z^{-2}}$$
$$=\frac{\sin\frac{3}{4}\cdot z^{-1}}{1-2\cos\frac{3}{4}\cdot z^{-1}+z^{-2}}$$

图(i)
$$H(z)=\frac{b_0+b_1z^{-1}+b_2z^{-2}}{1-a_1z^{-1}-a_2z^{-2}}\cdot\frac{1}{1-a_3z^{-1}}$$

图(j)
$$H(z)=\frac{b_0+b_1z^{-1}+b_2z^{-2}}{1-a_1z^{-1}-a_2z^{-2}}+\frac{b_3+b_4z^{-1}}{1-a_3z^{-1}}$$

7. 假设滤波器的单位脉冲响应为
$$h(n)=a^nu(n)\qquad 0<a<1$$
求出滤波器的系统函数，并画出它的直接型结构。

解：滤波器的系统函数为
$$H(z)=\mathrm{ZT}[h(n)]=\frac{1}{1-az^{-1}}$$
系统的直接型结构如题 7 解图所示。

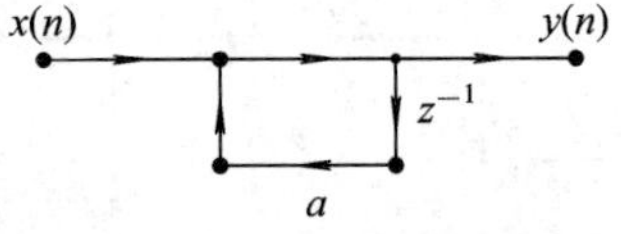

题 7 解图

8. 已知系统的单位脉冲响应为
$$h(n)=\delta(n)+2\delta(n-1)+0.3\delta(n-2)+2.5\delta(n-3)+0.5\delta(n-5)$$
试写出系统的系统函数，并画出它的直接型结构。

解：将 $h(n)$进行 Z 变换，得到它的系统函数
$$H(z)=1+2z^{-1}+0.3z^{-2}+2.5z^{-3}+0.5z^{-5}$$
画出它的直接型结构如题 8 解图所示。

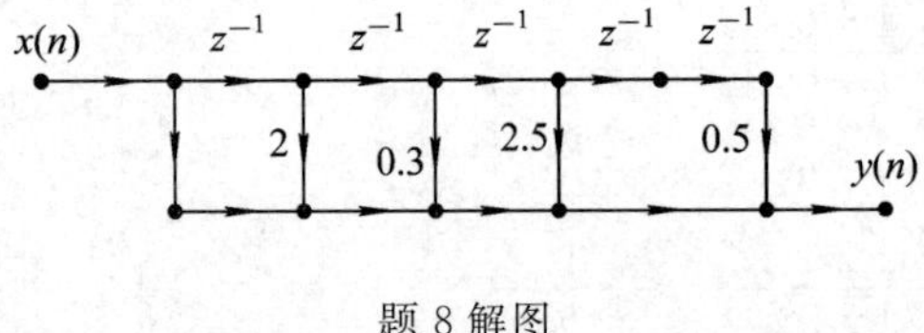

题 8 解图

9. 已知 FIR 滤波器的系统函数为
$$H(z)=\frac{1}{10}(1+0.9z^{-1}+2.1z^{-2}+0.9z^{-3}+z^{-4})$$
试画出该滤波器的直接型结构和线性相位型结构。

解：画出滤波器的直接型结构、线性相位结构分别如题 9 解图(a)、(b)所示。

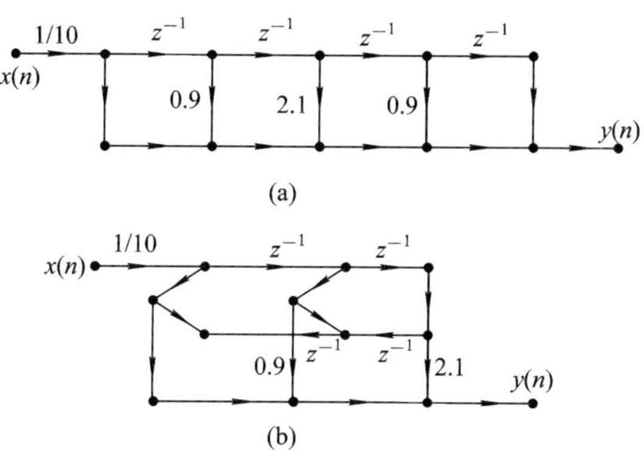

题 9 解图

10. 已知 FIR 滤波器的单位脉冲响应为：

(1) $N=6$

$h(0)=h(5)=1.5$

$h(1)=h(4)=2$

$h(2)=h(3)=3$

(2) $N=7$

$h(0)=-h(6)=3$

$h(1)=-h(5)=-2$

$h(2)=-h(4)=1$

$h(3)=0$

试画出它们的线性相位型结构图，并分别说明它们的幅度特性、相位特性各有什么特点。

解： 分别画出(1)、(2)的结构图如题 10 解图(一)、(二)所示。

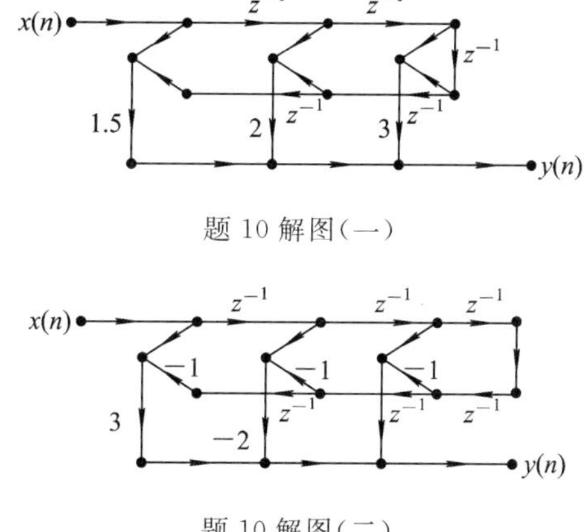

题 10 解图(一)

题 10 解图(二)

(1) 属第一类 N 为偶数的线性相位滤波器，幅度特性关于 $\omega=0$，π，2π 偶对称，相位特性为线性、奇对称。

(2) 属第二类 N 为奇数的线性相位滤波器，幅度特性关于 $\omega=0$，π，2π 奇对称，相位特性具有线性且有固定的 $\pi/2$ 相移。

11. 已知 FIR 滤波器的 16 个频率采样值为：

$H(0)=12$，　　$H(3)\sim H(13)=0$

$H(1)=-3-\mathrm{j}\sqrt{3}$，　　$H(14)=1-\mathrm{j}$

$H(2)=1+\mathrm{j}$，　　$H(15)=-3+\mathrm{j}\sqrt{3}$

试画出其频率采样结构，选择 $r=1$，可以用复数乘法器。

解：

$$H(z)=\frac{1-z^{-N}}{N}\sum_{k=0}^{N-1}\frac{H(k)}{1-W_N^{-k}z^{-1}}\qquad N=16$$

画出其结构图如题 11 解图所示。

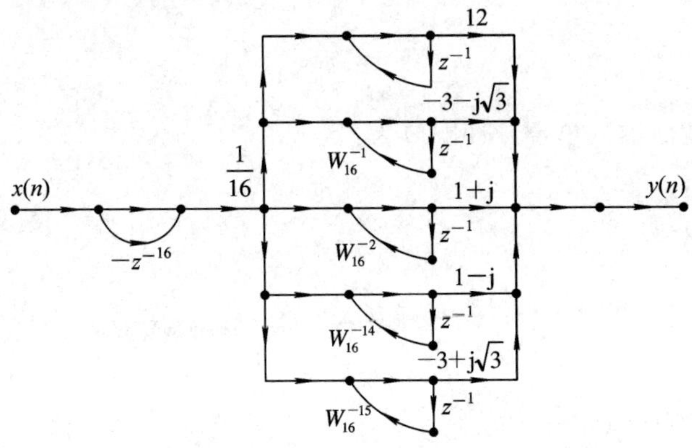

题 11 解图

12. 已知 FIR 滤波器系统函数在单位圆上 16 个等间隔采样点为：

$H(0)=12$，　　$H(3)\sim H(13)=0$

$H(1)=-3-\mathrm{j}\sqrt{3}$，　　$H(14)=1-\mathrm{j}$

$H(2)=1+\mathrm{j}$，　　$H(15)=-3+\mathrm{j}\sqrt{3}$

试画出它的频率采样结构，取修正半径 $r=0.9$，要求用实数乘法器。

解：

$$H(z)=\frac{1-z^{-N}}{N}\sum_{k=0}^{N-1}\frac{H(k)}{1-W_N^{-k}z^{-1}}$$

将上式中互为复共轭的并联支路合并，得到

$$\begin{aligned}H(z)=&\frac{1-r^{16}z^{-16}}{16}\sum_{k=0}^{16}\frac{H(k)}{1-rW_{16}^{-k}z^{-1}}\\=&\frac{1}{16}(1-0.1853z^{-16})\left[\frac{H(0)}{1-0.9z^{-1}}+\left(\frac{H(1)}{1-0.9W_{16}^{-1}z^{-1}}+\frac{H(15)}{1-0.9W_{16}^{-15}z^{-1}}\right)\right.\\&\left.+\left(\frac{H(2)}{1-0.9W_{16}^{-2}z^{-1}}+\frac{H(14)}{1-0.9W_{16}^{-14}z^{-1}}\right)\right]\\=&\frac{1}{16}(1-0.1853z^{-16})\left[\frac{12}{1-0.9z^{-1}}+\left(\frac{-6-6.182z^{-1}}{1-1.663z^{-1}+0.81z^{-2}}\right.\right.\\&\left.\left.+\frac{2-2.5456z^{-1}}{1-1.2728z^{-1}+0.81z^{-2}}\right)\right]\end{aligned}$$

画出其结构图如题 12 解图所示。

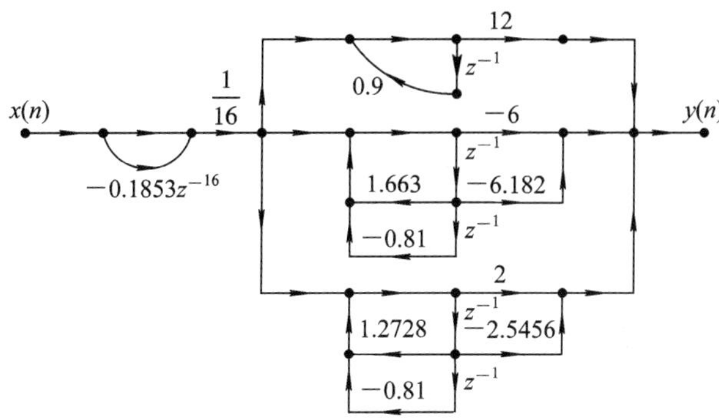

题 12 解图

13. 已知 FIR 滤波器的单位脉冲响应为

$$h(n)=\delta(n)-\delta(n-1)+\delta(n-4)$$

试用频率采样结构实现该滤波器。设采样点数 $N=5$，要求画出频率采样网络结构，写出滤波器参数的计算公式。

解： 已知频率采样结构的公式为

$$H(z)=(1-z^{-N})\frac{1}{N}\sum_{k=0}^{N-1}\frac{H(k)}{1-W_N^{-k}z^{-1}}$$

式中

$$N=5$$

$$\begin{aligned}H(k)&=\mathrm{DFT}[h(n)]\\&=\sum_{n=0}^{N-1}h(n)W_N^{kn}\\&=\sum_{n=0}^{4}[\delta(n)-\delta(n-1)+\delta(n-4)]W_N^{kn}\\&=1-\mathrm{e}^{-\mathrm{j}\frac{2}{5}\pi k}+\mathrm{e}^{-\mathrm{j}\frac{8}{5}\pi k}\qquad k=0,1,2,3,4\end{aligned}$$

它的频率采样结构如题 13 解图所示。

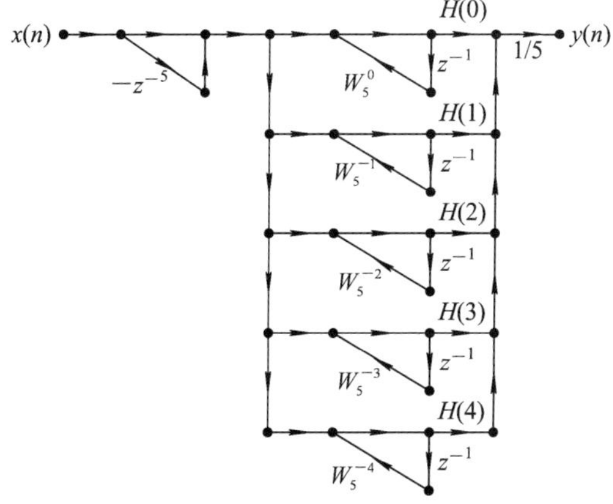

题 13 解图

14. 令：

$$H_1(z)=1-0.6z^{-1}-1.414z^{-2}+0.864z^{-3}$$

$$H_2(z)=1-0.98z^{-1}+0.9z^{-2}-0.898z^{-3}$$

$$H_3(z)=H_1(z)/H_2(z)$$

分别画出它们的直接型结构。

解： $H_1(z)$、$H_2(z)$和 $H_3(z)$直接型结构分别如题 14 解图(a)、(b)、(c)所示。

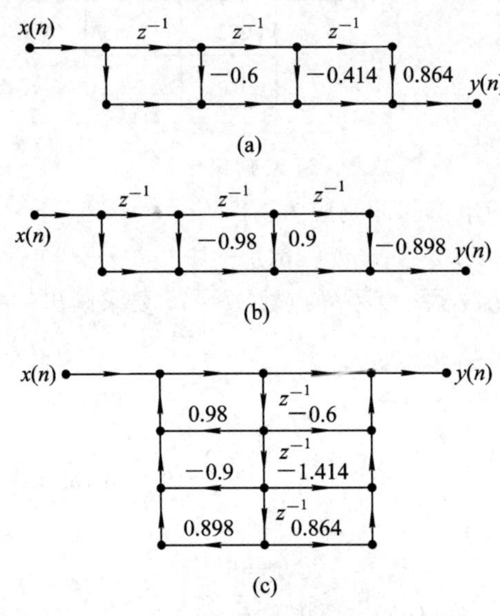

题 14 解图

15. 写出题 15 图中系统的系统函数和单位脉冲响应。

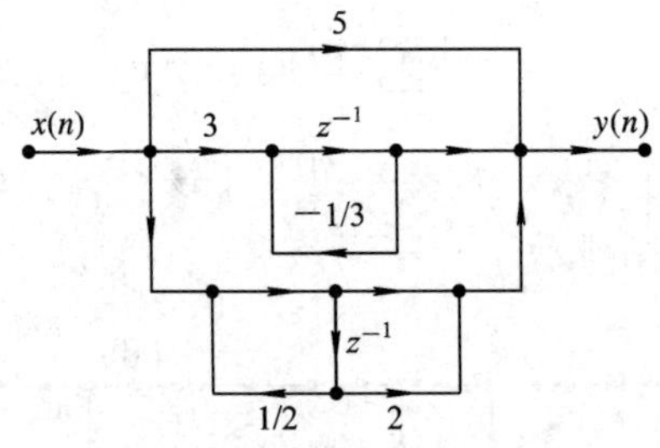

题 15 图

解：

$$H(z)=5+\frac{3z^{-1}}{1+\dfrac{1}{3}z^{-1}}+\frac{1+2z^{-1}}{1-\dfrac{1}{2}z^{-1}}$$

取收敛域：$|z|>1/2$，对上式进行逆 Z 变换，得到

$$h(n)=5\delta(n)+3\left(-\frac{1}{3}\right)^{n-1}u(n-1)+\left(\frac{1}{2}\right)^{n}u(n)+2\left(\frac{1}{2}\right)^{n-1}u(n-1)$$

$$=6\delta(n)-\left[9\left(-\frac{1}{3}\right)^{n}-5\left(\frac{1}{2}\right)^{n}\right]u(n-1)$$

16. 画出题 15 图中系统的转置结构，并验证两者具有相同的系统函数。

解： 按照题 15 图，将支路方向翻转，维持支路增益不变，并交换输入输出的位置，则形成对应的转置结构，画出题 15 图系统的转置结构如题 16 解图所示。将题 16 解图和题 15 图对照，它们的直通通路和反馈回路情况完全一样，写出它们的系统函数完全一样，这里用 Masson 公式最能说明问题。

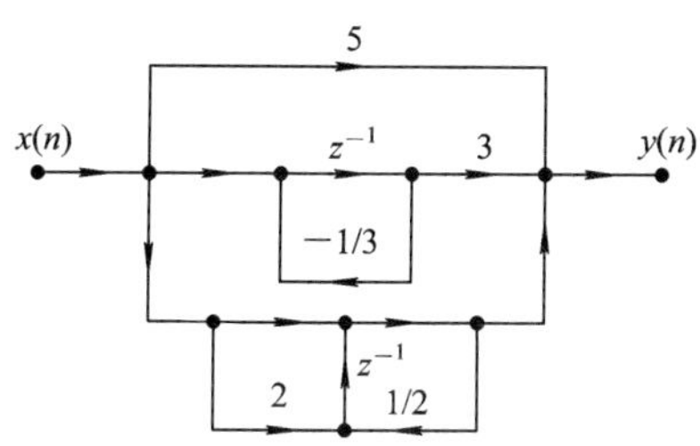

题 16 解图

17. 用 b_1 和 b_2 确定 a_1、a_2、c_1 和 c_0，使题 17 图中的两个系统等效。

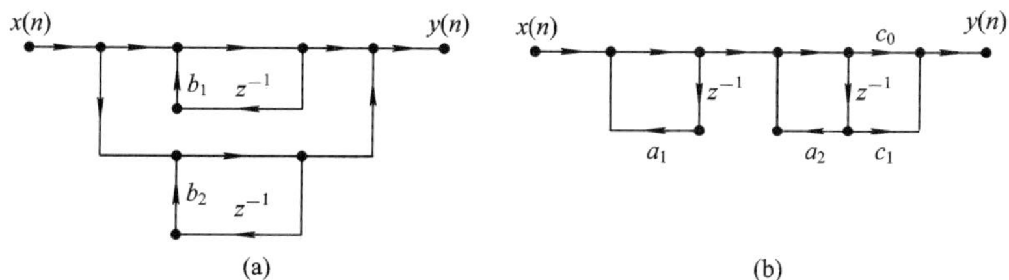

题 17 图

解： 题 17 图 (a)的系统函数为

$$H(z)=\frac{1}{1-b_1z^{-1}}+\frac{1}{1-b_2z^{-1}}=\frac{2-(b_1+b_2)z^{-1}}{(1-b_1z^{-1})(1-b_2z^{-1})} \quad ①$$

题 16 图(b)的系统函数为

$$H(z)=\frac{1}{1-a_1z^{-1}}\cdot\frac{c_0+c_1z^{-1}}{1-a_2z^{-1}} \quad ②$$

对比式①和式②，当两个系统等效时，系数关系为

$$a_1=b_1,\quad a_2=b_2,\quad c_0=2,\quad c_1=-(b_1+b_2)$$

18. 对于题 18 图中的系统，要求：

(1) 确定它的系统函数；

(2) 如果系统参数为

① $b_0=b_2=1$，$b_1=2$，$a_1=1.5$，$a_2=-0.9$

② $b_0=b_2=1$，$b_1=2$，$a_1=1$，$a_2=-2$

画出系统的零极点分布图，并检验系统的稳定性。

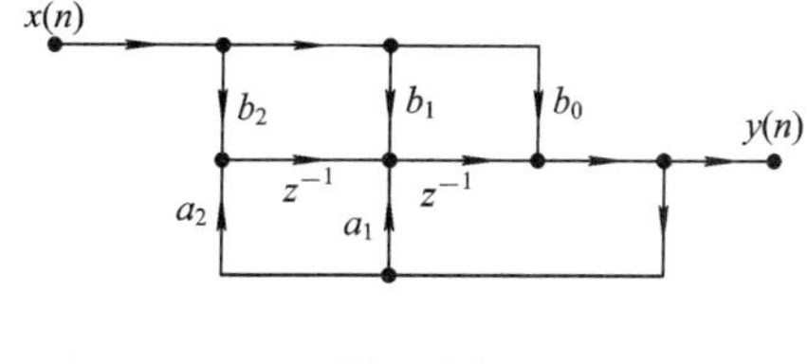

题 18 图

解:(1)

$$H(z)=\frac{b_0+b_1z^{-1}+b_2z^{-2}}{1-a_1z^{-1}-a_2z^{-2}}$$

(2)

① $$b_0=b_2=1,\ b_1=2,\ a_1=1.5,\ a_2=-0.9$$

$$H(z)=\frac{1+2z^{-1}+z^{-2}}{1-1.5z^{-1}+0.9z^{-2}}$$

零点为 $z=-1$(二阶),极点为

$$p_{1,2}=0.75\pm0.58\mathrm{j},\ |p_{1,2}|=0.773$$

极零点分布如题 18 解图(a)所示。由于极点的模小于 1,可知系统稳定。

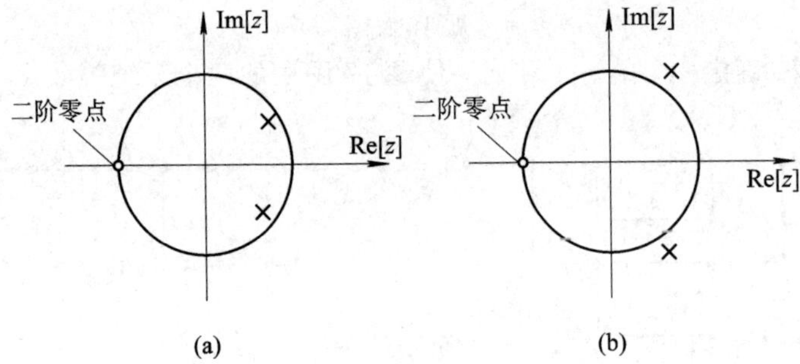

题 18 解图

② $$b_0=b_2=1,\ b_1=2,\ a_1=1,\ a_2=-2$$

$$H(z)=\frac{1+2z^{-1}+z^{-2}}{1-z^{-1}+2z^{-2}}$$

零点为 $z=-1$(二阶),极点为

$$p_{1,2}=0.5\pm1.323\mathrm{j}$$

$$|p_{1,2}|=1.414$$

极零点分布如题 18 解图(b)所示。这里极点的模大于 1,或者说极点在单位圆外,如果系统因果可实现,收敛域为 $|z|>1.414$,收敛域并不包含单位圆,因此系统不稳定。

19*. 假设滤波器的系统函数为

$$H(z)=\frac{5-2z^{-3}-3z^{-6}}{1-z^{-1}}$$

在单位圆上采样六点,选择 $r=0.95$,试画出它的频率采样结构,并在计算机上用 DFT 求出频率采样结构中的有关系数。

解:
$$H(z)=\frac{5-2z^{-3}-3z^{-6}}{1-z^{-1}}=\frac{(1-z^{-3})(5+3z^{-3})}{1-z^{-1}}$$

$$=\frac{(1-z^{-1})(1-z^{-1}+z^{-2})(5+3z^{-3})}{1-z^{-1}}$$

式中,分母分子多项式各有一个零点 $z=1$,相互抵消,因此该系统仍然稳定,属于 FIR 系统。由系统函数得到单位脉冲响应为

$$h(n)=5\delta(n)+5\delta(n-1)+5\delta(n-2)+3\delta(n-3)+3\delta(n-4)+3\delta(n-5)$$

$$H(k)=\mathrm{DFT}[h(n)]\qquad k=0,1,2,\cdots,5$$

$$H(z)=(1-r^6z^{-6})\frac{1}{N}\left[\frac{H(0)}{1-rz^{-1}}+\frac{H(3)}{1+rz^{-1}}+\sum_{k=1}^{2}\frac{\alpha_{0k}+\alpha_{1k}z^{-1}}{1-2\cos\left(\frac{\pi}{3}k\right)z^{-1}+r^2z^{-2}}\right]$$

按照上式画出频率采样修正结构如题 19* 解图所示。图中系数

$$\alpha_{0k}=2\text{Re}[H(k)],\qquad \alpha_{1k}=-2\text{Re}[rH(k)W_6^{-k}]$$

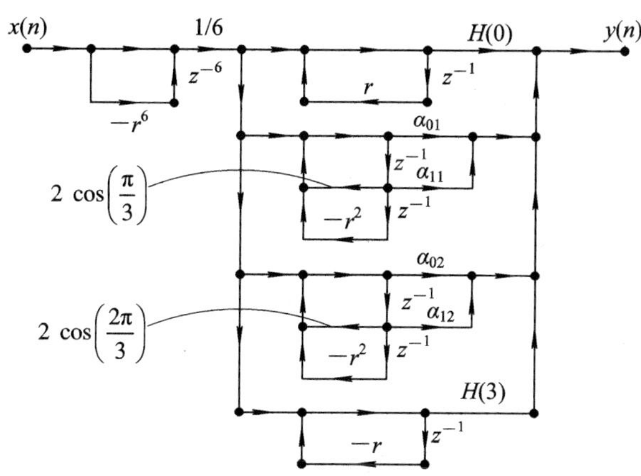

题 19* 解图

求系数程序 ex519.m 如下：

```
%程序 ex519.m
hn=[5, 5, 5, 3, 3, 3];
r=0.95;
Hk=fft(hn, 6);
for k=1: 3,
    hk(k)=Hk(k); Wk(k)=exp(-j * 2 * pi * (k-1)/6);
end
H0=Hk(1); H3=Hk(4);
a0k=2 * real(hk); a1k=-2 * real(r * hk. * Wk)
```

程序运行结果：

```
H(0) = 24
H(3) = 2
a0k = 48 4 0
a1k = -45.2000 38.0000
```

得到

$$\alpha_{01}=48,\ \alpha_{02}=4,\ \alpha_{11}=-45.2,\ \alpha_{12}=38$$

进一步的说明：此题 $h(n)$的长度为 6，由单位圆上采样 6 点得到频率采样结构，满足频率采样定理。但如果采样点数少于 6 点，则不满足频率采样定理，产生时域混叠现象。

20. 已知 FIR 滤波器的系统函数为：

(1)　$H(z)=1+0.8z^{-1}+0.65z^{-2}$

(2)　$H(z)=1-0.6z^{-1}+0.825z^{-2}-0.9z^{-3}$

试分别画出它们的直接型结构和格型结构，并求出格型结构的有关参数。

解： 已知 FIR 滤波器的系统函数，设计相应的格型结构需要用到的公式如下：

$$a_k = h(k)$$

$$a_l^{(l)} = k_l \qquad l = 1, 2, \cdots, N$$

$$a_k^{(l-1)} = \frac{a_k^{(l)} - k_l a_{l-k}^{(l)}}{1 - k_l^2} \qquad k = 1, 2, 3, \cdots, l-1$$

式中，N 是 FIR 滤波器的阶数，$h(k)$是其单位脉冲响应，k_l 是格型结构的系数。

(1) 画出直接型结构如题 20 解图(a)所示。

$$h(n) = \delta(n) + 0.8\delta(n-1) + 0.65\delta(n-2)$$

$$a_1^{(2)} = 0.8,\ a_2^{(2)} = 0.65,\ k_2 = a_2^{(2)} = 0.65$$

$$l = 2,\ k = 1,\ a_1^{(1)} = \frac{a_1^{(2)} - k_2 a_1^{(2)}}{1 - k_2^2} = \frac{0.8 - 0.65 \times 0.8}{1 - 0.65^2} = 0.485$$

$$k_1 = 0.485$$

画出格型结构如题 20 解图(b)所示。

(2) 画出直接型结构如题 20 解图(c)所示。

$$H(z) = 1 - 0.6z^{-1} + 0.825z^{-2} - 0.9z^{-3}$$

$$h(n) = \delta(n) - 0.6\delta(n-1) + 0.825\delta(n-2) - 0.9\delta(n-3)$$

$$a_1^{(3)} = -0.6,\ a_2^{(3)} = 0.825,\ a_3^{(3)} = -0.9$$

$$k_3 = -0.9$$

$$l = 3,\ k = 1,\ a_1^{(2)} = \frac{a_1^{(3)} - k_3 a_2^{(3)}}{1 - k_3^2} = \frac{-0.6 + 0.9 \times 0.825}{1 - 0.9^2} = 0.75$$

$$l = 3,\ k = 2,\ a_2^{(2)} = \frac{a_2^{(3)} - k_3 a_1^{(3)}}{1 - k_3^2} = \frac{0.825 - 0.9 \times 0.6}{1 - 0.9^2} = 1.5$$

$$k_2 = 1.5$$

$$l = 2,\ k = 1,\ a_1^{(1)} = \frac{a_1^{(2)} - k_2 a_1^{(2)}}{1 - k_2^2} = \frac{0.75 - 1.5 \times 0.75}{1 - 1.5^2} = 0.3$$

$$k_1 = 0.3$$

画出直接型结构如题 20 解图(d)所示。

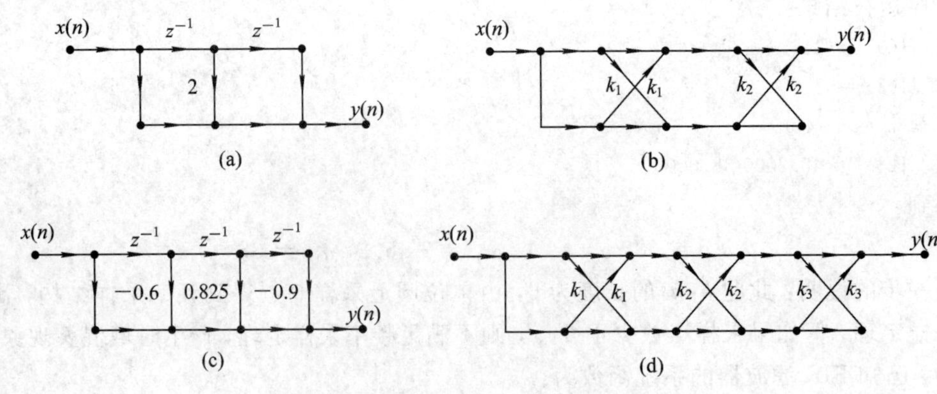

题 20 解图

21. 假设 FIR 格型网络结构的参数 $k_1=-0.08$，$k_2=0.217$，$k_3=1.0$，$k_4=0.5$，求系统的系统函数并画出 FIR 直接型结构。

解：用到的公式重写如下：

$$a_0^{(l)}=1,\ a_l^{(l)}=k_l$$

$$a_k^{(l)}=a_k^{(l-1)}+a_l^{(l)}a_{l-k}^{(l-1)}\qquad 1\leqslant k\leqslant l-1;\ l=1,2,\cdots,N(\text{该题 }N=3)$$

$$a_4^{(4)}=k_4=0.5,\ a_3^{(3)}=k_3=1.0,\ a_2^{(2)}=k_2=0.217,\ a_1^{(1)}=k_1=-0.08\quad l=2,k=1$$

$$a_1^{(2)}=a_1^{(0)}+a_2^{(2)}a_1^{(1)}=k_1+k_2k_1=0.097$$

$$l=3,\ k=2,\ a_2^{(3)}=a_2^{(2)}+a_3^{(3)}a_1^{(2)}=k_2+k_3a_1^{(2)}=0.314$$

$$l=3,\ k=1,\ a_1^{(3)}=a_1^{(2)}+a_3^{(3)}a_2^{(2)}=a_1^{(2)}+k_3k_2=0.314$$

最后得到

$$a_0=1,\ a_1=a_1^{(3)}=0.314,\ a_2=a_2^{(3)}=0.314,\ a_3=a_3^{(3)}=1$$

画出它的直接型结构如题 21 解图所示。

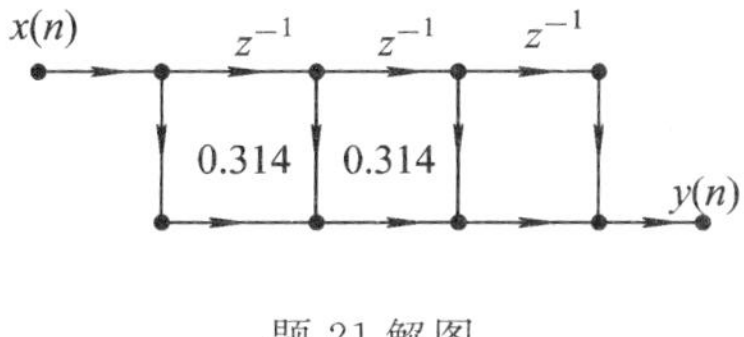

题 21 解图

系统函数为

$$H(z)=1+0.314z^{-1}+0.314z^{-2}+z^{-3}$$

22. 假设系统的系统函数为

$$H(z)=1+2.88z^{-1}+3.4048z^{-2}+1.74z^{-3}+0.4z^{-4}$$

要求：

(1) 画出系统的直接型结构以及描述系统的差分方程；

(2) 画出相应的格型结构，并求出它的系数；

(3) 判断系统是否是最小相位。

解：(1) 系统的差分方程为

$$y(n)=x(n)+2.88x(n-1)+3.4048x(n-2)+1.74x(n-3)+0.4x(n-4)$$

它的直接型结构如题 22 解图(一)所示。

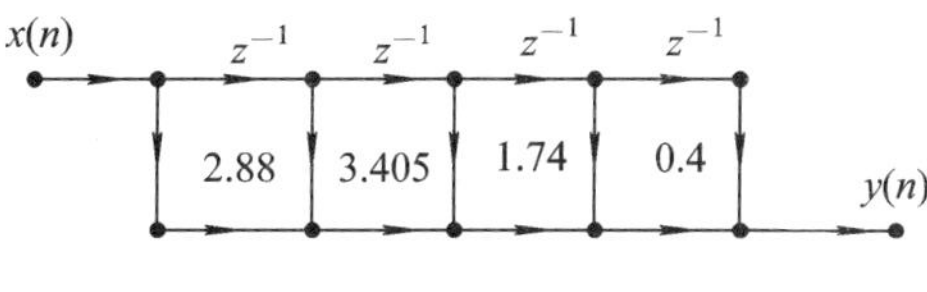

题 22 解图(一)

(2) $N=4$，

$$a_1^{(4)}=2.88,\ a_2^{(4)}=3.405,\ a_3^{(4)}=1.74,\ a_4^{(4)}=0.4$$

$$l=4,\ k=1,\ a_1^{(3)}=\frac{a_1^{(4)}-k_4a_3^{(4)}}{1-k_4^2}=\frac{2.88-0.4\times1.74}{1-0.4^2}=2.6$$

$$l=4,\ k=2,\ a_2^{(3)}=\frac{a_2^{(4)}-k_4a_2^{(4)}}{1-k_4^2}=\frac{3.405-0.4\times3.405}{1-0.4^2}=2.376$$

$$l=4,\ k=3,\ a_3^{(3)}=\frac{a_3^{(4)}-k_4a_1^{(4)}}{1-k_4^2}=\frac{1.74-0.4\times 2.88}{1-0.4^2}=0.684$$

$$l=3,\ k=1,\ a_1^{(2)}=\frac{a_1^{(3)}-k_3a_2^{(3)}}{1-k_3^2}=\frac{2.6-0.684\times 2.376}{1-0.684^2}=1.832$$

$$l=3,\ k=2,\ a_2^{(2)}=\frac{a_2^{(3)}-k_3a_1^{(3)}}{1-k_3^2}=\frac{2.376-0.684\times 2.6}{1-0.684^2}=1.123$$

$$l=2,\ k=1,\ a_1^{(1)}=\frac{a_1^{(2)}-k_2a_1^{(2)}}{1-k_2^2}=\frac{1.832-1.123\times 1.832}{1-1.123^2}=0.863$$

由以上得到

$$k_1=0.863,\ k_2=1.123,\ k_3=0.684,\ k_4=0.4$$

画出其格型结构如题 22 解图(二)所示。

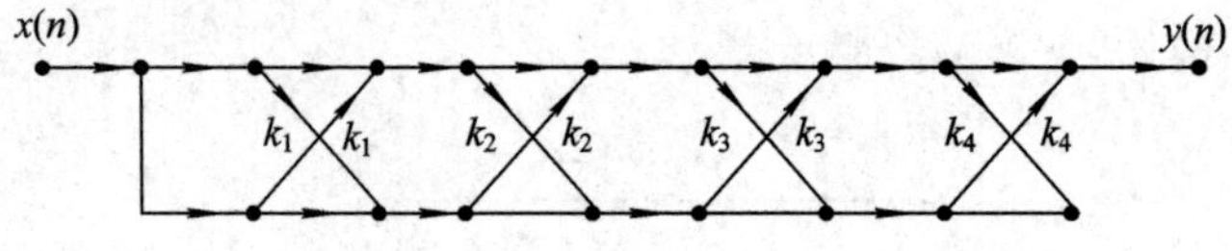

题 22 解图(二)

(3) 由系统函数求出系统的零点为

$$-1.0429+0.6279\mathrm{i} \qquad -1.0429-0.6279\mathrm{i}$$

$$-0.3971+0.3350\mathrm{i} \qquad -0.3971-0.3350\mathrm{i}$$

画出系统的零极点图如题 22 解图(三)所示。

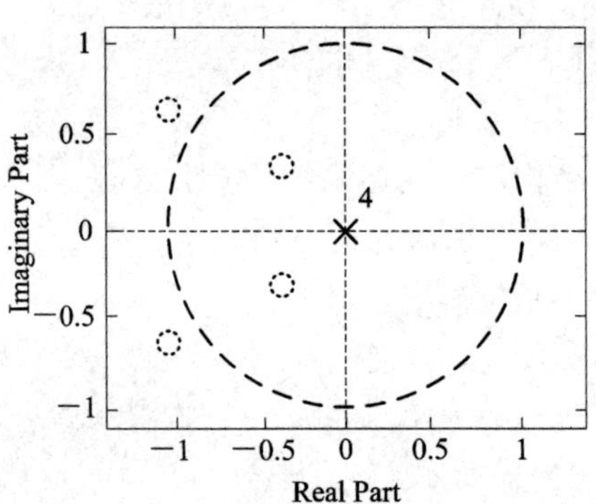

题 22 解图(三)

因为系统有两个零点在单位圆外，因此系统不是最小相位系统。

第 5 章 无限脉冲响应(IIR)数字滤波器的设计

本章内容与教材第 6 章内容相对应。

目前，滤波器设计软件种类众多，功能齐全，且使用非常方便。只要滤波器设计的概念清楚，以正确的指标参数调用相应的滤波器设计程序或工具箱函数，便可得到正确的设计结果。因此，熟悉滤波器的基本概念及滤波器的基本设计方法显得尤为重要。本章内容主要围绕以下学习重点来安排。

(1) 建立数字滤波器(DF)设计的正确概念，掌握滤波器的设计方法。

(2) 结合例题和习题的求解过程介绍采用 MATLAB 信号处理工具箱函数设计数字滤波器的现代方法，使读者了解现在工程实际中设计滤波器是非常简单易行的，绝不像手算做习题那样困难。

(3) 熟悉采样数字滤波系统的概念及其指标参数换算关系，这是用 DF 处理模拟信号的基本问题。

5.1 学习要点

5.1.1 IIR 数字滤波器设计的基本概念及基本设计方法

1. 滤波器设计指标参数定义及其描述

滤波器设计指标参数定义及其描述在教材中有详细的介绍，下面仅给出低通滤波器幅频特性函数和损耗函数描述的滤波器指标参数的示意图，如图 5.1.1 所示，并给出二者的换算关系。

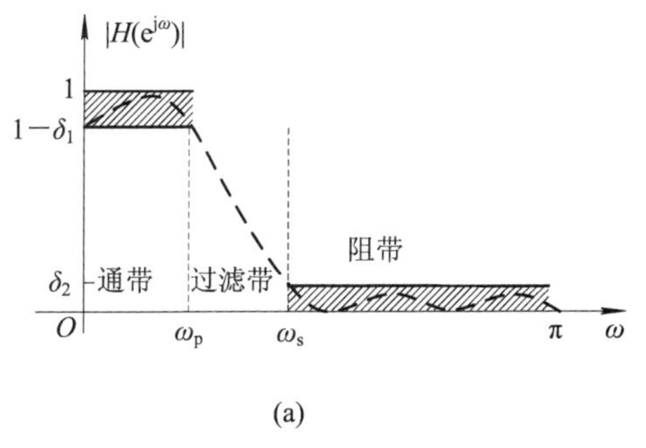

(a)

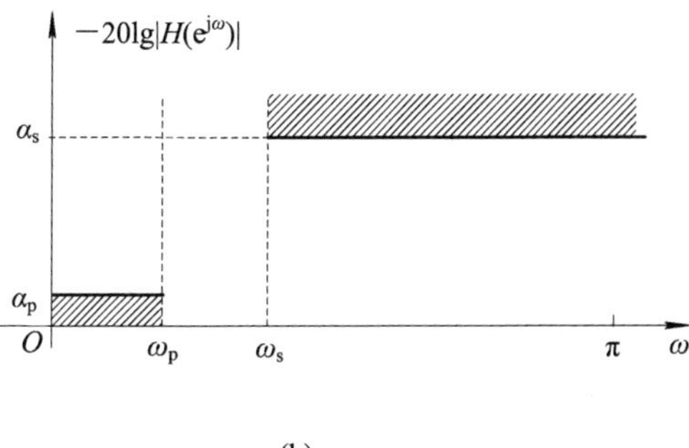

(b)

图 5.1.1

滤波器的指标常常在频域给出。数字滤波器的频响特性函数 $H(e^{j\omega})$一般为复函数，所以通常表示为

$$H(e^{j\omega}) = |H(e^{j\omega})| e^{j\theta(\omega)}$$

其中，$|H(e^{j\omega})|$称为幅频特性函数，$\theta(\omega)$称为相频特性函数。常用的典型滤波器$|H(e^{j\omega})|$是归一化的，即$|H(e^{j\omega})|_{max}=1$，下面的讨论一般就是针对归一化情况的。对 IIR 数字滤波器，通常用幅频响应函数$|H(e^{j\omega})|$来描述设计指标，而对线性相位特性的滤波器，一般用 FIR 数字滤波器设计实现。

应当注意，$H(e^{j\omega})$是以 2π 为周期的，这是数字滤波器与模拟滤波器的最大区别。所以，在后面的叙述中，只给出主值区$[-\pi, \pi]$区间上的设计指标描述。

图 5.1.1 中，δ_1 和 δ_2 分别称为通带波纹幅度和阻带波纹幅度，ω_p 为通带边界频率，α_p 为通带最大衰减(dB)，ω_s 为阻带边界频率，α_s 为阻带最小衰减(dB)。一般要求：

当 $0\leqslant|\omega|\leqslant\omega_p$ 时，

$$-20\lg|(He^{j\omega})| \leqslant \alpha_p$$

当 $\omega_s\leqslant|\omega|\leqslant\pi$ 时，

$$\alpha_s \leqslant -20\lg|H(e^{j\omega})|$$

$$\alpha_p = -20\lg\frac{1-\delta_1}{1} = 20\lg\frac{1}{1-\delta_1}$$

$$\alpha_s = -20\lg\delta_2$$

当 $\alpha_p=3$ dB 时，记 ω_p 为 ω_c，称 ω_c 为 3 dB 截止频率。ω_c 是滤波器设计的重要参数之一。

因为$|H(e^{j\omega_c})|^2=1/2$，所以 ω_c 又称为滤波器的半功率点。因此，设计数字滤波器时，应根据指标参数及对滤波特性的要求，选择合适的滤波器类型(巴特沃斯、切比雪夫、椭圆滤波器等)和设计方法(脉冲响应不变法、双线性变换法、直接法等)进行设计。IIR 数字滤波器的设计既可以从模拟滤波器的设计入手进行，也可以直接根据数字滤波器指标参数，直接调用滤波器设计子程序或函数进行。

2. 采样数字滤波器的概念及其指标参数换算

由于数字信号处理的诸多优点，在信号处理工程实际中，常常希望采用数字滤波器实现对模拟信号的滤波处理。所谓采样数字滤波器，就是实现这种处理的系统，其组成如图 5.1.2 所示。图中，设采样频率 $F_s\geqslant 2f_c$($T=1/F_s$ 为采样间隔)，f_c 为模拟信号 $x_a(t)$的最高频率。设 $G(j\Omega)$为理想低通滤波器，则截止频率为折叠频率即 π/T(当 $G(j\Omega)$不是理想低通时，以下结论要进行修正)。

采样数字滤波系统的设计指标一般由采样数字滤波系统的等效模拟滤波器 $H_a(j\Omega)$的指标给出。所以设计这种滤波系统，其关键是由 $H_a(j\Omega)$指标确定其中的数字滤波器 $H(e^{j\omega})$的指标。可以证明，$H(e^{j\omega})$与 $H_a(j\Omega)$具有如下关系：

$$H_a(j\Omega) = \begin{cases} H(e^{j\omega})|_{\omega=\Omega T} = H(e^{j\Omega T}) & 0\leqslant\Omega<\dfrac{\pi}{T} \\ 0 & \dfrac{\pi}{T}\leqslant|\Omega| \end{cases} \tag{5.1.1}$$

$$H(e^{j\omega}) = \sum_{k=-\infty}^{\infty} H_a\left(j\Omega - j\frac{2\pi}{T}k\right)\Bigg|_{\Omega=\omega/T} = \sum_{k=-\infty}^{\infty} H_a\left(j\frac{\omega-2\pi k}{T}\right) \tag{5.1.2}$$

且

$$h(n) = \mathrm{IFT}[H(e^{j\omega})] = Th_a(nT) \tag{5.1.3}$$

其中

$$h_a(t) = \mathrm{IFT}[H_a(j\Omega)]$$

由此可见，$H_a(j\Omega)$与$H(e^{j\omega})$之间仅是$\omega=\Omega T$的频率尺度变换关系。

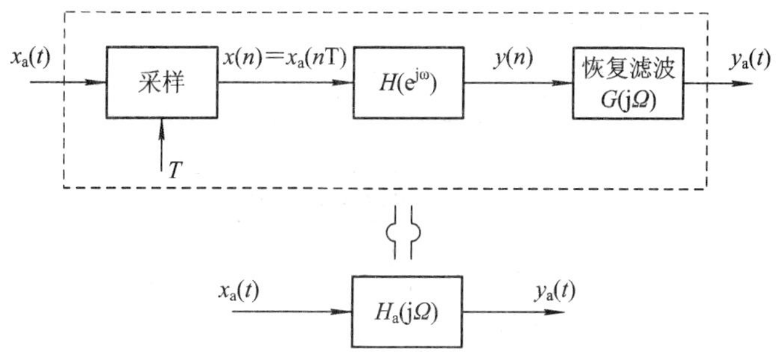

图 5.1.2

通过关系式(5.1.2)可由$H_a(j\Omega)$指标确定数字滤波器$H(e^{j\omega})$的指标(如ω_p，ω_s，α_p，α_s等)；利用频率转换关系$\omega=\Omega T$容易求出$H(e^{j\omega})$的各边界频率；选用适当的设计方法可得到数字滤波器的系统函数$H(z)$。

由(5.1.3)式知，也可以采用脉冲响应不变法将等效模拟滤波器$H_a(s)$转换成采样数字系统中数字滤波器的系统函数$H(z)$。但必须注意：① 对$h_a(t)$的采样频率必须满足采样定理；② 对高通和带阻滤波处理，这种方法不能用，需要用双线性变换法，这时设计稍复杂一些，后面的[例 5.2.3]将详细说明双线性变换法的设计过程。

3. IIR 数字滤波器的设计方法

关于滤波器的设计原理与具体的设计方法，教材及其他《数字信号处理》书中都有详细叙述，本章不再赘述。下面仅对 IIR 数字滤波器的几种设计方法及设计步骤作简要归纳，并指出学习要点，并通过例题及习题与上机题解答说明各种设计方法的具体设计过程及相关设计公式，以便读者能有条理地解答滤波器设计题目，设计实际应用滤波器。

为了使初学者对 IIR 数字滤波器设计方法有一个整体概念，先抛开繁杂的设计过程和设计公式，用图 5.1.3 归纳 IIR 数字滤波器的一般设计方法。

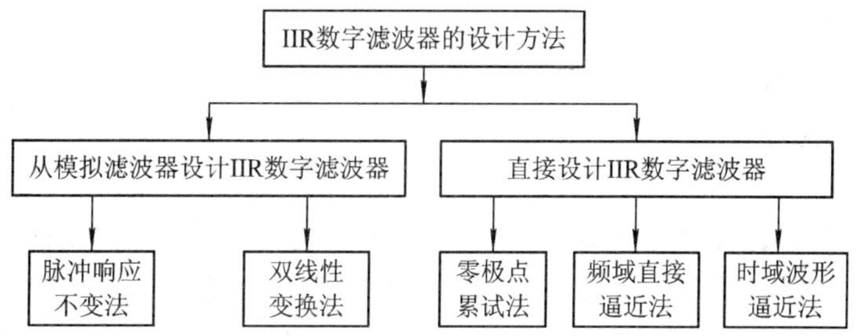

图 5.1.3

下面对图 5.1.3 中给出的五种设计方法及其学习要点进行简要归纳。对频域直接逼近法和时域波形逼近法都必须借助计算机设计(即 CAD 设计)，且已有商业设计程序，所以只简要介绍其设计思想及逼近准则。

5.1.2 模拟滤波器的设计

为了叙述方便，用 AF 表示模拟滤波器，用 DF 表示数字滤波器。从教材中的详细介绍知道，从 AF 入手设计 DF 时，首先要设计一个“相应的 AF”，所以下面以流程图形式给出 AF 的设计步骤，如图 5.1.4 所示。

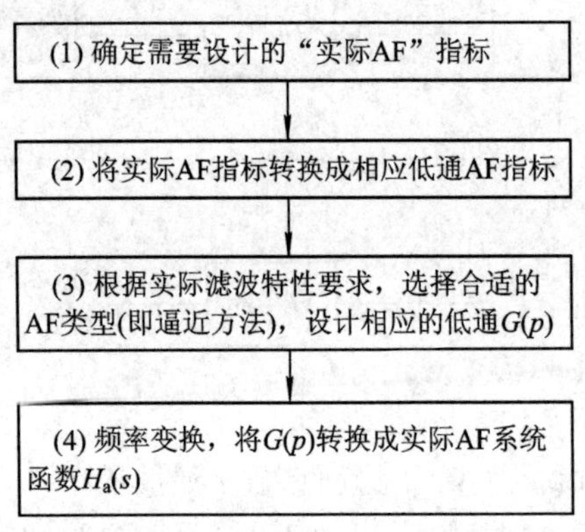

图 5.1.4

由于 AF 设计手册中给出了各种典型 AF 归一化低通原型的设计公式和图表及系统函数 $G(p)$，因此设计 AF 很方便。所以，对需要设计的实际 AF(低通、高通、带通和带阻 AF)，首先将其指标参数转换成相应的归一化($\lambda_p=1$)低通指标参数，将设计各种实际 AF 转化为设计归一化低通 AF；最后将设计好的归一化低通 $G(p)$ 转换成实际滤波器 $H(s)$。为此，下面归纳四种实际 AF 系统函数 $H(s)$ 与其相应的归一化低通 AF 系统函数 $G(p)$ 的相互转换关系，如图 5.1.5 所示。图中总结出了图 5.1.4 中第(2)步和第(4)步所涉及的所有转换关系和转换公式。

图 5.1.5 中的系统函数及变量符号的含义如下：

$G(p)$——低通 AF 系统函数；

$p=\eta+\mathrm{j}\lambda$——$G(p)$的拉氏复变量；

$G(\mathrm{j}\lambda)$——低通 AF 频响函数；

λ——$G(\lambda)$的频率变量；

$H(s)$——需要设计的“实际 AF”系统函数；

$s=\sigma+\mathrm{j}\Omega$——拉氏复变量；

Ω——模拟角频率(rad/s)；

$H(\mathrm{j}\Omega)$——实际 AF 的频响函数。

由图 5.1.5 很容易看出各种实际 AF 指标参数的符号和含义，以及向箭头方向转换的有关公式。由于四种实际 $H(\mathrm{j}\Omega)$ 向 $G(\mathrm{j}\lambda)$ 转换的公式较多，所以图中用①、②、③和④表示，它们分别代表以下四组频率变换公式。为了简化计算，一般取 $\lambda_p=1$，这时的 $G(p)$ 称为归一化低通滤波器，λ 为归一化频率。当然，也可以根据需要，对于其他频率(如 λ_s 或

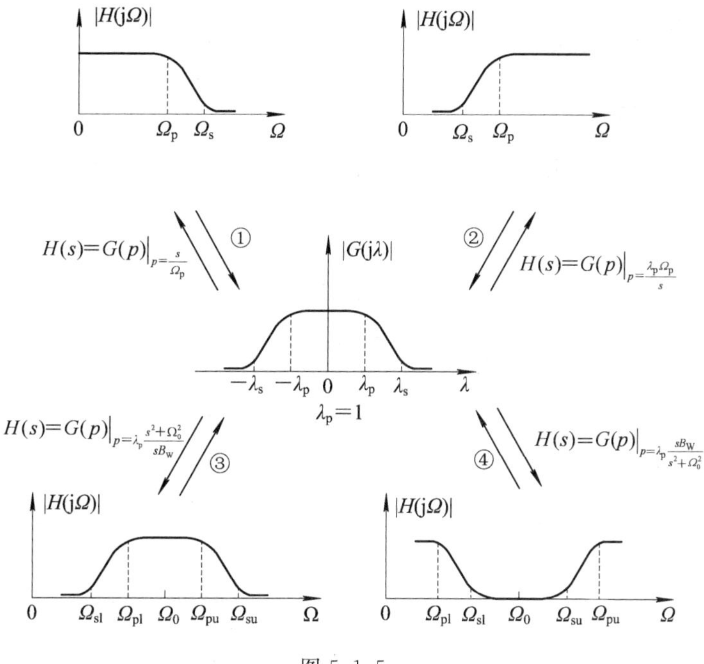

图 5.1.5

λ_c)进行归一化。根据教材中模拟滤波器的设计原理知道，设计巴特沃斯滤波器时，对于 3 dB 截止频率 λ_c 进行归一化最方便。

图 5.1.5 中①、②、③、④对应的 4 组频率变换公式：

①
- 频率变换公式：$\lambda=\dfrac{\lambda_p\Omega}{\Omega_p}$
- 归一化低通边界频率：$\lambda_p=1$，$\lambda_s=\dfrac{\Omega_s}{\Omega_p}$

②
- 频率变换公式：$\lambda=\dfrac{-\lambda_p\Omega_p}{\Omega}$
- 归一化低通边界频率：$\lambda_p=1$，$\lambda_s=\dfrac{\Omega_p}{\Omega_s}$

③
- 带宽 $B_W=\Omega_{pu}-\Omega_{pl}$，通带中心频率 $\Omega_0=\sqrt{\Omega_{pl}\Omega_{pu}}=\sqrt{\Omega_{sl}\Omega_{su}}$
  [如果不满足，要进行指标调整(见教材第 202 页式(6.2.57))]
- 频率变换公式：$\lambda=-\lambda_p\dfrac{\Omega_0^2-\Omega^2}{\Omega B_W}$
- 归一化低通边界频率：$\lambda_p=1$，$\lambda_s=\dfrac{\Omega_0^2-\Omega_{sl}^2}{\Omega_{sl}B_W}$

④
- 阻带带宽 $B_W=\Omega_{su}-\Omega_{sl}$，阻带中心频率 $\Omega_0=\sqrt{\Omega_{pl}\Omega_{pu}}=\sqrt{\Omega_{sl}\Omega_{su}}$
  [如果不满足，按教材中式(6.2.57)调整]
- 频率变换公式：$\lambda=-\lambda_p\dfrac{\Omega B_W}{\Omega_0^2-\Omega^2}$
- 归一化低通边界频率：$\lambda_p=1$，$\lambda_s=\dfrac{\Omega B_W}{\Omega_0^2-\Omega_{sl}^2}$

归一化低通 $G(j\lambda)$ 的通带最大衰减和阻带最小衰减仍为 α_p 和 α_s。图 5.1.4 中第(3)、(4)个方框涉及的设计与转换方法直接套用教材 6.2.6 节的相关公式或例题的解法。

5.1.3 从 AF 入手设计 DF

由于 AF 设计理论很成熟，而且有很多特性优良的典型 AF 可供选用，所以常常从 AF 入手来设计 DF。其设计流程图如图 5.1.6 所示。

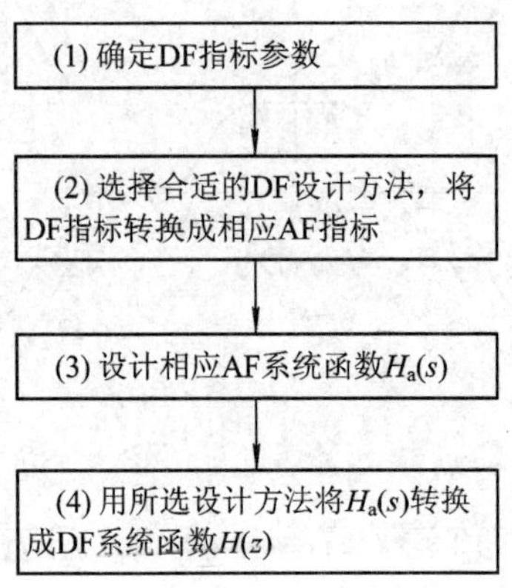

图 5.1.6

图 5.1.6 中的(3)(设计相应 AF)前面已介绍过。所以只要掌握了将 $H_a(s)$ 转换成 $H(z)$ 的方法与公式，以及相应的数字频率 ω 与模拟频率 Ω 之间的关系式，就可以进行图 5.1.6 中的(2)和(4)，从而完成从 AF 入手设计 DF。用脉冲响应不变法和双线性变换法将 AF 的系统函数 $H_a(s)$ 转换成 DF 的系统函数 $H(z)$ 的步骤、公式及 ω 与 Ω 的关系式，教材中都有详细的叙述，所以不再重复。

5.1.4 IIR-DF 的直接设计法

所谓直接设计法，就是直接在数字域设计 IIR-DF 的方法。相对而言，因为从 AF 入手设计 DF 是先设计相应的 AF，然后再通过 $s-z$ 平面映射，将 $H_a(s)$ 转换成 $H(z)$，所以这属于间接设计法。该设计法只能设计与几种典型 AF 相对应的幅频特性的 DF。而需要设计任意形状幅频特性的 DF 时，只能用直接设计法。直接设计法一般都要借助于计算机进行设计，即计算机辅助设计(CAD)。现在已有多种 DF 优化设计程序。优化准则不同，所设计的滤波器特点亦不同。所以最主要的是建立优化设计的概念，了解各种优化准则的特点，并根据设计要求，选择合适的优化程序设计 DF。

例如，设希望逼近的频响特性为 $H_d(e^{j\omega})$，所设计的实际滤波器频响函数为 $H(e^{j\omega})$。二者的频响误差为

$$E(e^{j\omega}) = H_d(e^{j\omega}) - H(e^{j\omega})$$

均方误差定义为

$$\varepsilon^2 = \frac{1}{2\pi}\int_{-\pi}^{\pi} |E(e^{j\omega})|^2 d\omega$$

使均方误差 ε^2 最小的优化设计准则称之为“最小均方误差准则”。这里的“最小”指 $|E(e^{j\omega})|$ 在整个频带$[-\pi, \pi]$上的积分(总和)最小，而既非通带波纹最小，又非阻带波动最小。所

以，用这种优化程序设计的滤波器的阻带最小衰减和通带波纹可能不满足要求。特别是以理想滤波器特性作为 $H_d(e^{j\omega})$时，为了使 ε^2 最小，优化过程尽可能逼近 $H_d(e^{j\omega})$的间断特性(即使过渡带最窄)，而使通带出现较大过冲、阻带最小衰减过小，不能满足工程要求。

建立如上概念后，调用频域最小均方误差准则优化设计程序时，可正确构造 $H_d(e^{j\omega})$。设置合适的过渡带特性，可使通带和阻带逼近精度大大提高，即以加宽过渡带为代价，换取通带平坦性和更大的阻带最小衰减。这一原则在各种设计法中都成立。或者根据需要，选用其他优化设计方法。IIR－DF 的优化技术设计法有[22]频域最小均方误差法，最小 P 误差法、最小平方逆设计法和线性规划法等。利用线性规划法可实现等波纹逼近，即最大误差最小化逼近。

5.2　例　　题

［例 5.2.1］　设计低通 DF，要求幅频特性单调下降。3 dB 截止频率 $\omega_p=\omega_c=\dfrac{\pi}{3}$ rad，阻带截止频率 $\omega_s=\dfrac{4\pi}{5}$ rad，阻带最小衰减 $\alpha_s=15$ dB，采样频率 $f_s=30$ kHz，分别用脉冲响应不变法和双线性变换法设计。

解：(1) 用脉冲响应不变法设计。按图 5.1.6 流程设计。

① 确定 DF 指标参数。

$$\omega_p=\omega_c=\frac{\pi}{3}\ \text{rad},\ \alpha_p=3\ \text{dB}$$

$$\omega_s=\frac{4\pi}{5}\ \text{rad},\ \alpha_s=15\ \text{dB}$$

② 将 DF 指标参数转换成相应的 AF 指标参数。因为在脉冲响应不变法中，$\omega=\Omega T$，所以

$$\Omega_p=\frac{\omega_p}{T}=\frac{\pi}{3}\times 30\times 10^3=10\ 000\pi\ \text{rad/s},\ \alpha_p=3\ \text{dB}$$

$$\Omega_s=\frac{\omega_s}{T}=\frac{4\pi}{5}\times 30\times 10^3=24\ 000\pi\ \text{rad/s},\ \alpha_s=15\ \text{dB}$$

③ 求相应的 AF 系统函数 $H_a(s)$。

a. 计算阶数 N，根据要求，应选择巴特沃斯 AF。由教材(6.2.18)式有

$$\lambda_{sp}=\frac{\Omega_s}{\Omega_p}=\frac{24\ 000\pi}{10\ 000\pi}=2.4$$

$$k_{sp}=\sqrt{\frac{10^{0.1\alpha_s}-1}{10^{0.1\alpha_p}-1}}=\sqrt{\frac{10^{0.5}-1}{10^{0.3}-1}}=5.5463$$

$$N=\frac{\lg k_{sp}}{\lg\lambda_{sp}}=\frac{\lg 5.5463}{\lg 2.4}=1.9569$$

取 $N=2$。

b. 查教材第 184 页表 6.2.1，得到二阶巴特沃斯归一化低通原型：

$$G(p)=\frac{1}{p^2+\sqrt{2p}+1}$$

c. 频率变换，由图 5.1.5 中 LP→LP 变换公式求出相应的 AF 系统函数 $H_a(s)$：

$$H_a(s)=G(p)\big|_{p=\frac{s}{\Omega_p}}=\frac{\Omega_p^2}{s^2+\sqrt{2}\Omega_p s+\Omega_p^2}=\frac{10^8\pi^2}{s^2+10^4\pi\sqrt{2}s+10^8\pi^2}$$

④ 将 $H_a(s)$转换成 $H_1(z)$：

$$H_1(z)=\frac{0.4265z^{-1}}{1-0.7040z^{-1}+0.2274z^{-2}}$$

以上结果是调用 MATLAB impinvar 函数直接求出的，这样就不用求极点 s_1 和 s_2 以及部分分式展开。请读者按教材(6.3.1)式和(6.3.4)式或(6.3.11)式计算，验证以上结果。

(2) 用双线性变换法设计。

① 确定 DF 指标参数：与脉冲响应不变法中的①相同。

② 将 DF 指标参数转换成相应 AF 指标参数。因为在双线性变换法中，ω 和 Ω 为非线性关系，$\Omega=\frac{2}{T}\tan\frac{\omega}{2}$，所以，需要预畸变校正(学习重点)。只有采用非线性预畸变校正，由 DF 边界频率求得相应 AF 边界频率，才能在经过双线性变换，将 $H_a(s)$转换成 $H(z)$过程中的非线性畸变后，保持 DF 原来边界频率不变。按教材(6.4.7)式得到

$$\Omega_p=\frac{2}{T}\tan\frac{\omega_p}{2}=6\times10^4\tan\frac{\pi}{6}=3.4641\times10^4\ \text{rad/s},\quad \alpha_p=3\ \text{dB}$$

$$\Omega_s=\frac{2}{T}\tan\frac{\omega_s}{2}=6\times10^4\tan\frac{2\pi}{5}=18.466\times10^4\ \text{rad/s},\quad \alpha_s=15\ \text{dB}$$

③ 设计相应的 $H_a(s)$。

a. 计算阶数 N：由教材中(6.2.18)式，有

$$k_{sp}=5.5463\ (\text{与脉冲响应不变法中的 ③ 相同})$$

$$\lambda_{sp}=\frac{\Omega_s}{\Omega_p}=\frac{18.4661}{3.4661}=5.3276$$

$$N=\frac{\lg k_{sp}}{\lg\lambda_{sp}}=\frac{\lg 5.5463}{\lg 5.3276}=1.0242$$

工程上为了简化系统，可取 $N=1$(工程上允许时，可如此处理)。

b. 查教材表 6.2.1 得归一化低通原型 $G(p)$为

$$G(p)=\frac{1}{s+1}$$

c. 经频率变换，得

$$H_a(s)=G(p)\big|_{p=\frac{s}{\Omega_p}}=\frac{\Omega_p}{s+\Omega_p}=\frac{3.4641\times10^4}{s+3.4641\times10^4}$$

④ 用双线性变换法将 $H_a(s)$转换成 $H_2(z)$，由教材中(6.4.3)式，有

$$H_2(z)=H_a(s)\big|_{s=\frac{2}{T}\frac{1-z^{-1}}{1+z^{-1}}}=\frac{3.4641\times10^4}{6\times10^4\dfrac{1-z^{-1}}{1+z^{-1}}+3.4641\times10^4}=\frac{0.366(1+z^{-1})}{1-0.267\,95z^{-1}}$$

(3) 设计性能比较。用脉冲响应不变法设计的 $H_1(z)$和用双线性变换法设计的 $H_2(z)$的损耗函数曲线分别如图 5.2.1(a)和(b)所示。由图可见，在通带内，二者均能满足要求，但$|H_1(e^{j\omega})|$在 $\omega=\pi$ 附近存在频率混叠失真，从而使 $\omega_s=0.8\pi$ 处衰减不到-12 dB，不满足指标要求。$|H_2(e^{j\omega})|$无频率混叠失真，满足要求。但$|H_2(e^{j\omega})|$存在非线性频率失真，且

频率越高，失真越明显。

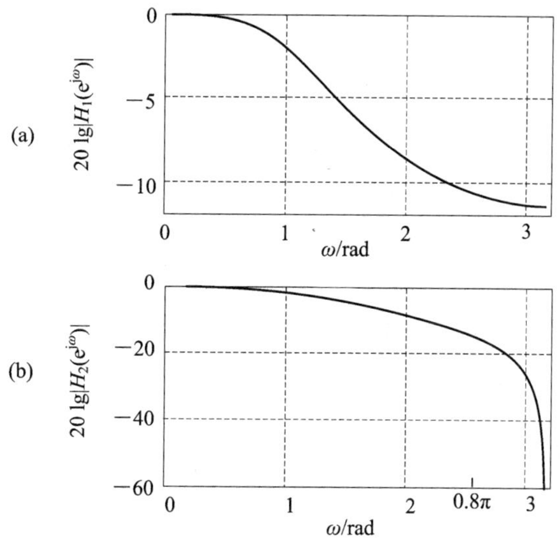

图 5.2.1

其他类型的 DF 设计过程见教材第 6 章习题与上机题解答。

［**例 5.2.2**］ 采样数字系统的组成框图如图 5.2.2 所示。理想情况下，A/D 变换器对模拟信号采样，得到序列 $x(n)=x_a(nT)$，而 D/A 变换器是将序列 $y(n)$变成模拟带限信号 $y_a(t)$。

$$y_a(t)=\sum_{n=-\infty}^{\infty}y(n)\frac{\sin\left[\dfrac{\pi(t-nT)}{T}\right]}{\dfrac{\pi(t-nT)}{T}}$$

整个系统的作用可等效为一个线性时不变模拟滤波器。

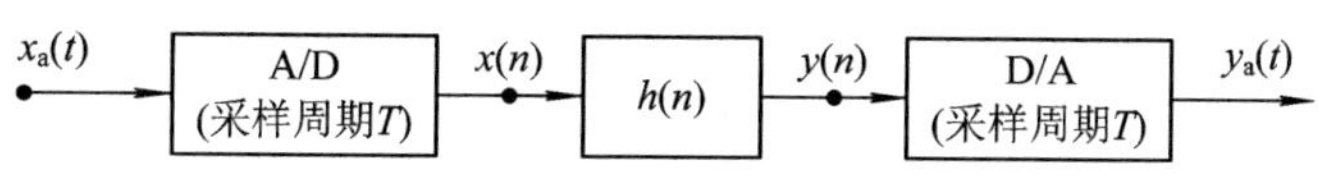

图 5.2.2

(1) 如果 $h(n)$表示一截止频率为 $\pi/8$ 的低通数字滤波器，采样频率 $F_s=\dfrac{1}{T}=10$ kHz。试求等效模拟滤波器的截止频率。

(2) 如果 $F_s=20$ kHz，重复(1)。

解：对采样数字系统，数字频率 ω 与模拟频率 f 满足线性关系 $\omega=2\pi fT$。已知数字滤波器截止频率 $\omega_c=\dfrac{\pi}{8}$ rad，所以，必须满足

$$\omega_c=\frac{\pi}{8}=2\pi f_c T$$

f_c 为等效模拟滤波器截止频率。由上式可求得

$$f_c=\frac{\omega_c}{2\pi T}=\frac{\dfrac{\pi}{8}}{2\pi}F_s=\frac{1}{16}F_s$$

故

(1) $f_c=\frac{1}{16}\times 10\ 000=625\ \text{Hz}$

(2) $f_c=\frac{1}{16}\times 20\ 000=1250\ \text{Hz}$

由以上结果可见，对相同的数字滤波特性 $H(e^{j\omega})$，当采样数字系统中的采样频率不同时，等效的模拟滤波器频响函数 $H_a(j\Omega)$的边界频率也不同，反之亦然。

[例 5.2.3] 采样数字滤波器组成如图 5.1.2 所示，分别用双线性变换法和脉冲响应不变法设计其中的数字滤波器。总体等效模拟滤波器指标参数如下：

(1) 输入模拟信号 $x_a(t)$的最高频率 $f_c=100$ Hz；

(2) 选用巴特沃斯滤波器，3 dB 截止频率 $f_c=100$ Hz，阻带截止频率 $f_s=150$ Hz，阻带最小衰减 $\alpha_s=20$ dB。

解：为了满足采样定理，减少脉冲响应不变法引入的频率混叠失真，并降低对恢复滤波器的要求，取采样频率 $F_s=400$ Hz。

(1) 用双线性变换法。

① 由(5.1.2)式确定数字滤波器 $H(e^{j\omega})$的指标参数。因为采用双线性变换法设计，数字频率 ω 与相应的模拟频率 Ω 之间为非线性关系$\left(\Omega=\frac{2}{T}\tan\frac{\omega}{2}\right)$。但根据(5.1.1)式和(5.1.2)式，采样数字系统要求其中的数字滤波器 $H(e^{j\omega})$与总等效模拟滤波器 $H_a(j\Omega)$之间的频率映射关系为线性关系 $\omega=\Omega T$。所以，不能直接按等效模拟滤波器技术指标设计相应模拟滤波器 $H_a(s)$，再将其用双线性变换法映射成数字滤波器 $H(z)$。因此，我们必须先按(5.1.2)式将等效模拟滤波器指标参数转换成采样数字滤波系统中的数字滤波器指标参数，再用双线性变换法的一般设计步骤设计该数字滤波器。

采样数字滤波系统中数字滤波器的指标参数：

通带边界频率：

$$\omega_p=\omega_c=2\pi f_c T=\frac{2\pi\times 100}{400}=\frac{\pi}{2}\ \text{rad}$$

通带最大衰减：

$$\alpha_p=3\ \text{dB}$$

阻带截止频率：

$$\omega_s=2\pi f_s T=\frac{2\pi\times 150}{400}=\frac{3\pi}{4}\ \text{rad}$$

阻带最小衰减：

$$\alpha_s=20\ \text{dB}$$

② 用双线性变换法设计数字滤波器的一般过程如下：

a. 预畸变校正，确定相应的模拟滤波器的指标参数：

$$\Omega_p=\frac{2}{T}\tan\frac{\omega_p}{2}=800\ \tan\frac{\pi}{4}=800\ \text{rad/s},\ \alpha_p=3\ \text{dB}$$

$$\Omega_s=\frac{2}{T}\tan\frac{\omega_s}{2}=800\ \tan\frac{3\pi}{8}=1931.37\ \text{rad/s},\ \alpha_s=20\ \text{dB}$$

b. 设计相应的模拟滤波器，确定其系统函数 $H_a(s)$。

(a) 求 $H_a(s)$阶数 N：

$$k_{sp} = \sqrt{\frac{10^{0.1\alpha_s} - 1}{10^{0.1\alpha_p} - 1}} = \sqrt{\frac{10^2 - 1}{10^{0.3} - 1}} = 9.9700$$

$$\lambda_{sp} = \frac{\Omega_s}{\Omega_p} = \frac{1931.37}{800} = 2.414$$

$$N = \frac{\lg k_{sp}}{\lg \lambda_{sp}} = \frac{\lg 9.9700}{\lg 2.141} = 2.609$$

取 $N=3$。

在实际工作中，调用 IIR 滤波器阶数来计算程序函数，很容易求出满足要求的最小阶数 N 值。如前述，buttord 函数用于计算 butterworth 滤波器阶数。本例中，求阶数的 MATLAB 程序如下：

```
Wp=800; Rp=3;
Ws=1931.37; Rs=20;
[N、Wc]=buttord(Wp, Ws, Rp, Rs, 's');
```

运行结果：

```
N=3, Wc=897.9654
```

(b) 求相应的模拟滤波器系统函数 $H_a(s)$。查表得到三阶 Butterworth 归一化低通原型系统函数：

$$G_a(p) = \frac{1}{1 + 2p + 2p^2 + p^3}$$

去归一化(即低通原型到低通的频率变换)，得

$$H_a(s) = G_a(p)\,\Big|_{p=\frac{s}{\Omega_c}=\frac{s}{800}} = \frac{5.12 \times 10^8}{s^3 + 1.6 \times 10^3 s^2 + 1.28 \times 10^6 s + 5.12 \times 10^8}$$

c. 用双线性变换法将 $H_a(s)$映射成数字滤波器系统函数 $H(z)$：

$$\begin{aligned} H(z) &= H_a(s)\,\Big|_{s=\frac{2}{T}\frac{1-z^{-1}}{1+z^{-1}}} \\ &= \frac{0.1667 + 0.5z^{-1} + 0.5z^{-2} + 0.1667z^{-3}}{1 - 1.3278 \times 10^{-15} z^{-1} + 0.333z^{-2} + 3.362 \times 10^{-16} z^{-3}} \end{aligned}$$

损耗函数曲线如图 5.2.3(a)所示。

实际工程设计时，可直接调用 MATLAB 函数来完成数字滤波器的双线性变换法设计。程序如下：

```
Wp=pi/2; rp=3; Ws=3 * pi/4; rs=20;        %数字滤波器指标参数
[N, Wc]=buttord(Wp, Ws, rp, rs);          %计算阶数 N 和 3dB 截止频率 Wc
[B, A]=butter(N, Wc);                     % 求数字滤波器系统函数 H(z)
```

运行结果如下：

```
B=[ 0.1970   0.5910   0.5910   0.1970]
A=[ 1.0000   0.2114   0.3452   0.0194]
```

由此可写出系统函数：

$$\hat{H}(z) = \frac{0.1970 + 0.5910z^{-1} + 0.5910z^{-2} + 0.1970z^{-3}}{1 + 0.2114z^{-1} + 0.3452z^{-2} + 0.0194z^{-3}}$$

损耗函数曲线如图 5.2.3(b)所示。比较发现，$\hat{H}(z)$和 $H(z)$的幅频特性都满足设计指标要求，但二者的系数有较大差别。这是函数 butter 在计算过程中进行合理的数据归一化的结果。$\hat{H}(z)$的优点是其系数差别小，便于量化实现，所以，在实际设计中一般直接调用 MATLAB 函数来完成数字滤波器的双线性变换法设计。

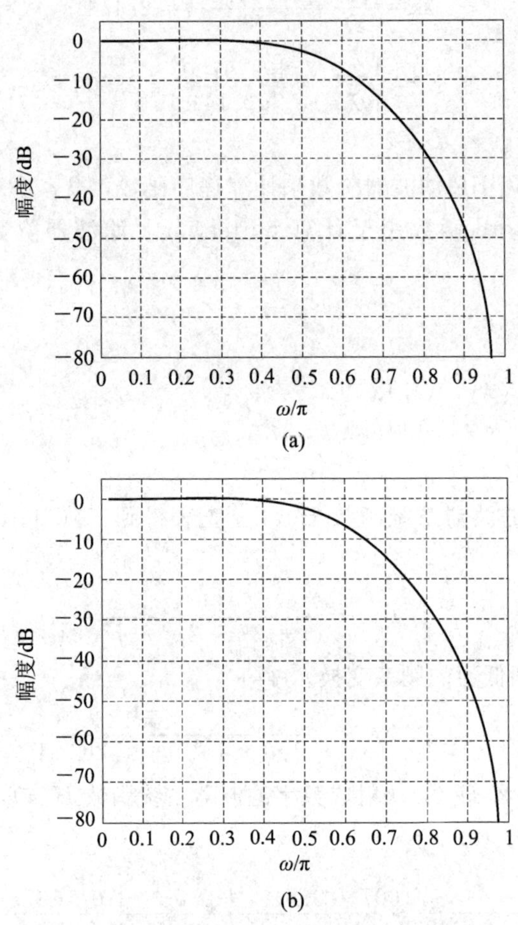

(a)

(b)

图 5.2.3

(2) 用脉冲响应不变法。由于总的等效模拟滤波器为低通滤波器，所以根据(5.1.3)式，直接用脉冲不变法将等效模拟滤波器转换成数字滤波器即可满足要求。因此首先按所给的等效模拟滤波器指标参数设计其系统函数 $H_a(s)$，然后将 $H_a(s)$转换成 $H(z)$即可。

① 设计等效模拟滤波器 $H_a(s)$。

a. 计算阶数 N：

$$k_{sp} = 9.970$$

$$\lambda_{sp} = \frac{f_s}{f_p} = \frac{150}{100} = 1.5$$

$$N = \frac{\lg k_{sp}}{\lg \lambda_{sp}} = -\frac{\lg 9.970}{\lg 1.5} = 5.67$$

取 $N=6$。

b. 查表得到六阶 Butterworth 归一化低通原型 $G(p)$，并以 3 dB 截止频率 $\Omega_c = 2\pi\times 100$ 去归一化得模拟滤波器系统函数 $H_a(s)$：

$$G(p) = \frac{1}{s^6 + 3.8637s^5 + 7.4641s^4 + 9.1416s^3 + 7.4641s^2 + 3.8637s + 1}$$

$$H_a(s) = G(p)\mid_{p=\frac{s}{\Omega_c}}$$

$$= \frac{6.1529\times 10^{16}}{s^6 + 2.42765s^5 + 2.9467s^4 + 2.2676\times 10^9 s^3 + 1.1633\times 10^{12} s^2 + 3.7836\times 10^{14} s + 6.1529\times 10^{16}}$$

② 调用 MATLAB 函数 impivar，将 $H_a(s)$转换成 $H(z)$：

$$\begin{aligned}H(z) = &[9.6634\times 10^{-15} + 0.024z^{-1} + 0.3347z^{-2} + 0.2985z^{-3} + 0.0463z^{-4} \\ &+ 7.4472\times 10^{-4} z^{-5}][1 - 0.7666z^{-1} + 0.7674z^{-2} - 0.3857z^{-3} \\ &+ 0.1310z^{-4} - 0.0260z^{-5} + 0.0023z^{-6}]^{-1}\end{aligned}$$

5.3　教材第6章习题与上机题解答

1. 设计一个巴特沃斯低通滤波器，要求通带截止频率 $f_p = 6$ kHz，通带最大衰减 $\alpha_p = 3$ dB，阻带截止频率 $f_s = 12$ kHz，阻带最小衰减 $\alpha_s = 25$ dB。求出滤波器归一化系统函数 $G(p)$以及实际滤波器的 $H_a(s)$。

解：(1) 求阶数 N。

$$N = \frac{\lg k_{sp}}{\lg \lambda_{sp}}$$

$$k_{sp} = \sqrt{\frac{10^{0.1\alpha_s} - 1}{10^{0.1\alpha_p} - 1}} = \sqrt{\frac{10^{2.5} - 1}{10^{0.3} - 1}} \approx 17.794$$

$$\lambda_{sp} = \frac{\Omega_s}{\Omega_p} = \frac{2\pi\times 12\times 10^3}{2\pi\times 6\times 10^3} = 2$$

将 k_{sp}和 λ_{sp}值代入 N 的计算公式，得

$$N = \frac{\lg 17.794}{\lg 2} = 4.15$$

所以取 $N=5$(实际应用中，根据具体要求，也可能取 $N=4$，指标稍微差一点，但阶数低一阶，使系统实现电路得到简化)。

(2) 求归一化系统函数 $G(p)$。由阶数 $N=5$ 直接查教材第 184 页表 6.2.1，得到五阶巴特沃斯归一化低通滤波器系统函数 $G(p)$为

$$G(p) = \frac{1}{p^5 + 3.2361p^4 + 5.2361p^3 + 5.2361p^2 + 3.2361p + 1}$$

或

$$G(p) = \frac{1}{(p^2 + 0.618p + 1)(p^2 + 1.618p + 1)(p + 1)}$$

当然，也可以先按教材(6.2.13)式计算出极点：

$$p_k = e^{j\pi\left(\frac{1}{2}+\frac{2k+1}{2N}\right)} \qquad k = 0, 1, 2, 3, 4$$

再由教材(6.2.12)式写出 $G(p)$表达式为

$$G(p)=\frac{1}{\prod_{k=0}^{4}(p-p_k)}$$

最后代入 p_k 值并进行分母展开，便可得到与查表相同的结果。

(3) 去归一化(即 LP-LP 频率变换)，由归一化系统函数 $G(p)$ 得到实际滤波器系统函数 $H_a(s)$。

由于本题中 $\alpha_p=3$ dB，即 $\Omega_c=\Omega_p=2\pi\times6\times10^3$ rad/s，因此

$$H_a(s)=H_a(p)\big|_{p=\frac{s}{\Omega_c}}$$

$$=\frac{\Omega_c^5}{s^5+3.2361\Omega_c s^4+5.2361\Omega_c^2 s^3+5.2361\Omega_c^3 s^2+3.2361\Omega_c^4 s+\Omega_c^5}$$

对分母因式形式，则有

$$H_a(s)=H_a(p)\big|_{p=\frac{s}{\Omega_c}}$$

$$=\frac{\Omega_c^5}{(s^2+0.6180\Omega_c s-\Omega_c^2)(s^2+1.6180\Omega_c s-\Omega_c^2)(s+\Omega_c)}$$

如上结果中，Ω_c 的值未代入相乘，这样使读者能清楚地看到去归一化后，3 dB 截止频率对归一化系统函数的改变作用。

2. 设计一个切比雪夫低通滤波器，要求通带截止频率 $f_p=3$ kHz，通带最大衰减 $\alpha_p=0.2$ dB，阻带截止频率 $f_s=12$ kHz，阻带最小衰减 $\alpha_s=50$ dB。求出滤波器归一化系统函数 $G(p)$ 和实际的 $H_a(s)$。

解：(1) 确定滤波器技术指标。

$$\alpha_p=0.2\text{ dB},\qquad \Omega_p=2\pi f_p=6\pi\times10^3\text{ rad/s}$$

$$\alpha_s=50\text{ dB},\qquad \Omega_s=2\pi f_s=24\pi\times10^3\text{ rad/s}$$

$$\lambda_p=1,\qquad \lambda_s=\frac{\Omega_s}{\Omega_p}=4$$

(2) 求阶数 N 和 ε。

$$N=\frac{\text{arch}k^{-1}}{\text{arch}\lambda_s}$$

$$k^{-1}=\sqrt{\frac{10^{0.1\alpha_s}-1}{10^{0.1\alpha_p}-1}}\approx1456.65$$

$$N=\frac{\text{arch}1456.65}{\text{arch}4}=3.8659$$

为了满足指标要求，取 $N=4$。

$$\varepsilon=\sqrt{10^{0.1\alpha_p}-1}=0.2171$$

(3) 求归一化系统函数 $G(p)$。

$$G(p)=\frac{1}{\varepsilon\cdot2^{N-1}\prod_{k=1}^{N}(p-p_k)}=\frac{1}{1.7368\prod_{k=1}^{4}(p-p_k)}$$

其中，极点 p_k 由教材(6.2.46)式求出如下：

$$p_k=-\text{ch}\xi\sin\frac{(2k-1)\pi}{2N}+\text{j ch}\xi\cos\frac{(2k-1)\pi}{2N}\qquad k=1,2,3,4$$

$$\xi = \frac{1}{N}\text{arsh}\,\frac{1}{\varepsilon} = \frac{1}{4}\text{arsh}\,\frac{1}{0.2171} \approx 0.5580$$

$$p_1 = -\text{ch}0.5580\,\sin\frac{\pi}{8} + \text{j}\,\text{ch}0.5580\,\cos\frac{\pi}{8} = -0.4438 + \text{j}1.0715$$

$$p_2 = -\text{ch}0.5580\,\sin\frac{3\pi}{8} + \text{j}\,\text{ch}0.5580\,\cos\frac{3\pi}{8} = -1.0715 + \text{j}0.4438$$

$$p_3 = -\text{ch}0.5580\,\sin\frac{5\pi}{8} + \text{j}\,\text{ch}0.5580\,\cos\frac{5\pi}{8} = -1.0715 - \text{j}0.4438$$

$$p_4 = -\text{ch}0.5580\,\sin\frac{7\pi}{8} + \text{j}\,\text{ch}0.5580\,\cos\frac{7\pi}{8} = -0.4438 - \text{j}1.0715$$

(4) 将 $G(p)$ 去归一化，求得实际滤波器系统函数 $H_a(s)$：

$$H_a(s) = G(p)\,\Big|_{p=\frac{s}{\Omega_p}}$$

$$= \frac{\Omega_p^4}{1.7368\prod_{k=1}^{4}(s-\Omega_p p_k)} = \frac{\Omega_p^4}{1.7368\prod_{k=1}^{4}(s-s_k)}$$

其中，$s_k=\Omega_p p_k=6\pi\times10^3 p_k$，$k=1,2,3,4$。因为 $p_4=p_1^*$，$p_3=p_2^*$，所以，$s_4=s_1^*$，$s_3=s_2^*$。将两对共轭极点对应的因子相乘，得到分母为二阶因子的形式，其系数全为实数。

$$H_a(s) = \frac{7.2687\times10^{16}}{(s^2-2\text{Re}[s_1]s+|s_1|^2)(s^2-2\text{Re}[s_2]s+|s_2|^2)}$$

$$= \frac{7.2687\times10^{16}}{(s^2+1.6731\times10^4 s+4.7791\times10^8)(s^2+4.0394\times10^4 s+4.7790\times10^8)}$$

也可得到分母多项式形式，请读者自己计算。

3. 设计一个巴特沃斯高通滤波器，要求其通带截止频率 $f_p=20$ kHz，阻带截止频率 $f_s=10$ kHz，f_p 处最大衰减为 3 dB，阻带最小衰减 $\alpha_s=15$ dB。求出该高通滤波器的系统函数 $H_a(s)$。

解：(1) 确定高通滤波器技术指标要求：

$$f_p = 20\text{ kHz},\quad \alpha_p = 3\text{ dB}$$
$$f_s = 10\text{ kHz},\quad \alpha_s = 15\text{ dB}$$

(2) 求相应的归一化低通滤波器技术指标要求：套用图 5.1.5 中高通到低通频率转换公式②，$\lambda_p=1$，$\lambda_s=\Omega_p/\Omega_s$，得到

$$\lambda_p = 1,\ \alpha_p = 3\text{ dB}$$

$$\lambda_s = \frac{\Omega_p}{\Omega_s} = 2,\ \alpha_s = 15\text{ dB}$$

(3) 设计相应的归一化低通 $G(p)$。题目要求采用巴特沃斯类型，故

$$k_{sp} = \sqrt{\frac{10^{0.1\alpha_p}-1}{10^{0.1\alpha_s}-1}} = 0.18$$

$$\lambda_{sp} = \frac{\lambda_s}{\lambda_p} = 2$$

$$N = -\frac{\lg k_{sp}}{\lg\lambda_{sp}} = -\frac{\lg 0.18}{\lg 2} = 2.47$$

所以，取 $N=3$，查教材中表 6.2.1，得到三阶巴特沃斯归一化低通 $G(p)$ 为

$$G(p)=\frac{1}{p^3+2p^2+2p+1}$$

(4) 频率变换。将 $G(p)$变换成实际高通滤波器系统函数 $H(s)$：

$$H(s)=G(p)\mid_{p=\frac{\Omega_c}{s}}=\frac{s^3}{s^3+2\Omega_c s^2+2\Omega_c^2 s+\Omega_c^3}$$

式中

$$\Omega_c=2\pi f_c=2\pi\times 20\times 10^3=4\pi\times 10^4\ \text{rad/s}$$

4. 已知模拟滤波器的系统函数 $H_a(s)$如下：

(1) $H_a(s)=\dfrac{s+a}{(s+a)^2+b^2}$

(2) $H_a(s)=\dfrac{b}{(s+a)^2+b^2}$

式中 a、b 为常数，设 $H_a(s)$因果稳定，试采用脉冲响应不变法将其转换成数字滤波器 $H(z)$。

解：该题所给 $H_a(s)$正是模拟滤波器二阶基本节的两种典型形式。所以，求解该题具有代表性，解该题的过程，就是导出这两种典型形式 $H_a(s)$的脉冲响应不变法转换公式。设采样周期为 T。

(1) $H_a(s)=\dfrac{s+a}{(s+a)^2+b^2}$

$H_a(s)$的极点为

$$s_1=-a+\mathrm{j}b,\qquad s_2=-a-\mathrm{j}b$$

将 $H_a(s)$部分分式展开(用待定系数法)：

$$\begin{aligned}H_a(s)&=\frac{s+a}{(s+a)^2+b^2}=\frac{A_1}{s-s_1}+\frac{A_2}{s-s_2}\\&=\frac{A_1(s-s_2)+A_2(s-s_1)}{(s+a)^2+b^2}\\&=\frac{(A_1+A_2)s-A_1s_2-A_2s_1}{(s+a)^2+b^2}\end{aligned}$$

比较分子各项系数可知，A_1、A_2 应满足方程：

$$\begin{cases}A_1+A_2=1\\-A_1s_2-A_2s_1=a\end{cases}$$

解之得，$A_1=1/2$，$A_2=1/2$，所以

$$H_a(s)=\frac{1/2}{s-(-a+\mathrm{j}b)}+\frac{1/2}{s-(-a-\mathrm{j}b)}$$

套用教材(6.3.4)式，得到

$$H(z)=\sum_{k=1}^{2}\frac{A_k}{1-\mathrm{e}^{s_kT}z^{-1}}=\frac{\frac{1}{2}}{1-\mathrm{e}^{(-a+\mathrm{j}b)T}z^{-1}}+\frac{\frac{1}{2}}{1-\mathrm{e}^{(-a-\mathrm{j}b)T}z^{-1}}$$

按照题目要求，上面的 $H(z)$表达式就可作为该题的答案。但在工程实际中，一般用无复数乘法器的二阶基本节结构来实现。由于两个极点共轭对称，所以将 $H(z)$的两项通分并化简整理，可得

$$H(z)=\frac{1-z^{-1}\mathrm{e}^{-aT}\cos(bT)}{1-2\mathrm{e}^{-aT}\cos(bT)z^{-1}+\mathrm{e}^{-2aT}z^{-2}}$$

这样，如果遇到将

$$H_{\mathrm{a}}(s)=\frac{s+a}{(s+a)^2+b^2}$$

用脉冲响应不变法转换成数字滤波器时，直接套用上面的公式即可，且对应结构图中无复数乘法器，便于工程实际中实现。

(2) $$H_{\mathrm{a}}(s)=\frac{b}{(s+a)^2+b^2}$$

$H_{\mathrm{a}}(s)$的极点为

$$s_1=-a+\mathrm{j}b,\qquad s_2=-a-\mathrm{j}b$$

将 $H_{\mathrm{a}}(s)$部分分式展开：

$$H_{\mathrm{a}}(s)=\frac{\frac{\mathrm{j}}{2}}{s-(-a-\mathrm{j}b)}+\frac{-\frac{\mathrm{j}}{2}}{s-(-a+\mathrm{j}b)}$$

套用教材(6.3.4)式，得到

$$H(z)=-\frac{\frac{\mathrm{j}}{2}}{1-\mathrm{e}^{(-a-\mathrm{j}b)T}z^{-1}}+\frac{\frac{-\mathrm{j}}{2}}{1-\mathrm{e}^{(-a+\mathrm{j}b)T}z^{-1}}$$

通分并化简整理，得到

$$H(z)=\frac{z^{-1}\mathrm{e}^{-aT}\sin(bT)}{1-2\mathrm{e}^{-aT}\cos(bT)z^{-1}+\mathrm{e}^{-2aT}z^{-2}}$$

5. 已知模拟滤波器的系统函数如下：

(1) $H_{\mathrm{a}}(s)=\dfrac{1}{s^2+s+1}$

(2) $H_{\mathrm{a}}(s)=\dfrac{b}{2s^2+3s+1}$

试采用脉冲响应不变法和双线性变换法将其转换为数字滤波器。设 $T=2$ s。

解：Ⅰ. 用脉冲响应不变法

(1) $$H_{\mathrm{s}}(s)=\frac{1}{s^2+s+1}$$

方法一　直接按脉冲响应不变法设计公式，$H_{\mathrm{a}}(s)$的极点为

$$s_1=-\frac{1}{2}+\mathrm{j}\frac{\sqrt{3}}{2},\ s_2=-\frac{1}{2}-\mathrm{j}\frac{\sqrt{3}}{2}$$

$$H_{\mathrm{a}}(s)=\frac{-\mathrm{j}\frac{\sqrt{3}}{3}}{s-\left(-\frac{1}{2}+\mathrm{j}\frac{\sqrt{3}}{2}\right)}+\frac{\mathrm{j}\frac{\sqrt{3}}{3}}{s-\left(-\frac{1}{2}-\mathrm{j}\frac{\sqrt{3}}{2}\right)}$$

$$H(z)=\frac{-\mathrm{j}\frac{\sqrt{3}}{3}}{1-\mathrm{e}^{\left(-\frac{1}{2}+\mathrm{j}\frac{\sqrt{3}}{2}\right)T}z^{-1}}+\frac{\mathrm{j}\frac{\sqrt{3}}{3}}{1-\mathrm{e}^{\left(-\frac{1}{2}-\mathrm{j}\frac{\sqrt{3}}{2}\right)T}z^{-1}}$$

将 $T=2$ 代入上式，得

$$H(z)=\frac{-\mathrm{j}\,\dfrac{\sqrt{3}}{3}}{1-\mathrm{e}^{-1+\mathrm{j}\sqrt{3}}z^{-1}}+\frac{\mathrm{j}\,\dfrac{\sqrt{3}}{3}}{1-\mathrm{e}^{-1-\mathrm{j}\sqrt{3}}z^{-1}}$$

$$=\frac{2\sqrt{3}}{3}\cdot\frac{z^{-1}\mathrm{e}^{-1}\sin\sqrt{3}}{1-2z^{-1}\mathrm{e}^{-1}\cos\sqrt{3}+\mathrm{e}^{-2}z^{-2}}$$

方法二 直接套用4题(2)所得公式。为了套用公式，先对 $H_a(s)$ 的分母配方，将 $H_a(s)$ 化成4题中的标准形式：

$$H_a(s)=\frac{b}{(s+a)^2+b^2}\cdot c\qquad c\text{ 为一常数}$$

由于

$$s^2+s+1=\left(s+\frac{1}{2}\right)^2+\frac{3}{4}=\left(s+\frac{1}{2}\right)^2+\left(\frac{\sqrt{3}}{2}\right)^2$$

所以

$$H_a(s)=\frac{1}{s^2+s+1}=\frac{\dfrac{\sqrt{3}}{2}}{\left(s+\dfrac{1}{2}\right)^2+\left(\dfrac{\sqrt{3}}{2}\right)^2}\cdot\frac{2\sqrt{3}}{3}$$

对比可知，$a=\dfrac{1}{2}$，$b=\dfrac{\sqrt{3}}{2}$，套用公式，得

$$H(z)=\frac{2\sqrt{3}}{3}\cdot\frac{z^{-1}\mathrm{e}^{-aT}\sin(bT)}{1-2z^{-1}\mathrm{e}^{-aT}\cos(bT)+z^{-2}\mathrm{e}^{-2aT}}\bigg|_{T=2}$$

$$=\frac{2\sqrt{3}}{3}\cdot\frac{z^{-1}\mathrm{e}^{-1}\sin\sqrt{3}}{1-2z^{-1}\mathrm{e}^{-1}\cos\sqrt{3}+z^{-2}\mathrm{e}^{-2}}$$

(2)

$$H_a(s)=\frac{1}{2s^2+3s+1}=\frac{1}{s+\dfrac{1}{2}}+\frac{-1}{s+1}$$

$$H(z)=\frac{1}{1-\mathrm{e}^{-\frac{1}{2}T}z^{-1}}+\frac{-1}{1-\mathrm{e}^{-T}z^{-1}}\bigg|_{T=2}$$

$$=\frac{1}{1-\mathrm{e}^{-1}z^{-1}}-\frac{1}{1-\mathrm{e}^{-2}z^{-1}}$$

或通分合并两项得

$$H(z)=\frac{(\mathrm{e}^{-1}-\mathrm{e}^{-2})z^{-1}}{1-(\mathrm{e}^{-1}+\mathrm{e}^{-2})z^{-1}+\mathrm{e}^{-3}z^{-2}}$$

Ⅱ. 用双线性变换法

(1)

$$H(z)=H_a(s)\,|_{s=\frac{2}{T}\frac{1-z^{-1}}{1+z^{-1}},\,T=2}=\frac{1}{\left(\dfrac{1-z^{-1}}{1+z^{-1}}\right)^2+\dfrac{1-z^{-1}}{1+z^{-1}}+1}$$

$$=\frac{(1+z^{-1})^2}{(1-z^{-1})^2+(1-z^{-1})(1+z^{-1})+(1+z^{-1})^2}=\frac{1+2z^{-1}+z^{-2}}{3+z^{-2}}$$

(2)

$$H(z) = H_a(s)\big|_{s=\frac{1-z^{-1}}{1+z^{-1}}} = \frac{1}{2\left(\frac{1-z^{-1}}{1+z^{-1}}\right)^2 + 3\,\frac{1-z^{-1}}{1+z^{-1}} + 1}$$

$$= \frac{(1+z^{-1})^2}{2(1-z^{-1})^2 + 3(1-z^{-2}) + (1+z^{-1})^2} = \frac{1+2z^{-1}+z^{-2}}{6-2z^{-1}}$$

6. 设 $h_a(t)$表示一模拟滤波器的单位冲激响应，即

$$h_a(t) = \begin{cases} e^{-0.9t} & t \geqslant 0 \\ 0 & t < 0 \end{cases}$$

用脉冲响应不变法，将此模拟滤波器转换成数字滤波器(用 $h(n)$表示单位脉冲响应，即 $h(n)=h_a(nT)$)。确定系统函数 $H(z)$，并把 T 作为参数，证明：T 为任何值时，数字滤波器是稳定的，并说明数字滤波器近似为低通滤波器还是高通滤波器。

解：模拟滤波器系统函数为

$$H_a(s) = \int_0^{\infty} e^{-0.9t} e^{-st}\,dt = \frac{1}{s+0.9}$$

$H_a(s)$的极点 $s_1=-0.9$，故数字滤波器的系统函数应为

$$H(z) = \frac{1}{1-e^{s_1 T} z^{-1}} = \frac{1}{1-e^{-0.9T} z^{-1}}$$

$H(z)$的极点为

$$z_1 = e^{-0.9T}, \qquad |z_1| = e^{-0.9T}$$

所以，$T>0$ 时，$|z_1|<1$，$H(z)$满足因果稳定条件。对 $T=1$ 和 $T=0.5$，画出$|H(e^{j\omega})|$曲线如题 6 解图实线和虚线所示。

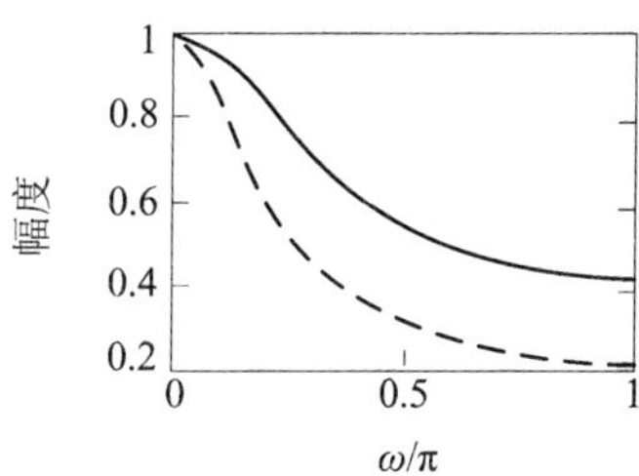

题 6 解图

由图可见，该数字滤波器近似为低通滤波器。且 T 越小，滤波器频率混叠越小，滤波特性越好(即选择性越好)。反之，T 越大，极点 $z_1=e^{s_1 T}=e^{-0.9T}$离单位圆越远，选择性越差，而且频率混叠越严重，$\omega=\pi$ 附近衰减越小，使数字滤波器频响特性不能模拟原模拟滤波器的频响特性。

7. 假设某模拟滤波器 $H_a(s)$是一个低通滤波器，又知 $H(z)=H_a(s)\big|_{s=\frac{z+1}{z-1}}$，数字滤波器 $H(z)$的通带中心位于下面哪种情况？并说明原因。

(1) $\omega=0$(低通)。

(2) $\omega=\pi$(高通)。

(3) 除 0 或 π 以外的某一频率(带通)。

解：方法一 按题意可写出

$$H(z)=H_a(s)\big|_{s=\frac{z+1}{z-1}}$$

故

$$s=\mathrm{j}\Omega=\frac{z+1}{z-1}\bigg|_{z=\mathrm{e}^{\mathrm{j}\omega}}=\frac{\mathrm{e}^{\mathrm{j}\omega}+1}{\mathrm{e}^{\mathrm{j}\omega}-1}=\mathrm{j}\,\frac{\cos\frac{\omega}{2}}{\sin\frac{\omega}{2}}=\mathrm{j}\cot\frac{\omega}{2}$$

即

$$|\Omega|=\left|\cot\frac{\omega}{2}\right|$$

原模拟低通滤波器以 $\Omega=0$ 为通带中心，由上式可知，$\Omega=0$ 时，对应于 $\omega=\pi$，故答案为(2)。

方法二 找出对应于 $\Omega=0$ 的数字频率 ω 的对应值即可。

令 $z=1$，对应于 $\mathrm{e}^{\mathrm{j}\omega}=1$，应有 $\omega=0$，则 $H(1)=H_a(s)\big|_{s=\frac{1+1}{1-1}}=H_a(\infty)$对应的不是模拟低通中心频率，所以，答案(1)即 $\omega=0$(低通)不对。

令 $z=-1$，对应于 $\mathrm{e}^{\mathrm{j}\omega}=-1$，应有 $\omega=\pi$，则 $H(-1)=H_a(s)\big|_{s=\frac{-1+1}{-1-1}}=H_a(0)$，即将 $\Omega=0$ 映射到 $\omega=\pi$ 处，所以答案为(2)。

方法三 直接根据双线性变换法设计公式及模拟滤波器由低通到高通频率变换公式求解。

双线性变换设计公式为

$$H(z)=H_a(s)\big|_{s=\frac{2}{T}\frac{1-z^{-1}}{1+z^{-1}}=\frac{1}{T}\frac{z-1}{z+1}}$$

当 $T=2$ 时，$H(z)=H_a\left(\frac{z-1}{z+1}\right)$，这时，如果 $H_a(s)$为低通，则 $H(z)$亦为低通。

如果将 $H_a(s)$变换为高通滤波器：

$$H_{ah}(s)=H_a\left(\frac{1}{s}\right)$$

则可将 $H_{ah}(s)$用双线性变换法变成数字高通：

$$H_h(z)=H_{ah}(s)\big|_{s=\frac{z-1}{z+1}}=H_a\left(\frac{1}{s}\right)\bigg|_{s=\frac{z-1}{z+1}}=H_a\left(\frac{z+1}{z-1}\right)$$

这正是题中所给变换关系，所以数字滤波器 $H_a\left(\frac{z+1}{z-1}\right)$通带中心位于 $\omega=\pi$，故答案(2)正确。

8. 题 8 图是由 RC 组成的模拟滤波器，写出其系统函数 $H_a(s)$，并选用一种合适的转换方法，将 $H_a(s)$转换成数字滤波器 $H(z)$，最后画出网络结构图。

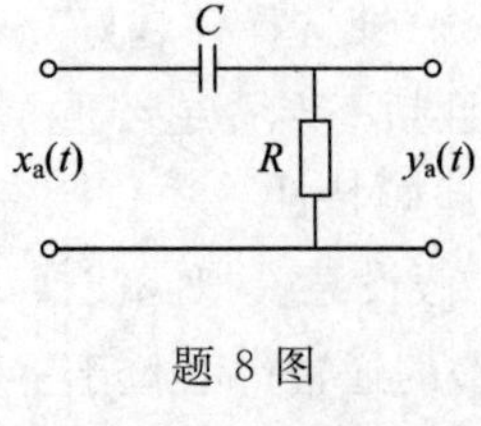

题 8 图

解： 模拟 RC 滤波网络的频率响应函数为

$$H_a(\mathrm{j}\Omega)=\frac{R}{R+\frac{1}{\mathrm{j}\Omega C}}=\frac{\mathrm{j}\Omega}{\mathrm{j}\Omega+\frac{1}{RC}}$$

显然，$H_a(\mathrm{j}\Omega)$具有高通特性，用脉冲响应不变法必然会产生严重的频率混叠失真。所以应选用双线性变换法。将 $H_a(\mathrm{j}\Omega)$中的 $\mathrm{j}\Omega$ 用 s 代替，可得到 RC 滤波网络的系统函数：

$$H_a(s)=\frac{s}{s+\dfrac{1}{RC}}$$

用双线性变换法设计公式，可得

$$H(z)=H_a(s)\big|_{s=\frac{2}{T}\frac{1-z^{-1}}{1+z^{-1}}}=\frac{\dfrac{2}{T}\dfrac{1-z^{-1}}{1+z^{-1}}}{\dfrac{2}{T}\dfrac{1-z^{-1}}{1+z^{-1}}+\dfrac{1}{RC}}$$

$$=\frac{1}{a+1}\frac{1-z^{-1}}{z+\dfrac{a-1}{a+1}z^{-1}}\qquad a=\frac{T}{2RC}$$

$H(z)$的结构图如题 8 解图所示。

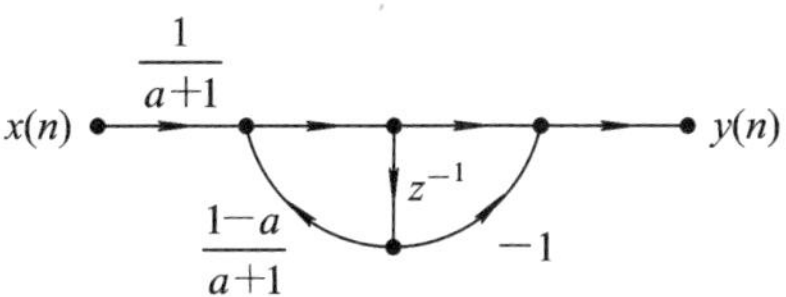

题 8 解图

由图可见，在模拟域由一个 R 和一个 C 组成的 RC 滤波网络，用双线性变换法转换成数字滤波器后，用两个乘法器、两个加法器和一个单位延迟器实现其数字滤波功能。也可用软件实现该数字滤波功能。由滤波器差分方程编写程序较容易。为此，由 $H(z)$求出差分方程。

$$Y(z)=H(z)X(z)=\frac{1}{a+1}\frac{1-z^{-1}}{1+\dfrac{a-1}{a+1}z^{-1}}X(z)$$

$$Y(z)\left(1+\frac{a-1}{a+1}z^{-1}\right)=\frac{1}{a+1}(1-z^{-1})X(z)$$

$$y(n)+\frac{a-1}{a+1}y(n-1)=\frac{1}{a+1}[x(n)-x(n-1)]$$

$$y(n)=\frac{1}{a+1}[x(n)-x(n-1)-(a-1)y(n-1)]$$

编程序实现差分方程中的计算，即可实现对输入信号序列 $x(n)$的高通滤波。

9. 设计低通数字滤波器，要求通带内频率低于 0.2π rad 时，容许幅度误差在 1 dB 之内；频率在 0.3π 到 π 之间的阻带衰减大于 10 dB。试采用巴特沃斯型模拟滤波器进行设计，用脉冲响应不变法进行转换，采样间隔 $T=1$ ms。

解：本题要求用巴特沃斯型模拟滤波器设计，所以，由巴特沃斯滤波器的单调下降特性，数字滤波器指标描述如下：

$$\omega_p=0.2\,\pi\ \text{rad},\ \alpha_p=1\ \text{dB}$$
$$\omega_s=0.3\,\pi\ \text{rad},\ \alpha_s=10\ \text{dB}$$

采用脉冲响应不变法转换，所以，相应的模拟低通巴特沃斯滤波器指标为

$$\Omega_p=\frac{\omega_p}{T}=0.2\pi\times1000=200\,\pi\ \text{rad/s},\ \alpha_p=1\ \text{dB}$$

$$\Omega_s = \frac{\omega_s}{T} = 0.3\pi \times 1000 = 300\ \pi\ \text{rad/s},\ \alpha_s = 10\ \text{dB}$$

(1) 求滤波器阶数 N 及归一化系统函数 $G(p)$:

$$N = -\frac{\lg k_{sp}}{\lg \lambda_{sp}}$$

$$k_{sp} = \sqrt{\frac{10^{0.1\alpha_p} - 1}{10^{0.1\alpha_s} - 1}} = \sqrt{\frac{10^{0.1} - 1}{10 - 1}} = 0.1696$$

$$\lambda_{sp} = \frac{\Omega_s}{\Omega_p} = \frac{300\pi}{200\pi} = 1.5$$

$$N = -\frac{\lg 0.1696}{\lg 1.5} = 4.376$$

取 $N=5$。查教材 6.1 节的表 6.2.1(第 184 页),可知模拟滤波器系统函数的归一化低通原型为

$$G(p) = \frac{1}{\prod_{k=0}^{4}(p - p_k)}$$

$$p_0 = -0.3090 + \text{j}0.9511 = p_4^*$$

$$p_1 = -0.8090 + \text{j}0.5818 = p_3^*$$

$$p_2 = -1$$

将 $G(p)$ 部分分式展开:

$$H_a(p) = \sum_{k=0}^{4} \frac{A_k}{p - p_k}$$

其中,系数为

$$A_0 = -0.1382 + \text{j}0.4253,\ A_1 = -0.8091 - \text{j}1.1135,\ A_2 = 1.8947$$

$$A_3 = -0.8091 + \text{j}1.1135,\ A_4 = -0.1382 - \text{j}0.4253$$

(2) 去归一化求得相应的模拟滤波器系统函数 $H_a(s)$。

我们希望阻带指标刚好,让通带指标留有富裕量,所以按教材(6.2.20)式求 3 dB 截止频率 Ω_c 为

$$\Omega_c = \Omega_s(10^{0.1\alpha_s} - 1)^{-\frac{1}{2N}} = 300\pi(10 - 1)^{-\frac{1}{10}} = 756.566\ \text{rad/s}$$

$$H_a(s) = G(p)\big|_{p=\frac{s}{\Omega_c}} = \sum_{k=0}^{4} \frac{\Omega_c A_k}{s - \Omega_c p_k} = \sum_{k=0}^{4} \frac{B_k}{s - s_k}$$

其中,$B_k = \Omega_c A_k$,$s_k = \Omega_c p_k$。

(3) 用脉冲响应不变法将 $H_a(s)$ 转换成数字滤波器的系统函数 $H(z)$:

$$H(z) = \sum_{k=0}^{4} \frac{B_k}{1 - e^{s_k T} z^{-1}} \qquad T = 1\ \text{ms} = 10^{-3}\ \text{s}$$

$$= \sum_{k=0}^{4} \frac{B_k}{1 - e^{10^{-3} s_k} z^{-1}}$$

我们知道,脉冲响应不变法的主要缺点是存在的频率混叠失真,使设计的滤波器阻带指标变差。另外,由该题的设计过程可见。当 N 较大时,部分分式展开求解系数 A_k 或 B_k 相当困难,所以实际工作中用得很少,主要采用双线性变换法设计,见第 10 题。

10. 要求同题 9，试采用双线性变换法设计数字低通滤波器。

解：已知条件如下：

数字滤波器指标：

$$\omega_p = 0.2\pi\ \text{rad},\qquad \alpha_p = 1\ \text{dB}$$
$$\omega_s = 0.3\pi\ \text{rad},\qquad \alpha_s = 10\ \text{dB}$$

采用双线性变换法，所以要进行预畸变校正，确定相应的模拟滤波器指标(为了计算方便，取 $T=1$ s)：

$$\Omega_p = \frac{2}{T}\tan\frac{\omega_p}{2} = 2\tan 0.1\pi = 0.6498394\ \text{rad/s},\quad \alpha_p = 1\ \text{dB}$$

$$\Omega_s = \frac{2}{T}\tan\frac{\omega_s}{2} = 2\tan 0.15\pi = 1.0190509\ \text{rad/s},\quad \alpha_s = 10\ \text{dB}$$

(1) 求相应模拟滤波器阶数 N：

$$N = -\frac{\lg k_{sp}}{\lg\lambda_{sp}}$$

其中，k_{sp}与题 9 相同(因为 α_p、α_s 相同)，即

$$k_{sp} = 0.1696$$
$$\lambda_{sp} = \frac{\Omega_s}{\Omega_p} = \frac{1.0190509}{0.6498394} = 1.5682$$
$$N = -\frac{\lg 0.1692}{\lg 1.5682} = 3.9435,\ \text{取}\ N = 4$$

(2) 查教材表 6.2.1，得

$$G(p) = \frac{1}{s^4 + 2.6131s^3 + 3.4142s^2 + 2.6131s + 1}$$

(3) 去归一化，求出 $H_a(s)$：

$$\Omega_c = \Omega_p(10^{0.1\alpha_p} - 1)^{-\frac{1}{2N}} = 0.6498394(10^{0.1} - 1)^{-\frac{1}{8}} = 0.7743\ \text{rad/s}$$

$$H_a(s) = G(p)\big|_{p=\frac{s}{\Omega_c}} = \frac{\Omega_c^4}{s^4 + 2.6131\Omega_c s^3 + 3.4142\Omega_c^2 s^2 + 2.6131\Omega_c^3 s + \Omega_c^4}$$
$$= \frac{0.3595}{s^4 + 2.0234s^3 + 2.0470s^2 + 1.2131s + 0.3995}$$

(4) 用双线性变换法将 $H_a(s)$转换成 $H(z)$：

$$\begin{aligned} H(z) &= H_a(s)\big|_{s=\frac{2}{T}\frac{1-z^{-1}}{1+z^{-1}}} \\ &= \Omega_c^4(1+z^{-1})^4[16(1-z^{-1})^4 + 2.6131\Omega_c(1+z^{-1})(1-z^{-1})^3 \\ &\quad \cdot 8 + 3.4142\Omega_c^2 \times 2^2(1+z^{-1})^2(1-z^{-1})^4 + 2.6131\Omega_c^3 \times 2 \\ &\quad \cdot (1+z^{-1})^3(1-z^{-1}) + (1+z^{-1})^4\Omega_c^4]^{-1} \end{aligned}$$

请读者按 $T=1$ ms 进行设计，比较设计结果。

11. 设计一个数字高通滤波器，要求通带截止频率 $\omega_p=0.8\pi$ rad，通带衰减不大于 3 dB，阻带截止频率 $\omega_s=0.5\pi$ rad，阻带衰减不小于 18 dB。希望采用巴特沃斯型滤波器。

解：(1) 确定数字高通滤波器技术指标：

$$\omega_p = 0.8\pi\ \text{rad},\ \alpha_p = 3\ \text{dB}$$

$$\omega_s = 0.5\pi \text{ rad},\ \alpha_s = 18 \text{ dB}$$

(2) 确定相应模拟高通滤波器技术指标。由于设计的是高通数字滤波器，所以应选用双线性变换法，因此进行预畸变校正求模拟高通边界频率(假定采样间隔 $T=2$ s)：

$$\Omega_p = \frac{2}{T}\tan\frac{\omega_p}{2} = \tan 0.4\pi = 3.0777 \text{ rad/s}, \qquad \alpha_p = 3 \text{ dB}$$

$$\Omega_s = \frac{2}{T}\tan\frac{\omega_s}{2} = \tan 0.25\pi = 1 \text{ rad/s}, \qquad \alpha_s = 18 \text{ dB}$$

(3) 将高通滤波器指标转换成归一化模拟低通指标。套用图 5.1.5 中高通到低通频率转换公式②，$\lambda_p=1$，$\lambda_s=\Omega_p/\Omega_s$，得到低通归一化边界频率为(本题 $\Omega_p=\Omega_c$)

$$\lambda_p = 1,\ \alpha_p = 3 \text{ dB}$$

$$\lambda_s = \frac{\Omega_p}{\Omega_s} = 3.0777,\ \alpha_s = 18 \text{ dB}$$

(4) 设计归一化低通 $G(p)$：

$$k_{sp} = \sqrt{\frac{10^{0.1\alpha_p}-1}{10^{0.1\alpha_s}-1}} = \sqrt{\frac{10^{0.3}-1}{10^{1.8}-1}} = 0.1266$$

$$\lambda_{sp} = \frac{\lambda_s}{\lambda_p} = 3.0777$$

$$N = -\frac{\lg k_{sp}}{\lg \lambda_{sp}} = 1.84，取\ N = 2$$

查教材表 6.2.1，得归一化低通 $G(p)$为

$$G(p) = \frac{1}{s^2+\sqrt{2}s+1}$$

(5) 频率变换，求模拟高通 $H_a(s)$：

$$H_a(s) = G(p)\big|_{p=\frac{\Omega_c}{s}} = \frac{s^2}{s^2+\sqrt{2}\Omega_c s+\Omega_c^2} = \frac{s^2}{s^2+4.3515s+9.4679}$$

(6) 用双线性变换法将 $H_a(s)$转换成 $H(z)$：

$$H(z) = H_a(s)\big|_{s=\frac{1-z^{-1}}{1+z^{-1}}} = \frac{1-2z^{-1}+z^{-2}}{14.8194+16.9358z^{-1}+14.8194^{-2}}$$

12. 设计一个数字带通滤波器，通带范围为 0.25 π rad 到 0.45π rad，通带内最大衰减为3 dB，0.15 π rad 以下和 0.55 π rad 以上为阻带，阻带内最小衰减为 15 dB。要求采用巴特沃斯型模拟低通滤波器。

解：(1) 确定数字带通滤波器技术指标：

$$\omega_{pl} = 0.25\pi \text{ rad},\ \omega_{pu} = 0.45\pi \text{ rad}$$

$$\omega_{sl} = 0.15\pi \text{ rad},\ \omega_{su} = 0.55\pi \text{ rad}$$

通带内最大衰减 $\alpha_p=3$ dB，阻带内最小衰减 $\alpha_s=15$ dB。

(2) 采用双线性变换法，确定相应模拟滤波器的技术指标。为计算简单，设 $T=2$ s。

$$\Omega_{pu} = \frac{2}{T}\tan\frac{\omega_{pu}}{2} = \tan 0.225\pi = 0.8541 \text{ rad/s}$$

$$\Omega_{pl} = \frac{2}{T}\tan\frac{\omega_{pl}}{2} = \tan 0.125\pi = 0.4142 \text{ rad/s}$$

$$\Omega_{su} = \frac{2}{T}\tan\frac{\omega_{su}}{2} = \tan 0.275\pi = 1.1708 \text{ rad/s}$$

$$\Omega_{sl} = \frac{2}{T}\tan\frac{\omega_{sl}}{2} = \tan 0.075\pi = 0.2401 \text{ rad/s}$$

通带中心频率

$$\Omega_0 = \sqrt{\Omega_{pu}\Omega_{pl}} = 0.5948 \text{ rad/s}$$

通带宽度

$$B_W = \Omega_{pu} - \Omega_{pl} = 0.4399 \text{ rad/s}$$

$$\Omega_{pl}\Omega_{pu} = 0.8541 \times 0.4142 = 0.3538$$

$$\Omega_{sl}\Omega_{su} = 0.2401 \times 1.1708 = 0.2811$$

因为 $\Omega_{pl}\Omega_{pu} > \Omega_{sl}\Omega_{su}$，所以不满足教材(6.2.56)式。按照教材(6.2.57)式，增大 Ω_{sl}，则

$$\hat{\Omega}_{sl} = \frac{\Omega_{pl}\Omega_{pu}}{\Omega_{su}} = \frac{0.3538}{1.1708} = 0.3022$$

采用修正后的 $\hat{\Omega}_{sl}$ 设计巴特沃斯模拟带通滤波器。

(3) 将带通指标转换成归一化低通指标。套用图 5.1.5 中带通到低通频率转换公式③，

$$\lambda_p = 1,\ \lambda_s = \frac{\Omega_0^2 - \Omega_{sl}^2}{\Omega_{sl}B_W}$$

求归一化低通边界频率：

$$\lambda_p = 1,\ \lambda_s = \frac{\Omega_0^2 - \hat{\Omega}_{sl}^2}{\hat{\Omega}_{sl}B_W} = \frac{0.3538 - 0.3022^2}{0.3022 \times 0.4399} = 1.9744$$

$$\alpha_p = 3 \text{ dB},\quad \alpha_s = 15 \text{ dB}$$

(4) 设计模拟归一化低通 $G(p)$：

$$k_{sp} = \sqrt{\frac{10^{0.1\alpha_p} - 1}{10^{0.1\alpha_s} - 1}} = \sqrt{\frac{10^{0.3} - 1}{10^{1.5} - 1}} = 0.1803$$

$$\lambda_{sp} = \frac{\lambda_s}{\lambda_p} = 1.9744$$

$$N = -\frac{\lg k_{sp}}{\lg \lambda_{sp}} = -\frac{\lg 0.1803}{\lg 1.9744} = 2.5183$$

取 $N=3$。

查教材表 6.2.1，得到归一化低通系统函数 $G(p)$：

$$G(p) = \frac{1}{p^3 + 2p^2 + 2p + 1}$$

(5) 频率变换，将 $G(p)$ 转换成模拟带通 $H_a(s)$：

$$H_a(s) = G(p)\Big|_{p=\frac{s^2+\Omega_0^2}{sB_W}}$$

$$= \frac{B_W^3 s^3}{(s^2+\Omega_0^2)^3 + 2(s^2+\Omega_0^2)^2 sB_W + 2(s^2+\Omega_0^2)s^2B_W^2 + s^3B_W^3}$$

$$= \frac{0.085s^3}{s^6 + 0.8798s^5 + 1.4484s^4 + 0.7076s^3 + 0.5124s^2 + 0.1101s + 0.0443}$$

(6) 用双线性变换公式将 $H_a(s)$转换成 $H(z)$:

$$H(z) = H_a(s)\big|_{s=\frac{2}{T}\frac{1-z^{-1}}{1+z^{-1}}}$$

$$= (0.0181 + 1.7764\times10^{-15}z^{-1} - 0.0543z^{-2} - 4.4409z^{-3} + 0.0543z^{-4} - 2.7756\times10^{-15}z^{-5} - 0.0181z^{-6})(1 - 2.272z^{-1} + 3.5151z^{-2} - 3.2685z^{-3} + 2.3129z^{-4} - 0.9628z^{-5} + 0.278z^{-6})^{-1}$$

以上繁杂的设计过程和计算，可以用下面几行程序 ex612.m 实现。程序运行结果如题 12 解图所示。得到的系统函数系数为

B =[0.0234 0 −0.0703 0 0.0703 0 −0.0234]

A= [1.0000 −2.2100 3.2972 −2.9932 2.0758 −0.8495 0.2406]

与手算结果有差别，这一般是由手算过程中可能产生的计算误差造成的。

```
%程序 ex612.m
wp=[0.25, 0.45]; ws=[0.15, 0.55]; Rp=3; As=15;   %设置带通数字滤波器指标参数
[N, wc]=buttord(wp, ws, Rp, As);     %计算带通滤波器阶数 N 和 3 dB 截止频率 Wc
[B, A]=butter(N, wc);     %计算带通滤波器系统函数分子分母多项式系数向量 B 和 A
myplot(B, A);     %调用自编绘图函数 myplot 绘制带通滤波器的损耗函数曲线
```

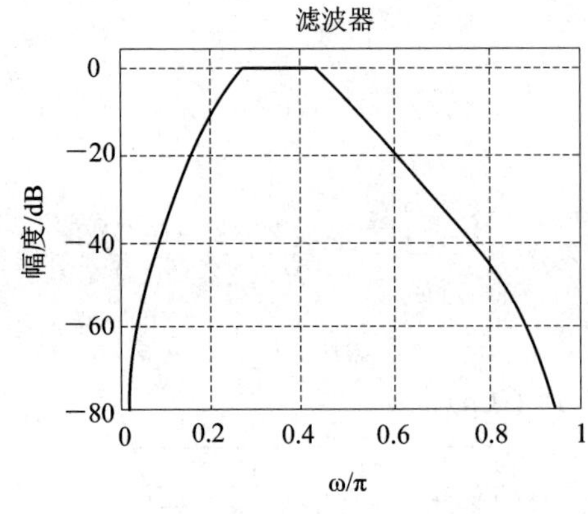

题 12 解图

13*. 设计巴特沃斯数字带通滤波器，要求通带范围为 0.25π rad≤ω≤0.45π rad，通带最大衰减为 3 dB，阻带范围为 0≤ω≤0.15π rad 和 0.55π rad≤ω≤π rad，阻带最小衰减为 40 dB。调用 MATLAB 工具箱函数 buttord 和 butter 设计，并显示数字滤波器系统函数 $H(z)$的系数，绘制数字滤波器的损耗函数和相频特性曲线。这种设计对应于脉冲响应不变法还是双线性变换法?

解: 调用函数 buttord 和 butter 设计巴特沃斯数字带通滤波器程序 ex613.m 如下:

```
%程序 ex613.m
wp=[0.25, 0.45]; ws=[0.15, 0.55];
rp=3; rs=40;
[N, wc]=buttord(wp, ws, rp, rs);
[B, A]=butter(N, wc)
clf;
mpplot(B, A, rs)
```

程序运行结果：

数字滤波器系统函数 H(z)的系数：

B=[0.0001　0　−0.0007　0　0.0022　0　−0.0036　0　0.0035　0　−0.0022　0　0.0007　0　−0.0001]

A =[1.0000　−5.3093　16.2913　−34.7297　56.9399　−74.5122　80.0136　−71.1170　52.6408　−32.2270　16.1696　−6.4618　1.9831　−0.4218　0.0524]

函数 buttord 和 butter 是采用双线性变换法来设计巴特沃斯数字滤波器的。

数字滤波器的损耗函数和相频特性曲线如题 13* 解图所示。

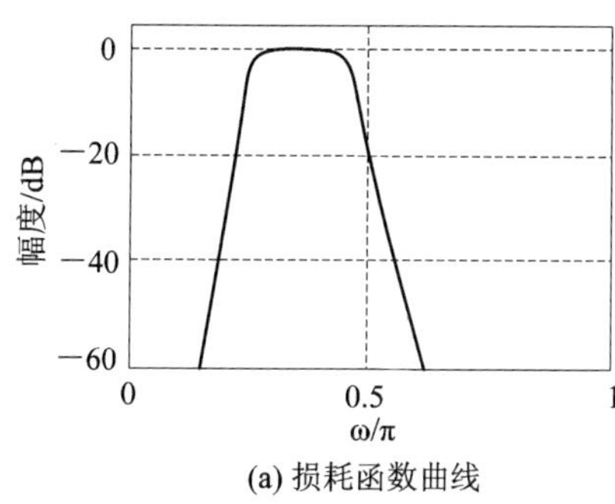

(a) 损耗函数曲线

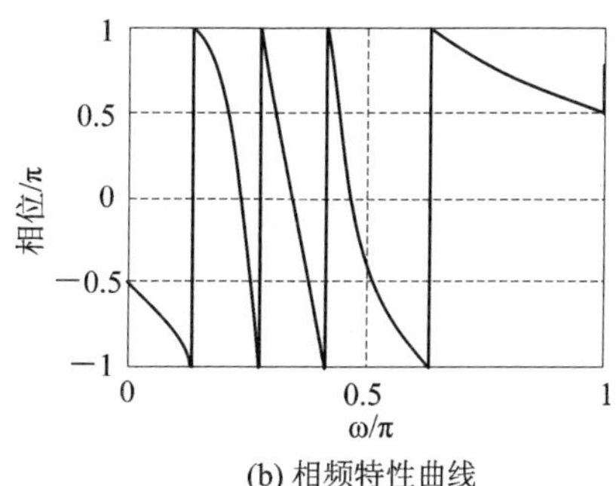

(b) 相频特性曲线

题 13* 解图

14*. 设计一个工作于采样频率 80 kHz 的巴特沃斯低通数字滤波器，要求通带边界频率为 4 kHz，通带最大衰减为 0.5 dB，阻带边界频率为 20 kHz，阻带最小衰减为 45 dB。调用 MATLAB 工具箱函数 buttord 和 butter 设计，并显示数字滤波器系统函数 $H(z)$的系数，绘制损耗函数和相频特性曲线。

解：本题以模拟频率给定滤波器指标，所以，程序中先要计算出对应的数字边界频率，然后调用 MATLAB 工具箱函数 buttord 和 butter 来设计数字滤波器。设计程序为 ex614.m。

```
% 程序 ex614.m
Fs=80000;
T=1/Fs;
wp=2*pi*4000/Fs; ws=2*pi*20000/Fs;
rp=0.5; rs=45;
[N, wc]=buttord(wp/pi, ws/pi, rp, rs);
[B, A]=butter(N, wc);
clf; mpplot(B, A, rs);  %调用本书绘图函数 mpplot 绘图
```

程序运行结果：

阶数 N=4，数字滤波器系统函数 H(z)的系数：

B=[0.0028　0.0111　0.0166　0.0111　0.0028]

A=[1.0000　−2.6103　2.7188　−1.3066　0.2425]

数字滤波器的损耗函数和相频特性曲线如题 14* 解图所示。由图可见，滤波器通带截止频率大于 0.1π(对应的模拟频率分别为 4 kHz)，阻带截止频率为 0.5π(对应的模拟频率分别为 20 kHz)，完全满足设计要求。

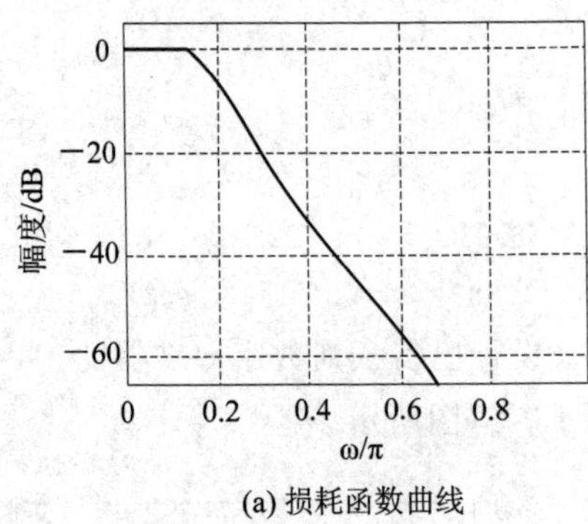

(a) 损耗函数曲线

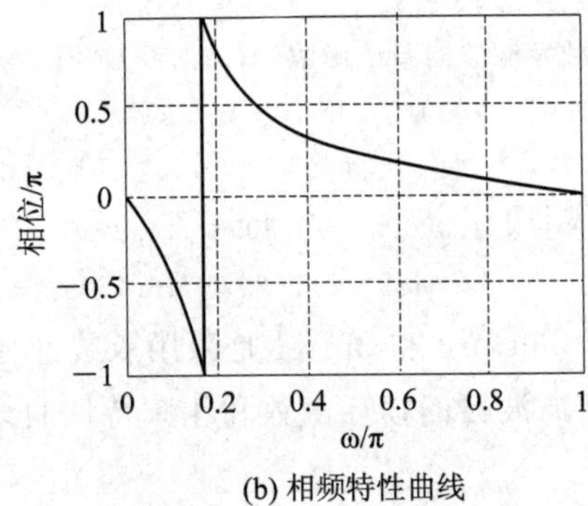

(b) 相频特性曲线

题 14* 解图

15*. 设计一个工作于采样频率 80 kHz 的切比雪夫Ⅰ型低通数字滤波器，滤波器指标要求与题 14* 相同。调用 MATLAB 工具箱函数 cheb1ord 和 cheby1 设计，并显示数字滤波器系统函数 $H(z)$的系数，绘制损耗函数和相频特性曲线。与题 14* 的设计结果比较，简述巴特沃斯滤波器和切比雪夫Ⅰ型滤波器的特点。

解： 本题除了调用的 MATLAB 工具箱函数 cheb1ord 和 cheby1 与题 14* 不同以外，程序与 14* 题完全相同。本题求解程序 ex615.m 如下：

```
% 程序 ex615.m
Fs=80000; T=1/Fs;
wp=2*pi*4000/Fs; ws=2*pi*20000/Fs; rp=0.5; rs=45; %数字滤波器指标
[N, wp]=cheb1ord(wp/pi, ws/pi, rp, rs);
[B, A]=cheby1(N, rp, wp);
clf; mpplot(B, A, rs); %调用本书绘图函数 mpplot 绘图
```

程序运行结果：

阶数 N=3，比题 14* 设计的巴特沃斯滤波器低 1 阶。

数字滤波器系统函数 H(z)的系数：

B=[0.0023　0.0069　0.0069　0.0023]

A=[1.0000　−2.5419　2.2355　−0.6753]

数字滤波器的损耗函数和相频特性曲线如题 15* 解图所示。由图可见，完全满足设计要求。巴特沃斯滤波器和切比雪夫Ⅰ型滤波器的特点见教材第 179 页。

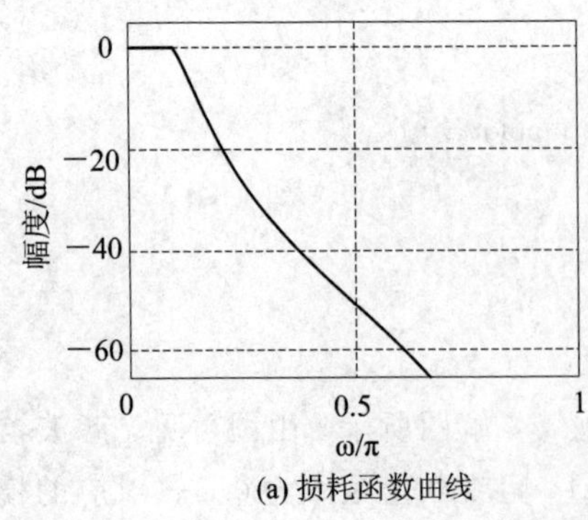

(a) 损耗函数曲线

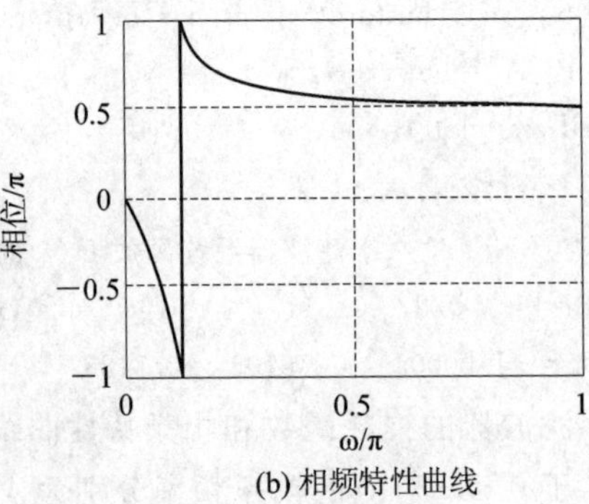

(b) 相频特性曲线

题 15* 解图

16*. 设计一个工作于采样频率 2500 kHz 的椭圆高通数字滤波器，要求通带边界频率为 325 kHz，通带最大衰减为 1 dB，阻带边界频率为 225 kHz，阻带最小衰减为 40 dB。调用 MATLAB 工具箱函数 ellipord 和 ellip 设计，并显示数字滤波器系统函数 $H(z)$的系数，绘制损耗函数和相频特性曲线。

解：本题求解程序 ex616.m 如下：

```
% 程序 ex616.m
Fs=2500000; fp=325000; rp=1; fs=225000; rs=40;      %滤波器指标
wp=2*fp/Fs; ws=2*fs/Fs;                %将边界频率转换为数字频率
[N, wpo]=ellipord(wp, ws, rp, rs);
[B, A]=ellip(N, rp, rs, wpo, 'high');
clf;
mpplot(B, A, rs); %调用本书绘图函数 mpplot 绘图
```

程序运行结果：

```
阶数 N=5，数字滤波器系统函数 H(z)的系数：
B=[0.2784   -1.2102   2.2656   -2.2656   1.2102   -0.2784]
A=[1.0000   -2.1041   2.5264   -1.4351   0.4757   0.0329]
```

数字滤波器的损耗函数和相频特性曲线如题 16* 解图所示。由图可见，完全满足设计要求。

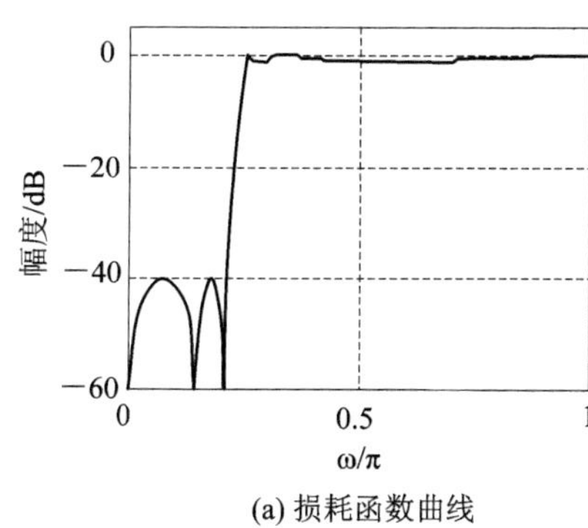

(a) 损耗函数曲线

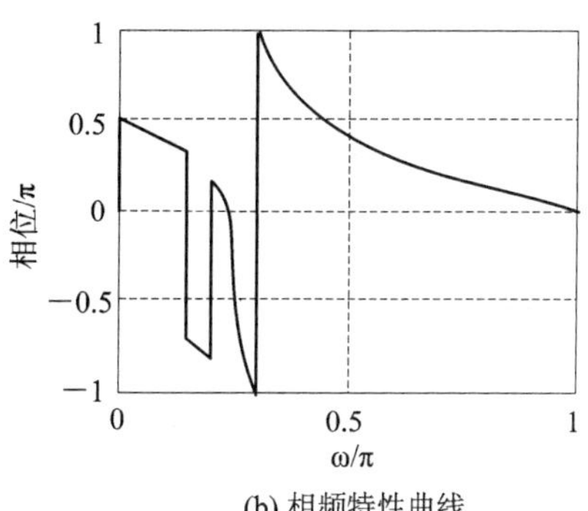

(b) 相频特性曲线

题 16* 解图

17*. 设计一个工作于采样频率 5 MHz 的椭圆带通数字滤波器，要求通带边界频率为 560 kHz 和 780 kHz，通带最大衰减为 0.5 dB，阻带边界频率为 375 kHz 和 1 MHz，阻带最小衰减为 50 dB。调用 MATLAB 工具箱函数 ellipord 和 ellip 设计，并显示数字滤波器系统函数 $H(z)$的系数，绘制损耗函数和相频特性曲线。

解：本题求解程序 ex617.m 如下：

```
% 程序 ex617.m
fpl=560000; fpu=780000; fsl=375000; fsu=1000000; Fs=5000000; %滤波器指标
wp=[2*fpl/Fs, 2*fpu/Fs];
ws=[2*fsl/Fs, 2*fsu/Fs];
rp=0.5; rs=50;      %将边界频率转换为数字频率
```

```
[N, wpo]=ellipord(wp, ws, rp, rs);
[B, A]=ellip(N, rp, rs, wpo);
clf;
mpplot(B, A, rs); %调用本书绘图函数 mpplot 绘图
```

程序运行结果：

阶数 N=4, 2N 阶数字带通滤波器系统函数 H(z)的系数：

B =[0.0043 −0.0184 0.0415 −0.0638 0.0734 −0.0638 0.0415 −0.0184 0.0043]

A =[1.0000 −5.1091 13.4242 −22.3290 25.6190 −20.5716 11.3936 −3.9943 0.7205]

数字滤波器的损耗函数和相频特性曲线如题 17* 解图所示。由图可见，完全满足设计要求。

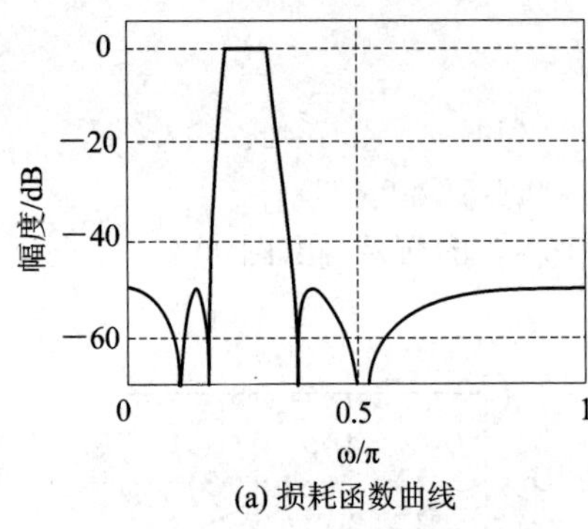

(a) 损耗函数曲线

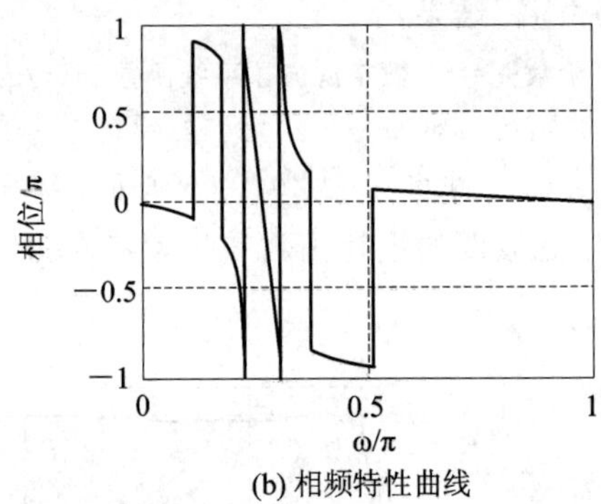

(b) 相频特性曲线

题 17* 解图

18*. 设计一个工作于采样频率 5 kHz 的椭圆带阻数字滤波器，要求通带边界频率为 500 Hz 和 2125 Hz，通带最大衰减为 1 dB，阻带边界频率为 1050 kHz 和 1400 Hz，阻带最小衰减为 40 dB。调用 MATLAB 工具箱函数 ellipord 和 ellip 设计，并显示数字滤波器系统函数 $H(z)$ 的系数，绘制损耗函数和相频特性曲线。

解： 本题求解程序 ex618.m 如下：

```
% 程序 ex618.m
fpl=500; fpu=2125; fsl=1050; fsu=1400; Fs=5000; rp=1; rs=40; %滤波器指标
wp=[2*fpl/Fs, 2*fpu/Fs]; ws=[2*fsl/Fs, 2*fsu/Fs]; %将边界频率转换为数字频率
[N, wpo]=ellipord(wp, ws, rp, rs)
[B, A]=ellip(N, rp, rs, wpo, 'stop')
clf;
mpplot(B, A, rs); %调用本书绘图函数 mpplot 绘图
```

程序运行结果：

阶数 N=3, 2N 阶数字带阻滤波器系统函数 H(z)的系数：

B =[0.0748 0.0557 0.1618 0.0897 0.1618 0.0557 0.0748]

A =[1.0000 0.2604 −1.2316 −0.0633 1.0458 0.0040 −0.3412]

数字滤波器的损耗函数和相频特性曲线如题 18* 解图所示。

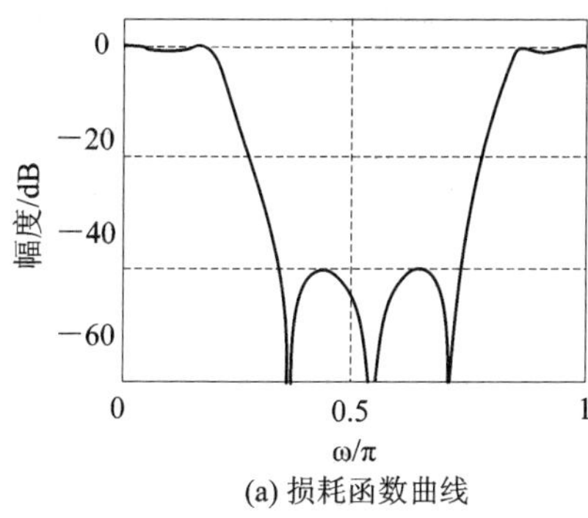

(a) 损耗函数曲线

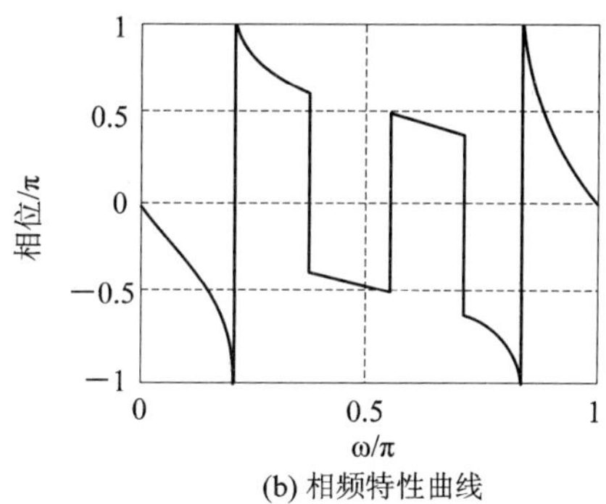

(b) 相频特性曲线

题 18* 解图

19*. 用脉冲响应不变法设计一个巴特沃斯低通数字滤波器，指标要求与题 14* 的相同。编写程序先调用 MATLAB 工具箱函数 buttord 和 butter 设计过渡模拟低通滤波器，再调用脉冲响应不变法设计函数 impinvar，将过渡模拟低通滤波器转换成低通数字滤波器 $H(z)$，并显示过渡模拟低通滤波器和数字滤波器系统函数的系数，绘制损耗函数和相频特性曲线。请归纳本题的设计步骤和所用的计算公式，并比较本题与题 14* 的设计结果，观察双线性变换法的频率非线性失真和脉冲响应不变法的频谱混叠失真。

解：本题求解程序 ex619. m 如下：

```
% 程序 ex619.m
Fs=80000; T=1/Fs;
fp=4000; fs=20000; rp=0.5; rs=45;        %相应的模拟滤波器指标
wp=2*pi*fp; ws=2*pi*fs;                  %将边界频率转换为角频率
[N, wc]=buttord(wp, ws, rp, rs, 's');
[B, A]=butter(N, wc, 's');
[Bz, Az]=impinvar(B, A, Fs)              %调用转换函数 impinvar 将 AF 转换成 DF
%以下计算 AF 和 DF 的频响特性
fk=0: 10: Fs/2; omega=2*pi*fk;           %对 AF 频响函数在[0, Fs/2]上以间隔 10 Hz 采样
Hs=freqs(B, A, omega);
ms=abs(Hs); ps=angle(Hs);
[H, W]=freqz(Bz, Az, 1000);              %对 DF 频响函数在[0, Fs/2]采样 1000 点
m=abs(H); p=angle(H);
msmin=20*log10(ms(end)/max(ms))          %AF 在 f=Fs/2 点的衰减
mmin=20*log10(m(end)/max(m))             %DF 在 ω = π 点的衰减
%以下绘制 AF 和 DF 的损耗函数和相频特性曲线(省略)
```

程序运行结果：

```
阶数 N=4, N 阶数字低通滤波器系统函数 H(z)的系数:
Bz =[-0.0000    0.0043    0.0128    0.0024    0]
Az =[1.0000    -2.8902    3.2452    -1.6605    0.3250]
```

模拟滤波器的损耗函数和相频特性曲线如题 19* 解图(a)和(b)所示，数字滤波器的损耗函数和相频特性曲线如题 19* 解图 (c)和(d)所示。由图可见，脉冲响应不变法设计的数字滤波器的频响特性基本模拟了模拟滤波器的频响形状，但存在频谱混叠失真。模拟滤波

器的损耗函数在 f＝Fs/2 点的衰减为 msmin ＝－69.0823 dB，而数字滤波器的损耗函数在 $\omega=\pi$ 点的衰减为 mmin ＝－63.4990 dB，这就是频谱混叠失真引起了－5.5832 dB 的衰减误差。题 14* 是用双线性变换法设计的，不存在频谱混叠失真，但存在频率非线性失真，所以数字滤波器的频响曲线形状与模拟滤波器的频响形状差别较大，而且，频率越高，频率非线性失真越严重。

本题的设计步骤和所用的计算公式请读者在教材 6.3 节查找。

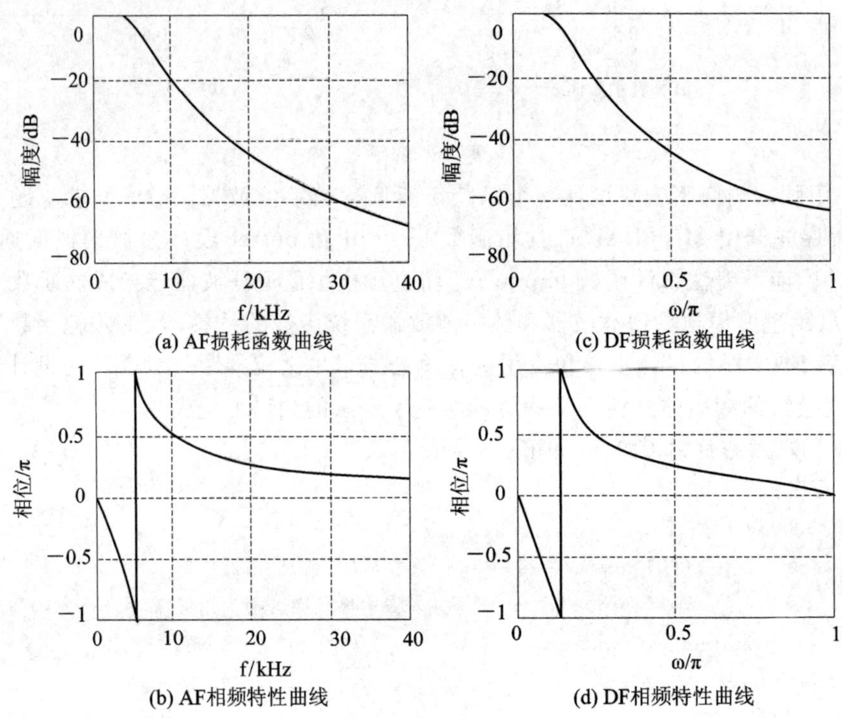

题 19* 解图

第 6 章　有限脉冲响应(FIR)数字滤波器的设计

本章内容与教材第 7 章内容相对应。

有限脉冲响应(FIR)数字滤波器最大的优点是容易设计成线性相位特性。在数字信号传输与处理及图像信号处理中，要求系统具有线性相位特性。但由于 FIR 滤波器为全零点系统，所以对同一幅频特性要求，用 FIR 滤波器实现要比用 IIR 滤波器实现阶数高得多。所以，一般在必须要求线性相位时，才选用 FIR 滤波器。下面先总结线性相位 FIR 数字滤波器的特点(条件)，这些特点就是设计线性相位 FIR 滤波器的约束条件。

6.1　学 习 要 点

6.1.1　线性相位概念与具有线性相位的 FIR 数字滤波器的特点

1. 线性相位概念

设 $H(e^{j\omega})=FT[h(n)]$为 FIR 滤波器的频响特性函数。$H(e^{j\omega})$可表示为

$$H(e^{j\omega}) = H_g(\omega)e^{j\theta(\omega)}$$

$H_g(\omega)$称为幅度函数，为 ω 的实函数。应注意 $H_g(\omega)$与幅频特性函数$|H(e^{j\omega})|$的区别，$|H(e^{j\omega})|$为ω 的正实函数，而 $H_g(\omega)$是一个可取负值的实函数。

$\theta(\omega)$称为相位特性函数，当 $\theta(\omega)=-\omega\tau$ 时，称为第一类(A 类)线性相位特性；当 $\theta(\omega)=\theta_0-\omega\tau$ 时，称为第二类(B 类)线性相位特性。$\theta_0=-\pi/2$ 是第二类线性相位特性常用的情况，所以本书仅考虑这种情况。

2. 具有线性相位的 FIR 滤波器的特点($h(n)$长度为 N)

1）时域特点

$$\text{A 类}\begin{cases} h(n) = h(N-1-n) & h(n)\text{ 关于 } n=\dfrac{N-1}{2}\text{ 偶对称} \\ \theta(\omega) =-\omega\dfrac{N-1}{2} \end{cases} \tag{6.1.1}$$

$$\text{B 类}\begin{cases} h(n) =-h(N-1-n) & h(n)\text{ 关于 } n=\dfrac{N-1}{2}\text{ 奇对称} \\ \theta(\omega) =-\dfrac{\pi}{2}-\omega\dfrac{N-1}{2} \end{cases} \tag{6.1.2}$$

群延时，

$$\frac{d\theta(\omega)}{d\omega} = \tau = \frac{N-1}{2}$$

为常数，所以将A类和B类线性相位特性统称为恒定群延时特性。

2）频域特点

A类 $\begin{cases} N\text{ 为奇数(情况 1)：}H_g(\omega)\text{关于 }\omega=0，\pi，2\pi\text{ 三点偶对称} \\ N\text{ 为偶数(情况 2)：}H_g(\omega)\text{关于 }\omega=\pi\text{ 奇对称(}H_g(\pi)=0\text{)} \end{cases}$

B类 $\begin{cases} N\text{ 为奇数(情况 3)：}H_g(\omega)\text{关于 }\omega=0，\pi，2\pi\text{ 三点奇对称} \\ N\text{ 为偶数(情况 4)：}H_g(\omega)\text{关于 }\omega=0，2\pi\text{ 奇对称，关于 }\omega=\pi\text{ 偶对称} \end{cases}$

3）结论

掌握以上特点，就可以得出如下结论，这些结论对FIR滤波器的设计很重要。

(1) 情况1：可以实现所有滤波特性(低通、高通、带通、带阻和点阻等)。

(2) 情况2：$H_g(\pi)=0$，不能实现高通、带阻和点阻滤波器。

(3) 情况3：只能实现带通滤波器(因为 $H_g(0)=H_g(\pi)=H_g(2\pi)=0$)。

(4) 情况4：不能实现低通、带阻和点阻滤波器。

6.1.2 FIR数字滤波器设计方法

教材中主要介绍了FIR-DF的3种设计方法，即窗函数法、频率采样法、等波纹最佳逼近法。

这3种设计方法的设计原理及设计步骤教材中讲得很清楚，本书不再重复，读者只要认真学习教材，并参考例题和习题解答，就可以掌握本章的知识和方法。

下面仅举一个例子，用窗函数设计法的概念证明一个重要的结论，使读者正确理解所谓的最佳设计法，其设计效果与设计的最佳准则有关，以一个最佳准则设计的最佳滤波器，在另一个最佳准则下可能就不是最佳的，甚至很差，以至于无实际应用价值。

[例6.1.1] 试证明在窗函数设计法中，当 $h(n)$ 长度 N 值固定时，矩形窗设计结果满足频域最小均方误差逼近准则。

解： 仿照窗函数设计法的过程，设 $H_d(e^{j\omega})$ 表示期望逼近的理想滤波器频率响应，其单位脉冲响应为 $h_d(n)$。用 $w(n)$ 表示窗函数，长度为 N；用 $h(n)$ 表示用窗函数法设计的实际FIR滤波器单位脉冲响应(即 $h(n)=h_d(n)w(n)$)，其频率响应函数为 $H(e^{j\omega})$。

定义 $H(e^{j\omega})$ 与 $H_d(e^{j\omega})$ 的均方误差为

$$\varepsilon^2 = \frac{1}{2\pi}\int_{-\pi}^{\pi} | H_d(e^{j\omega}) - H(e^{j\omega}) |^2 d\omega$$

本例题就是要求证明：当 $w(n)=R_N(n)$ 时，ε^2 最小。由于证明的条件与窗函数 $w(n)$ 的类型(形状)有关，所以，将 ε^2 转换到时域表示，有利于证明。证明如下：

(1) 令误差函数

$$E(e^{j\omega}) = H_d(e^{j\omega}) - H(e^{j\omega})$$

由于 $E(e^{j\omega})$ 为周期函数，所以可展开为幂级数

$$E(e^{j\omega}) = \sum_{n=-\infty}^{\infty} e(n)e^{-j\omega n}$$

(2) 用系数 $e(n)$ 表示均方误差 ε^2。

(3) 证明只有当 $w(n)=R_N(n)$，$h(n)=h_d(n)R_n(n)$ 时，ε^2 最小。

下面按三步证明：

(1) 因为

$$H_d(e^{j\omega}) = \sum_{n=-\infty}^{\infty} h_d(n)e^{-j\omega n},\ H(e^{j\omega}) = \sum_{n=-\infty}^{\infty} h(n)e^{-j\omega n}$$

所以

$$E(e^{j\omega}) = H_d(e^{j\omega}) - H(e^{j\omega}) = \sum_{n=-\infty}^{\infty} [h_d(n) - h(n)]e^{-j\omega n}$$

由于 $h(n)$长度为 N，即当 $n<0$ 或 $n\geqslant N$ 时，$h(n)=0$，所以

$$\begin{aligned} E(e^{j\omega}) &= \sum_{n=-\infty}^{-1} h_d(n)e^{-j\omega n} + \sum_{n=N}^{\infty} h_d(n)e^{-j\omega n} + \sum_{n=0}^{N-1}[h_d(n) - h(n)]e^{-j\omega n} \\ &= \sum_{n=-\infty}^{\infty} e(n)e^{-j\omega n} \end{aligned}$$

故

$$e(n) = \begin{cases} h_d(n) & n<0,\ n\geqslant N \\ h_d(n) - h(n) & 0\leqslant n\leqslant N-1 \end{cases}$$

(2) 因为 $E(e^{j\omega})=\mathrm{FT}[e(n)]$，所以由帕塞瓦尔定理有

$$\begin{aligned} \varepsilon^2 &= \frac{1}{2\pi}\int_{-\pi}^{\pi} |E(e^{j\omega})|^2 d\omega = \sum_{n=-\infty}^{\infty} |e(n)|^2 \\ &= \sum_{n=-\infty}^{-1} |h_d(n)|^2 + \sum_{n=N}^{\infty} |h_d(n)|^2 + \sum_{n=0}^{N-1} |h_d(n) - h(n)|^2 \end{aligned}$$

(3) 由(2)的结果知，ε^2 的前面两个求和项与 $w(n)$无关，而第三个求和项为

$$\begin{aligned} \sum_{n=0}^{N-1} |h_d(n) - h(n)|^2 &= \sum_{n=0}^{N-1} |h_d(n) - w(n)h_d(n)|^2_{w(n)=R_N(n)} \\ &= \sum_{n=0}^{N-1} |h_d(n) - h_d(n)|^2 \\ &= 0 \end{aligned}$$

由此证明，矩形窗设计确实满足频域最小均方误差准则。前面已提到，当 $H_d(e^{j\omega})$为理想频响特性(理想低通、带通等)时，矩形窗设计的 FIR 滤波器阻带最小衰减只有 21 dB，不满足一般工程要求。所以，调用频域最小均方误差最佳逼近设计程序设计 FIR 滤波器时，使 $H_d(e^{j\omega})$具有平滑的滚降特性，可使阻带衰减加大，通带内波纹减小。

6.2　教材第7章习题与上机题解答

1. 已知 FIR 滤波器的单位脉冲响应为：

(1) $h(n)$长度 $N=6$

$h(0)=h(5)=1.5$

$h(1)=h(4)=2$

$h(2)=h(3)=3$

(2) $h(n)$长度 $N=7$

$$h(0)=-h(6)=3$$
$$h(1)=-h(5)=-2$$
$$h(2)=-h(4)=1$$
$$h(3)=0$$

试分别说明它们的幅度特性和相位特性各有什么特点。

解：(1) 由所给 $h(n)$的取值可知，$h(n)$满足 $h(n)=h(N-1-n)$，所以 FIR 滤波器具有 A 类线性相位特性：

$$\theta(\omega)=-\omega\frac{N-1}{2}=-2.5\omega$$

由于 $N=6$ 为偶数(情况 2)，所以幅度特性关于 $\omega=\pi$ 点奇对称。

(2) 由题中 $h(n)$值可知，$h(n)$满足 $h(n)=-h(N-1-n)$，所以 FIR 滤波器具有 B 类线性相位特性：

$$\theta(\omega)=-\frac{\pi}{2}-\omega\frac{N-1}{2}=-\frac{\pi}{2}-3\omega$$

由于 7 为奇数(情况 3)，所以幅度特性关于 $\omega=0$，π，2π 三点奇对称。

2. 已知第一类线性相位 FIR 滤波器的单位脉冲响应长度为 16，其 16 个频域幅度采样值中的前 9 个为：

$$H_g(0)=12，H_g(1)=8.34，H_g(2)=3.79，H_g(3)\sim H_g(8)=0$$

根据第一类线性相位 FIR 滤波器幅度特性 $H_g(\omega)$的特点，求其余 7 个频域幅度采样值。

解：因为 $N=16$ 是偶数(情况 2)，所以 FIR 滤波器幅度特性 $H_g(\omega)$关于 $\omega=\pi$ 点奇对称，即 $H_g(2\pi-\omega)=-H_g(\omega)$。其 N 点采样关于 $k=N/2$ 点奇对称，即

$$H_g(N-k)=-H_g(k)\qquad k=1,2,\cdots,15$$

综上所述，可知其余 7 个频域幅度采样值：

$$H_g(15)=-H_g(1)=-8.34,\ H_g(14)=-H_g(2)=-3.79,\ H_g(13)\sim H_g(9)=0$$

3. 设 FIR 滤波器的系统函数为

$$H(z)=\frac{1}{10}(1+0.9z^{-1}+2.1z^{-2}+0.9z^{-3}+z^{-4})$$

求出该滤波器的单位脉冲响应 $h(n)$，判断是否具有线性相位，求出其幅度特性函数和相位特性函数。

解：对 FIR 数字滤波器，其系统函数为

$$H(z)=\sum_{n=0}^{N-1}h(n)z^{-n}=\frac{1}{10}(1+0.9z^{-1}+2.1z^{-2}+0.9z^{-3}+z^{-4})$$

所以其单位脉冲响应为

$$h(n)=\frac{1}{10}\{1,0,9,2.1,0.9,1\}$$

由 $h(n)$的取值可知 $h(n)$满足：

$$h(n)=h(N-1-n)\qquad N=5$$

所以，该 FIR 滤波器具有第一类线性相位特性。频率响应函数 $H(e^{j\omega})$为

$$H(e^{j\omega}) = H_g(\omega)e^{j\theta(\omega)} = \sum_{n=0}^{N-1} h(n)e^{-j\omega m}$$
$$= \frac{1}{10}[1 + 0.9e^{-j\omega} + 2.1e^{-j2\omega} + 0.9e^{-j3\omega} + e^{-j4\omega}]$$
$$= \frac{1}{10}(e^{j2\omega} + 0.9e^{j\omega} + 2.1 + 0.9e^{-j\omega} + e^{-j2\omega})e^{-j2\omega}$$
$$= \frac{1}{10}(2.1 + 1.8\cos\omega + 2\cos 2\omega)e^{-j2\omega}$$

幅度特性函数为

$$H_g(\omega) = \frac{2.1 + 1.8\cos\omega + 2\cos 2\omega}{10}$$

相位特性函数为

$$\theta(\omega) = -\omega\frac{N-1}{2} = -2\omega$$

4. 用矩形窗设计线性相位低通 FIR 滤波器，要求过渡带宽度不超过 $\pi/8$ rad。希望逼近的理想低通滤波器频率响应函数 $H_d(e^{j\omega})$ 为

$$H_d(e^{j\omega}) = \begin{cases} e^{-j\omega\alpha} & 0 \leqslant |\omega| \leqslant \omega_c \\ 0 & \omega_c < |\omega| \leqslant \pi \end{cases}$$

(1) 求出理想低通滤波器的单位脉冲响应 $h_d(n)$；

(2) 求出加矩形窗设计的低通 FIR 滤波器的单位脉冲响应 $h(n)$表达式，确定 α 与 N 之间的关系；

(3) 简述 N 取奇数或偶数对滤波特性的影响。

解：(1)

$$h_d(n) = \frac{1}{2\pi}\int_{-\pi}^{\pi} H_d(e^{-j\omega})e^{j\omega n}d\omega = \frac{1}{2\pi}\int_{-\omega_c}^{\omega_c} e^{-j\omega\alpha}e^{j\omega n}d\omega = \frac{\sin[\omega_c(n-\alpha)]}{\pi(n-\alpha)}$$

(2) 为了满足线性相位条件，要求 $\alpha=\frac{N-1}{2}$，N 为矩形窗函数长度。因为要求过渡带宽度 $\Delta\beta\leqslant\frac{\pi}{8}$ rad，所以要求$\frac{4\pi}{N}\leqslant\frac{\pi}{8}$，求解得到 $N\geqslant 32$。加矩形窗函数，得到 $h(n)$：

$$h(n) = h_d(n)R_N(n) = \frac{\sin[\omega_c(n-a)]}{\pi(n-a)}R_N(n)$$
$$= \begin{cases} \dfrac{\sin[\omega_c(n-a)]}{\pi(n-a)} & 0 \leqslant n \leqslant N-1,\ a = \dfrac{N-1}{2} \\ 0 & \text{其他 } n \end{cases}$$

(3) N 取奇数时，幅度特性函数 $H_g(\omega)$关于 $\omega=0$，π，2π 三点偶对称，可实现各类幅频特性；N 取偶数时，$H_g(\omega)$关于 $\omega=\pi$ 奇对称，即 $H_g(\pi)=0$，所以不能实现高通、带阻和点阻滤波特性。

5. 用矩形窗设计一线性相位高通滤波器，要求过渡带宽度不超过 $\pi/10$ rad。希望逼近的理想高通滤波器频率响应函数 $H_d(e^{j\omega})$为

$$H_d(e^{j\omega}) = \begin{cases} e^{-j\omega\alpha} & \omega_c \leqslant |\omega| \leqslant \pi \\ 0 & \text{其他} \end{cases}$$

(1) 求出该理想高通的单位脉冲响应 $h_d(n)$；

(2) 求出加矩形窗设计的高通 FIR 滤波器的单位脉冲响应 $h(n)$表达式，确定 α 与 N 的关系；

(3) N 的取值有什么限制？为什么？

解：(1) 直接用 IFT$[H_d(e^{j\omega})]$计算：

$$\begin{aligned} h_d(n) &= \frac{1}{2\pi}\int_{-\pi}^{\pi} H_d(e^{j\omega})e^{j\omega n}d\omega = \frac{1}{2}\left[\int_{\pi}^{-\omega_c} e^{-j\omega\alpha}e^{j\omega n}d\omega + \int_{\omega_c}^{\pi} e^{-j\omega\alpha}e^{j\omega n}d\omega\right] \\ &= \frac{1}{2\pi}\left[\int_{-\pi}^{-\omega_c} e^{j\omega(n-\alpha)}d\omega + \int_{\omega_c}^{\pi} e^{j\omega(n-\alpha)}d\omega\right] \\ &= \frac{1}{2\pi(n-\alpha)}\left[e^{-j\omega_c(n-\alpha)} - e^{-j\pi(n-\alpha)} + e^{j\pi(n-\alpha)} - e^{j\omega_c(n-\alpha)}\right] \\ &= \frac{1}{\pi(n-\alpha)}\{\sin[\pi(n-\alpha)] - \sin[\omega_c(n-\alpha)]\} \\ &= \delta(n-\alpha) - \frac{\sin[\omega_c(n-\alpha)]}{\pi(n-\alpha)} \end{aligned}$$

$h_d(n)$表达式中第 2 项$\left(\frac{\sin[\omega_c(n-\alpha)]}{\pi(n-\alpha)}\right)$正好是截止频率为 ω_c 的理想低通滤波器的单位脉冲响应。而 $\delta(n-\alpha)$对应于一个线性相位全通滤波器：

$$H_{dap}(e^{j\omega}) = e^{-j\omega\alpha}$$

即高通滤波器可由全通滤波器减去低通滤波器实现。

(2) 用 N 表示 $h(n)$的长度，则

$$h(n) = h_d(n)R_N(n) = \left\{\delta(n-\alpha) - \frac{\sin[\omega_c(n-\alpha)]}{\pi(n-\alpha)}\right\}R_N(n)$$

为了满足线性相位条件：

$$h(n) = h(N-1-n)$$

要求满足

$$\alpha = \frac{N-1}{2}$$

(3) N 必须取奇数。因为 N 为偶数时(情况 2)，$H(e^{j\pi})=0$，不能实现高通。根据题中对过渡带宽度的要求，N 应满足：$\frac{4\pi}{N} \leqslant \frac{\pi}{10}$，即 $N \geqslant 40$。取 $N=41$。

6. 理想带通特性为

$$H_d(e^{j\omega}) = \begin{cases} e^{-j\omega\alpha} & \omega_c \leqslant |\omega| \leqslant \omega_c + B \\ 0 & |\omega| \leqslant \omega_c,\ \omega_c + B < |\omega| \leqslant \pi \end{cases}$$

(1) 求出该理想带通的单位脉冲响应 $h_d(n)$；

(2) 写出用升余弦窗设计的滤波器的 $h(n)$表达式，确定 N 与 α 之间的关系；

(3) 要求过渡带宽度不超过 $\pi/16$ rad。N 的取值是否有限制？为什么？

解：(1) $h_d(n) = \frac{1}{2\pi}\int_{-\pi}^{\pi} H_d(e^{j\omega})e^{j\omega n}d\omega = \frac{1}{2\pi}\left[\int_{-(\omega_c+B)}^{-\omega_c} e^{-j\omega\alpha}e^{j\omega m}d\omega + \int_{\omega_c}^{\omega_c+B} e^{-j\omega\alpha}e^{j\omega n}d\omega\right]$

$$= \frac{\sin[(\omega_c+B)(n-\alpha)]}{\pi(n-\alpha)} - \frac{\sin[\omega_c(n-\alpha)]}{\pi(n-\alpha)}$$

上式第一项和第二项分别为截止频率 ω_c+B 和 ω_c 的理想低通滤波器的单位脉冲响应。所以，上面 $h_d(n)$的表达式说明，带通滤波器可由两个低通滤波器相减实现。

(2) $h(n)=h_d(n)w(n)$

$$=\left\{\frac{\sin[(\omega_c+B)(n-\alpha)]}{\pi(n-\alpha)}-\frac{\sin[\omega_c(n-\alpha)]}{\pi(n-\alpha)}\right\}\left[0.54-0.46\cos\left(\frac{2\pi n}{N-1}\right)\right]R_N(n)$$

为了满足线性相位条件，α 与 N 应满足

$$\alpha=\frac{N-1}{2}$$

实质上，即使不要求具有线性相位，α 与 N 也应满足该关系，只有这样，才能截取 $h_d(n)$的主要能量部分，使引起的逼近误差最小。

(3) N 取奇数和偶数时，均可实现带通滤波器。但升余弦窗设计的滤波器过渡带为 $8\pi/N$，所以，要求$\frac{8\pi}{N}\leqslant\frac{\pi}{16}$，即要求 $N\geqslant128$。

7. 试完成下面两题：

(1) 设低通滤波器的单位脉冲响应与频率响应函数分别为 $h(n)$和 $H(e^{j\omega})$，另一个滤波器的单位脉冲响应为 $h_1(n)$，它与 $h(n)$的关系是 $h_1(n)=(-1)^n h(n)$。试证明滤波器 $h_1(n)$是一个高通滤波器。

(2) 设低通滤波器的单位脉冲响应与频率响应函数分别为 $h(n)$和 $H(e^{j\omega})$，截止频率为 ω_c，另一个滤波器的单位脉冲响应为 $h_2(n)$，它与 $h(n)$的关系是 $h_2(n)=2h(n)\cos\omega_0 n$，且 $\omega_c<\omega_0<(\pi-\omega_c)$。试证明滤波器 $h_2(n)$是一个带通滤波器。

解：(1) 由题意可知

$$h_1(n)=(-1)^n h(n)=\cos(\pi n)h(n)=\frac{1}{2}[e^{j\pi n}+e^{-j\pi n}]h(n)$$

对 $h_1(n)$进行傅里叶变换，得到

$$\begin{aligned}H_1(e^{j\omega})&=\sum_{n=-\infty}^{\infty}h_1 e^{-j\omega m}=\frac{1}{2}\sum_{n=-\infty}^{\infty}h(n)[c^{j\pi n}+e^{-j\pi n}]e^{-j\omega m}\\&=\frac{1}{2}\left[\sum_{n=-\infty}^{\infty}h(n)e^{-j(\omega-\pi)n}+\sum_{n=-\infty}^{\infty}h(n)e^{-j(\omega+\pi)n}\right]\\&=\frac{1}{2}[H(e^{j(\omega-\pi)})+H(e^{j(\omega+\pi)n})]\end{aligned}$$

上式说明 $H_1(e^{j\omega})$就是 $H(e^{j\omega})$平移$\pm\pi$ 的结果。由于 $H(e^{j\omega})$为低通滤波器，通带位于以 $\omega=0$ 为中心的附近邻域，因而 $H_1(e^{j\omega})$的通带位于以 $\omega=\pm\pi$ 为中心的附近，即 $h_1(n)$是一个高通滤波器。

这一证明结论又为我们提供了一种设计高通滤波器的方法(设高通滤波器通带为 $[\pi-\omega_c,\pi]$)：

① 设计一个截止频率为 ω_c 的低通滤波器 $h_{Lp}(n)$。

② 对 $h_{Lp}(n)$乘以 $\cos(\pi n)$即可得到高通滤波器 $h_{Hp}(n)$ $\cos(\pi n)=(-1)^n h_{Lp}(n)$。

(2) 与(1)同样道理，代入 $h_2(n)=2h(n)\cos\omega_0 n$，可得

$$H_2(e^{j\omega})=\frac{H(e^{j(\omega-\omega_0)})+H(e^{j(\omega+\omega_0)})}{2}$$

因为低通滤波器 $H(e^{j\omega})$ 通带中心位于 $\omega=2k\pi$，且 $H_2(e^{j\omega})$ 为 $H(e^{j\omega})$ 左右平移 ω_0，所以 $H_2(e^{j\omega})$ 的通带中心位于 $\omega=2k\pi\pm\omega_0$ 处，所以 $h_2(n)$ 具有带通特性。这一结论又为我们提供了一种设计带通滤波器的方法。

8. 题 8 图中 $h_1(n)$ 和 $h_2(n)$ 是偶对称序列，$N=8$，设

$H_1(k)=\text{DFT}[h_1(n)] \quad k=0, 1, \cdots, N-1$

$H_2(k)=\text{DFT}[h_2(n)] \quad k=0, 1, \cdots, N-1$

(1) 试确定 $H_1(k)$ 与 $H_2(k)$ 的具体关系式。$|H_1(k)|=|H_2(k)|$ 是否成立？为什么？

(2) 用 $h_1(n)$ 和 $h_2(n)$ 分别构成的低通滤波器是否具有线性相位？群延时为多少？

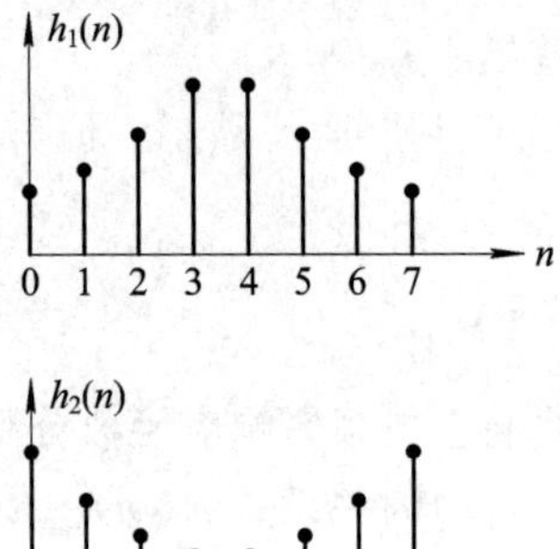

题 8 图

解：(1) 由题 8 图可以看出 $h_2(n)$ 与 $h_1(n)$ 是循环移位关系：

$$h_2(n)=h_1((n+4))_8R_8(n)$$

由 DFT 的循环移位性质可得

$$H_2(k)=W_8^{-k4}H_1(k)=e^{j\pi k}H_1(k)=(-1)^kH_1(k)$$

$$|H_2(k)|=|W_8^{-k4}H_1(k)|=|H_1(k)|$$

(2) 由题 8 图可知，$h_1(n)$ 和 $h_2(n)$ 均满足线性相位条件：

$$h_1(n)=h_1(N-1-n)$$

$$h_2(n)=h_2(N-1-n)$$

所以，用 $h_1(n)$ 和 $h_2(n)$ 构成的低通滤波器具有线性相位。直接计算 $\text{FT}[h_1(n)]$ 和 $[h_2(n)]$ 也可以得到同样的结论。

设

$$H_1(e^{j\omega})=\text{FT}[h_1(n)]=H_{1g}(\omega)e^{j\theta_1(\omega)}$$

$$H_2(e^{j\omega})=\text{FT}[h_2(n)]=H_{2g}(\omega)e^{j\theta_2(\omega)}$$

$$\theta_1(\omega)=\theta_2(\omega)=-\frac{1}{2}(N-1)\omega=-\frac{7}{2}\omega$$

所以，群延时为

$$\tau_2=\tau_1=-\frac{d\theta_1(\omega)}{d\omega}=\frac{7}{2}$$

9. 对下面的每一种滤波器指标，选择满足 FIRDF 设计要求的窗函数类型和长度。

(1) 阻带衰减为 20 dB，过渡带宽度为 1 kHz，采样频率为 12 kHz；

(2) 阻带衰减为 50 dB，过渡带宽度为 2 kHz，采样频率为 20 kHz；

(3) 阻带衰减为 50 dB，过渡带宽度为 500 Hz，采样频率为 5 kHz。

解：我们知道，根据阻带最小衰减选择窗函数类型，根据过渡带宽度计算窗函数长度。为了观察方便，重写出教材第 242 页中表 7.2.2。

教材表 7.2.2　6 种窗函数的基本参数

窗函数类型	旁瓣峰值 α_n/dB	过渡带宽度 B_t		阻带最小衰减 α_s/dB
		近似值	精确值	
矩形窗	−13	$\frac{4\pi}{N}$	$\frac{1.8\pi}{N}$	−21
三角窗	−25	$\frac{8\pi}{N}$	$\frac{6.1\pi}{N}$	−25
汉宁窗	−31	$\frac{8\pi}{N}$	$\frac{6.2\pi}{N}$	−44
哈明窗	−41	$\frac{8\pi}{N}$	$\frac{6.6\pi}{N}$	−53
布莱克曼窗	−57	$\frac{12\pi}{N}$	$\frac{11\pi}{N}$	−74
凯塞窗(β=7.865)	−57		$\frac{10\pi}{N}$	−80

结合本题要求和教材表 7.2.2，选择结果如下：

(1) 矩形窗满足本题要求。过渡带宽度 1 kHz 对应的数字频率为 $B=2000\pi/12\,000=\pi/6$，精确过渡带满足：$1.8\pi/N\leqslant\pi/6$，所以要求 $N\geqslant1.8\times6=10.8$，取 $N=11$。

(2) 选哈明窗，过渡带宽度 1 kHz 对应的数字频率为 $B=4000\pi/20\,000=\pi/5$，精确过渡带满足：$6.6\pi/N\leqslant\pi/5$，所以要求 $N\geqslant6.6\times5=33$。

(3) 选哈明窗，过渡带宽度 500 Hz 对应的数字频率为 $B=1000\pi/5000=\pi/5$，精确过渡带满足：$6.6\pi/N\leqslant\pi/5$，所以要求 $N\geqslant6.6\times5=33$。

10. 利用矩形窗、升余弦窗、改进升余弦窗和布莱克曼窗设计线性相位 FIR 低通滤波器。要求希望逼近的理想低通滤波器通带截止频率 $\omega_c=\pi/4$ rad，$N=21$。求出分别对应的单位脉冲响应。

解：(1) 希望逼近的理想低通滤波器频响函数 $H_d(e^{j\omega})$ 为

$$H_d(e^{j\omega})=\begin{cases}e^{-j\omega a} & 0\leqslant|\omega|\leqslant\dfrac{\pi}{4}\\[2ex] 0 & \dfrac{\pi}{4}<|\omega|\leqslant\pi\end{cases}$$

其中，$a=(N-1)/2=10$。

(2) 由 $H_d(e^{j\omega})$求得 $h_d(n)$：

$$h_d(n)=\frac{1}{2\pi}\int_{-\pi/4}^{\pi-4}e^{-j\omega10}e^{j\omega n}d\omega=\frac{\sin\left[\dfrac{\pi}{4}(n-10)\right]}{\pi(n-10)}$$

(3) 加窗得到 FIR 滤波器单位脉冲响应 $h(n)$：

· 升余弦窗：

$$w_{\mathrm{Hn}}(n)=0.5\left(1-\cos\frac{2\pi}{N-1}\right)R_N(n)$$

$$h_{\mathrm{Hn}}(n)=h_{\mathrm{d}}(n)w_{\mathrm{Hn}}(n)=\frac{\sin\left[\frac{\pi}{4}(n-10)\right]}{2\pi(n-10)}\left(1-\cos\frac{2\pi n}{20}\right)R_{21}(n)$$

· 改进升余弦窗：

$$w_{\mathrm{Hm}}(n)=\left(0.54-0.46\cos\frac{2\pi n}{N-1}\right)R_N(n)$$

$$h_{\mathrm{Hm}}(n)=h_{\mathrm{d}}(n)w_{\mathrm{Hm}}(n)=\frac{\sin\left[\frac{\pi}{4}(n-10)\right]}{\pi(n-10)}\left(0.54-0.46\cos\frac{2\pi n}{20}\right)R_{21}(n)$$

· 布莱克曼窗：

$$\begin{aligned}h_{\mathrm{Bl}}(n)&=h_{\mathrm{d}}(n)w_{\mathrm{Bl}}(n)\\&=\frac{\sin\left[\frac{\pi}{4}(n-10)\right]}{\pi(n-10)}\left(0.42-0.5\cos\frac{2\pi n}{20}+0.08\cos\frac{4\pi n}{20}\right)R_{21}(n)\end{aligned}$$

11. 将技术要求改为设计线性相位高通滤波器，重复题 10。

解：方法一 将题 10 解答中的逼近理想低通滤波器($H_{\mathrm{d}}(\mathrm{e}^{\mathrm{j}\omega})$、$h_{\mathrm{d}}(n)$)改为如下理想高通滤波器即可。

$$H_{\mathrm{d}}(\mathrm{e}^{\mathrm{j}\omega})=\begin{cases}\mathrm{e}^{-\mathrm{j}10\omega} & \frac{3\pi}{4}\leqslant|\omega|\leqslant\pi\\ 0 & 0\leqslant|\omega|<\frac{3\pi}{4}\end{cases}$$

$$\begin{aligned}h_{\mathrm{d}}(n)&=\frac{1}{2\pi}\int_{-\pi}^{\pi}H_{\mathrm{d}}(\mathrm{e}^{\mathrm{j}\omega})\mathrm{d}\omega\\&=\frac{1}{2\pi}\int_{-\pi}^{-3\pi/4}\mathrm{e}^{-\mathrm{j}10\omega}\mathrm{d}\omega+\int_{3\pi/4}^{\pi}\mathrm{e}^{-\mathrm{j}10\omega}\mathrm{e}^{\mathrm{j}\omega m}\mathrm{d}\omega\\&=\frac{\sin[\pi(n-10)]}{\pi(n-10)}-\frac{\sin\left[\frac{3\pi}{4}(n-10)\right]}{\pi(n-10)}\\&=\delta(n-10)-\frac{\sin\left[\frac{3\pi}{4}(n-10)\right]}{\pi(n-10)}\end{aligned}$$

上式中 $\delta(n-10)$对应于全通滤波器。上式说明，高通滤波器的单位脉冲响应等于全通滤波器的单位脉冲响应减去低通滤波器的单位脉冲响应。

仿照 10 题，用矩形窗、升余弦窗、改进升余弦窗和布莱克曼窗对上面所求的 $h_{\mathrm{d}}(n)$加窗即可。

计算与绘图程序与题 10 解中类同，只要将其中的 $h(n)$用本题的高通 $h(n)$替换即可。

方法二 根据第 7 题(1)的证明结论设计。

(1) 先设计通带截止频率为 $\pi/4$ 的低通滤波器。对四种窗函数所得 FIR 低通滤波器单位脉冲响应为题 9 解中的 $h_{\mathrm{R}}(n)$、$h_{\mathrm{Hn}}(n)$、$h_{\mathrm{Hm}}(n)$和 $h_{\mathrm{Bl}}(n)$。

(2) 对低通滤波器单位脉冲响应乘以 $\cos\pi n$ 可得到高通滤波器单位脉冲响应：

- 矩形窗：

$$h_1(n) = h_R(n)\cos\pi n = \frac{\sin\left[\frac{\pi}{4}(n-10)\right]}{\pi(n-10)}\cos\pi n\, R_{21}(n)$$

- 升余弦窗：

$$h_2(n) = h_{Hn}(n)\cos\pi n = (-1)^n h_{Hn}(n)$$

$$= \frac{\sin\left[\frac{\pi}{4}(n-10)\right]}{2\pi(n-10)}\left(1-\cos\frac{2\pi n}{20}\right)\cos\pi n\, R_{21}(n)$$

- 改进升余弦窗：

$$h_3(n) = h_{Hn}(n)\cos\pi n$$

$$= \frac{\sin\left[\frac{\pi}{4}(n-10)\right]}{\pi(n-10)}\left(0.54-0.46\cos\frac{2\pi n}{20}\right)\cos\pi n\, R_{21}(n)$$

- 布莱克曼窗：

$$h_4(n) = \frac{\sin\left[\frac{\pi}{4}(n-10)\right]}{\pi(n-10)}\left(0.42-0.5\cos\frac{2\pi n}{20}+0.08\cos\frac{4\pi n}{20}\right)\cos\pi n\, R_{21}(n)$$

12. 利用窗函数(哈明窗)法设计一数字微分器，逼近题 12 图所示的理想微分器特性，并绘出其幅频特性。

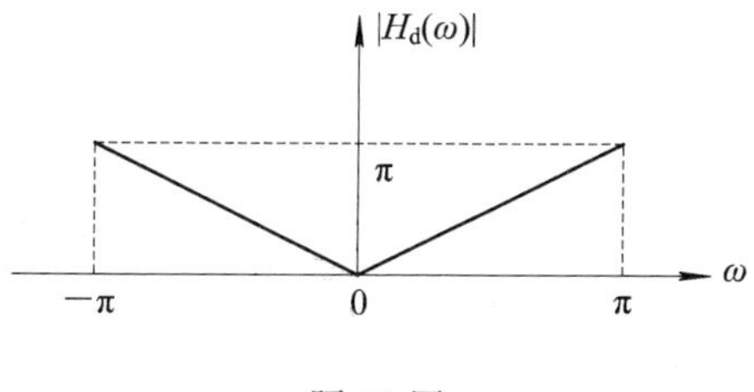

题 12 图

解：(1) 由于连续信号存在微分，而时域离散信号和数字信号的微分不存在，因而本题要求设计的数字微分器是指用数字滤波器近似实现模拟微分器，即用数字差分滤波器近似模拟微分器。下面先推导理想差分器的频率响应函数。

设模拟微分器的输入和输出分别为 $x(t)$ 和 $y(t)$，即

$$y(t) = k\frac{\mathrm{d}x(t)}{\mathrm{d}t}$$

令 $x(t)=\mathrm{e}^{\mathrm{j}\Omega t}$，则

$$y(t) = \mathrm{j}k\Omega\,\mathrm{e}^{\Omega t} = \mathrm{j}k\Omega x(t)$$

对上式两边采样(时域离散化)，得到

$$y(nT) = \mathrm{j}k\Omega x(nT) = \mathrm{j}k\frac{\omega}{T}\mathrm{e}^{\mathrm{j}\omega n}$$

$$Y(\mathrm{e}^{\mathrm{j}\omega}) = \mathrm{FT}[y(nT)] = \mathrm{j}\frac{k}{T}\omega X(\mathrm{e}^{\mathrm{j}\omega})$$

其中 $\omega=\Omega T$。将 $x(nT)$ 和 $y(nT)$ 分别作为数字微分器的输入和输出序列，并用 $H_d(\mathrm{e}^{\mathrm{j}\omega})$ 表

示数字理想微分器的频率响应函数，则

$$Y(\mathrm{e}^{\mathrm{j}\omega}) = H_{\mathrm{d}}(\mathrm{e}^{\mathrm{j}\omega})X(\mathrm{e}^{\mathrm{j}\omega}) = \mathrm{j}\,\frac{k}{T}\omega X(\mathrm{e}^{\mathrm{j}\omega})$$

即

$$H_{\mathrm{d}}(\mathrm{e}^{\mathrm{j}\omega}) = \mathrm{j}\,\frac{k}{T}\omega$$

根据题12图所给出的理想特性可知

$$|H_{\mathrm{d}}(\mathrm{e}^{\mathrm{j}\omega})| = |\omega| = \left|\mathrm{j}\,\frac{k}{T}\omega\right|$$

所以应取 $k=T$，所以

$$H_{\mathrm{d}}(\mathrm{e}^{\mathrm{j}\omega}) = \mathrm{j}\omega$$

取群延时 $\tau=(N-1)/2$，则逼近频率响应函数应为

$$H_{\mathrm{d}}(\mathrm{e}^{\mathrm{j}\omega}) = \mathrm{j}\omega\mathrm{e}^{-\mathrm{j}\omega\tau} = \omega\mathrm{e}^{-\mathrm{j}(\omega\tau-\pi/2)}$$

$$\begin{aligned}
h_{\mathrm{d}}(n) &= \frac{1}{2\pi}\int_{-\pi}^{\pi}\mathrm{j}\omega\mathrm{e}^{-\mathrm{j}\omega\tau}\mathrm{e}^{\mathrm{j}\omega n}\,\mathrm{d}\omega \\
&= \frac{1}{2\pi}\left\{\frac{\mathrm{e}^{\mathrm{j}\omega(n-\tau)}}{[\mathrm{j}(n-\tau)^2]}[\mathrm{j}(n-\tau)\omega-1]\right\}_{-\pi}^{\pi} \\
&= \frac{1}{2\pi}\cdot\frac{1}{(n-\tau)^2}\{2(n-\tau)\pi\cos[\pi(n-\tau)]-2\sin[\pi(n-\tau)]\} \\
&= \frac{\cos[\pi(n-\tau)]}{n-\tau}-\frac{\sin[\pi(n-\tau)]}{\pi(n-\tau)^2} \qquad n\neq 0
\end{aligned}$$

设FIR滤波器 $h(n)$ 长度为 N，一般取 $\tau=(N-1)/2$。加窗后得到

$$h(n) = h_{\mathrm{d}}(n)w(n) = \left[\frac{\cos(\pi(n-\tau))}{n-\tau}-\frac{\sin(\pi(n-\tau))}{\pi(n-\tau)^2}\right]w(n) \qquad n\neq 0$$

我们知道，微分器的幅度响应随频率增大线性上升，当频率 $\omega=\pi$ 时达到最大值，所以只有 N 为偶数的情况4才能满足全频带微分器的时域和频域要求。因为 N 是偶数，$\tau=N/2-1/2=$正整数$-1/2$，上式中第一项为0，所以

$$h(n) = -\frac{\sin[(n-\tau)\pi]}{\pi(n-\tau)^2}w(n) \qquad ①$$

①式就是用窗函数法设计的FIR数字微分器的单位脉冲响应的通用表达式，且具有奇对称特性 $h(n)=-h(N-1-n)$。选定滤波器长度 N 和窗函数类型，就可以直接按①式得到设计结果。当然，也可以用频率采样法和等波纹最佳逼近法设计。

本题要求的哈明窗函数：

$$w_{\mathrm{Hm}}(n) = \left(0.54-0.46\cos\frac{2\pi n}{N-1}\right)R_N(n) \qquad ②$$

将②式代入①式得到 $h(n)$ 的表达式：

$$h(n) = -\frac{\sin\left[n-\dfrac{N-1}{2}\right]\pi}{\pi\left[n-\dfrac{N-1}{2}\right]^2}\left(0.54-0.46\cos\frac{2\pi n}{N-1}\right)R_N(n) \qquad ③$$

(2) 对3种不同的长度 $N=20$，40和41，用MATLAB计算单位脉冲响应 $h(n)$ 和幅频特性函数，并绘图的程序ex712.m如下：

```
%ex712.m：用哈明窗设计线性相位 FIR 微分器
clear all; close all;
N1=20; n=0: N1-1; tou=(N1-1)/2;
h1n=sin((n-tou)*pi)./(pi*(n-tou).^2).*(hamming(N1))';
N2=40; n=0: N2-1; tou=(N2-1)/2;
h2n=sin((n-tou)*pi)./(pi*(n-tou).^2).*(hamming(N2))';
N3=41; n=0: N3-1; tou=(N3-1)/2;
h3n=sin((n-tou)*pi)./(pi*(n-tou).^2).*(hamming(N3))';
h3n((N3-1)/2+1)=0;            %因为该点分母为零，无定义，所以赋值 0
%以下为绘图部分(省略)
```

程序运行结果即数字微分器的单位脉冲响应和幅频特性函数曲线如题 12 解图所示。由图可见，当滤波器长度 N 为偶数时，逼近效果好。但 N=奇数时(本程序中 N=41)，逼近误差很大。这一结论与教材给出的理论一致(对第二类线性相位滤波器，N=奇数时不能实现高通滤波特性)。

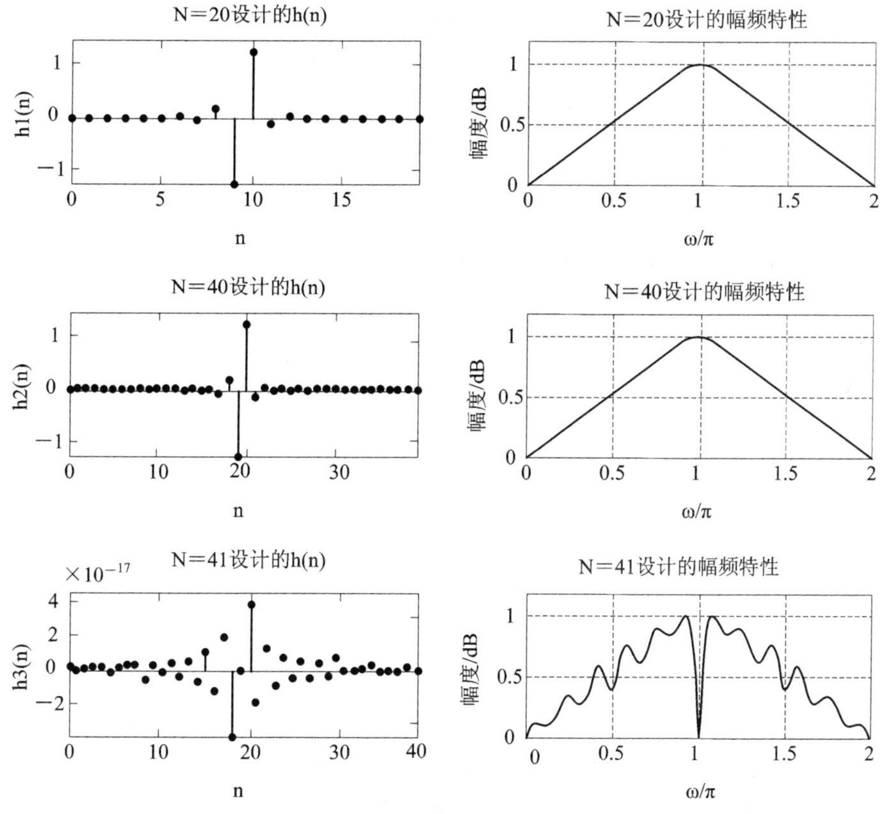

题 12 解图

也可以采用调用等波纹最佳逼近法设计函数 remez 来设计 FIR 数字微分器的方法。

hn=remez(N−1, f, m, 'defferentiator') 设计 $N-1$ 阶 FIR 数字微分器，返回的单位脉冲响应向量 hn 具有奇对称特性。在大多数工程实际中，仅要求在频率区间 $0\leqslant\omega\leqslant\omega_p$ 上逼近理想微分器的频率响应特性，而在区间 $\omega_p<\omega\leqslant\pi$ 上频率响应特性不作要求，或要求为

零。对微分器设计，在区间$\omega_p<\omega\leqslant\pi$上频率响应特性要求为零时，调用参数$f=[0, \omega_p/\pi, (\omega_p+B)/\pi, 1]$，$m=[0, \omega_p/\pi, 0, 0]$，其中$B$为过渡带宽度(即无关区)，$\omega_p$不能太靠近$\pi$，$B$也不能太小，否则设计可能失败。调用等波纹最佳逼近法设计函数 remez 设计本题要求的 FIR 数字微分器的程序 ex712b.m 如下：

```
% ex712b.m：调用 remez 函数设计 FIR 微分器
wp=0.9; B=0.09;          %设置微分器边界频率(关于 π 归一化)
N=40; f=[0, wp, wp+B, 1]; m=[0, wp, 0, 0];
hn=remez(N-1, f, m, 'defferentiator');      %调用 remez 函数设计 FIR 微分器
%以下为绘图部分(省略)
```

请读者运行该程序，观察设计效果。

13. 用窗函数法设计一个线性相位低通 FIRDF，要求通带截止频率为$\pi/4$ rad，过渡带宽度为$8\pi/51$ rad，阻带最小衰减为 45 dB。

(1) 选择合适的窗函数及其长度，求出$h(n)$的表达式。

(2*) 用 MATLAB 画出损耗函数曲线和相频特性曲线。

解：(1) 根据教材 7.2.2 节所给步骤进行设计。

① 根据对阻带衰减及过渡带的指标要求，选择窗函数的类型，并估计窗口长度N。由习题 9 中教材表 7.2.2，本题应选择哈明窗。因为过渡带宽度$B_t=8\pi/51$，所以窗口长度N为$N\geqslant 6.6\pi/B_t=42.075$，取$N=43$。窗函数表达式为

$$w_{Hm}(n)=\left(0.54-0.46\cos\frac{2\pi n}{N-1}\right)R_N(n)$$

② 构造希望逼近的频率响应函数$H_d(e^{j\omega})$：

$$H_d(e^{j\omega})=H_{dg}(\omega)e^{-j\omega(N-1)/2}=\begin{cases}e^{-j\omega\tau} & 0\leqslant|\omega|<\omega_c\\ 0 & \omega_c\leqslant|\omega|\leqslant\pi\end{cases}$$

式中

$$\tau=\frac{N-1}{2}=21,\ \omega_c=\omega_p+\frac{B_t}{2}=\frac{\pi}{4}+\frac{4\pi}{51}=0.0833\pi$$

③ 求$h_d(n)$：

$$h_d(n)=\frac{1}{2\pi}\int_{-\pi}^{\pi}H_d(e^{-j\omega})e^{j\omega n}d\omega=\frac{1}{2\pi}\int_{-\omega_c}^{\omega_c}e^{-j\omega\tau}e^{j\omega n}d\omega=\frac{\sin[\omega_c(n-\tau)]}{\pi(n-\tau)}$$

④ 加窗：

$$h(n)=h_d(n)w(n)=\frac{\sin[\omega_c(n-\tau)]}{\pi(n-\tau)}\left(0.54-0.46\cos\frac{2\pi n}{N-1}\right)R_N(n)$$

(2) 调用 MATLAB 函数设计及绘图程序 ex713.m 如下：

```
%ex713.m：调用 fir1 设计线性相位低通 FIR 滤波器并绘图
wp=pi/4; Bt=8*pi/51;
wc=wp+Bt/2; N=ceil(6.6*pi/Bt);
hmn=fir1(N-1, wc/pi, hamming(N))
rs=60; a=1; mpplot(hmn, a, rs)   %调用自编函数 mpplot 绘制损耗函数和相频特性曲线
```

程序运行结果即损耗函数和相频特性曲线如题 13 解图所示，请读者运行程序查看 h(n)的数据。

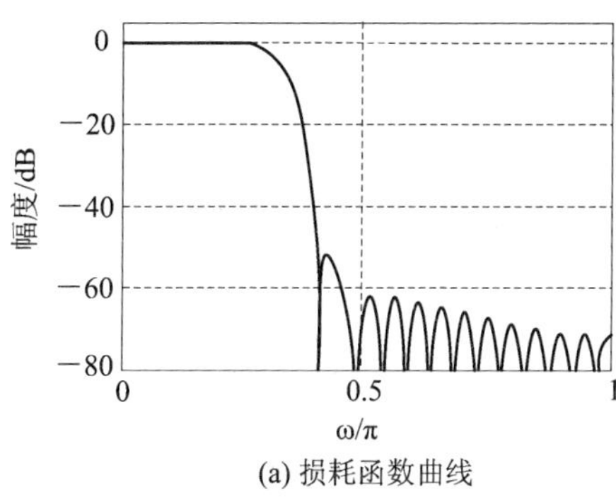

(a) 损耗函数曲线

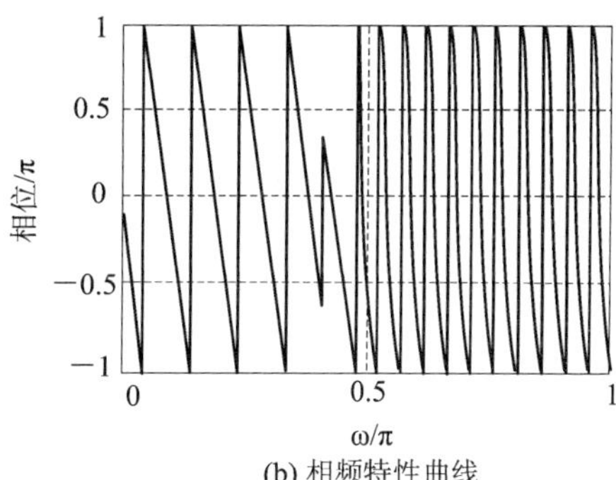

(b) 相频特性曲线

题 13 解图

14. 要求用数字低通滤波器对模拟信号进行滤波，要求：通带截止频率为 10 kHz，阻带截止频率为 22 kHz，阻带最小衰减为 75 dB，采样频率为 $F_s=50$ kHz。用窗函数法设计数字低通滤波器。

(1) 选择合适的窗函数及其长度，求出 $h(n)$的表达式。

(2*) 用 MATLAB 画出损耗函数曲线和相频特性曲线。

解：(1) 根据教材 7.2.2 节所给步骤进行设计。

① 根据对阻带衰减及过渡带的指标要求，选择窗函数的类型，并估计窗口长度 N。

本题要求设计的 FIRDF 指标：

通带截止频率：

$$\omega_p=\frac{2\pi f_p}{F_s}=2\pi\times\frac{10\ 000}{50\ 000}=\frac{2\pi}{5}\ \text{rad}$$

阻带截止频率：

$$\omega_s=\frac{2\pi f_s}{F_s}=2\pi\times\frac{22\ 000}{50\ 000}=\frac{22\pi}{25}\ \text{rad}$$

阻带最小衰减：

$$\alpha_s=75\ \text{dB}$$

由习题 9 中教材表 7.2.2 可知，本题应选凯塞窗($\beta=7.865$)。窗口长度 $N\geqslant10\pi/B_t=10\pi/(\omega_s-\omega_p)=20.833$，取 $N=21$。窗函数表达式为

$$w_k(n)=\frac{I_0(\beta)}{I_0(\alpha)}R_{21}(n),\ \beta=7.865$$

② 构造希望逼近的频率响应函数 $H_d(e^{j\omega})$：

$$H_d(e^{j\omega})=H_{dg}(\omega)e^{-j\omega(N-1)/2}=\begin{cases}e^{-j\omega\tau} & 0\leqslant|\omega|<\omega_c\\ 0 & \omega_c\leqslant|\omega|\leqslant\pi\end{cases}$$

式中，$\tau=\dfrac{N-1}{2}=10$，$\omega_c=\dfrac{\omega_p+\omega_s}{2}=\dfrac{16\pi}{25}$。

③ 求 $h_d(n)$：

$$h_d(n)=\frac{1}{2\pi}\int_{-\pi}^{\pi}H_d(e^{-j\omega})e^{j\omega n}\,d\omega=\frac{1}{2\pi}\int_{-\omega_c}^{\omega_c}e^{-j\omega\tau}e^{j\omega n}\,d\omega=\frac{\sin[\omega_c(n-\tau)]}{\pi(n-\tau)}$$

④ 加窗：

$$h(n)=h_d(n)w(n)=\frac{\sin[\omega_c(n-\tau)]}{\pi(n-\tau)}w_k(n)$$

(2) 调用 MATLAB 函数设计及绘图程序 ex714.m 如下：

```
%ex714.m：调用 fir1 设计线性相位低通 FIR 滤波器并绘图
Fs=50000；fp=10000；fs=22000；rs=75；
wp=2*pi*fp/Fs；ws=2*pi*fs/Fs；Bt=ws-wp；
wc=(wp+ws)/2；N=ceil(10*pi/Bt)；
hmn=fir1(N-1，wc/pi，kaiser(N，7.865))；
rs=100；a=1；mpplot(hmn，a，rs)    %调用自编函数 mpplot 绘制损耗函数和相频特性曲线
```

程序运行结果即损耗函数和相频特性曲线如题 14 解图所示，请读者运行程序查看 h(n)的数据。

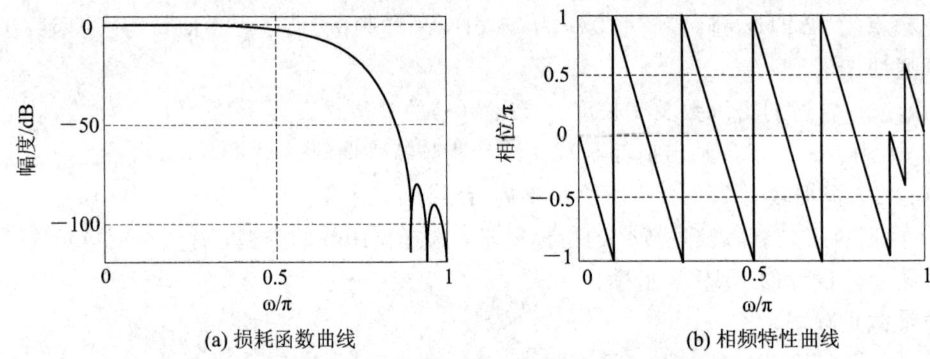

(a) 损耗函数曲线　(b) 相频特性曲线

题 14 解图

15. 利用频率采样法设计线性相位 FIR 低通滤波器，给定 $N=21$，通带截止频率 $\omega_c=0.15\pi$ rad。求出 $h(n)$，为了改善其频率响应(过渡带宽度、阻带最小衰减)，应采取什么措施？

解：(1) 确定希望逼近的理想低通滤波频率响应函数 $H_d(e^{j\omega})$：

$$H_d(e^{j\omega})=\begin{cases}e^{-j\omega a} & 0\leqslant|\omega|<0.15\pi\\ 0 & 0.15\pi\leqslant|\omega|\leqslant\pi\end{cases}$$

其中，$a=(N-1)/2=10$。

(2) 采样：

$$H_d(k)=H_d(e^{j\frac{2\pi}{N}k})=\begin{cases}e^{-j\frac{N-1}{N}\pi k}=e^{-j\frac{20}{21}\pi k} & k=0,1,20\\ 0 & 2\leqslant k\leqslant 19\end{cases}$$

(3) 求 $h(n)$：

$$h(n)=\text{IDFT}[H_d(k)]=\frac{1}{N}\sum_{k=0}^{N-1}H_d(k)W_N^{-kn}$$

$$=\frac{1}{21}[1+e^{-j\frac{20}{21}\pi}W_{21}^{-n}+e^{-j\frac{20}{21}\pi W_{21}^{-20n}}]R_{21}(n)$$

$$=\frac{1}{21}[1+e^{j\frac{2\pi}{21}(n-10)}+e^{-j\frac{400\pi}{21}}e^{j\frac{40}{21}\pi n}]R_{21}(n)$$

因为

$$e^{-j\frac{400}{21}\pi} = e^{j\frac{20}{21}\pi},\ e^{j\frac{40}{21}\pi n} = e^{j\left(\frac{42\pi}{21}-\frac{2\pi}{21}\right)n} = e^{-j\frac{2\pi}{21}n}$$

所以

$$h(n) = \frac{1}{21}\left[1 + e^{j\frac{2\pi}{21}(n-10)} + e^{-j\frac{2\pi}{21}(n-10)}\right] = \frac{1}{21}\left[1 + 2\cos\left(\frac{2\pi}{21}(n-10)\right)\right]R_{21}(n)$$

损耗函数曲线绘图程序 ex715.m 如下：

```
%程序 ex715.m
N=21; n=0: N-1;
hn=(1+2*cos(2*pi*(n-10)/N))/N;
rs=20; a=1; mpplot(hn, a, rs)        %调用自编函数 mpplot 绘制损耗函数和相频特性曲线
```

运行程序绘制损耗函数曲线如题 15 解图所示，请读者运行程序查看 hn 的数据。

为了改善阻带衰减和通带波纹，应加过渡带采样点，为了使边界频率更精确，过渡带更窄，应加大采样点数 N。

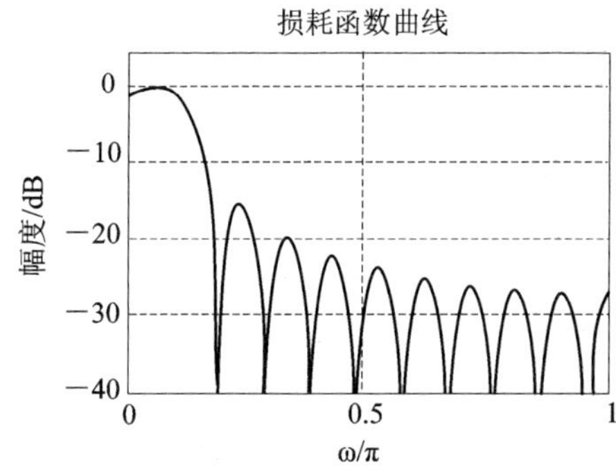

题 15 解图

16. 重复题 15，但改为用矩形窗函数法设计。将设计结果与题 15 进行比较。

解：直接调用 fir1 设计，程序为 ex716.m。

```
%调用 fir1 求解 16 题的程序 ex716.m
N=21; wc=0.15;
hn=fir1(N-1, wc, boxcar(N));         %选用矩形窗函数(与上面求解中相同)
rs=20; a=1; mpplot(hn, a, rs)        %调用自编函数 mpplot 绘制损耗函数和相频特性曲线
```

运行程序绘制损耗函数曲线如题 16 解图所示。与题 15 解图比较，过渡带宽度相同，但矩形窗函数法设计的 FIRDF 阻带最小衰减约为 20 dB，而 15 题设计结果约为 16 dB。

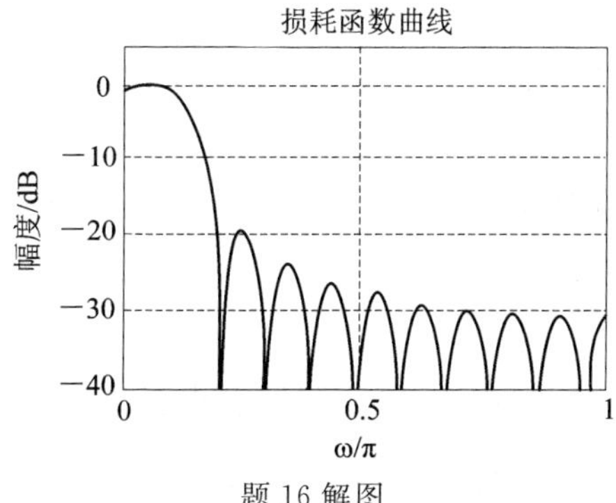

题 16 解图

17. 利用频率采样法设计线性相位 FIR 低通滤波器，设 $N=16$，给定希望逼近的滤波器的幅度采样值为

$$H_{dg}(k)=\begin{cases}1 & k=0,1,2,3\\ 0.389 & k=4\\ 0 & k=5,6,7\end{cases}$$

解：由希望逼近的滤波器幅度采样 $H_{dg}(k)$ 可构造出 $H_d(e^{j\omega})$ 的采样 $H_d(k)$：

$$H_d(k)=\begin{cases}e^{-j\frac{N-1}{N}\pi k}=e^{-j\frac{15}{16}\pi k} & k=0,1,2,3,13,14,15\\ 0.389e^{-j\frac{15}{16}\pi k} & k=4,12\\ 0 & k=5,6,7,8,9,11\end{cases}$$

$$\begin{aligned}h(n)&=\text{IDFT}[H_d(k)]=\frac{1}{16}\sum_{k=0}^{15}H_d(k)W_{16}^{-kn}R_{16}(n)\\ &=\frac{1}{16}[1+e^{-j\frac{15}{16}}e^{j\frac{\pi}{8}n}+e^{-j\frac{15\pi}{16}2\pi}e^{j\frac{\pi}{8}}+e^{-j\frac{15}{16}3n}+0.389e^{-j\frac{15}{16}4\pi}e^{j\frac{\pi}{8}4\pi}\\ &\quad+e^{-j\frac{15}{16}15\pi}e^{j\frac{\pi}{8}15n}+e^{-j\frac{15}{16}14\pi}e^{j\frac{\pi}{8}14n}+e^{-j\frac{15}{16}13n}+0.389e^{-j\frac{15}{16}12\pi}e^{j\frac{\pi}{8}12n}]R_{16}(n)\\ &=\frac{1}{16}\left\{1+2\cos\left[\frac{\pi}{8}\left(n-\frac{15}{2}\right)\right]+2\cos\left[\frac{\pi}{4}\left(n-\frac{15}{2}\right)\right]\right.\\ &\quad\left.+2\cos\left[\frac{3\pi}{8}\left(n-\frac{15}{2}\right)\right]+0.778\cos\left[\frac{\pi}{2}\left(n-\frac{15}{2}\right)\right]\right\}\end{aligned}$$

18. 利用频率采样法设计线性相位 FIR 带通滤波器，设 $N=33$，理想幅度特性 $H_d(\omega)$ 如题 18 图所示。

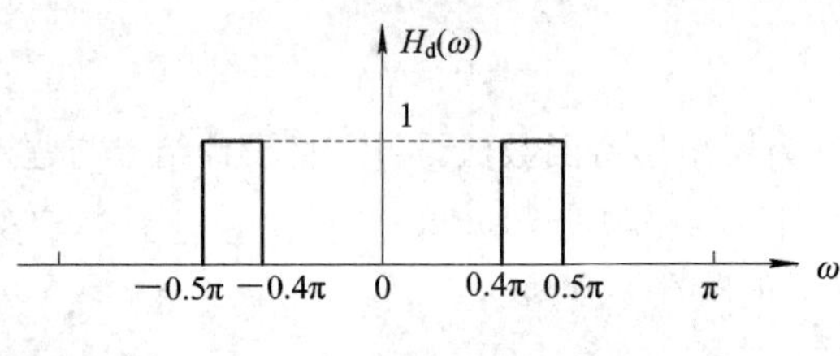

题 18 图

解：由题 18 图可得到理想幅度采样值为

$$H_{dg}(k)=H_d\left(\frac{2\pi}{N}k\right)=\begin{cases}1 & k=7,8,25,26\\ 0 & k=0\sim 6,\ k=9\sim 24,\ k=27\sim 32\end{cases}$$

$$H_d(k)=H_d(e^{j\frac{2\pi}{N}k})=\begin{cases}e^{-j\frac{32}{33}\pi k} & k=7,8,25,26\\ 0 & \text{其他 } k \text{ 值}\end{cases}$$

$$\begin{aligned}h(n)&=\text{IDFT}[H_d(k)]=\frac{1}{33}\sum_{k=0}^{15}H_d(k)W_{33}^{-kn}R_{33}(n)\\ &=\frac{1}{33}[e^{-j\frac{32}{33}7\pi}e^{j\frac{2\pi}{33}7n}+e^{-j\frac{32}{33}8\pi}e^{j\frac{2\pi}{33}8n}+e^{-j\frac{32}{33}25\pi}e^{j\frac{2\pi}{33}25n}+e^{-j\frac{32}{33}26\pi}e^{j\frac{2\pi}{33}26n}]\\ &=\frac{1}{33}\left\{\left[\cos\frac{14\pi}{33}(n-16)\right]+\cos\left[\frac{16\pi}{33}(n-16)\right]\right\}R_{33}(n)\end{aligned}$$

19*. 设信号 $x(t) = s(t) + v(t)$，其中 $v(t)$是干扰，$s(t)$与 $v(t)$的频谱不混叠，其幅度谱如题 19* 图所示。要求设计数字滤波器，将干扰滤除，指标是允许 $|S(f)|$ 在 $0\leqslant f\leqslant 15$ kHz 频率范围中幅度失真为 ±2%($\delta_1 = 0.02$)；$f > 20$ kHz，衰减大于 40 dB($\delta_2 = 0.01$)；希望分别设计性价比最高的 FIR 和 IIR 两种滤波器进行滤除干扰。请选择合适的滤波器类型和设计方法进行设计，最后比较两种滤波器的幅频特性、相频特性和阶数。

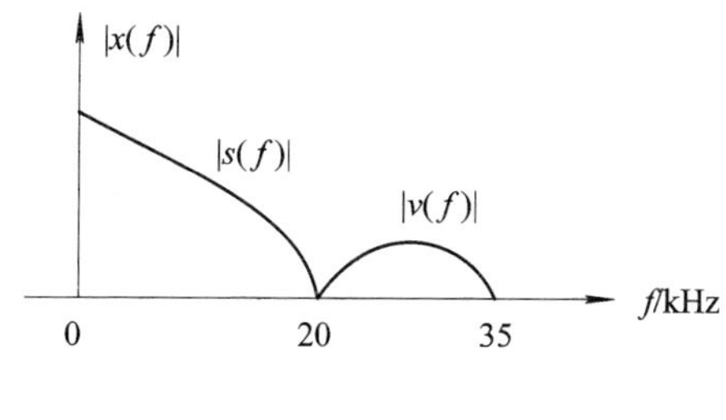

题 19* 图

解：本题以模拟频率给定滤波器指标，所以，程序中先要计算出对应的数字边界频率，然后再调用 MATLAB 工具箱函数设计数字滤波器。由题意确定滤波器指标(边界频率以模拟频率给出)：

$$f_p = 15\ \text{kHz},\ \delta_1 = 0.02,\ \alpha_p = -20\ \lg\frac{1-\delta_1}{1+\delta_1}\ \text{dB}$$

$$f_p = 20\ \text{kHz},\ \delta_2 = 0.01,\ \alpha_s = 40\ \text{dB}$$

(1) 确定相应的数字滤波器指标。根据信号带宽，取系统采样频率 $F_s = 80$ kHz。

$$\omega_p = \frac{2\pi f_p}{F_s},\ \delta_1 = 0.02,\ \alpha_p = -20\ \lg\frac{1-\delta_1}{1+\delta_1}\ \text{dB}$$

$$\omega_s = \frac{2\pi f_s}{F_s},\ \delta_2 = 0.01,\ \alpha_s = 40\ \text{dB}$$

(2) 设计数字低通滤波器。为了设计性价比最高的 FIR 和 IIR 滤波器，IIR 滤波器选择椭圆滤波器，FIR 滤波器采用等波纹最佳逼近法设计。设计程序为 ex719.m。

```
%ex719.m：设计性价比最高的 FIR 和 IIR 滤波器
Fs=80000；fp=15000；fs=20000；
data1=0.02；rp=-20*log10((1-data1)/(1+data1))；
data2=0.01；rs=40；
wp=2*fp/Fs；ws=2*fs/Fs；%计算数字边界频率(关于 π 归一化)
%椭圆 DF 设计
[Ne，wpe]=ellipord(wp，ws，rp，rs)；%调用 ellipord 计算椭圆 DF 阶数 N 和通带截止频率 wp
[Be，Ae]=ellip(Ne，wpe，rs，wp)；%调用 ellip 计算椭圆 DF 系统函数系数向量 Be 和 Ae
%用等波纹最佳逼近法设计 FIRDF
f=[wp，ws]；m=[1，0]；rip=[data1，data2]；
[Nr，fo，mo，w]=remezord(f，m，rip)；
hn=remez(Nr，fo，mo，w)；
%以下为绘图部分(省略)
```

程序运行结果：椭圆 DF 阶数 Ne=5，损耗函数曲线和相频特性曲线如题 19* 解图(a)

所示。采用等波纹最佳逼近法设计的 FIRDF 阶数 Nr=29，损耗函数曲线和相频特性曲线如题 19* 解图(b)图所示。由图可见，IIRDF 阶数低得多，但相位特性存在非线性，FIRDF 具有线性相位特性。

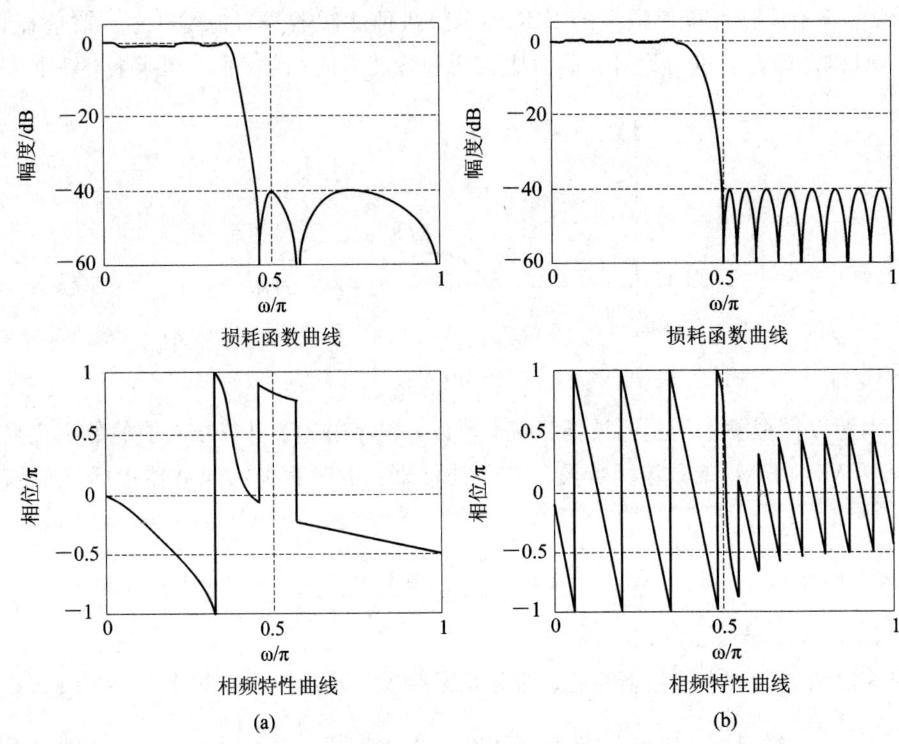

题 19* 解图

20*. 调用 MATLAB 工具箱函数 fir1 设计线性相位低通 FIR 滤波器，要求希望逼近的理想低通滤波器通带截止频率 $\omega_c=\pi/4$ rad，滤波器长度 $N=21$。分别选用矩形窗、Hanning 窗、Hamming 窗和 Blackman 窗进行设计，绘制用每种窗函数设计的单位脉冲响应$h(n)$及其损耗函数曲线，并进行比较，观察各种窗函数的设计性能。

解：本题设计程序 ex720.m 如下：

```
%ex720.m：调用 fir1 设计线性相位低通 FIR 滤波器
clear；close all；
N=21；wc=1/4；n=0：20；
hrn=fir1(N-1，wc，boxcar(N))；          %用矩形窗函数设计
hnn=fir1(N-1，wc，hanning(N))；         %用 hanning 窗设计
hmn=fir1(N-1，wc，hamming(N))；         %用 hamming 窗函数设计
hbn=fir1(N-1，wc，blackman(N))；        %用 blackman 窗函数设计
%以下为绘图部分(省略)
```

程序运行结果：用矩形窗、Hanning 窗、Hamming 窗和 Blackman 窗设计的单位脉冲响应 h(n)及其损耗函数曲线如题 20* 解图所示。由图可见，滤波器长度 N 固定时，矩形窗设计的滤波器过渡带最窄，阻带最小衰减也最小；blackman 窗设计的滤波器过渡带最宽，阻带最小衰减最大。

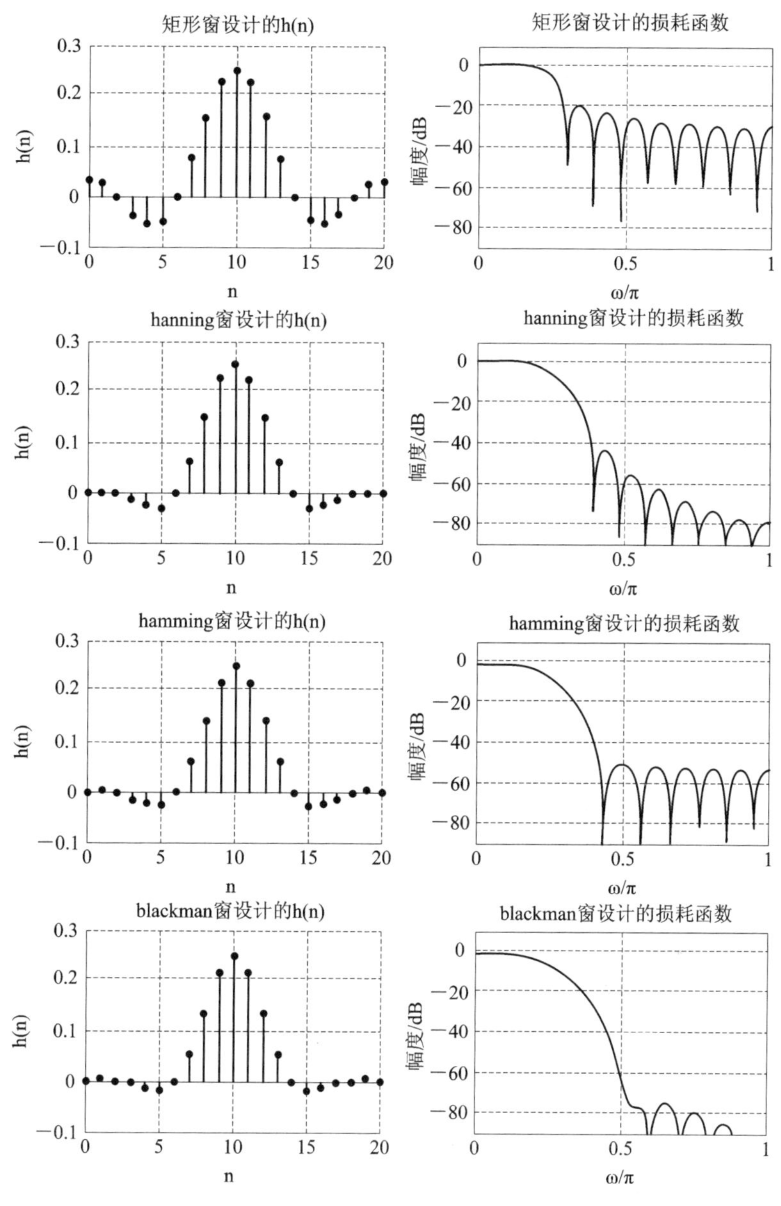

题 20* 解图

21*. 将要求改成设计线性相位高通 FIR 滤波器，重作题 20。

解：本题的设计程序除了在每个 fir1 函数的调用参数中加入滤波器类型参数“high”外，与第 20 题的程序完全相同，请读者修改并运行程序，完成本题。

22*. 调用 MATLAB 工具箱函数 remezord 和 remez 设计线性相位低通 FIR 滤波器，实现对模拟信号的采样序列 $x(n)$ 的数字低通滤波处理。指标要求：采样频率为 16 kHz；通带截止频率为 4.5 kHz，通带最小衰减为 1 dB；阻带截止频率为 6 kHz，阻带最小衰减为 75 dB。列出 $h(n)$ 的序列数据，并画出损耗函数曲线。

解：本题设计程序 ex722.m 如下：

```
%ex722.m：调用 remezord 和 remez 设计线性相位低通 FIR 滤波器
```

```
Fs=16000; f=[4500, 6000];    %采样频率，边界频率为模拟频率(Hz)
m=[1, 0];
rp=1;
rs=75;
dat1=(10^(rp/20)-1)/(10^(rp/20)+1);
dat2=10^(-rs/20);
rip=[dat1, dat2];
[M, fo, mo, w]=remezord(f, m, rip, Fs); M=M+1;    %边界频率为模拟频率(Hz)时必须
                                                  %加入采样频率 Fs
hn=remez(M, fo, mo, w)
%以下为绘图部分(省略)
```

程序运行结果：

h(n) =[-0.0023 0.0026 0.0207 0.0131 -0.0185 0.0032 0.0278 -0.0306
-0.0176 0.0705 -0.0402 -0.1075 0.2927 0.6227 0.2927 -0.1075
-0.0402 0.0705 -0.0176 -0.0306 0.0278 0.0032 -0.0185 0.0131
0.0207 0.0026 -0.0023]

单位脉冲响应 h(n)及其损耗函数曲线如题 22* 解图所示。

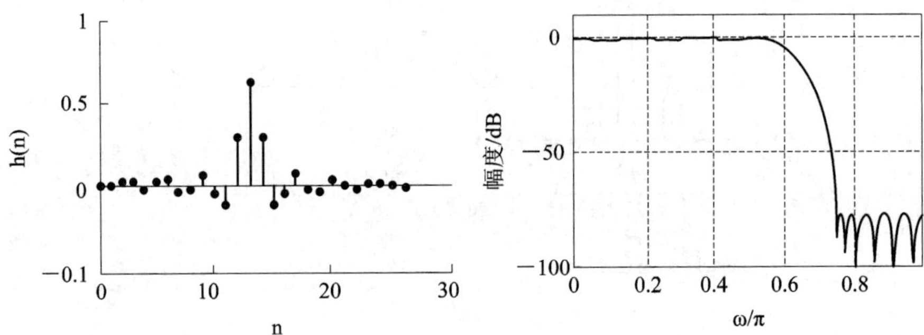

题 22* 解图

23*. 调用 MATLAB 工具箱函数 remezord 和 remez 设计线性相位高通 FIR 滤波器，实现对模拟信号的采样序列 $x(n)$的数字高通滤波处理。指标要求：采样频率为 16 kHz；通带截止频率为 5.5 kHz，通带最小衰减为 1dB；过渡带宽度小于等于 3.5 kHz，阻带最小衰减为 75 dB。列出 $h(n)$的序列数据，并画出损耗函数曲线。

解： 滤波器的阻带截止频率 f_s=5500-3500=2000 Hz。本题设计程序 ex723. m 如下：

```
%ex723.m：调用 remezord 和 remez 设计线性相位高通 FIR 滤波器
Fs=16000; f=[2000, 5500]; %采样频率，边界频率为模拟频率(Hz)
m=[0, 1];
rp=1; rs=75; dat1=(10^(rp/20)-1)/(10^(rp/20)+1); dat2=10^(-rs/20);
rip=[dat2, dat1];
[M, fo, mo, w]=remezord(f, m, rip, Fs); %边界频率为模拟频率(Hz)时必须加入采样频率 Fs
hn=remez(M, fo, mo, w)
```

程序运行结果：滤波器长度为 N=M+1=11，单位脉冲响应 h(n)及其损耗函数曲线如题 23* 解图所示，请读者运行程序查看 h(n)的数据。

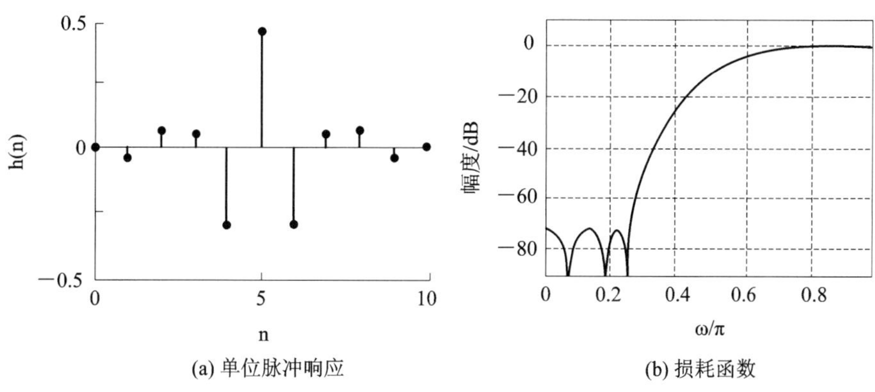

(a) 单位脉冲响应　(b) 损耗函数

题 23* 解图

24*. 用窗函数法设计一个线性相位低通 FIR 滤波器，要求通带截止频率为 0.3π rad，阻带截止频率为 0.5π rad，阻带最小衰减为 40 dB。选择合适的窗函数及其长度，求出并显示所设计的单位脉冲响应 $h(n)$的数据，并画出损耗函数曲线和相频特性曲线，请检验设计结果。试不用 fir1 函数，直接按照窗函数设计法编程设计。

解：直接按照窗函数设计法的设计程序 ex724.m 如下：

```
%ex724.m：直接按照窗函数设计法编程设计线性相位低通 FIR 滤波器
wp=0.3*pi; ws=0.5*pi; rs=40;                    %指标参数
Bt=ws-wp;                                       %过渡带宽度
N=ceil(6.2*pi/Bt);                              %选 hanning 窗，求 wn 长度 N
wc=(wp+ws)/2; r=(N-1)/2;                        %理想低通截止频率 wc
n=0:N-1; hdn=sin(wc*(n-r))./(pi*(n-r));         %计算理想低通的 hdn
hdn(16)=wc/pi;                                  %在 n=(N-1)/2=15 点为 0/0 型，直接赋值
wn=0.5*(1-cos(2*pi*n/(N-1)));                   %求窗函数序列 wn
hn=hdn.*wn                                      %加窗
%以下为绘图部分(省略)
```

程序运行结果：单位脉冲响应 h(n)及其损耗函数曲线如题 24* 解图所示，请读者运行程序查看 h(n)的数据。

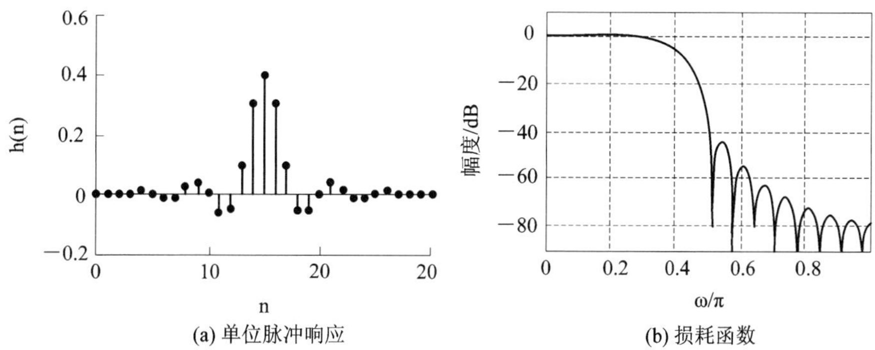

(a) 单位脉冲响应　(b) 损耗函数

题 24* 解图

25*. 调用 MATLAB 工具箱函数 fir1 设计线性相位高通 FIR 滤波器。要求通带截止频率为 0.6π rad，阻带截止频率为 0.45π，通带最大衰减为 0.2 dB，阻带最小衰减为 45 dB。显示所设计的单位脉冲响应 h(n)的数据，并画出损耗函数曲线。

解：本题设计程序 ex725.m 如下：

```
%ex725.m：调用 fir1 设计线性相位高通 FIR 滤波器
wp=0.6*pi; ws=0.45*pi; rs=45;                %指标参数
wc=(wp+ws)/2;                                %理想低通截止频率 wc
Bt=wp-ws;                                    %过渡带宽度
N1=ceil(6.6*pi/Bt);                          %hamming 窗 w(n)长度
N=N1+mod(N1+1, 2);                           %如果 N1 为偶数加 1，保证 N=奇数
hn=fir1(N-1, wc/pi, 'high', hamming(N))      %计算 hn
subplot 221; yn='h(n)'; tstem(hn, yn)        %调用自编函数 tstem 绘制 hn 波形
subplot 222; A=1; myplot(hn, A);             %调用自编函数 myplot 绘制损耗函数曲线
```

程序运行结果：滤波器长度 N=45。单位脉冲响应 h(n)及其损耗函数曲线如题 25* 解图所示。请读者运行程序查看 h(n)的数据。

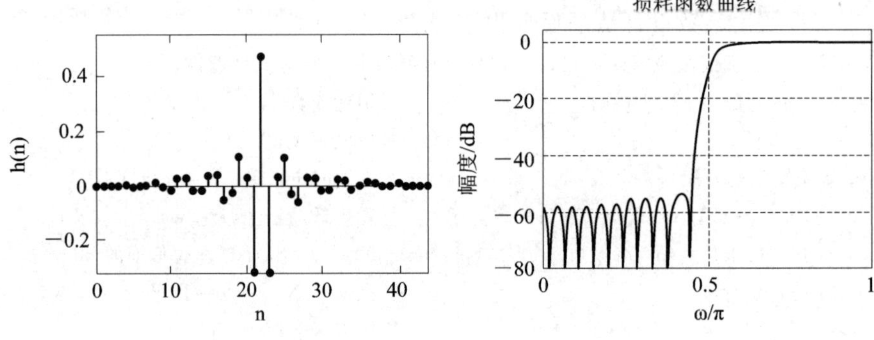

题 25* 解图

26*. 调用 MATLAB 工具箱函数 fir1 设计线性相位带通 FIR 滤波器。要求通带截止频率为 0.55π rad 和 0.7π rad，阻带截止频率为 0.45π rad 和 0.8π rad，通带最大衰减为 0.15 dB，阻带最小衰减为 40 dB。显示所设计的单位脉冲响应 $h(n)$的数据，并画出损耗函数曲线。

解：本题设计程序 ex726.m 如下：

```
%ex726.m：调用 fir1 设计线性相位带通 FIR 滤波器
wpl=0.55*pi; wpu=0.7*pi; wsl=0.45*pi; wsu=0.8*pi; rs=40;   %指标参数
wc=[(wpl+wsl)/2, (wpu+wsu)/2];               %理想带通截止频率 wc
Bt=wpl-wsl;                                  %过渡带宽度
N=ceil(6.2*pi/Bt);                           %hanning 窗 wn 长度
hn=fir1(N-1, wc/pi, hanning(N))              %计算 hn
subplot 221; yn='h(n)'; tstem(hn, yn)        %调用自编函数 tstem 绘制 hn 波形
subplot 222; A=1; myplot(hn, A);             %调用自编函数 myplot 绘制损耗函数曲线
```

程序运行结果：滤波器长度 N=62。单位脉冲响应 h(n)及其损耗函数曲线如题 26* 解图所示。请读者运行程序查看 h(n)的数据。

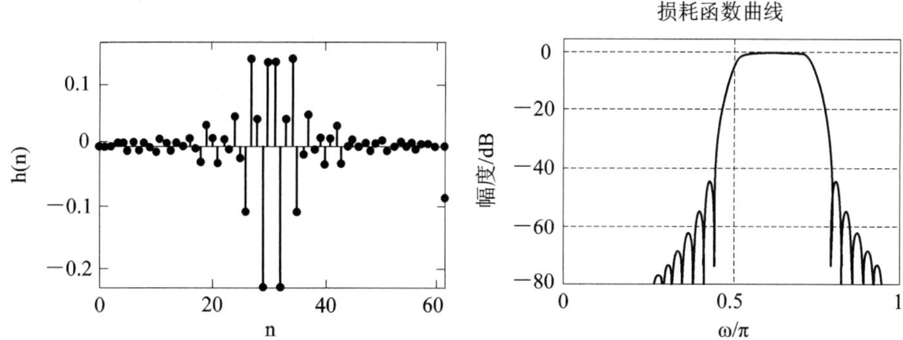

题 26* 解图

27*. 调用 remezord 和 remez 函数完成题 25* 和题 26* 所给技术指标的滤波器的设计，并比较设计结果(主要比较滤波器阶数的高低和幅频特性)。

解：本题设计程序 ex727.m 如下：

```
%ex727.m：调用 remezord 和 remez 设计线性相位高通和带通 FIR 滤波器
%按照题 25 指标设计高通滤波器
f=[0.45, 0.6]; m=[0, 1]; rp=0.2; rs=45;        %指标参数
dat1=(10^(rp/20)-1)/(10^(rp/20)+1); dat2=10^(-rs/20); rip=[dat2, dat1];
[M25, fo, mo, w]=remezord(f, m, rip); %M=M+1;
hn25=remez(M25, fo, mo, w)
subplot 221; yn='h(n)'; tstem(hn25, yn); title('(a)')   %调用自编函数 tstem 绘制 hn25 波形
subplot 222; A=1; myplot(hn25, A); title('(b)')        %调用自编函数 myplot 绘制损耗函数
                                                        %曲线
%按照题 26 指标设计带通滤波器
f=[0.45, 0.55, 0.7, 0.8]; m=[0, 1, 0]; rp=0.15; rs=40;     %指标参数
dat1=(10^(rp/20)-1)/(10^(rp/20)+1);
dat2=10^(-rs/20);
rip=[dat2, dat1, dat2];
[M26, fo, mo, w]=remezord(f, m, rip);
M26=M26+1;
hn26=remez(M26, fo, mo, w)
subplot 223; yn='h(n)'; tstem(hn26, yn); title('(c)')   %调用自编函数 tstem 绘制 hn26 波形
subplot 224; A=1; myplot(hn26, A); title('(d)') %调用自编函数 myplot 绘制损耗函数曲线
```

程序运行结果：满足题 25* 和题 26* 所给技术指标的滤波器长度分别为 N25=M25+1=29，N26= M26+1=42。高通滤波器的单位脉冲响应 h(n)及其损耗函数曲线如题 27* 解图 (a)和(b)所示。带通滤波器的单位脉冲响应 h(n)及其损耗函数曲线如题 27* 解图(c)和(d)所示。请读者运行程序查看 h(n)的数据。

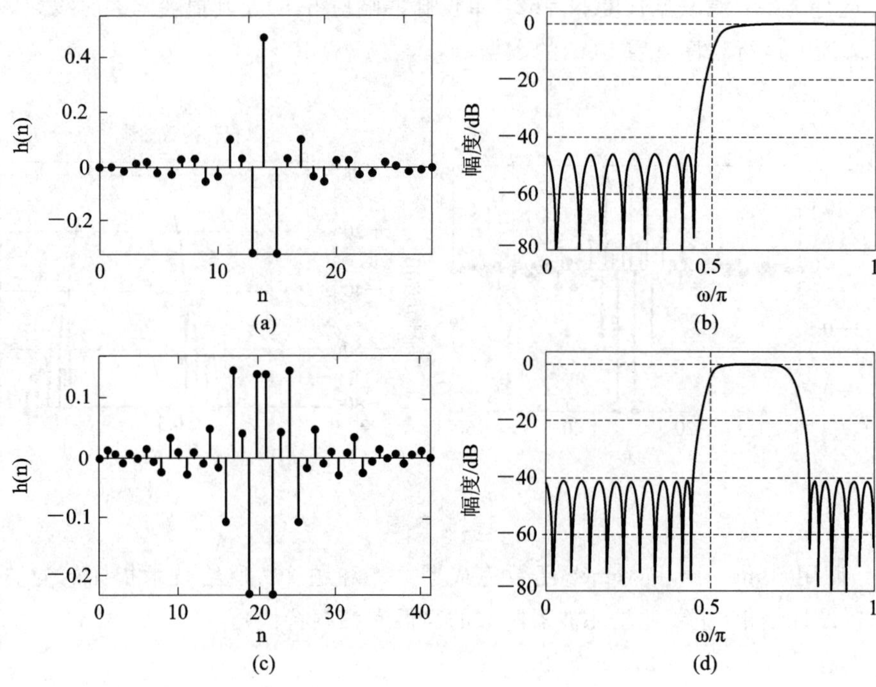

题 27* 解图

remez 设计的高通滤波器阶数为窗函数法的 64.44%，remez 设计的带通滤波器阶数为窗函数法的 67.74%。

第 7 章　多采样率数字信号处理

7.1 引　　言

本章内容与教材第 8 章内容相对应。

在实际系统中，经常会遇到采样率的转换问题，要求一个数字系统能工作在“多采样率”状态。这样的系统中，不同处理阶段或不同单元的采样频率可能不同。例如，在 DSP 开发仿真实验系统中，为了抗混叠滤波器设计实现简单，降低系统复杂度，应先统一对模拟信号以系统最高采样频率采样，然后，根据实验者选择的各种采样频率，在数字域改变采样频率。由于在数字域改变采样频率完全用软件实现，所以，采样频率可以任意选择，又避免了对各种不同的采样频率设计各种不同的抗混叠模拟滤波器，从而使系统复杂度大大降低。

采样率转换在现代通信、信号处理和图像处理等领域都有广泛的应用，应用实例举不胜举，本科大学生能理解的几种实例在教材 8.1 节有介绍，这里不再重复。

7.2　学习要点及重要公式

本章要求学生熟悉采样率转换的基本概念和种类，了解采样率转换的应用价值和适用场合，掌握三种常用的采样率转换基本系统(整数因子 D 抽取、整数因子 I 插值和有理数因子 I/D 采样率转换)的基本原理、构成原理方框图及其各种高效实现方法(FIR 直接实现、多相滤波器实现)，每种实现方法的特点。这些专业基础知识对进一步学习、设计、开发工作在多采样率状态的各种复杂系统是极其重要的。采样率转换的基本概念和种类，以及应用价值和适用场合在教材中已有较详细的介绍，这里不再重复。下面对三种常用的采样率转换基本系统的重要知识点及相关公式进行归纳总结，以便读者复习巩固。

值得注意，要理解采样率转换原理，必须熟悉时域采样概念、时域采样信号的频谱结构、时域采样定理。此外，时域离散线性时不变系统的时域分析和变换(Z 变换、傅里叶变换)域分析理论是本章的分析工具。只有熟练掌握上述基础知识，才能掌握本章的知识，否则，无法理解本章内容。

7.2.1　整数因子 D 抽取

1. 整数因子 D 抽取器原理框图

按整数因子 D 对 $x(n)$ 抽取的原理方框图如图 7.2.1 所示。

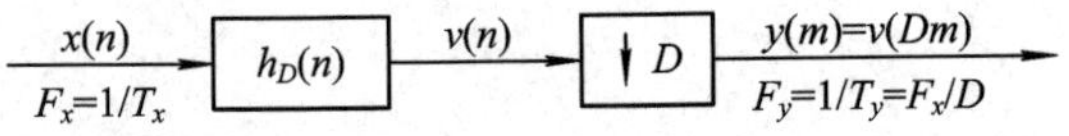

图 7.2.1

2. 整数因子抽取器的功能

整数因子抽取器的功能表现为：输出端信号采样频率 F_y 降为输入端信号采样频率 F_x 的 $1/D$，即 $F_y=F_x/D$。

3. 知识要点及重要公式

经过抽取使采样率降低，会引起新的频谱混叠失真，所以，必须在抽取前进行抗混叠滤波。抗混叠滤波器 $h_D(n)$有两项指标：

根据采样定理，抗混叠滤波器的阻带截止频率为

$$f_s=\frac{F_y}{2}=\frac{F_x}{2D}\ \text{Hz} \tag{7.2.1}$$

相应的数字阻带截止频率为

$$\omega_s=\frac{2\pi f_s}{F_x}=\frac{\pi}{D} \tag{7.2.2}$$

应当注意，由于抗混叠滤波器工作于输入信号采样频率 F_x，所以，式(7.2.2)中用 F_x 换算得到相应的数字截止频率，绝对不能用 F_y 换算。抗混叠滤波器的通带截止频率(或过渡带宽度)取决于抽取系统对信号频谱的失真度要求。设计时根据具体要求确定抗混叠滤波器的其他三个指标参数(通带截止频率 ω_p、通带最大衰减 α_p、阻带最小衰减 α_s)。

例如，要求抽取过程中频带$[0, f_p]$上幅频失真小于 1%(显然 $f_p<f_s$)，由于抽取引起的频谱混叠失真不超过 0.1%。这时，抗混叠滤波器的通带截止频率为 $\omega_p=2\pi f_p/F_x$，通带最大衰减为 $\alpha_p=-20\lg(1-1\%)=0.0873$ dB，阻带最小衰减为 $\alpha_s=-20\lg(0.1\%)=60$ dB。

整数因子抽取器的输入 $x(n)$和输出 $y(m)$的关系式如下：

$$y(m)=v(Dm)=\sum_{k=0}^{\infty}h_D(k)x(Dm-k) \tag{7.2.3}$$

$$Y(z)=\frac{1}{D}\sum_{k=0}^{D-1}H_D(e^{-j2\pi k/D}z^{1/D})X(e^{-j2\pi k/D}z^{1/D}) \tag{7.2.4}$$

$$Y(e^{j\omega_y})=\frac{1}{D}\sum_{k=0}^{D-1}H_D(e^{j\frac{\omega_y-2\pi k}{D}})\cdot X(e^{j\frac{\omega_y-2\pi k}{D}}) \tag{7.2.5a}$$

在主值区$[-\pi, \pi]$上 $Y(e^{j\omega_y})$为

$$Y(e^{j\omega_y})=\frac{1}{D}H_D(e^{j\omega_y/D})X(e^{j\omega_y/D}) \qquad -\pi\leqslant|\omega_y|\leqslant\pi \tag{7.2.5b}$$

7.2.2 整数因子 *I* 内插器

1. 整数因子 *I* 内插器原理框图

按整数因子 I 对 $x(n)$内插的原理方框图如图 7.2.2 所示。

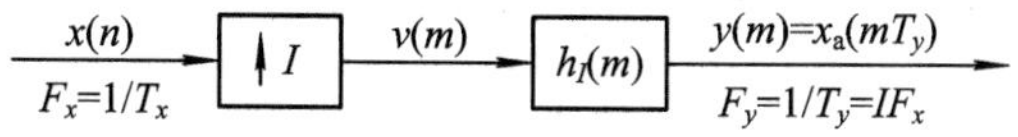

图 7.2.2

2. 整数因子内插器的功能

整数因子内插器的功能表现为：输出端信号采样频率 F_y 提高为输入端信号采样频率 F_x 的 I 倍，即 $F_y = IF_x$。

3. 知识要点及重要公式

经过整数倍零值内插使采样率升高至 I 倍，不会引起新的频谱混叠失真，但是会产生 $I-1$ 个镜像频谱(见图 7.2.3(b))。从时域考虑，零值内插器输出 $v(m)$的两个非零值之间有 $I-1$ 个零样值，不是我们所期望的提高采样率后的采样序列 $y(m)$。所以，必须进行低通滤波，滤除镜像频谱，得到 $y(m)$。

镜像频谱滤波器 $h_I(n)$的指标也有两项：阻带截止频率和数字域阻带截止频率。根据采样理论，采样频率提高到 F_y 时，采样信号序列 $y(m)$的频谱以 F_y 为周期。由于输入端信号 $x(n)$的采样频率为 F_x，所以 $x(n)$的频带宽度不会超过 $F_x/2$(对应的数字频率为 π)。因此，整数因子 I 内插器输出信号 $y(n)$的频谱一定是带宽为 $F_x/2$、重复周期为 F_y 的周期谱。我们将零值内插器输出的信号 $v(m)$的频谱中除了 $y(m)$频谱以外的其他频谱称为镜像频谱。镜像频谱滤波器的作用就是让 $y(m)$频谱尽量无失真通过，滤除 $v(m)$中的镜像频谱。当 $I=3$ 时，图 7.2.2 中各点信号的频谱示意图如图 7.2.3 所示。

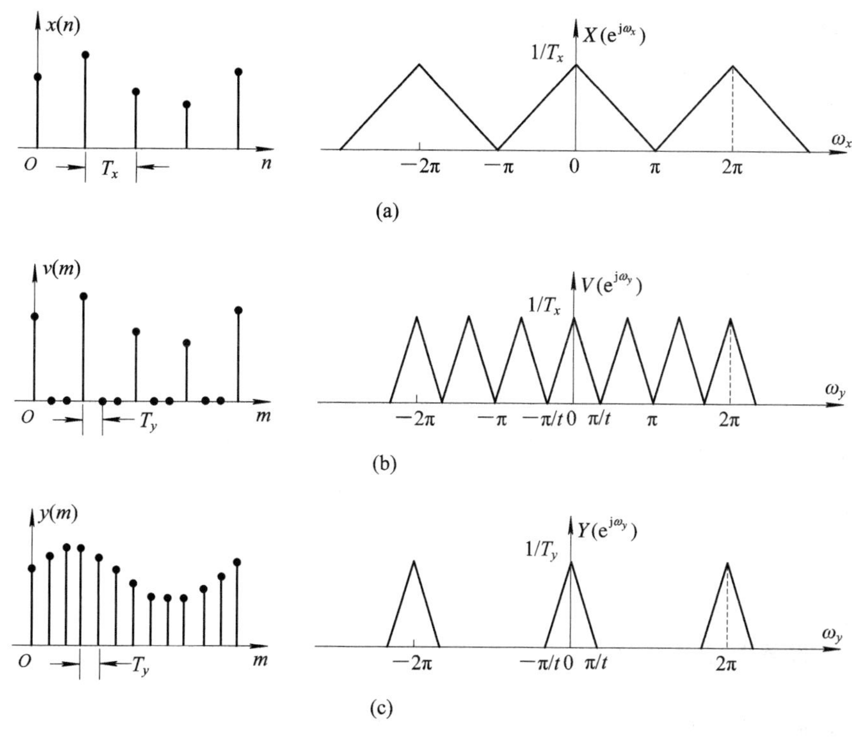

图 7.2.3

综上所述可知，镜像频谱滤波器的阻带截止频率为

$$f_s = \frac{F_x}{2}\ \mathrm{Hz} \tag{7.2.6}$$

相应的数字域阻带截止频率为

$$\omega_s = \frac{2\pi f_s}{F_y} = \frac{2\pi F_x/2}{IF_x} = \frac{\pi}{I} \tag{7.2.7}$$

应当注意，由于镜像频谱滤波器工作于输出信号采样频率 F_y，所以，式(7.2.7)中用 F_y 换算得到相应的数字截止频率，绝对不能用 F_x 换算。与抗混叠滤波器情况类似，根据具体要求确定镜像频谱滤波器其他三个指标参数(通带截止频率 ω_p、通带最大衰减 α_p、阻带最小衰减 α_s)。镜像频谱滤波器的 ω_p(或过渡带宽度)和 α_p 取决于内插系统对有用信号频谱的保真度要求，而 α_s 取决于内插系统对镜像高频干扰的限制指标。理想情况下，镜像频谱滤波器的频率响应函数为

$$H_I(e^{j\omega}) = \begin{cases} I & 0 \leqslant |\omega_y| < \dfrac{\pi}{I} \\ 0 & \dfrac{\pi}{I} \leqslant |\omega_y| \leqslant \pi \end{cases} \tag{7.2.8}$$

通带内幅度常数取 I 是为了确保在 $m=0, \pm I, \pm 2I, \pm 3I, \cdots$ 时，输出序列 $y(m)=x(m/I)$。

整数因子 I 内插系统的时域输入输出关系式如下：

$$y(m) = v(m) * h_I(m) = \sum_{k=-\infty}^{\infty} h_I(m-k)v(k) \tag{7.2.9}$$

因为除了在 I 的整数倍点 $v(kI)=x(k)$ 以外，$v(k)=0$，所以

$$y(m) = \sum_{k=-\infty}^{\infty} h_I(m-kI)x(k) \tag{7.2.10}$$

变换域输入输出关系式：

$$V(z) = \sum_{m=-\infty}^{\infty} v(m)z^{-m} = \sum_{m=-\infty}^{\infty} v(Im)z^{-Im} = \sum_{m=-\infty}^{\infty} x(m)z^{-Im} = X(z^I) \tag{7.2.11}$$

计算单位圆上的 $V(z)$ 得到 $v(m)$ 的频谱为

$$V(e^{j\omega}) = V(z)\big|_{z=e^{j\omega}} = X(e^{jI\omega}) \tag{7.2.12}$$

$$Y(z) = H_I(z)V(z) = H_I(z)X(z^I) \tag{7.2.13}$$

$$Y(e^{j\omega}) = H_I(e^{j\omega})V(e^{j\omega}) = H_I(e^{j\omega})X(e^{jI\omega}) \tag{7.2.14}$$

理想情况下，$H_I(e^{j\omega})$ 由式(7.2.8)确定，所以，

$$Y(e^{j\omega}) = \begin{cases} IX(e^{jI\omega}) & 0 \leqslant |\omega| < \dfrac{\pi}{I} \\ 0 & \dfrac{\pi}{I} \leqslant |\omega| \leqslant \pi \end{cases} \tag{7.2.15}$$

7.2.3 有理数因子 I/D 采样率转换系统

1. 有理数因子 I/D 采样率转换系统原理框图

有理数因子 I/D 采样率转换的原理框图如图 7.2.4 所示。

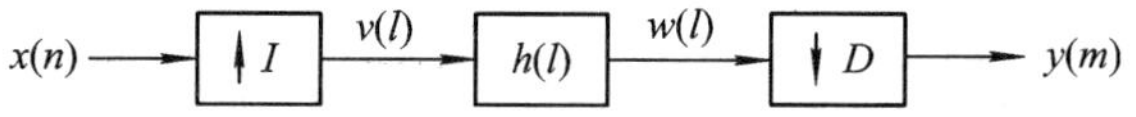

$$x(n) \rightarrow \boxed{\uparrow I} \xrightarrow{v(l)} \boxed{h(l)} \xrightarrow{w(l)} \boxed{\downarrow D} \rightarrow y(m)$$

图 7.2.4

2. 有理数因子 I/D 采样率转换系统的功能

有理数因子 I/D 采样率转换系统首先对输入序列 $x(n)$ 按整数因子 I 内插，然后再对内插器的输出序列按整数因子 D 抽取，达到按有理数因子 I/D 的采样率转换。如果仍用 $F_x=1/T_x$ 和 $F_y=1/T_y$ 分别表示输入序列 $x(n)$ 和输出序列 $y(m)$ 的采样频率，则 $F_y=(I/D)F_x$。应当注意，先内插后抽取才能最大限度地保留输入序列的频谱成分（请读者解释为什么）。

3. 知识要点及重要公式

图 7.2.4 中滤波器 $h(l)$ 同时完成镜像滤波和抗混叠滤波功能。所以，理想情况下，滤波器 $h(l)$ 是理想低通滤波器，其频率响应为

$$H(e^{j\omega}) = \begin{cases} \dfrac{I}{D} & 0 \leqslant |\omega| < \min\left[\dfrac{\pi}{I}, \dfrac{\pi}{D}\right] \\ 0 & \min\left[\dfrac{\pi}{I}, \dfrac{\pi}{D}\right] \leqslant |\omega| \leqslant \pi \end{cases} \tag{7.2.16}$$

图 7.2.4 中各点信号的时域表示式归纳如下：

零值内插器输出序列为

$$v(l) = \begin{cases} x\left(\dfrac{l}{I}\right) & l = 0, \pm I, \pm 2I, \pm 3I, \cdots \\ 0 & \text{其他} \end{cases} \tag{7.2.17}$$

线性滤波器输出序列为

$$w(l) = \sum_{k=-\infty}^{\infty} h(l-k)v(k) = \sum_{k=-\infty}^{\infty} h(l-kI)x(k) \tag{7.2.18}$$

整数因子 D 抽取器输出序列 $y(m)$ 为

$$y(m) = w(Dm) = \sum_{k=-\infty}^{\infty} h(Dm-kI)x(k) \tag{7.2.19}$$

式(7.2.19)就是有理数因子 I/D 采样率转换系统的输入输出时域关系。如果线性滤波器用 FIR 滤波器实现，则式(7.2.19)为有限项之和，所以可以直接按式(7.2.19)编程序计算输出序列 $y(m)$。当然，也可以采用教材上介绍的各种高效实现结构以硬件或软硬结合来实现。

7.3　采样率转换系统的高效实现

实际上，采样率转换系统的高效实现就是指其中的 FIR 数字滤波器的高效实现。这里高效的含义有三个方面：在满足滤波指标要求的同时，① 滤波器的总长度最小；② 使滤波处理计算复杂度最低；③ 对滤波器的处理速度要求最低。

教材中介绍了采样率转换系统的两种实现方法：直接型 FIR 滤波器结构、多相滤波器实现。各种实现方法的原理、结构及其特点在教材中都有较详细的叙述，本书不再重复。

7.4 教材第8章习题与上机题解答

1. 已知信号 $x(n)=a^n u(n)$，$|a|<1$。

(1) 求信号 $x(n)$的频谱函数 $X(e^{j\omega})=FT[x(n)]$；

(2) 按因子 $D=2$ 对 $x(n)$抽取得到 $y(m)$，试求 $y(m)$的频谱函数。

(3) 证明：$y(m)$的频谱函数就是 $x(2n)$ 的频谱函数。

解：(1) $X(e^{j\omega}) = FT[x(n)] = \sum\limits_{n=0}^{\infty} a^n e^{-j\omega n} = \dfrac{1}{1-ae^{-j\omega}}$

(2) 根据式(7.2.5a)可知 $y(m)$的频谱函数为

$$Y(e^{j\omega_y}) = FT[y(m)] = \frac{1}{2}[X(e^{j\omega_y/2}) + X(e^{j(\omega_y-2\pi)/2})]$$
$$= \frac{1}{2}\left[\frac{1}{1-ae^{-j\omega_y/2}} + \frac{1}{1-ae^{-j(\omega_y/2-\pi)}}\right]$$

(3)

$$FT[x(2n)] = \sum_{n=-\infty}^{\infty} x(2n)e^{-j\omega n} = \frac{1}{2}\sum_{n=-\infty}^{\infty}[x(n)+(-1)^n x(n)]e^{-j\omega n/2}$$
$$= \frac{1}{2}\sum_{n=-\infty}^{\infty}[x(n)e^{-j\omega n/2} + x(n)e^{-j(\omega/2-\pi)n}]$$
$$= \frac{1}{2}X(e^{j\omega/2}) + X(e^{j(\omega/2-\pi)}) = Y(e^{j\omega})$$

2. 假设信号 $x(n)$及其频谱 $X(e^{j\omega})$如题2图所示。按因子 $D=2$ 直接对 $x(n)$抽取，得到信号 $y(m)=x(2m)$。画出 $y(m)$的频谱函数曲线，说明抽取过程中是否丢失了信息。

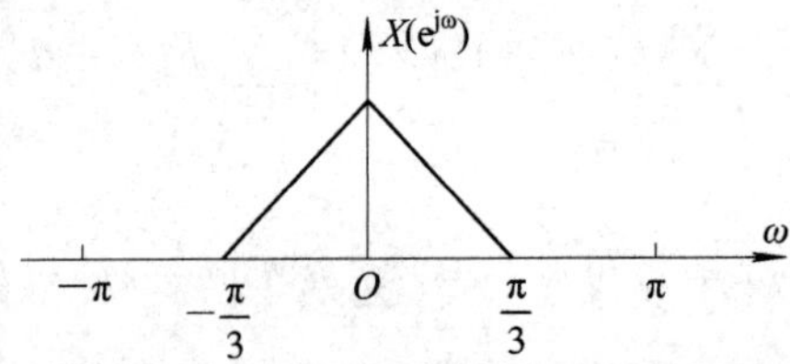

题2图

解：由抽取原理知道，按因子 D 对 $x(n)$抽取时，抗混叠滤波器的截止频率为π/D rad，所以得到的信号 $y(m)=x(Dm)$丢失原信号 $x(n)$中$|\omega|\geqslant\pi/D$ 的频率成分信息。本题中，$D=2$，而 $x(n)$的带宽为 $\pi/3$，所以，抽取过程中不会丢失信息。由时域采样理论，画出 $y(m)$的频谱如题2解图所示。

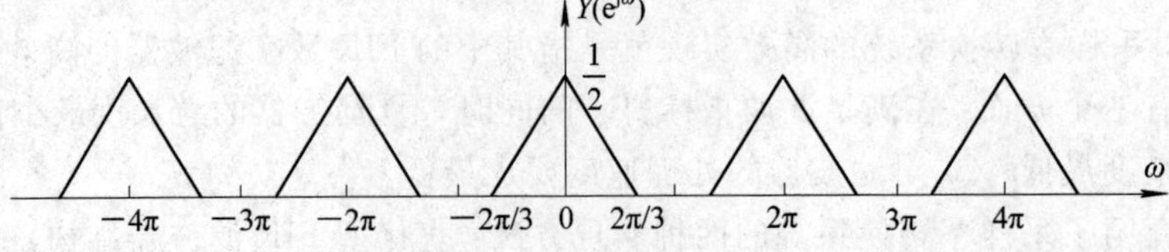

题2解图

3. 按整数因子 $D=4$ 抽取器原理方框图如题 3 图(a)所示。其中，$F_x=1$ kHz，$F_y=250$ Hz，输入序列 $x(n)$ 的频谱如题 3 图(b)所示。请画出题 3 图(a)中理想低通滤波器 $h_D(n)$ 的频率响应特性曲线和序列 $v(n)$、$y(m)$ 的频谱特性曲线。

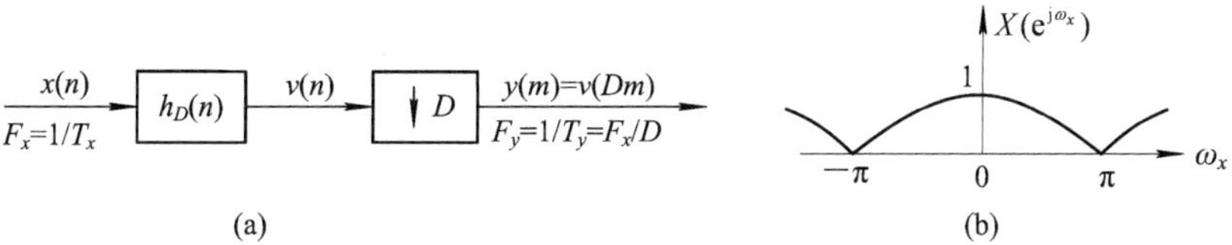

题 3 图

解： 抽取因子

$$D=\frac{F_x}{F_y}=\frac{1000}{250}=4$$

题 3 图(a)中理想低通滤波器 $h_D(n)$ 的频率响应特性曲线以及序列 $v(n)$ 和 $y(m)$ 的频谱特性曲线分别如题 3 解图(a)以及(b)和(c)所示。

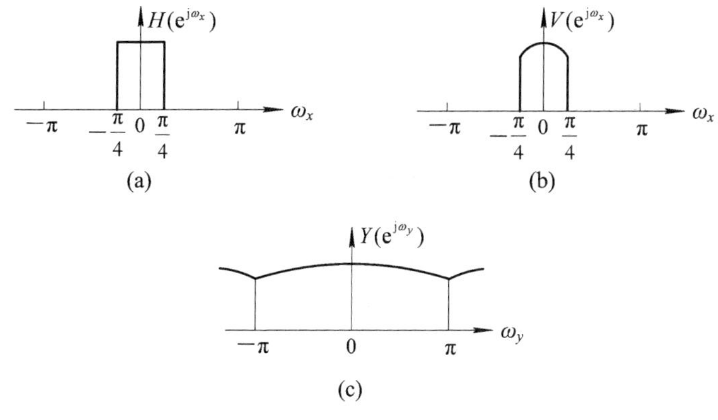

题 3 解图

4. 按整数因子 I 内插器原理方框图如题 4 图所示。图中，$F_x=200$ Hz，$F_y=1$ kHz，输入序列 $x(n)$ 的频谱如题 3 图(b)所示。确定内插因子 I，并画出题 4 图中理想低通滤波器 $h_I(n)$ 的幅频响应特性曲线和序列 $v(m)$、$y(m)$ 的频谱特性曲线。

$x(n)=x_a(nT_x)$，$F_x=1/T_x$ → $\uparrow I$ → $v(m)$ → $h_I(m)$ → $y(m)=x_a(mT_y)$，$F_y=1/T_y=IF_x$

题 4 图

解： 内插因子为

$$I=\frac{F_y}{F_x}=\frac{1000}{200}=5$$

题 4 图中序列 $v(m)$、理想低通滤波器 $h_I(n)$ 的幅频响应特性曲线和 $y(m)$ 的频谱特性曲线分别如题 4 解图(a)、(b)和(c)所示。

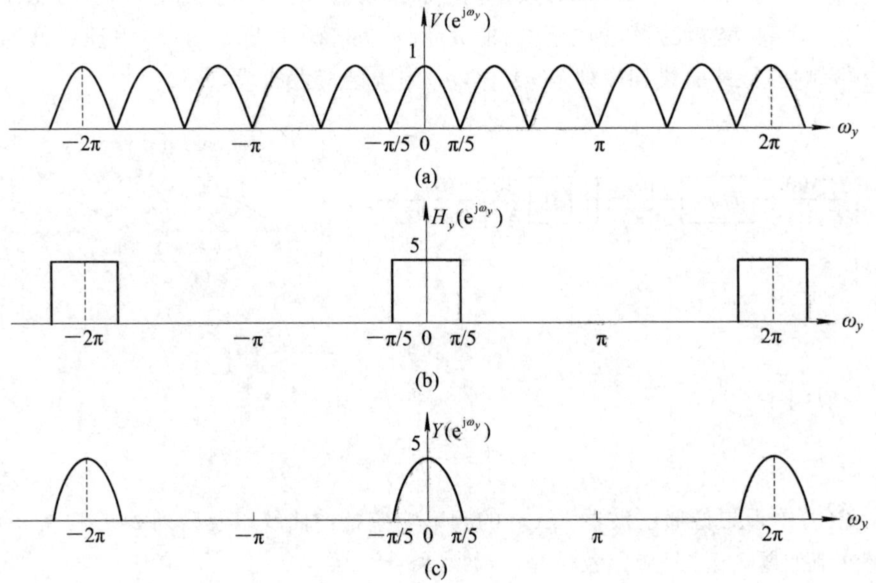

题 4 解图

5*. 设计一个抽取器，要求抽取因子 $D=5$。用 remez 函数设计抗混叠 FIR 滤波器，图示滤波器的单位脉冲响应和损耗函数。要求通带最大衰减为 0.1 dB，阻带最小衰减为 30 dB，过渡带宽度为 0.02π rad。画出实现抽取器的多相结构，并求出多相实现时各子滤波器的单位脉冲响应。

解：由式(7.2.2)知道，抗混叠 FIR 滤波器的阻带截止频率为 $\omega_s=\pi/D=\pi/5$ rad，要求过渡带宽度为 0.02π rad，所以，通带截止频率为 $\pi/5-0.02\pi=0.18\pi$ rad。本题已经给出：通带最大衰减为 0.1 dB，阻带最小衰减为 30 dB。调用 MATLAB 滤波器设计函数 remezord 和remez 设计该滤波器的程序为 ex805.m。运行程序得到的滤波器单位脉冲响应 h(n)和损耗函数如题 5* 解图所示。请读者仿照教材中图 8.6.10 画出多相实现结构。

(说明：调用 remezord 估算得到滤波器长度 N=M+1=182，取 5 的整数倍 N=5×37，程序中阶数 M=M+3。)

本题所给滤波器过渡带太窄，使 h(n)的长度为 N=185，其列表篇幅太大，所以仅给出h(n)的波形图。请读者运行程序直接在 MATLAB 命令窗中查看 h(n)的数据，并根据下式确定多相滤波器实现结构中的 5 个多相滤波器系数：

$$p_k(n)=h(k+nD) \qquad k=0,\ 1,\ 2,\ 3,\ 4;\ n=0,\ 1,\ 2,\ \cdots,\ 36$$

程序 ex805.m 清单如下：

```
% 程序 ex805.m
% 调用 remez 函数设计按因子 D=5 的抽取器的抗混叠滤波器
f=[0.18, 1/5]; %对 π 归一化边界频率
m=[1, 0]; rp=0.1; rs=30;
dat1=(10^(rp/20)-1)/(10^(rp/20)+1); dat2=10^(-rs/20);
rip=[dat1, dat2];
[M, fo, mo, w]=remezord(f, m, rip); M=M+3;
```

```
hn=remez(M, fo, mo, w);
%以下为绘图部分(省略)
```

运行程序，绘图如题 5* 解图所示。

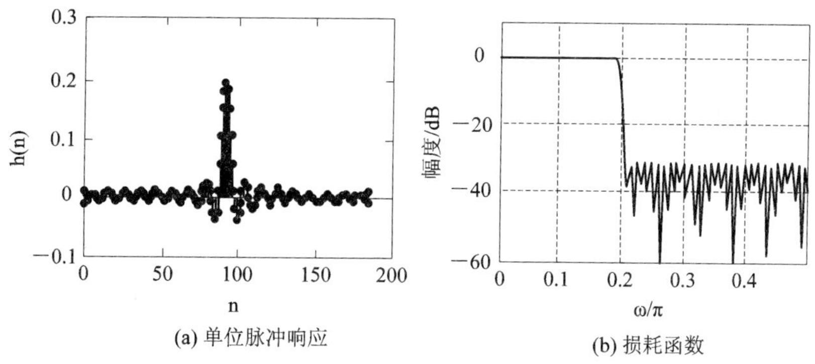

(a) 单位脉冲响应　(b) 损耗函数

题 5* 解图

6*. 设计一个内插器，要求内插因子 $I=2$。用 remez 函数设计镜像 FIR 滤波器，图示滤波器的单位脉冲响应和损耗函数。要求通带最大衰减为 0.1 dB，阻带最小衰减为 30 dB，过渡带宽度为 0.05π rad。画出实现内插器的多相结构，并求出多相实现时各子滤波器的单位脉冲响应。

解：已知内插因子 $I=2$，所以镜像 FIR 滤波器的阻带截止频率为 $\omega_s=\pi/I=\pi/2$ rad，要求过渡带宽度为 0.05π rad，所以，通带截止频率为 $\pi/2-0.05\pi=0.45\pi$ rad。本题已经给出：通带最大衰减为 0.1 dB，阻带最小衰减为 30 dB。调用 MATLAB 信号处理工具箱函数remezord 和remez 设计该滤波器的程序为 ex806.m。运行程序得到的滤波器单位脉冲响应 h(n)和损耗函数如题 6* 解图所示。请读者仿照教材中图 8.6.9 画出多相实现结构。

(说明：调用 remezord 估算得到滤波器长度 N=M+1=73，取 I 的整数倍 N=2×37=74，程序中阶数用 M=M+1 调整。)

滤波器单位脉冲响应 h(n)数据为

h(0)= −1.250515e−004 =h(73)　h(1)= −8.034005e−003 =h(72)
h(2)= 8.680925e−003 =h(71)　h(3)= −5.520558e−004 =h(70)
h(4)= −4.859884e−003 =h(69)　h(5)= −8.774395e−004 =h(68)
h(6)= 4.896185e−003 =h(67)　h(7)= 1.961462e−003 =h(66)
h(8)= −5.290437e−003 =h(65)　h(9)= −3.140232e−003 =h(64)
h(10)= 5.717291e−003 =h(63)　h(11)= 4.534276e−003 =h(62)
h(12)= −6.057635e−003 =h(61)　h(13)= −6.217276e−003 =h(60)
h(14)= 6.256470e−003 =h(59)　h(15)= 8.190073e−003 =h(58)
h(16)= −6.193316e−003 =h(57)　h(17)= −1.053106e−002 =h(56)
h(18)= 5.803015e−003 =h(55)　h(19)= 1.328382e−002 =h(54)
h(20)= −4.965732e−003 =h(53)　h(21)= −1.651721e−002 =h(52)
h(22)= 3.536904e−003 =h(51)　h(23)= 2.036040e−002 =h(50)
h(24)= −1.287036e−003 =h(49)　h(25)= −2.503651e−002 =h(48)
h(26)= −2.139705e−003 =h(47)　h(27)= 3.097361e−002 =h(46)

h(28)= 7.432755e−003 =h(45) h(29)= −3.911230e−002 =h(44)
h(30)= −1.608449e−002 =h(43) h(31)= 5.180676e−002 =h(42)
h(32)= 3.223045e−002 =h(41) h(33)= −7.689092e−002 =h(40)
h(34)= −7.324125e−002 =h(39) h(35)= 1.642101e−001 =h(38)
h(36)= 4.345863e−001 =h(37)

多相滤波器实现结构中的两个多相滤波器系数为

$$p_0(n) = h(nI) = h(2n) \qquad n = 0, 1, 2, \cdots, 36$$
$$p_1(n) = h(1 + nI) = h(2n + 1) \qquad n = 0, 1, 2, \cdots, 36$$

程序 ex806.m 清单如下：

```
% 程序 ex806.m
% 调用 remez 函数设计按因子 I=2 的内插器的镜像滤波器
f=[0.45, 0.5]; %对π归一化边界频率
m=[1, 0]; rp=0.1; rs=30;
dat1=(10^(rp/20)-1)/(10^(rp/20)+1); dat2=10^(-rs/20);
rip=[dat1, dat2];
[M, fo, mo, W]=remezord(f, m, rip); M=M+1;
hn=remez(M, fo, mo, W);
n=0: M; y=[n; hn; M-n];
fprintf('h(%d)= %9e =h(%d)\n', y) %按照对称性列表显示 h(n)
%以下为绘图检验和 h(n)数据显示部分(省略)
```

运行程序，绘图如题 6* 解图所示。

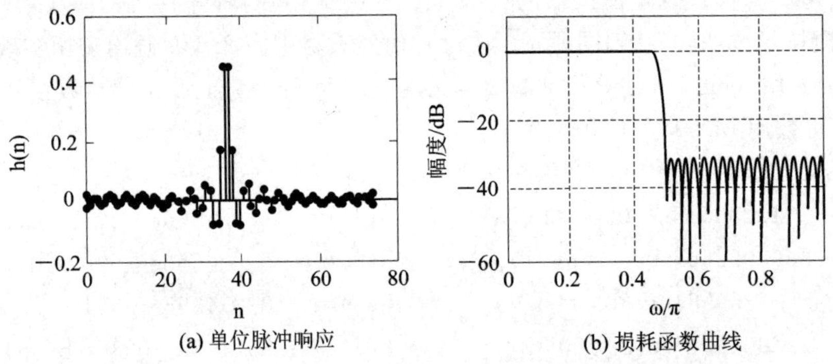

(a) 单位脉冲响应 (b) 损耗函数曲线

题 6* 解图

7*. 设计一个按因子 2/5 降低采样率的采样率转换器，画出系统原理方框图。要求其中的 FIR 低通滤波器过渡带宽为 0.04π rad，通带最大衰减为 1 dB，阻带最小衰减为 30 dB。设计 FIR 低通滤波器的单位脉冲响应，并画出一种高效实现结构。

解： 按因子 2/5 降低采样率的采样率转换器的原理方框图如题 7 解图(一)所示，图中 $I=2$，$D=5$。

$x(n)$ → [↑ I] → $v(l)$ → [$h(l)$] → $w(l)$ → [↓ D] → $y(m)$

题 7* 解图(一)

根据题目要求可知，采样率转换器中 FIR 低通滤波器的技术指标应为：阻带截止频率 $\omega_s=\min[\pi/I, \pi/D]=\pi/5$ rad；通带截止频率 $\omega_p=\omega_s-0.04\pi=0.16\pi$ rad；通带最大衰减 $\alpha_p=1$ dB，阻带最小衰减 $\alpha_s=30$ dB。

滤波器设计程序 ex807.m 如下：

```
% 程序 ex807.m
% 调用 remez 函数设计按因子 2/5 的采样率转换器中 FIR 滤波器
f=[0.16, 0.2]; %对 π 归一化边界频率
m=[1, 0]; rp=1; rs=30;
dat1=(10^(rp/20)-1)/(10^(rp/20)+1);
dat2=10^(-rs/20);
rip=[dat1, dat2];
[M, fo, mo, W]=remezord(f, m, rip);
%M=M+2;
hn=remez(M, fo, mo, W);
n=0: M;
y=[n; hn; M-n];
fprintf('h(%d)= %9e =h(%d)\n', y)
%以下为绘图检验部分(省略)
```

运行程序 ex807.m，得到滤波器单位脉冲响应 h(n)数据如下：

```
h(0)= -1.012427e-002 =h(57)     h(1)= 1.438004e-002 =h(56)
h(2)= 1.281009e-002 =h(55)      h(3)= 1.256566e-002 =h(54)
h(4)= 1.112633e-002 =h(53)      h(5)= 7.474111e-003 =h(52)
h(6)= 1.833721e-003 =h(51)      h(7)= -4.591903e-003 =h(50)
h(8)= -1.004506e-002 =h(49)     h(9)= -1.272172e-002 =h(48)
h(10)= -1.139736e-002 =h(47)    h(11)= -5.945673e-003 =h(46)
h(12)= 2.482502e-003 =h(45)     h(13)= 1.155711e-002 =h(44)
h(14)= 1.836975e-002 =h(43)     h(15)= 2.020830e-002 =h(42)
h(16)= 1.549946e-002 =h(41)     h(17)= 4.443471e-003 =h(40)
h(18)= -1.063976e-002 =h(39)    h(19)= -2.570069e-002 =h(38)
h(20)= -3.570212e-002 =h(37)    h(21)= -3.593645e-002 =h(36)
h(22)= -2.321793e-002 =h(35)    h(23)= 2.989859e-003 =h(34)
h(24)= 4.026557e-002 =h(33)     h(25)= 8.328551e-002 =h(32)
h(26)= 1.250531e-001 =h(31)     h(27)= 1.581392e-001 =h(30)
h(28)= 1.763757e-001 =h(29)
```

因为 $D>I$，所以，只要将题 7* 解图(一)中的滤波器 $h(n)$和抽取器用教材第 290 页中图 8.6.2 替换，就得到直接型 FIR 滤波器高效结构。由于 $h(n)$较长，结构图占用篇幅太大，所以具体结构图请读者练习画出。当然也可以用多相结构实现，这时要求滤波器总长度 N 是抽取因子 5 的整数倍。但程序 ex807.m 运行结果 $N=M+1=58$，所以，应当保留程序中第 7 行后面的阶数修改语句“$M=M+2$”，运行得到新的 $h(n)$，其长度 $N=60=5\times12$，画出多相结构如题 7* 解图(二)所示。

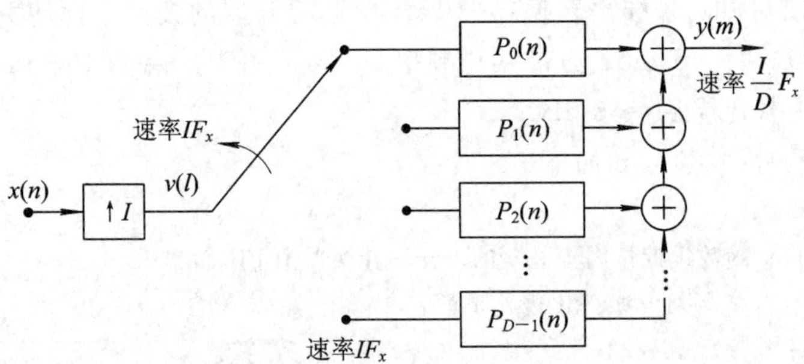

题 7* 解图(二)

图中 5 个多相滤波器系数按照如下公式确定：

$$p_k(n)=h(k+5n) \qquad k=0,1,2,3,4;\ n=0,1,2,\cdots,11$$

请读者运行程序并确定 $p_k(n)$的具体数据。

8*. 假设信号 $x(n)$是以奈奎斯特采样频率对模拟信号 $x_a(t)$的采样序列，采样频率 $F_x=10$ kHz。现在为了减少数据量，只保留 $0\leqslant f\leqslant 3$ kHz 的低频信息，希望尽可能降低采样频率，请设计采样率转换器。要求经过采样率转换器后，在频带 $0\leqslant f<2.8$ kHz 中频谱失真不大于1 dB，频谱混叠不超过 1%。

(1) 确定满足要求的最低采样频率 F_y 和相应的采样率转换因子；

(2) 画出采样率转换器原理方框图；

(3) 确定采样率转换器中 FIR 低通滤波器的技术指标，用等波纹最佳逼近法设计 FIR 低通滤波器，画出滤波器的单位脉冲响应及其损耗函数曲线，并标出指标参数(通带截止频率、阻带截止频率、通带最大衰减和阻带最小衰减)；

(4) 求出多相实现结构中子滤波器的单位脉冲响应，并列表显示或打印。

解：(1) 根据时域采样定理，满足要求的最低采样频率

$$F_y=2\times 3\ \text{kHz}=6\ \text{kHz}$$

采样率转换因子为

$$\frac{F_y}{F_x}=\frac{6}{10}=\frac{3}{5}$$

(2) 采样率转换器原理方框图如题 8* 解图(一)所示。图中，$I=3$，$D=5$。

$x(n)\rightarrow\boxed{\uparrow I}\xrightarrow{v(l)}\boxed{h(l)}\xrightarrow{w(l)}\boxed{\downarrow D}\rightarrow y(m)$

题 8* 解图(一)

(3) 根据题目要求可知，采样率转换器中 FIR 低通滤波器的技术指标应为

通带截止频率为

$$\omega_p=\frac{2\pi\times 2800}{IF_x}=\frac{2\pi\times 2800}{30000}=\frac{28\pi}{150}\ \text{rad}$$

(请读者注意，滤波器工作在内插后及抽取之前，所以应当用采样频率 IF_x 计算 2800 Hz 对应的数字频率。)

阻带截止频率为

$$\omega_s = \min\left[\frac{\pi}{I}, \frac{\pi}{D}\right] = \frac{\pi}{5}\ \text{rad}$$

根据要求“在频带 $0 \leqslant f \leqslant 2.8$ kHz 中频谱失真不大于1 dB”得到：通带最大衰减 $\alpha_p = 1$ dB，根据要求“频谱混叠不超过 1%”可知，阻带最小衰减 $\alpha_s = -20\lg(1\%) = 40$ dB。

FIR 低通滤波器的设计程序为 ex808.m，运行程序画出滤波器的单位脉冲响应及其损耗函数曲线如题 8* 解图(二)所示。

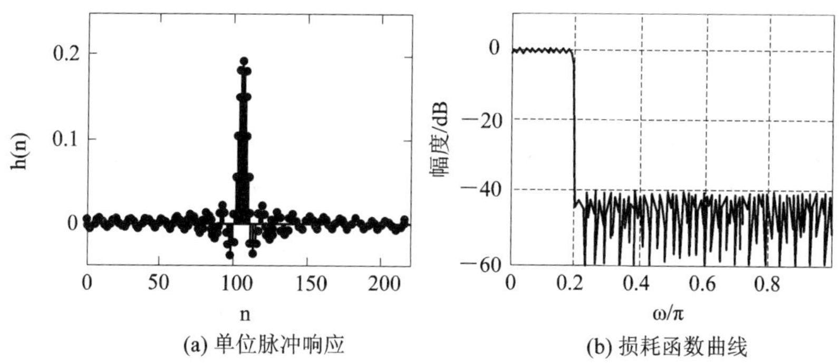

(a) 单位脉冲响应　　(b) 损耗函数曲线

题 8* 解图(二)

说明：调用 remezord 估算得到滤波器长度 $N = M + 1 = 214$，为了满足多相实现条件，取 D 的整数倍 $N = 5 \times 43 = 215$，程序中阶数用 $M = M + 1$ 调整。

(4) 按照下式构造多相实现结构中子滤波器的单位脉冲响应：

$$p_k(n) = h(k + 5n) \qquad k = 0, 1, 2, 3, 4;\ n = 0, 1, 2, \cdots, 42$$

由于本题给定的指标太高，使滤波器阶数高达 214，列出多相实现结构中子滤波器的单位脉冲响应序列的数据篇幅太大，所以，请读者运行程序显示 $h(n)$ 数据，并确定 5 个子滤波器的单位脉冲响应序列 $p_k(n)$ 的具体数据。

本题求解程序 ex808.m 清单如下：

```
% 程序 ex808.m
% 调用 remez 函数设计按因子 3/5 的采样率转换器中 FIR 滤波器
f=[28/150, 1/5];      %对 π 归一化边界频率
m=[1, 0];
rp=1; rs=40;
dat1=(10^(rp/20)-1)/(10^(rp/20)+1); dat2=10^(-rs/20);
rip=[dat1, dat2];
[M, fo, mo, W]=remezord(f, m, rip); M=M+1;     %阶数 M+1, 使 N=M+1 满足 5 的
                                                %整数倍要求
hn=remez(M, fo, mo, W);
n=0: M; y=[n; hn; M-n];
fprintf('h(%d)= %9e =h(%d)\n', y)              %按照对称性列表显示 h(n)
%以下为绘图检验部分(省略)
```

第8章　上 机 实 验

本章内容与教材第10章内容相对应。

数字信号处理是一门理论和实际密切结合的课程。为深入掌握该课程内容，学习者最好在学习理论的同时，完成习题和上机实验。上机实验不仅可以帮助学习者深入理解和消化基本理论，而且能锻炼初学者独立解决问题的能力。本章在本书第二版的基础上编写了六个实验，前五个属基础理论实验，第六个属应用综合实验。

实验一　系统响应及系统稳定性

实验二　时域采样与频域采样

实验三　用FFT对信号作频谱分析

实验四　IIR数字滤波器设计及软件实现

实验五　FIR数字滤波器设计与软件实现

实验六　数字信号处理在双音多频拨号系统中的应用

任课教师根据教学进度，安排学生上机进行实验。建议自学的读者在学习完第1章后做实验一；在学习完第3、4章后做实验二和实验三；实验四在学习完第6章后进行；实验五在学习完第7章后进行。实验六在学习完本课程后进行。

8.1　实验一：系统响应及系统稳定性

8.1.1　实验指导

1. 实验目的

(1) 掌握求系统响应的方法。

(2) 掌握时域离散系统的时域特性。

(3) 分析、观察及检验系统的稳定性。

2. 实验原理与方法

在时域中，描写系统特性的方法是差分方程和单位脉冲响应，在频域可以用系统函数描述系统特性。已知输入信号，可以由差分方程、单位脉冲响应或系统函数求出系统对于该输入信号的响应。本实验仅在时域求解。在计算机上适合用递推法求差分方程的解，最简单的方法是采用MATLAB语言的工具箱函数filter函数。也可以用MATLAB语言的工具箱函数conv函数计算输入信号和系统的单位脉冲响应的线性卷积，求出系统的响应。

系统的时域特性指的是系统的线性时不变性质、因果性和稳定性。重点分析实验系统的稳定性，包括观察系统的暂态响应和稳定响应。

系统的稳定性是指对任意有界的输入信号，系统都能得到有界的系统响应。或者系统的单位脉冲响应满足绝对可和的条件。系统的稳定性由其差分方程的系数决定。

实际中检查系统是否稳定，不可能检查系统对所有有界的输入信号，输出是否都是有界输出，或者检查系统的单位脉冲响应满足绝对可和的条件。可行的方法是在系统的输入端加入单位阶跃序列，如果系统的输出趋近一个常数(包括零)，就可以断定系统是稳定的[12]。系统的稳态输出是指当$n\to\infty$时，系统的输出。如果系统稳定，则信号加入系统后，系统输出的开始一段称为暂态效应，随着n的加大，幅度趋于稳定，达到稳态输出。

注意在以下实验中均假设系统的初始状态为零。

3. 实验内容及步骤

(1) 编制程序，包括产生输入信号、单位脉冲响应序列的子程序以及用 filter 函数或 conv 函数求解系统输出响应的主程序。程序中要有绘制信号波形的功能。

(2) 给定一个低通滤波器的差分方程为

$$y(n) = 0.05x(n) + 0.05x(n-1) + 0.9y(n-1)$$

输入信号

$$x_1(n) = R_8(n)$$
$$x_2(n) = u(n)$$

① 分别求出$x_1(n)=R_8(n)$和$x_2(n)=u(n)$的系统响应$y_1(n)$和$y_2(n)$，并画出其波形。

② 求出系统的单位脉冲响应，画出其波形。

(3) 给定系统的单位脉冲响应为

$$h_1(n) = R_{10}(n)$$
$$h_2(n) = \delta(n) + 2.5\delta(n-1) + 2.5\delta(n-2) + \delta(n-3)$$

用线性卷积法求$x_1(n)=R_8(n)$分别对系统$h_1(n)$和$h_2(n)$的输出响应$y_{21}(n)$和$y_{22}(n)$，并画出波形。

(4) 给定一谐振器的差分方程为

$$y(n) = 1.8237y(n-1) - 0.9801y(n-2) + b_0x(n) - b_0x(n-2)$$

令$b_0=1/100.49$，谐振器的谐振频率为0.4 rad。

① 用实验方法检查系统是否稳定。输入信号为$u(n)$时，画出系统输出波形$y_{31}(n)$。

② 给定输入信号为

$$x(n) = \sin(0.014n) + \sin(0.4n)$$

求出系统的输出响应$y_{32}(n)$，并画出其波形。

4. 思考题

(1) 如果输入信号为无限长序列，系统的单位脉冲响应是有限长序列，可否用线性卷积法求系统的响应？如何求？

(2) 如果信号经过低通滤波器，信号的高频分量被滤掉，时域信号会有何变化？用前面第一个实验的结果进行分析说明。

5. 实验报告要求

(1) 简述在时域求系统响应的方法。

(2) 简述通过实验判断系统稳定性的方法。分析上面第三个实验的稳定输出的波形。

(3) 对各实验所得结果进行简单分析和解释。

(4) 简要回答思考题。

(5) 打印程序清单和要求的各信号波形。

8.1.2 实验参考程序

实验 1 程序：exp1.m

```
%实验 1：系统响应及系统稳定性
close all; clear all
%==========================================
%内容 1：调用 filter 解差分方程，由系统对 u(n)的响应判断稳定性
A=[1, -0.9]; B=[0.05, 0.05];                %系统差分方程系数向量 B 和 A
x1n=[1 1 1 1 1 1 1 1 zeros(1, 50)];         %产生信号 x1n=R8n
x2n=ones(1, 128);                           %产生信号 x2n=un
hn=impz(B, A, 58);                          %求系统单位脉冲响应 h(n)
subplot(2, 2, 1); y='h(n)'; tstem(hn, y);   %调用函数 tstem 绘图
title('(a) 系统单位脉冲响应 h(n)')
y1n=filter(B, A, x1n);                      %求系统对 x1n 的响应 y1n
subplot(2, 2, 2); y='y1(n)'; tstem(y1n, y);
title('(b) 系统对 R8(n)的响应 y1(n)')
y2n=filter(B, A, x2n);                      %求系统对 x2n 的响应 y2n
subplot(2, 2, 4); y='y2(n)'; tstem(y2n, y);
title('(c) 系统对 u(n)的响应 y2(n)')
%==========================================
%内容 2：调用 conv 函数计算卷积
x1n=[1 1 1 1 1 1 1 1 ];                     %产生信号 x1n=R8n
h1n=[ones(1, 10) zeros(1, 10)];
h2n=[1 2.5 2.5 1 zeros(1, 10)];
y21n=conv(h1n, x1n);
y22n=conv(h2n, x1n);
figure(2)
subplot(2, 2, 1); y='h1(n)'; tstem(h1n, y); %调用函数 tstem 绘图
title('(d) 系统单位脉冲响应 h1(n)')
subplot(2, 2, 2); y='y21(n)'; tstem(y21n, y);
title('(e) h1(n)与 R8(n)的卷积 y21(n)')
subplot(2, 2, 3); y='h2(n)'; tstem(h2n, y); %调用函数 tstem 绘图
title('(f) 系统单位脉冲响应 h2(n)')
subplot(2, 2, 4); y='y22(n)'; tstem(y22n, y);
title('(g) h2(n)与 R8(n)的卷积 y22(n)')
%==========================================
%内容 3：谐振器分析
un=ones(1, 256); %产生信号 un
n=0: 255;
xsin=sin(0.014 * n)+sin(0.4 * n);           %产生正弦信号
```

```
A=[1, -1.8237, 0.9801]; B=[1/100.49, 0, -1/100.49]; %系统差分方程系数向量B和A
y31n=filter(B, A, un);                   %谐振器对un的响应y31n
y32n=filter(B, A, xsin);                 %谐振器对正弦信号的响应y32n
figure(3)
subplot(2, 1, 1); y='y31(n)'; tstem(y31n, y);
title('(h) 谐振器对u(n)的响应y31(n)')
subplot(2, 1, 2); y='y32(n)'; tstem(y32n, y);
title('(i) 谐振器对正弦信号的响应y32(n)')
```

8.1.3　实验结果与波形

实验结果与波形如图8.1.1所示。

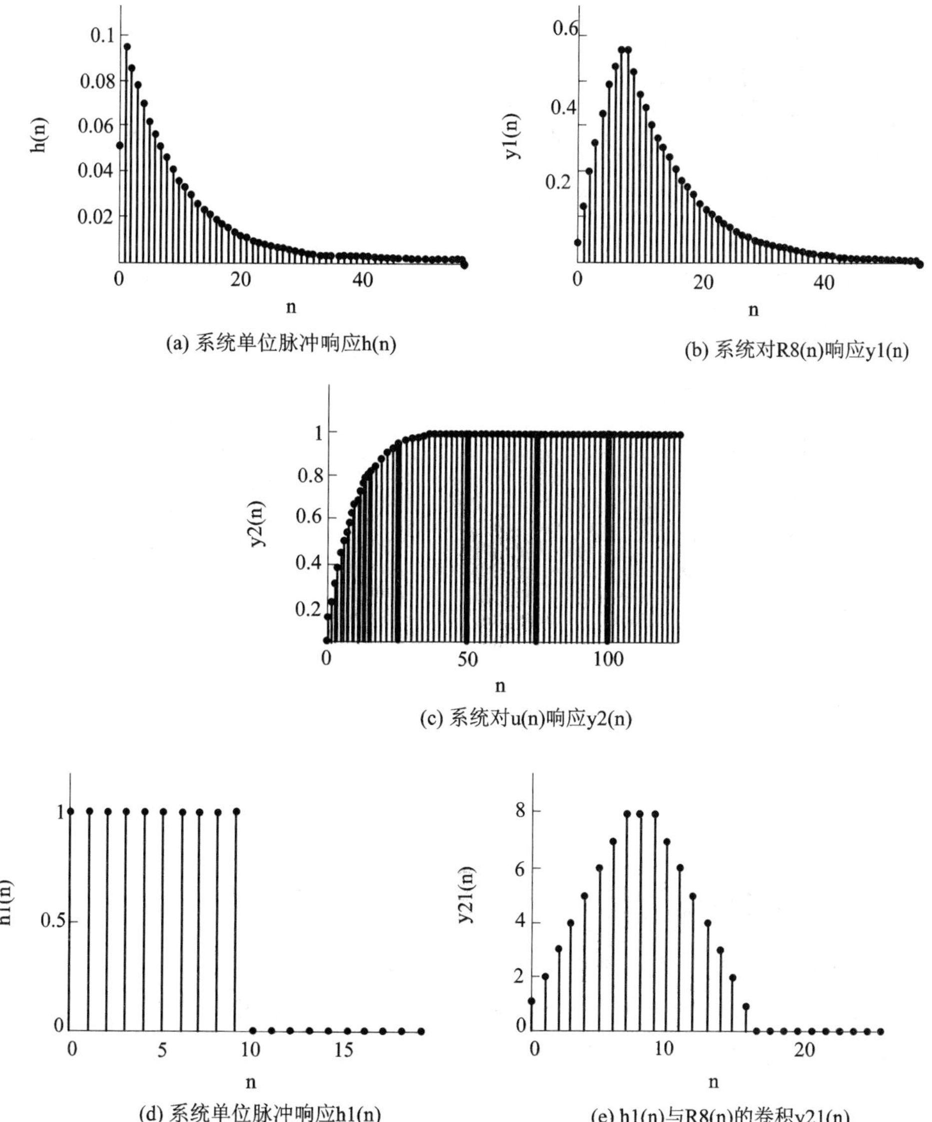

(a) 系统单位脉冲响应h(n)

(b) 系统对R8(n)响应y1(n)

(c) 系统对u(n)响应y2(n)

(d) 系统单位脉冲响应h1(n)

(e) h1(n)与R8(n)的卷积y21(n)

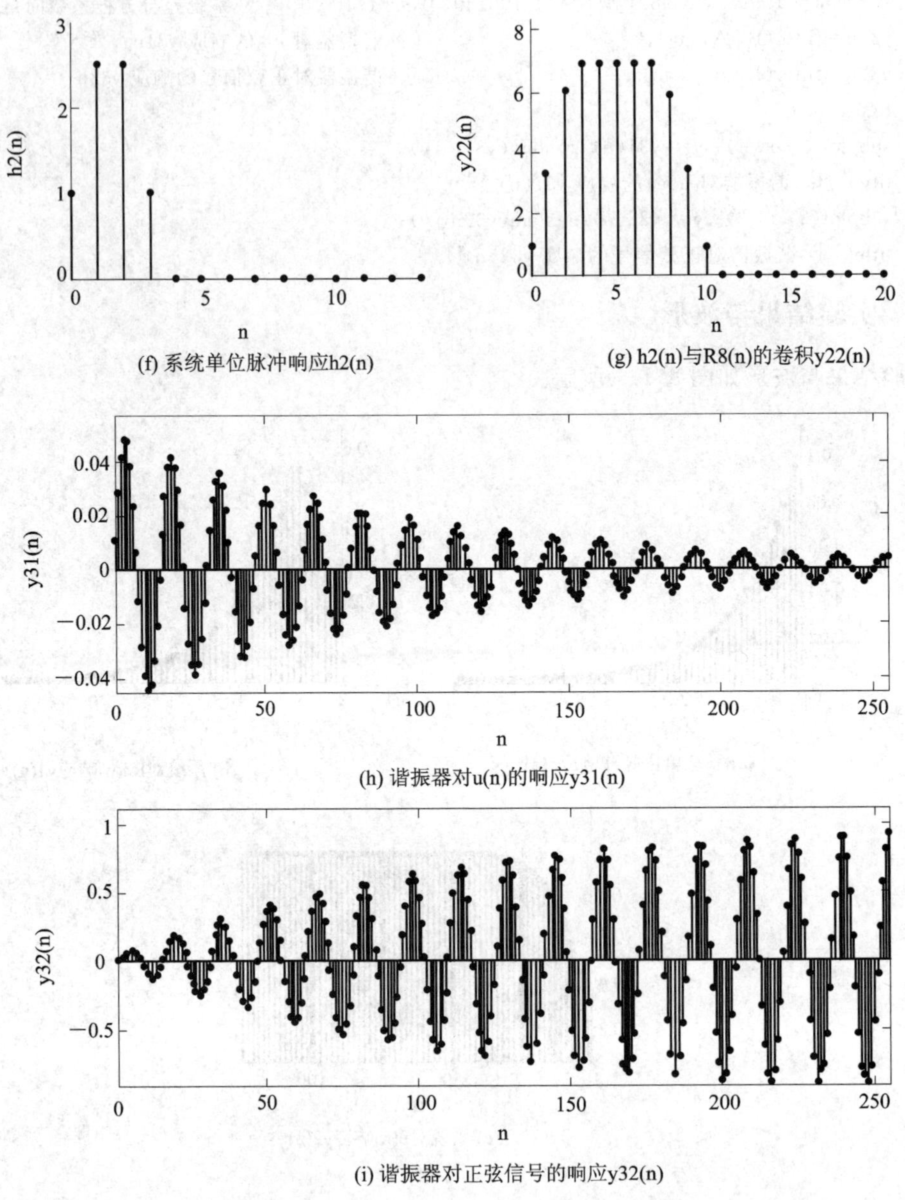

(f) 系统单位脉冲响应h2(n)

(g) h2(n)与R8(n)的卷积y22(n)

(h) 谐振器对u(n)的响应y31(n)

(i) 谐振器对正弦信号的响应y32(n)

图 8.1.1

8.1.4 分析与讨论及思考题解答

(1) 综合起来，在时域求系统响应的方法有两种，第一种是通过解差分方程求得系统输出，注意要合理地选择初始条件；第二种是已知系统的单位脉冲响应，通过求输入信号和系统单位脉冲响应的线性卷积求得系统输出。用计算机求解时最好使用 MATLAB 语言进行。

(2) 实际中要检验系统的稳定性，其方法是在输入端加入单位阶跃序列，观察输出波形，如果波形稳定在一个常数值上，系统稳定，否则不稳定。上面第三个实验是稳定的。

(3) 谐振器具有对某个频率进行谐振的性质，本实验中的谐振器的谐振频率是0.4 rad，因此稳定波形为 $\sin(0.4n)$。

(4) 如果输入信号为无限长序列，系统的单位脉冲响应是有限长序列，可用分段线性卷积法求系统的响应，具体方法请参考 DFT 一章的内容。

如果信号经过低通滤波器，则信号的高频分量被滤掉，时域信号的变化减缓，在有阶跃处附近产生过渡变化时间。因此，当输入矩形序列时，输出序列的开始和终了都产生了明显的上升和下降时间，见第一个实验结果的波形。

8.2 实验二：时域采样与频域采样

8.2.1 实验指导

1. 实验目的

时域采样理论与频域采样理论是数字信号处理中的重要理论。要求掌握模拟信号采样前后频谱的变化，以及如何选择采样频率才能使采样后的信号不丢失信息；要求掌握频域采样会引起时域周期化的概念，以及频率域采样定理及其对频域采样点数选择的指导作用。

2. 实验原理与方法

1) 时域采样定理的要点

时域采样定理的要点是：

(1) 对模拟信号 $x_a(t)$以 T 进行时域等间隔理想采样，形成的采样信号的频谱 $\hat{X}(j\Omega)$ 会以采样角频率 $\Omega_s(\Omega_s=2\pi/T)$为周期进行周期延拓。公式为

$$\hat{X}_a(j\Omega) = FT[\hat{x}_a(t)] = \frac{1}{T}\sum_{k=-\infty}^{\infty} X_a(j\Omega - jk\Omega_s)$$

(2) 采样频率 Ω_s 必须大于等于模拟信号最高频率的两倍以上，才能使采样信号的频谱不产生频谱混叠。

利用计算机计算 $\hat{X}_a(j\Omega)$并不方便，下面我们导出另外一个公式，以便在计算机上进行实验。

理想采样信号 $\hat{x}_a(t)$和模拟信号 $x_a(t)$之间的关系为

$$\hat{x}_a(t) = x_a(t)\sum_{n=-\infty}^{\infty}\delta(t-nT)$$

对上式进行傅里叶变换，得到

$$\begin{aligned}\hat{X}_a(j\Omega) &= \int_{-\infty}^{\infty}\left[x_a(t)\sum_{n=-\infty}^{\infty}\delta(t-nT)\right]e^{-j\Omega t}\,dt \\ &= \sum_{n=-\infty}^{\infty}\int_{-\infty}^{\infty} x_a(t)\delta(t-nT)e^{-j\Omega t}\,dt\end{aligned}$$

在上式的积分号内只有当 $t=nT$ 时，才有非零值，因此

$$\hat{X}_a(\mathrm{j}\Omega)=\sum_{n=-\infty}^{\infty}x_a(nT)\mathrm{e}^{-\mathrm{j}\Omega nT}$$

上式中，在数值上 $x_a(nT)=x(n)$，再将 $\omega=\Omega T$ 代入，得到

$$\hat{X}_a(\mathrm{j}\Omega)=\sum_{n=-\infty}^{\infty}x(n)\mathrm{e}^{-\mathrm{j}\omega n}$$

上式的右边就是序列的傅里叶变换 $X(\mathrm{e}^{\mathrm{j}\omega})$，即

$$\hat{X}_a(\mathrm{j}\Omega)=X(\mathrm{e}^{\mathrm{j}\omega})\mid_{\omega=\Omega T}$$

上式说明理想采样信号的傅里叶变换可用相应的采样序列的傅里叶变换得到，只要将自变量 ω 用 ΩT 代替即可。

2) 频域采样定理的要点

频域采样定理的要点是：

(1) 对信号 $x(n)$ 的频谱函数 $X(\mathrm{e}^{\mathrm{j}\omega})$ 在 $[0, 2\pi]$ 上等间隔采样 N 点，得到

$$X_N(k)=X(\mathrm{e}^{\mathrm{j}\omega})\mid_{\omega=\frac{2\pi k}{N}}\qquad k=0,1,2,\cdots,N-1$$

则 N 点 $\mathrm{IDFT}[X_N(k)]$ 得到的序列就是原序列 $x(n)$ 以 N 为周期进行周期延拓后的主值区序列，公式为

$$x_N(n)=\mathrm{IDFT}[X_N(k)]_N=\left[\sum_{i=-\infty}^{\infty}x(n+iN)\right]R_N(n)$$

(2) 由上式可知，频域采样点数 N 必须大于等于时域离散信号的长度 M(即 $N\geqslant M$)，才能使时域不产生混叠，这时 N 点 $\mathrm{IDFT}[X_N(k)]$ 得到的序列 $x_N(n)$ 就是原序列 $x(n)$，即 $x_N(n)=x(n)$。如果 $N>M$，则 $x_N(n)$ 比原序列尾部多 $N-M$ 个零点；如果 $N<M$，则 $x_N(n)=\mathrm{IDFT}[X_N(k)]$ 发生了时域混叠失真，而且 $x_N(n)$ 的长度 N 也比 $x(n)$ 的长度 M 短，因此，$x_N(n)$ 与 $x(n)$ 不相同。

在数字信号处理的应用中，只要涉及时域采样或者频域采样，都必须服从这两个采样理论的要点。

对比上面叙述的时域采样原理和频域采样原理，得到一个有用的结论，即两个采样理论具有对偶性："时域采样频谱周期延拓，频域采样时域信号周期延拓"。因此把这两部分内容放在一起进行实验。

3. 实验内容及步骤

1) 时域采样理论的验证

给定模拟信号

$$x_a(t)=A\mathrm{e}^{-\alpha t}\sin(\Omega_0 t)u(t)$$

式中，$A=444.128$，$\alpha=50\sqrt{2}\pi$，$\Omega_0=50\sqrt{2}\pi$ rad/s，它的幅频特性曲线如图 8.2.1 所示。

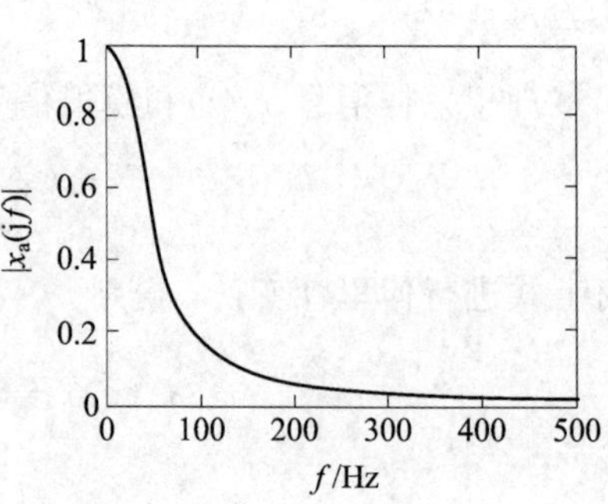

图 8.2.1 $x_a(t)$ 的幅频特性曲线

现用 DFT(FFT)求该模拟信号的幅频特性，以验证时域采样理论。

按照 $x_a(t)$ 的幅频特性曲线，选取三种采样频率，即 $F_s=1$ kHz，300 Hz，200 Hz。观测时间选 $T_p=50$ ms。

为使用DFT，首先用下面公式产生时域离散信号，对三种采样频率，采样序列按顺序用$x_1(n)$、$x_2(n)$、$x_3(n)$表示。

$$x(n)=x_a(nT)=Ae^{-\alpha nT}\sin(\Omega_0 nT)u(nT)$$

因为采样频率不同，得到的$x_1(n)$、$x_2(n)$、$x_3(n)$的长度不同，长度(点数)用公式$N=T_pF_s$计算。选FFT的变换点数为$M=64$，序列长度不够64的尾部加零。

$$X(k)=\text{FFT}[x(n)]\qquad k=0,1,2,3,\cdots,M-1$$

式中，k代表的频率为

$$\omega_k=\frac{2\pi}{M}k$$

要求：编写实验程序，计算$x_1(n)$、$x_2(n)$和$x_3(n)$的幅度特性，并绘图显示。观察分析频谱混叠失真。

2) 频域采样理论的验证

给定信号如下：

$$x(n)=\begin{cases}n+1 & 0\leqslant n\leqslant 13\\ 27-n & 14\leqslant n\leqslant 26\\ 0 & 其它\ n\end{cases}$$

编写程序分别对频谱函数$X(e^{j\omega})=\text{FT}[x(n)]$在区间$[0,2\pi]$上等间隔采样32点和16点，得到$X_{32}(k)$和$X_{16}(k)$：

$$X_{32}(k)=X(e^{j\omega})\big|_{\omega=\frac{2\pi}{32}k}\qquad k=0,1,2,\cdots,31$$

$$X_{16}(k)=X(e^{j\omega})\big|_{\omega=\frac{2\pi}{16}k}\qquad k=0,1,2,\cdots,15$$

再分别对$X_{32}(k)$和$X_{16}(k)$进行32点和16点IFFT，得到$x_{32}(n)$和$x_{16}(n)$：

$$x_{32}(n)=\text{IFFT}[X_{32}(k)]_{32}\qquad n=0,1,2,\cdots,31$$

$$x_{16}(n)=\text{IFFT}[X_{16}(k)]_{16}\qquad n=0,1,2,\cdots,15$$

分别画出$X(e^{j\omega})$、$X_{32}(k)$和$X_{16}(k)$的幅度谱，并绘图显示$x(n)$、$x_{32}(n)$和$x_{16}(n)$的波形，进行对比和分析，验证和总结频域采样理论。

提示：频域采样用以下方法容易编程序实现。

(1) 直接调用MATLAB函数fft计算$X_{32}(k)=\text{FFT}[x(n)]_{32}$，就得到$X(e^{j\omega})$在$[0,2\pi]$的32点频率域采样。

(2) 抽取$X_{32}(k)$的偶数点即可得到$X(e^{j\omega})$在$[0,2\pi]$的16点频率域采样$X_{16}(k)$，即$X_{16}(k)=X_{32}(2k)$，$k=0,1,2,\cdots,15$。

(3) 也可以按照频域采样理论，先将信号$x(n)$以16为周期进行周期延拓，取其主值区(16点)，再对其进行16点DFT(FFT)，得到的就是$X(e^{j\omega})$在$[0,2\pi]$的16点频率域采样$X_{16}(k)$。

4. 思考题

如果序列$x(n)$的长度为M，希望得到其频谱$X(e^{j\omega})$在$[0,2\pi]$上的N点等间隔采样，当$N<M$时，如何用一次最少点数的DFT得到该频谱采样？

5. 实验报告及要求

(1) 运行程序，打印要求显示的图形。

(2) 分析比较实验结果，简述由实验得到的主要结论。

(3) 简要回答思考题。

(4) 附上程序清单和有关曲线。

8.2.2 实验程序清单

1. 时域采样理论的验证程序清单

```
% 时域采样理论验证程序 exp2a.m
Tp=64/1000;              %观察时间 Tp=64 微秒
%产生 M 长采样序列 x(n)
% Fs=1000; T=1/Fs;
Fs=1000; T=1/Fs;
M=Tp*Fs; n=0: M-1;
A=444.128; alph=pi*50*2^0.5; omega=pi*50*2^0.5;
xnt=A*exp(-alph*n*T).*sin(omega*n*T);
Xk=T*fft(xnt, M);    %M 点 FFT[xnt)]
yn='xa(nT)'; subplot(3, 2, 1);
tstem(xnt, yn);          %调用自编绘图函数 tstem 绘制序列图
box on; title('(a) Fs=1000Hz');
k=0: M-1; fk=k/Tp;
subplot(3, 2, 2); plot(fk, abs(Xk)); title('(a) T*FT[xa(nT)], Fs=1000Hz');
xlabel('f(Hz)'); ylabel('幅度'); axis([0, Fs, 0, 1.2*max(abs(Xk))])
%===================================
% Fs=300Hz 和 Fs=200Hz 的程序与上面 Fs=1000Hz 的程序完全相同。
```

2. 频域采样理论的验证程序清单

```
%频域采样理论验证程序 exp2b.m
M=27; N=32; n=0: M;
%产生 M 长三角波序列 x(n)
xa=0: floor(M/2); xb= ceil(M/2)-1: -1: 0; xn=[xa, xb];
Xk=fft(xn, 1024);        %1024 点 FFT[x(n)], 用于近似序列 x(n)的 TF
X32k=fft(xn, 32);        %32 点 FFT[x(n)]
x32n=ifft(X32k);         %32 点 IFFT[X32(k)]得到 x32(n)
X16k=X32k(1: 2: N); %隔点抽取 X32k 得到 X16(K)
x16n=ifft(X16k, N/2); %16 点 IFFT[X16(k)]得到 x16(n)
subplot(3, 2, 2); stem(n, xn, '.'); box on
title('(b) 三角波序列 x(n)'); xlabel('n'); ylabel('x(n)'); axis([0, 32, 0, 20])
k=0: 1023; wk=2*k/1024; %
subplot(3, 2, 1); plot(wk, abs(Xk)); title('(a)FT[x(n)]');
xlabel('\omega/\pi'); ylabel('|X(e^j^\omega)|'); axis([0, 1, 0, 200])
k=0: N/2-1;
subplot(3, 2, 3); stem(k, abs(X16k), '.'); box on
title('(c) 16 点频域采样'); xlabel('k'); ylabel('|X_1_6(k)|'); axis([0, 8, 0, 200])
n1=0: N/2-1;
subplot(3, 2, 4); stem(n1, x16n, '.'); box on
```

```
title('(d) 16点IDFT[X_1_6(k)]'); xlabel('n'); ylabel('x_1_6(n)'); axis([0, 32, 0, 20])
k=0: N-1;
subplot(3, 2, 5); stem(k, abs(X32k), '.'); box on
title('(e) 32点频域采样'); xlabel('k'); ylabel('|X_3_2(k)|'); axis([0, 16, 0, 200])
n1=0: N-1;
subplot(3, 2, 6); stem(n1, x32n, '.'); box on
title('(f) 32点IDFT[X_3_2(k)]'); xlabel('n'); ylabel('x_3_2(n)'); axis([0, 32, 0, 20])
```

8.2.3　实验程序运行结果

(1) 时域采样理论的验证程序 exp2a.m 的运行结果如图 8.2.2 所示。由图可见，当采样频率为 1000 Hz 时，频谱混叠很小；当采样频率为 300 Hz 时，频谱混叠很严重；当采样频率为 200 Hz 时，频谱混叠更很严重。

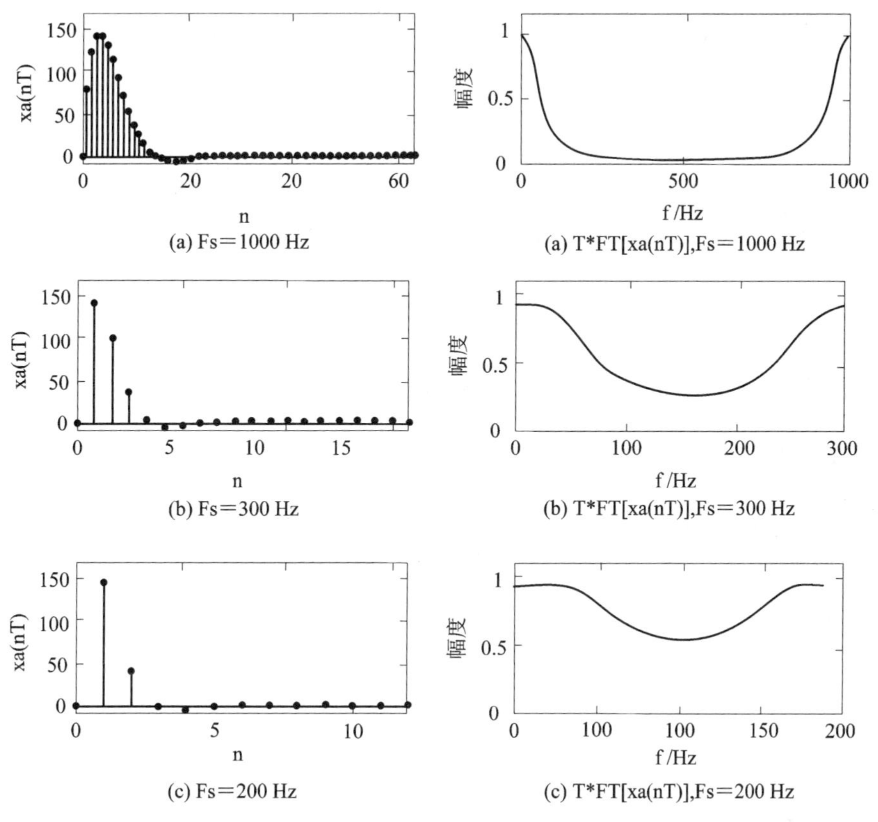

图 8.2.2

(2) 频域采样理论的验证程序 exp2b.m 的运行结果如图 8.2.3 所示。该图验证了频域采样理论和频域采样定理。对信号 $x(n)$的频谱函数 $X(e^{j\omega})$在$[0, 2\pi]$上等间隔采样 $N=16$ 时，N 点 IDFT$[X_N(k)]$得到的序列正是原序列 $x(n)$以 16 为周期进行周期延拓后的主值区序列：

$$x_N(n) = \text{IDFT}[X_N(k)]_N = \left[\sum_{i=-\infty}^{\infty} x(n+iN)\right]R_N(n)$$

由于 $N<M$，所以发生了时域混叠失真，因此，$x_N(n)$与 $x(n)$不相同。

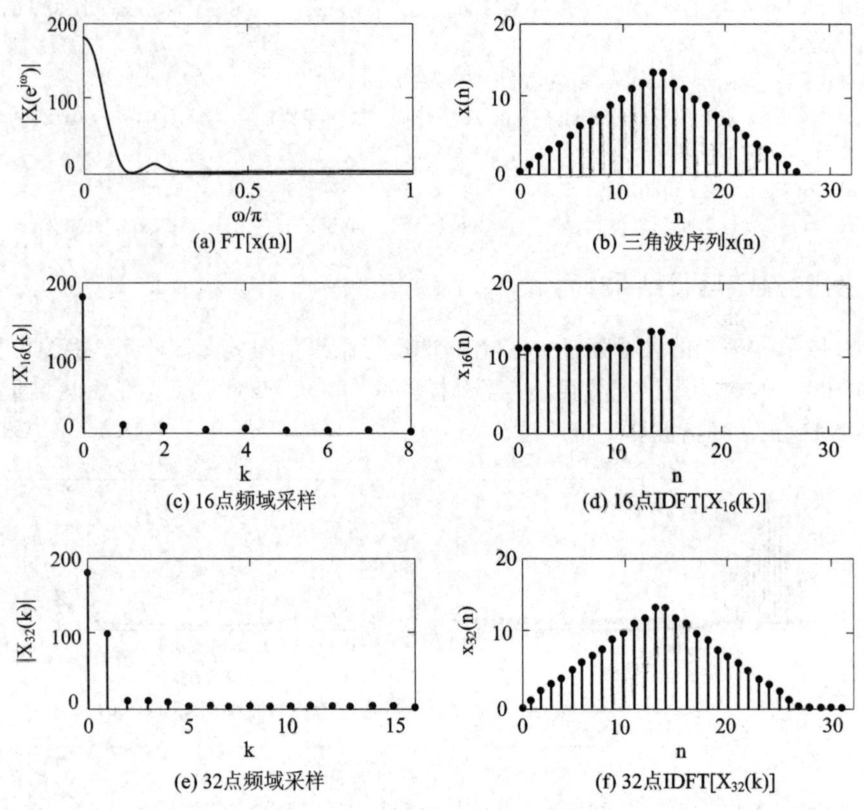

图 8.2.3

8.2.4 简答思考题

对实验中的思考题简答如下：

先对原序列 $x(n)$ 以 N 为周期进行周期延拓后取主值区序列，

$$x_N(n) = \left[\sum_{i=-\infty}^{\infty} x(n+iN)\right] R_N(n)$$

再计算 N 点 DFT，则得到 N 点频域采样：

$$X_N(k) = \text{DFT}[x_N(n)]_N = X(e^{j\omega})\big|_{\omega=\frac{2\pi}{N}k} \qquad k = 0, 1, 2, \cdots, N-1$$

8.3 实验三：用 FFT 对信号作频谱分析

8.3.1 实验指导

1. 实验目的

学习用 FFT 对连续信号和时域离散信号进行频谱分析(也称谱分析)的方法，了解可能出现的分析误差及其原因，以便正确应用 FFT。

2. 实验原理

用 FFT 对信号作频谱分析是学习数字信号处理的重要内容。经常需要进行谱分析的信号是模拟信号和时域离散信号。对信号进行谱分析的重要问题是频谱分辨率 D 和分析误差。频谱分辨率直接和 FFT 的变换区间 N 有关，因为 FFT 能够实现的频率分辨率是 $2\pi/N$，因此要求 $2\pi/N \leqslant D$。可以根据此式选择 FFT 的变换区间 N。误差主要来自于用 FFT 作频谱分析时，得到的是离散谱，而信号(周期信号除外)是连续谱，只有当 N 较大时，离散谱的包络才能逼近于连续谱，因此 N 要适当选择大一些。

周期信号的频谱是离散谱，只有用整数倍周期的长度作 FFT，得到的离散谱才能代表周期信号的频谱。如果不知道信号周期，可以用自相关法先确定信号的周期。

对模拟信号进行谱分析时，首先要按照采样定理将其变成时域离散信号。如果是模拟周期信号，也应该选取整数倍周期的长度，经过采样后形成周期序列，按照周期序列的谱分析进行。

3. 实验内容及步骤

(1) 对以下序列进行谱分析：

$$x_1(n) = R_4(n)$$

$$x_2(n) = \begin{cases} n+1 & 0 \leqslant n \leqslant 3 \\ 8-n & 4 \leqslant n \leqslant 7 \\ 0 & \text{其它 } n \end{cases}$$

$$x_3(n) = \begin{cases} 4-n & 0 \leqslant n \leqslant 3 \\ n-3 & 4 \leqslant n \leqslant 7 \\ 0 & \text{其它 } n \end{cases}$$

选择 FFT 的变换区间 N 为 8 和 16 的两种情况进行频谱分析。分别打印其幅频特性曲线，并进行对比、分析和讨论。

(2) 对以下周期序列进行谱分析：

$$x_4(n) = \cos\frac{\pi}{4}n$$

$$x_5(n) = \cos\frac{\pi n}{4} + \cos\frac{\pi n}{8}$$

选择 FFT 的变换区间 N 为 8 和 16 的两种情况分别对以上序列进行频谱分析。分别打印其幅频特性曲线。并进行对比、分析和讨论。

(3) 对模拟周期信号进行谱分析：

$$x_6(t) = \cos 8\pi t + \cos 16\pi t + \cos 20\pi t$$

选择采样频率 $F_s = 64$ Hz，变换区间 $N=16$，32，64 的三种情况进行谱分析。分别打印其幅频特性，并进行分析和讨论。

4. 思考题

(1) 对于周期序列，如果周期不知道，如何用 FFT 进行谱分析？

(2) 如何选择 FFT 的变换区间(包括非周期信号和周期信号)？

(3) 当 $N=8$ 时，$x_2(n)$ 和 $x_3(n)$ 的幅频特性会相同吗？为什么？$N=16$ 时呢？

5. 实验报告要求

(1) 完成各个实验任务和要求，附上程序清单和有关曲线。

(2) 简要回答思考题。

8.3.2 实验程序清单

```
实验三程序 exp3.m
% 用 FFT 对信号作频谱分析
clear all; close all
%实验内容(1)=====================================
x1n=[ones(1, 4)];                    %产生序列向量 x1(n)=R4(n)
M=8; xa=1: (M/2); xb=(M/2): -1: 1; x2n=[xa, xb]; %产生长度为 8 的三角波序列 x2(n)
x3n=[xb, xa];
X1k8=fft(x1n, 8);                    %计算 x1n 的 8 点 DFT
X1k16=fft(x1n, 16);                  %计算 x1n 的 16 点 DFT
X2k8=fft(x2n, 8);                    %计算 x1n 的 8 点 DFT
X2k16=fft(x2n, 16);                  %计算 x1n 的 16 点 DFT
X3k8=fft(x3n, 8);                    %计算 x1n 的 8 点 DFT
X3k16=fft(x3n, 16);                  %计算 x1n 的 16 点 DFT
%以下绘制幅频特性曲线
subplot(2, 2, 1); mstem(X1k8); %绘制 8 点 DFT 的幅频特性图
title('(1a) 8 点 DFT[x_1(n)]'); xlabel('ω/π'); ylabel('幅度');
axis([0, 2, 0, 1.2 * max(abs(X1k8))])
subplot(2, 2, 3); mstem(X1k16); %绘制 16 点 DFT 的幅频特性图
title('(1b)16 点 DFT[x_1(n)]'); xlabel('ω/π'); ylabel('幅度');
axis([0, 2, 0, 1.2 * max(abs(X1k16))])
figure(2)
subplot(2, 2, 1); mstem(X2k8); %绘制 8 点 DFT 的幅频特性图
title('(2a) 8 点 DFT[x_2(n)]'); xlabel('ω/π'); ylabel('幅度');
axis([0, 2, 0, 1.2 * max(abs(X2k8))])
subplot(2, 2, 2); mstem(X2k16); %绘制 16 点 DFT 的幅频特性图
title('(2b)16 点 DFT[x_2(n)]'); xlabel('ω/π'); ylabel('幅度');
axis([0, 2, 0, 1.2 * max(abs(X2k16))])
subplot(2, 2, 3); mstem(X3k8); %绘制 8 点 DFT 的幅频特性图
title('(3a) 8 点 DFT[x_3(n)]'); xlabel('ω/π'); ylabel('幅度');
axis([0, 2, 0, 1.2 * max(abs(X3k8))])
subplot(2, 2, 4); mstem(X3k16); %绘制 16 点 DFT 的幅频特性图
title('(3b)16 点 DFT[x_3(n)]');
xlabel('ω/π'); ylabel('幅度');
axis([0, 2, 0, 1.2 * max(abs(X3k16))])
```

```
%实验内容(2) 周期序列谱分析======================
N=8; n=0: N-1;                     %FFT的变换区间N=8
x4n=cos(pi*n/4);
x5n=cos(pi*n/4)+cos(pi*n/8);
X4k8=fft(x4n);                     %计算x4n的8点DFT
X5k8=fft(x5n);                     %计算x5n的8点DFT
N=16; n=0: N-1;                    %FFT的变换区间N=16
x4n=cos(pi*n/4);
x5n=cos(pi*n/4)+cos(pi*n/8);
X4k16=fft(x4n);                    %计算x4n的16点DFT
X5k16=fft(x5n);                    %计算x5n的16点DFT
figure(3)
subplot(2, 2, 1); mstem(X4k8);     %绘制8点DFT的幅频特性图
title('(4a) 8点DFT[x_4(n)]'); xlabel('ω/π'); ylabel('幅度');
axis([0, 2, 0, 1.2*max(abs(X4k8))])
subplot(2, 2, 3); mstem(X4k16);    %绘制16点DFT的幅频特性图
title('(4b)16点DFT[x_4(n)]'); xlabel('ω/π'); ylabel('幅度');
axis([0, 2, 0, 1.2*max(abs(X4k16))])
subplot(2, 2, 2); mstem(X5k8);     %绘制8点DFT的幅频特性图
title('(5a) 8点DFT[x_5(n)]'); xlabel('ω/π'); ylabel('幅度');
axis([0, 2, 0, 1.2*max(abs(X5k8))])
subplot(2, 2, 4); mstem(X5k16);    %绘制16点DFT的幅频特性图
title('(5b)16点DFT[x_5(n)]');
xlabel('ω/π'); ylabel('幅度');
axis([0, 2, 0, 1.2*max(abs(X5k16))])

%实验内容(3) 模拟周期信号谱分析=========================
figure(4)
Fs=64; T=1/Fs;
N=16; n=0: N-1;                    %FFT的变换区间N=16
x6nT=cos(8*pi*n*T)+cos(16*pi*n*T)+cos(20*pi*n*T); %对x6(t)16点采样
X6k16=fft(x6nT);                   %计算x6nT的16点DFT
X6k16=fftshift(X6k16);             %将零频率移到频谱中心
Tp=N*T; F=1/Tp;                    %频率分辨率F
k=-N/2: N/2-1; fk=k*F;             %产生16点DFT对应的采样点频率(以零频率为中心)
subplot(3, 1, 1); stem(fk, abs(X6k16), '.'); box on        %绘制8点DFT的幅频特性图
title('(6a) 16点|DFT[x_6(nT)]|'); xlabel('f(Hz)'); ylabel('幅度');
axis([-N*F/2-1, N*F/2-1, 0, 1.2*max(abs(X6k16))])
N=32; n=0: N-1;                    %FFT的变换区间N=16
x6nT=cos(8*pi*n*T)+cos(16*pi*n*T)+cos(20*pi*n*T); %对x6(t)32点采样
X6k32=fft(x6nT);                   %计算x6nT的32点DFT
```

```
X6k32=fftshift(X6k32);          %将零频率移到频谱中心
Tp=N*T; F=1/Tp;                 %频率分辨率 F
k=-N/2: N/2-1; fk=k*F;          %产生 16 点 DFT 对应的采样点频率(以零频率为中心)
subplot(3, 1, 2); stem(fk, abs(X6k32), '.'); box on %绘制 8 点 DFT 的幅频特性图
title('(6b) 32 点|DFT[x_6(nT)]|'); xlabel('f(Hz)'); ylabel('幅度');
axis([-N*F/2-1, N*F/2-1, 0, 1.2*max(abs(X6k32))])
N=64; n=0: N-1;                 %FFT 的变换区间 N=16
x6nT=cos(8*pi*n*T)+cos(16*pi*n*T)+cos(20*pi*n*T); %对 x6(t)64 点采样
X6k64=fft(x6nT);                %计算 x6nT 的 64 点 DFT
X6k64=fftshift(X6k64);          %将零频率移到频谱中心
Tp=N*T; F=1/Tp;                 %频率分辨率 F
k=-N/2: N/2-1; fk=k*F;          %产生 16 点 DFT 对应的采样点频率(以零频率为中心)
subplot(3, 1, 3); stem(fk, abs(X6k64), '.'); box on%绘制 8 点 DFT 的幅频特性图
title('(6a) 64 点|DFT[x_6(nT)]|'); xlabel('f(Hz)'); ylabel('幅度');
axis([-N*F/2-1, N*F/2-1, 0, 1.2*max(abs(X6k64))])
```

8.3.3 实验程序运行结果

实验三程序 exp3.m 运行结果如图 8.3.1 所示。

8.3.4 分析与讨论

请读者注意，用 DFT(或 FFT)分析频谱和绘制频谱图时，最好将 $X(k)$的自变量 k 换算成对应的频率并作为横坐标，便于观察频谱。

$$\omega_k = \frac{2\pi}{N}k \qquad k = 0, 1, 2, \cdots, N-1$$

为了便于读取频率值，最好关于 π 归一化，即以 ω/π 作为横坐标。

1. 实验内容(1)

图 8.3.1(1a)和(1b)说明 $x_1(n)=R_4(n)$的 8 点 DFT 和 16 点 DFT 分别是 $x_1(n)$的频谱函数的 8 点和 16 点采样；

因为 $x_3(n)=x_2((n+3))_8R_8(n)$，所以，$x_3(n)$与 $x_2(n)$的 8 点 DFT 的模相等，如图 8.3.1(2a)和(3a)所示。但是，当 $N=16$ 时，$x_3(n)$与 $x_2(n)$不满足循环移位关系，所以图 8.3.1(2b)和(3b)的模不同。

2. 实验内容(2)

对周期序列谱分析。

$x_4(n)=\cos\frac{\pi}{4}n$ 的周期为 8，所以 $N=8$ 和 $N=16$ 均是其周期的整数倍，得到正确的单一频率正弦波的频谱，仅在 0.25π 处有 1 根单一谱线。如图 8.3.1(4a)和(4b)所示。$x_5(n)=\cos(\pi n/4)+\cos(\pi n/8)$的周期为 16，所以 $N=8$ 不是其周期的整数倍，得到的频谱不正确，如图 8.3.1(5a)所示。$N=16$ 是其一个周期，得到正确的频谱，仅在 0.25π 和 0.125π 处有 2 根单一谱线，如图 8.3.1(5b)所示。

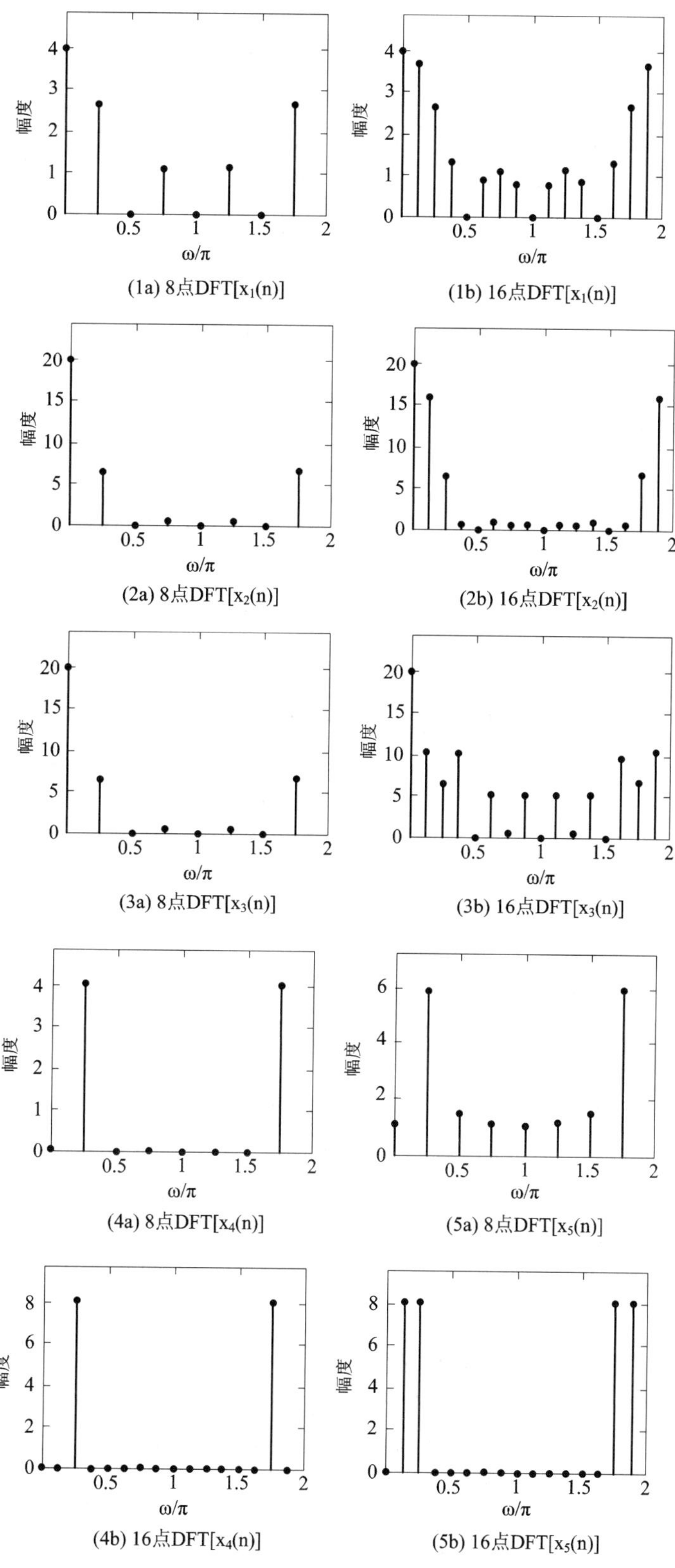

幅度
ω/π
(1a) 8点DFT[x1(n)]
(1b) 16点DFT[x1(n)]
(2a) 8点DFT[x2(n)]
(2b) 16点DFT[x2(n)]
(3a) 8点DFT[x3(n)]
(3b) 16点DFT[x3(n)]
(4a) 8点DFT[x4(n)]
(5a) 8点DFT[x5(n)]
(4b) 16点DFT[x4(n)]
(5b) 16点DFT[x5(n)]

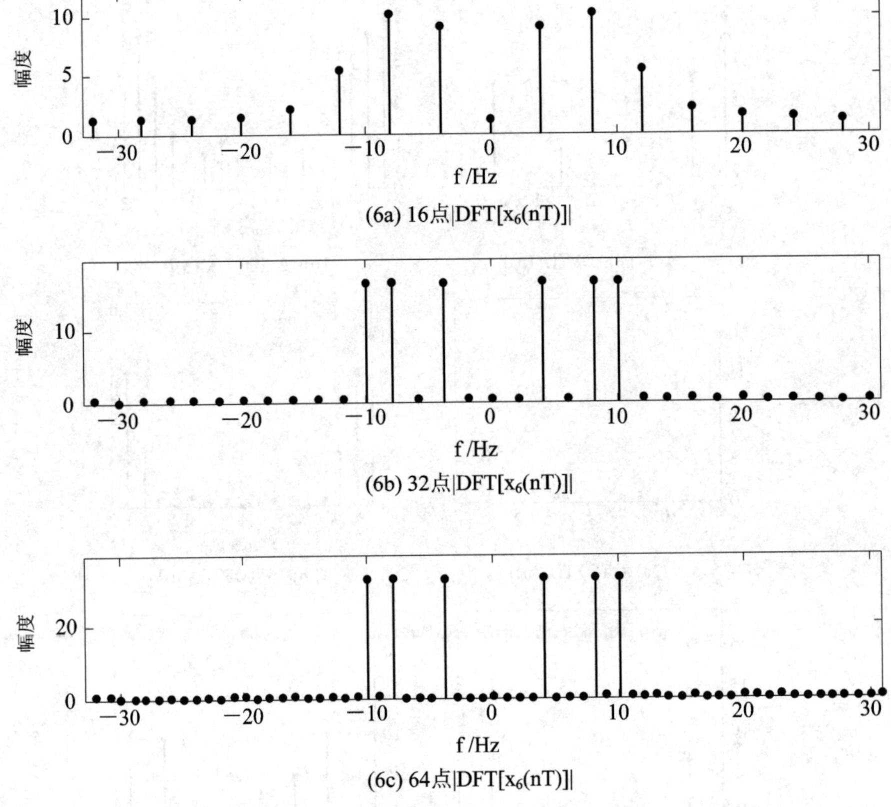

(6a) 16点|DFT[x6(nT)]|

(6b) 32点|DFT[x6(nT)]|

(6c) 64点|DFT[x6(nT)]|

图 8.3.1

3. 实验内容(3)

对模拟周期信号谱分析。

$$x_6(t) = \cos8\pi t + \cos16\pi t + \cos20\pi t$$

$x_6(t)$有 3 个频率成分，$f_1=4$ Hz，$f_2=8$ Hz，$f_3=10$ Hz。所以 $x_6(t)$的周期为 0.5 s。采样频率 $F_s=64$ Hz$=16f_1=8f_2=6.4f_3$。变换区间 $N=16$ 时，观察时间 $T_p=16T=0.25$ s，不是 $x_6(t)$的整数倍周期，所以所得频谱不正确，如图 8.3.1(6a)所示。变换区间 $N=32$，64 时，观察时间 $T_p=0.5$ s，1 s，是 $x_6(t)$的整数周期，所以所得频谱正确，如图 8.3.1(6b)和(6c)所示。图中 3 根谱线正好分别位于 4、8、10 Hz 处。变换区间 $N=64$ 时，频谱幅度是变换区间 $N=32$ 时的 2 倍，这种结果正好验证了用 DFT 对中期序列谱分析的理论。

注意：(1) 用 DFT(或 FFT)对模拟信号分析频谱时，最好将 $X(k)$的自变量 k 换算成对应的模拟频率 f_k 并作为横坐标绘图，以便于观察频谱。这样，不管变换区间 N 取信号周期的几倍，画出的频谱图中有效离散谐波谱线所在的频率值不变，如图 8.3.1(6b)和(6c)所示。

$$f_k = \frac{F_s}{N}k = \frac{1}{NT}k = \frac{1}{T_p}k \qquad k = 0, 1, 2, \cdots, N-1$$

(2) 本程序直接画出采样序列 N 点 DFT 的模值，实际上分析频谱时最好画出归一化幅度谱，这样就避免了幅度值随变换区间 N 变化的缺点。本实验程序这样绘图只是为了验证用 DFT 对序列谱分析的理论。

思考题(1)和(2)的答案请读者在教材 3.4.2 节中去找，思考题(3)的答案在程序运行结果分析讨论中已经详细回答。

8.4　实验四：IIR 数字滤波器设计及软件实现

8.4.1　实验指导

1. 实验目的

(1) 熟悉用双线性变换法设计 IIR 数字滤波器的原理与方法。

(2) 学会调用 MATLAB 信号处理工具箱中滤波器设计函数(或滤波器设计分析工具 fdatool)设计各种 IIR 数字滤波器，学会根据滤波需求确定滤波器指标参数。

(3) 掌握 IIR 数字滤波器的 MATLAB 实现方法。

(4) 通过观察滤波器输入输出信号的时域波形及其频谱，建立数字滤波的概念。

2. 实验原理

设计 IIR 数字滤波器一般采用间接法(脉冲响应不变法和双线性变换法)，应用最广泛的是双线性变换法。其基本设计过程是：① 先将给定的数字滤波器的指标转换成过渡模拟滤波器的指标；② 设计过渡模拟滤波器；③ 将过渡模拟滤波器的系统函数转换成数字滤波器的系统函数。MATLAB 信号处理工具箱中的各种 IIR 数字滤波器设计函数都是采用双线性变换法。教材第 6 章介绍的滤波器设计函数 butter、cheby1 、cheby2 和 ellip 可以分别被调用来直接设计巴特沃斯、切比雪夫 1、切比雪夫 2 以及椭圆模拟和数字滤波器。本实验要求读者调用如上函数直接设计 IIR 数字滤波器。

本实验的数字滤波器的 MATLAB 实现是指调用 MATLAB 信号处理工具箱函数 filter 对给定的输入信号 $x(n)$进行滤波，得到滤波后的输出信号 $y(n)$。

3. 实验内容及步骤

(1) 调用信号产生函数 mstg 产生由三路抑制载波调幅信号相加构成的复合信号 s(t)，该函数还会自动绘图显示 s(t)的时域波形和幅频特性曲线，如图 8.4.1 所示。由图可见，三路信号时域混叠无法在时域分离。但频域是分离的，所以可以通过滤波的方法在频域分离，这就是本实验的目的。

(2) 要求将 s(t)中三路调幅信号分离，通过观察 s(t)的幅频特性曲线，分别确定可以分离 s(t)中三路抑制载波单频调幅信号的三个滤波器(低通滤波器、带通滤波器、高通滤波器)的通带截止频率和阻带截止频率。要求滤波器的通带最大衰减为 0.1 dB，阻带最小衰减为 60 dB。

提示：抑制载波单频调幅信号的数学表示式为

$$\mathrm{s(t)} = \cos(2\pi f_0 t)\cos(2\pi f_c t) = \frac{1}{2}[\cos(2\pi(f_c - f_0)t) + \cos(2\pi(f_c + f_0)t)]$$

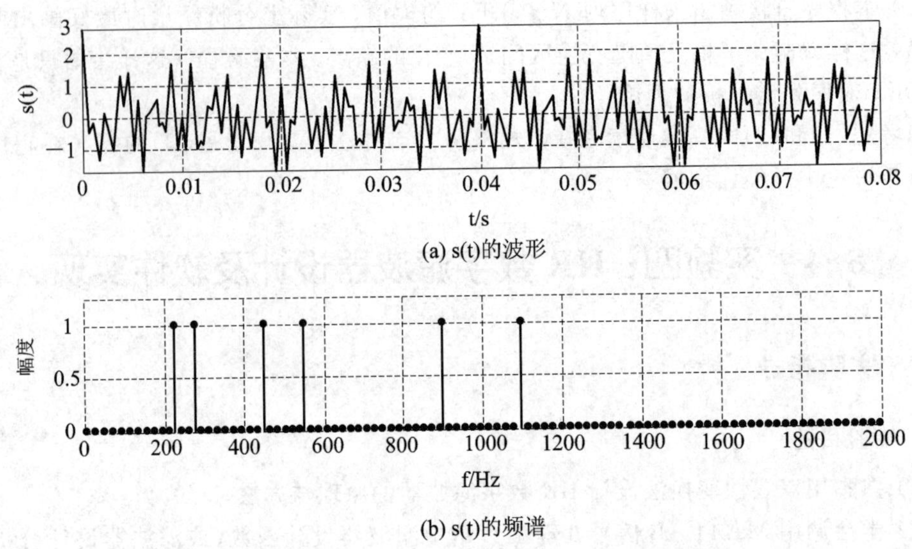

(a) s(t)的波形

(b) s(t)的频谱

图 8.4.1 三路调幅信号 s(t)的时域波形和幅频特性曲线

其中，$\cos(2\pi f_c t)$称为载波；f_c 为载波频率；$\cos(2\pi f_0 t)$称为单频调制信号；f_0 为调制正弦波信号频率，且满足 $f_c > f_0$。由上式可见，所谓抑制载波单频调幅信号，就是两个正弦信号相乘，它有两个频率成分：和频 $f_c + f_0$ 和差频 $f_c - f_0$，这两个频率成分关于载波频率 f_c 对称。所以，1 路抑制载波单频调幅信号的频谱图是关于载波频率 f_c 对称的 2 根谱线。容易看出，图 8.4.1 中三路调幅信号的载波频率分别为 250 Hz、500 Hz、1000 Hz。

(3) 编程序调用 MATLAB 滤波器设计函数 ellipord 和 ellip 分别设计这三个椭圆滤波器，并绘图显示其幅频响应特性曲线。

(4) 调用滤波器实现函数 filter，用三个滤波器分别对信号产生函数 mstg 产生的信号 s(t)进行滤波，分离出 s(t)中的三路不同载波频率的调幅信号 $y_1(n)$、$y_2(n)$和 $y_3(n)$，并绘图显示 y1(n)、y2(n)和 y3(n)的时域波形，观察分离效果。

4. 信号产生函数 mstg 清单

```
function st=mstg
%产生信号序列向量 st，并显示 st 的时域波形和频谱
%st=mstg 返回三路调幅信号相加形成的混合信号，长度 N=1600
N=1600                  %N 为信号 st 的长度
Fs=10000; T=1/Fs; Tp=N*T; %采样频率 Fs=10 kHz，Tp 为采样时间
t=0: T: (N-1)*T; k=0: N-1; f=k/Tp;
fc1=Fs/10;              %第 1 路调幅信号的载波频率 fc1=1000 Hz
fm1=fc1/10;             %第 1 路调幅信号的调制信号频率 fm1=100 Hz
fc2=Fs/20;              %第 2 路调幅信号的载波频率 fc2=500 Hz
fm2=fc2/10;             %第 2 路调幅信号的调制信号频率 fm2=50 Hz
fc3=Fs/40;              %第 3 路调幅信号的载波频率 fc3=250 Hz
fm3=fc3/10;             %第 3 路调幅信号的调制信号频率 fm3=25 Hz
xt1=cos(2*pi*fm1*t).*cos(2*pi*fc1*t);    %产生第 1 路调幅信号
```

```
xt2=cos(2*pi*fm2*t).*cos(2*pi*fc2*t);    %产生第2路调幅信号
xt3=cos(2*pi*fm3*t).*cos(2*pi*fc3*t);    %产生第3路调幅信号
st=xt1+xt2+xt3;         %三路调幅信号相加
fxt=fft(st,N);          %计算信号st的频谱
%====以下为绘图部分，绘制st的时域波形和幅频特性曲线===========
subplot(3,1,1)
plot(t,st);grid;xlabel('t/s');ylabel('s(t)');
axis([0,Tp/8,min(st),max(st)]);title('(a) s(t)的波形')
subplot(3,1,2)
stem(f,abs(fxt)/max(abs(fxt)),'.');grid;title('(b) s(t)的频谱')
axis([0,Fs/5,0,1.2]);
xlabel('f/Hz');ylabel('幅度')
```

5. 实验程序框图

实验程序框图如图8.4.2所示，供读者参考。

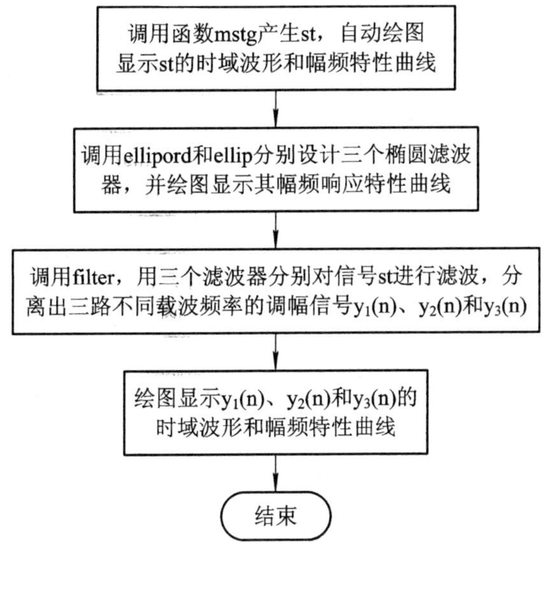

图8.4.2

6. 思考题

(1) 请阅读信号产生函数mstg，确定三路调幅信号的载波频率和调制信号频率。

(2) 信号产生函数mstg中采样点数N=800，对st进行N点FFT可以得到6根理想谱线。如果取N=1000，可否得到6根理想谱线？为什么？N=2000呢？请改变函数mstg中采样点数N的值，观察频谱图，验证您的判断是否正确。

(3) 修改信号产生函数mstg，给每路调幅信号加入载波成分，产生调幅(AM)信号，重复本实验，观察AM信号与抑制载波调幅信号的时域波形及其频谱的差别。

提示：AM信号表示式：

$$s(t)=[1+\cos(2\pi f_0 t)]\cos(2\pi f_c t)$$

7. 实验报告要求

(1) 简述实验目的及原理。

(2) 画出实验主程序框图，打印程序清单。

(3) 绘制三个分离滤波器的损耗函数曲线。

(4) 绘制经过滤波分离出的三路调幅信号的时域波形。

(5) 简要回答思考题。

8.4.2 滤波器参数及实验程序清单

1. 滤波器参数选取

观察图 8.4.1 可知，三路调幅信号的载波频率分别为 250 Hz、500 Hz、1000 Hz。带宽(也可以由信号产生函数 mstg 清单看出)分别为 50 Hz、100 Hz、200 Hz。所以，分离混合信号 st 中三路抑制载波单频调幅信号的三个滤波器(低通滤波器、带通滤波器、高通滤波器)的指标参数选取如下：

• 对载波频率为 250 Hz 的调幅信号，可以用低通滤波器分离，其指标为

通带截止频率 $f_p=280$ Hz，通带最大衰减 $\alpha_p=0.1$ dB；

阻带截止频率 $f_s=450$ Hz，阻带最小衰减 $\alpha_s=60$ dB。

• 对载波频率为 500 Hz 的调幅信号，可以用带通滤波器分离，其指标为

通带截止频率 $f_{pl}=440$ Hz，$f_{pu}=560$ Hz，通带最大衰减 $\alpha_p=0.1$ dB；

阻带截止频率 $f_{sl}=275$ Hz，$f_{su}=900$ Hz，阻带最小衰减 $\alpha_s=60$ dB。

• 对载波频为 1000 Hz 的调幅信号，可以用高通滤波器分离，其指标为

通带截止频率 $f_p=890$ Hz，通带最大衰减 $\alpha_p=0.1$ dB；

阻带截止频率 $f_s=550$ Hz，阻带最小衰减 $\alpha_s=60$ dB。

说明：(1) 为了使滤波器阶数尽可能低，每个滤波器边界频率的选择原则是尽量使滤波器过渡带宽一些。

(2) 与信号产生函数 mstg 相同，采样频率 Fs=10 kHz。

(3) 为了滤波器阶数最低，选用椭圆滤波器。

按照图 8.4.2 所示的程序框图编写的实验程序为 exp4.m。

2. 实验程序清单

```
%实验四程序 exp4.m
% IIR 数字滤波器设计及软件实现
clear all; close all
Fs=10000; T=1/Fs;        %采样频率
%调用信号产生函数 mstg 产生由三路抑制载波调幅信号相加构成的复合信号 st
st=mstg;
%低通滤波器设计与实现=================================
fp=280; fs=450;
wp=2*fp/Fs; ws=2*fs/Fs; rp=0.1; rs=60; %DF 指标(低通滤波器的通、阻带边界频率)
[N, wp]=ellipord(wp, ws, rp, rs);    %调用 ellipord 计算椭圆 DF 阶数 N 和通带截止频率 wp
```

```
[B, A]=ellip(N, rp, rs, wp);          %调用 ellip 计算椭圆带通 DF 系统函数系数向量 B 和 A
y1t=filter(B, A, st);                 %滤波器软件实现
% 低通滤波器设计与实现绘图部分
figure(2); subplot(3, 1, 1);
myplot(B, A);                         %调用绘图函数 myplot 绘制损耗函数曲线
yt='y_1(t)';
subplot(3, 1, 2); tplot(y1t, T, yt);  %调用绘图函数 tplot 绘制滤波器输出波形
%带通滤波器设计与实现================================
fpl=440; fpu=560; fsl=275; fsu=900;
wp=[2*fpl/Fs, 2*fpu/Fs]; ws=[2*fsl/Fs, 2*fsu/Fs]; rp=0.1; rs=60;
[N, wp]=ellipord(wp, ws, rp, rs);     %调用 ellipord 计算椭圆 DF 阶数 N 和通带截止频率 wp
[B, A]=ellip(N, rp, rs, wp);          %调用 ellip 计算椭圆带通 DF 系统函数系数向量 B 和 A
y2t=filter(B, A, st);                 %滤波器软件实现
% 带通滤波器设计与实现绘图部分(省略)
%高通滤波器设计与实现================================
fp=890; fs=600;
wp=2*fp/Fs; ws=2*fs/Fs; rp=0.1; rs=60; %DF 指标(低通滤波器的通、阻带边界频率)
[N, wp]=ellipord(wp, ws, rp, rs);          %调用 ellipord 计算椭圆 DF 阶数 N 和通带
                                           %截止频率 wp
[B, A]=ellip(N, rp, rs, wp, 'high');       %调用 ellip 计算椭圆带通 DF 系统函数系数
                                           %向量 B 和 A
y3t=filter(B, A, st);                      %滤波器软件实现
% 高低通滤波器设计与实现绘图部分(省略)
```

8.4.3 实验程序运行结果

实验四程序 exp4.m 运行结果如图 8.4.3 所示。由图可见，三个分离滤波器指标参数选取正确，损耗函数曲线达到所给指标。分离出的三路信号 $y_1(n)$、$y_2(n)$、$y_3(n)$的波形是抑制载波的单频调幅波。

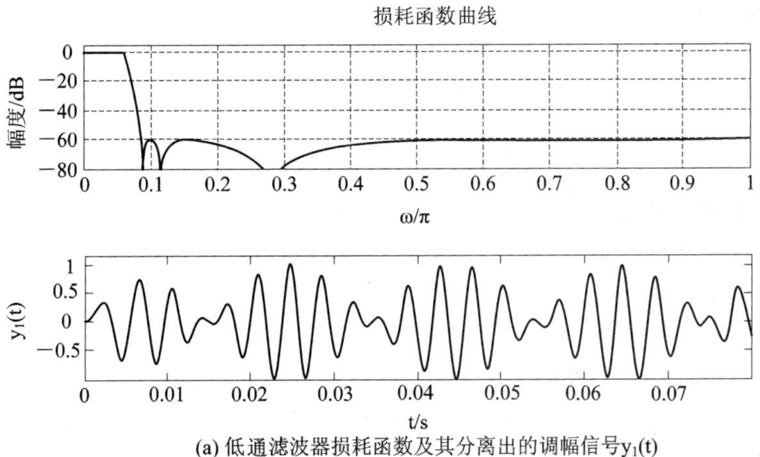

(a) 低通滤波器损耗函数及其分离出的调幅信号$y_1(t)$

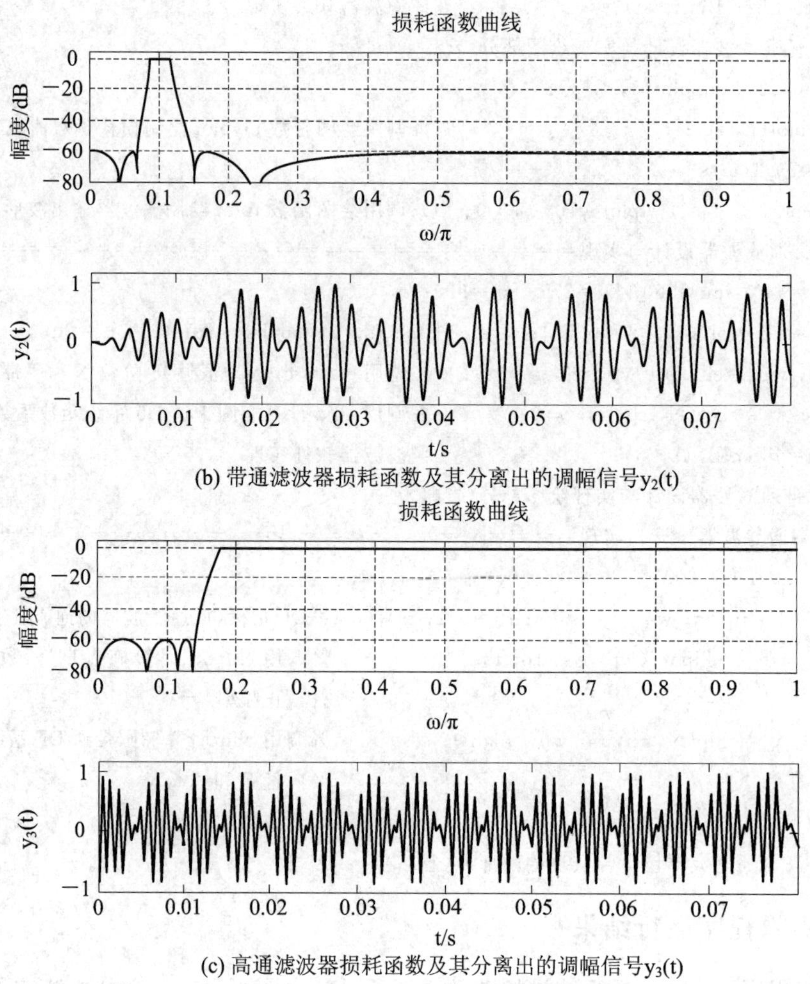

(b) 带通滤波器损耗函数及其分离出的调幅信号$y_2(t)$

(c) 高通滤波器损耗函数及其分离出的调幅信号$y_3(t)$

图 8.4.3 实验四程序 exp4.m 运行结果

8.4.4 简答思考题

思考题(1)：已经在 8.4.2 节解答。思考题(3)很简单，请读者按照该题的提示修改程序，运行观察。

思考题(2)：因为信号 s(t)是周期序列，谱分析时要求观察时间为整数倍周期。所以，本题的一般解答方法是，先确定信号 s(t)的周期，再判断所给采样点数 N 对应的观察时间 Tp＝NT 是否为 s(t)的整数个周期。但信号产生函数 mstg 产生的信号 s(t)共有 6 个频率成分，求其周期比较麻烦，故采用下面的方法解答。

分析发现，s(t)的每个频率成分都是 25 Hz 的整数倍。采样频率 Fs＝10 kHz＝25×400 Hz，即在 25 Hz 的正弦波的 1 个周期中采样 400 点。所以，当 N 为 400 的整数倍时一定为 s(t)的整数个周期。因此，采样点数 N＝800 和 N＝2000 时，对 s(t)进行 N 点 FFT 可以得到 6 根理想谱线。如果取 N＝1000，不是 400 的整数倍，则不能得到 6 根理想谱线。

8.5　实验五：FIR数字滤波器设计与软件实现

8.5.1　实验指导

1. 实验目的

(1) 掌握用窗函数法设计FIR数字滤波器的原理和方法。

(2) 掌握用等波纹最佳逼近法设计FIR数字滤波器的原理和方法。

(3) 掌握FIR滤波器的快速卷积实现原理。

(4) 学会调用MATLAB函数设计与实现FIR滤波器。

2. 实验内容及步骤

(1) 认真复习教材第7章中用窗函数法和等波纹最佳逼近法设计FIR数字滤波器的原理。

(2) 调用信号产生函数xtg产生具有加性噪声的信号x(t)，并自动显示x(t)及其频谱，如图8.5.1所示。

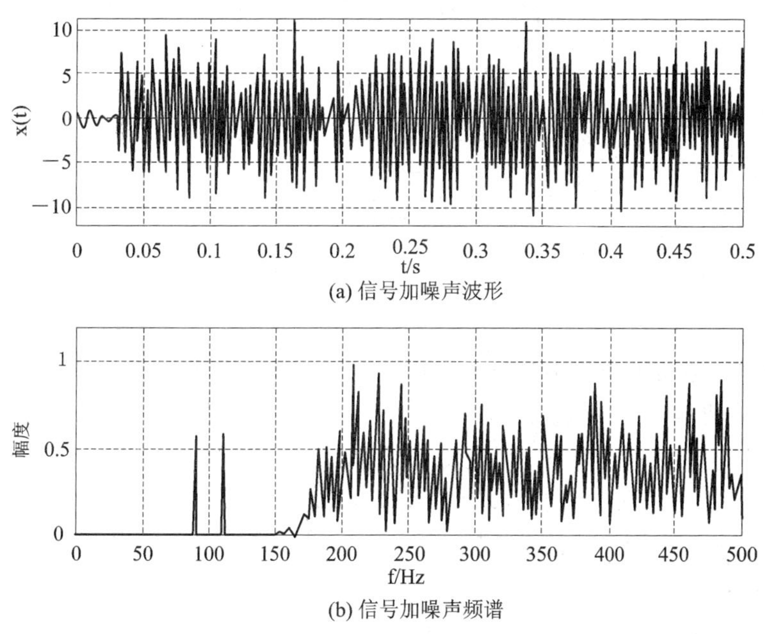

(a) 信号加噪声波形

(b) 信号加噪声频谱

图8.5.1

(3) 请设计低通滤波器，从高频噪声中提取x(t)中的单频调幅信号，要求信号幅频失真小于0.1 dB，将噪声频谱衰减60 dB。先观察x(t)的频谱，确定滤波器指标参数。

(4) 根据滤波器指标选择合适的窗函数，计算窗函数的长度N，调用MATLAB函数fir1设计一个FIR低通滤波器，并编写程序，调用MATLAB快速卷积函数fftfilt实现对x(t)的滤波。绘图显示滤波器的频率响应特性曲线、滤波器输出信号的幅频特性图和时域波形图。

(5) 重复(3)，滤波器指标不变，但改用等波纹最佳逼近法，调用 MATLAB 函数 remezord 和remez 设计 FIR 数字滤波器。并比较两种设计方法设计的滤波器阶数。

提示：① MATLAB 函数 fir1 和 fftfilt 的功能及其调用格式请用 help 命令查阅；

② 采样频率 Fs=1000 Hz，采样周期 T=1/Fs；

③ 根据图 8.5.1(b)和实验要求，可选择滤波器指标参数：通带截止频率 $f_p=120$ Hz，阻带截止频率 $f_s=150$ Hz，换算成数字频率，通带截止频率 $\omega_p=2\pi f_p T=0.24\pi$ rad，通带最大衰减为 0.1 dB，阻带截止频率 $\omega_s=2\pi f_s T=0.3\pi$ rad，阻带最小衰减为 60 dB。

④ 实验程序框图如图 8.5.2 所示，供读者参考。

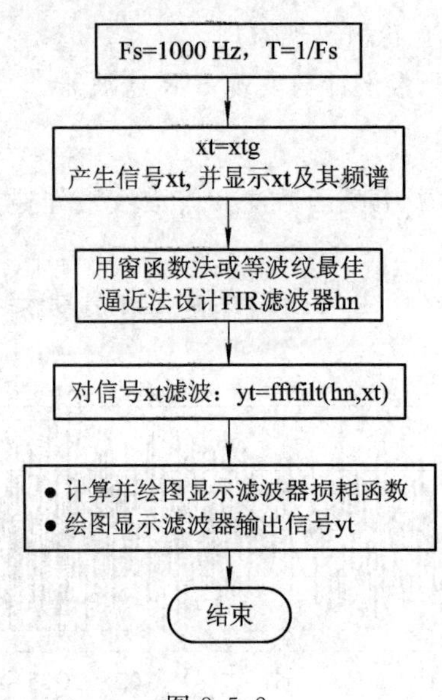

图 8.5.2

3. 思考题

(1) 如果给定通带截止频率和阻带截止频率以及阻带最小衰减，如何用窗函数法设计线性相位低通滤波器？请写出设计步骤。

(2) 如果要求用窗函数法设计带通滤波器，且给定通带上、下截止频率为 ω_{pl} 和 ω_{pu}，阻带上、下截止频率为 ω_{sl} 和 ω_{su}，试求理想带通滤波器的截止频率 ω_{cl} 和 ω_{cu}。

(3) 解释为什么对同样的技术指标，用等波纹最佳逼近法设计的滤波器阶数低?

4. 实验报告要求

(1) 对两种设计 FIR 滤波器的方法(窗函数法和等波纹最佳逼近法)进行分析比较，简述其优缺点。

(2) 附程序清单，打印实验内容要求和绘图显示的曲线图。

(3) 分析总结实验结果。

(4) 简要回答思考题。

5. 信号产生函数 xtg 程序清单

```
function xt=xtg(N)
%实验五信号 x(t)产生函数，并显示信号的幅频特性曲线
```

```
%xt=xtg 产生一个长度为 N，有加性高频噪声的单频调幅信号 xt，采样频率 Fs=1000 Hz
%载波频率 fc=Fs/10=100Hz，调制正弦波频率 f0=fc/10=10 Hz
N=2000；Fs=1000；T=1/Fs；Tp=N*T；
t=0：T：(N-1)*T；
fc=Fs/10；f0=fc/10；              %载波频率 fc=Fs/10，单频调制信号频率为 f0=Fc/10
mt=cos(2*pi*f0*t)；               %产生单频正弦波调制信号 mt，频率为 f0
ct=cos(2*pi*fc*t)；               %产生载波正弦波信号 ct，频率为 fc
xt=mt.*ct；                       %相乘产生单频调制信号 xt
nt=2*rand(1，N)-1；               %产生随机噪声 nt
%====设计高通滤波器 hn，用于滤除噪声 nt 中的低频成分，生成高通噪声====
fp=150；fs=200；Rp=0.1；As=70；   % 滤波器指标
fb=[fp，fs]；m=[0，1]；            % 计算 remezord 函数所需参数 f，m，dev
dev=[10^(-As/20)，(10^(Rp/20)-1)/(10^(Rp/20)+1)]；
[n，fo，mo，W]=remezord(fb，m，dev，Fs)；   % 确定 remez 函数所需参数
hn=remez(n，fo，mo，W)；   % 调用 remez 函数进行设计，用于滤除噪声 nt 中的低频成分
yt=filter(hn，1，10*nt)；   %滤除随机噪声中低频成分，生成高通噪声 yt
%================================================
xt=xt+yt；                        %噪声加信号
fst=fft(xt，N)；k=0：N-1；f=k/Tp；
subplot(3，1，1)；plot(t，xt)；grid；xlabel('t/s')；ylabel('x(t)')；
axis([0，Tp/5，min(xt)，max(xt)])；title('(a) 信号加噪声波形')
subplot(3，1，2)；plot(f，abs(fst)/max(abs(fst)))；grid；title('(b) 信号加噪声的频谱')
axis([0，Fs/2，0，1.2])；xlabel('f/Hz')；ylabel('幅度')
```

8.5.2　滤波器参数及实验程序清单

1. 滤波器参数选取

根据 8.5.1 节实验指导的提示③选择滤波器指标参数：通带截止频率 $f_p=120$ Hz，阻带截止频率 $f_s=150$ Hz。代入采样频率 $F_s=1000$ Hz，换算成数字频率，通带截止频率 $\omega_p=2\pi f_p T=0.24\pi$ rad，通带最大衰减为 0.1 dB，阻带截止频率 $\omega_s=2\pi f_s T=0.3\pi$ rad，阻带最小衰减为60 dB。所以选取 blackman 窗函数。与信号产生函数 xtg 相同，采样频率 $F_s=1000$ Hz。

按照图 8.5.2 所示的程序框图编写的实验程序为 exp5.m。

2. 实验程序清单

```
%实验五程序 exp5.m
% FIR 数字滤波器设计及软件实现
clear all；close all；
%==调用 xtg 产生信号 xt，xt 长度 N=1000，并显示 xt 及其频谱，=======
N=1000；xt=xtg(N)；
fp=120；fs=150；Rp=0.2；As=60；Fs=1000；    % 输入给定指标
```

```
% (1) 用窗函数法设计滤波器
wc=(fp+fs)/Fs；              %理想低通滤波器截止频率(关于 pi 归一化)
B=2 * pi * (fs-fp)/Fs；      %过渡带宽度指标
Nb=ceil(11 * pi/B)；         %blackman 窗的长度 N
hn=fir1(Nb-1, wc, blackman(Nb))；
Hw=abs(fft(hn, 1024))；      % 求设计的滤波器频率特性
ywt=fftfilt(hn, xt, N)；     %调用函数 fftfilt 对 xt 滤波
%以下为用窗函数法设计法的绘图部分(滤波器损耗函数，滤波器输出信号波形)(省略)
% (2) 用等波纹最佳逼近法设计滤波器
fb=[fp, fs]; m=[1, 0]；      % 确定 remezord 函数所需参数 f, m, dev
dev=[(10^(Rp/20)-1)/(10^(Rp/20)+1), 10^(-As/20)]；
[Ne, fo, mo, W]=remezord(fb, m, dev, Fs)；   % 确定 remez 函数所需参数
hn=remez(Ne, fo, mo, W)； % 调用 remez 函数进行设计
Hw=abs(fft(hn, 1024))；      % 求设计的滤波器频率特性
yet=fftfilt(hn, xt, N)；     % 调用函数 fftfilt 对 xt 滤波
%以下为用等波纹设计法的绘图部分(滤波器损耗函数，滤波器输出信号 yw(t)波形)
%(省略)
```

8.5.3 实验程序运行结果

用窗函数法设计滤波器，滤波器长度 Nw＝184。滤波器损耗函数和滤波器输出 $y_w(t)$分别如图 8.5.3(a)和(b)所示。

用等波纹最佳逼近法设计滤波器，滤波器长度 Ne＝83。滤波器损耗函数和滤波器输出 $y_e(t)$分别如图 8.5.3(c)和(d)所示。

两种方法设计的滤波器都能有效地从噪声中提取信号，但等波纹最佳逼近法设计的滤波器阶数低得多。当然，滤波实现的运算量以及时延也小得多。

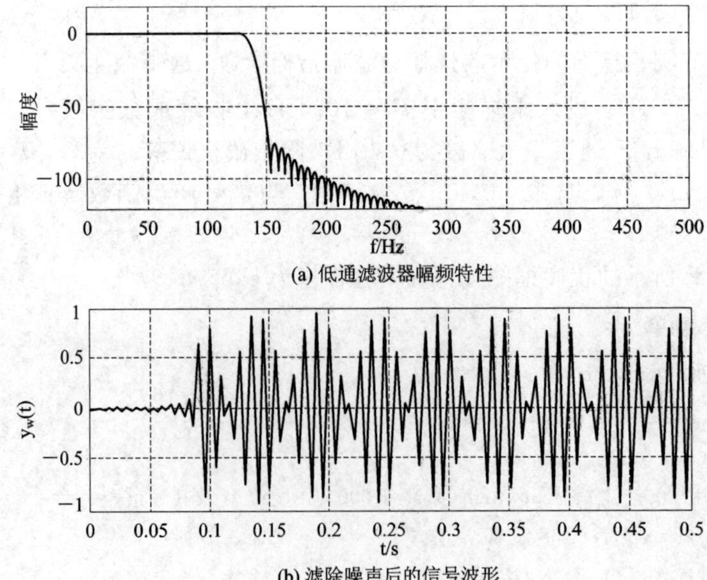

(a) 低通滤波器幅频特性

(b) 滤除噪声后的信号波形

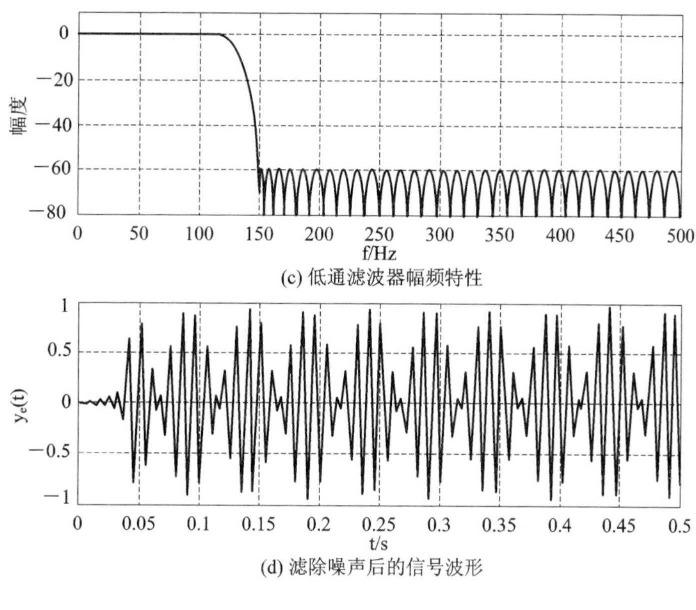

(c) 低通滤波器幅频特性

(d) 滤除噪声后的信号波形

图 8.5.3

8.5.4　简答思考题

(1) 对于用窗函数法设计线性相位低通滤波器的设计步骤，教材中有详细的介绍。

(2) 希望逼近的理想带通滤波器的截止频率 ω_{cl} 和 ω_{cu} 分别为

$$\omega_{cl}=\frac{\omega_{sl}+\omega_{pl}}{2},\quad \omega_{cu}=\frac{\omega_{su}+\omega_{pu}}{2}$$

(3) 解释为什么对同样的技术指标，用等波纹最佳逼近法设计的滤波器阶数低？

提示：

① 用窗函数法设计的滤波器，如果在阻带截止频率附近刚好满足，则离开阻带截止频率越远，阻带衰减富裕量越大，即存在资源浪费；

② 几种常用的典型窗函数的通带最大衰减和阻带最小衰减固定，且差别较大，又不能分别控制。所以设计的滤波器的通带最大衰减和阻带最小衰减通常都存在较大富裕。如本实验所选的 blackman 窗函数，其阻带最小衰减为 74 dB，而指标仅为 60 dB。

③ 用等波纹最佳逼近法设计的滤波器，其通带和阻带均为等波纹特性，且通带最大衰减和阻带最小衰减可以分别控制，所以其指标均匀分布，没有资源浪费，阶数低得多。因此，经过滤波后对信号的时延小得多。

8.6　实验六：数字信号处理在双音多频拨号系统中的应用

8.6.1　实验目的

通过对双音多频拨号系统的分析与仿真实验，了解双音多频信号的产生、检测，包括对双音多频信号进行 DFT 时的参数选择等，使学生初步了解数字信号处理在实际中的使用方法和重要性。

8.6.2　实验原理和方法

1. 关于双音多频拨号系统

双音多频(Dual Tone Multi Frequency，DTMF)信号是音频电话中的拨号信号，由美国AT&T贝尔公司实验室研制，并用于电话网络中。这种信号制式具有很高的拨号速度，且容易自动监测识别，很快就代替了原有的用脉冲计数方式的拨号制式。这种双音多频信号制式不仅用在电话网络中，也可以用于传输十进制数据的其他通信系统中，还可用于电子邮件和银行系统中。在这些系统中，用户可以用电话发送DTMF信号，选择语音菜单进行操作。

DTMF信号系统是一个典型的小型信号处理系统。它以数字方法产生模拟信号并进行传输，其中还用到了D/A变换器；在接收端用A/D变换器将其转换成数字信号，并进行数字信号处理与识别。为了提高系统的检测速度并降低成本，还开发了一种特殊的DFT算法，称为戈泽尔(Goertzel)算法。这种算法既可以用硬件(专用芯片)实现，也可以用软件实现。下面首先介绍双音多频信号的产生方法和检测方法，包括戈泽尔算法，最后进行模拟实验。下面先介绍电话中的DTMF信号的组成。

在电话中，数字0～9的中每一个都用两个不同的单音频传输，所用的8个频率分成高频带和低频带两组，低频带有四个频率：679 Hz、770 Hz、852 Hz和941 Hz；高频带也有四个频率：1209 Hz、1336 Hz、1477 Hz和1633 Hz。每一个数字均由高、低频带中的各一个频率构成，例如1用697 Hz和1209 Hz两个频率构成，信号用 $\sin(2\pi f_1 t)+\sin(2\pi f_2 t)$ 表示，其中 $f_1=679$ Hz，$f_2=1209$ Hz。这样8个频率形成16种不同的双频信号。具体号码以及符号对应的频率如表8.6.1所示。表中最后一列在电话中暂时未用。

表8.6.1　双频拨号的频率分配

列 / 行	1209 Hz	1336 Hz	1477 Hz	633 Hz
697 Hz	1	2	3	A
770 Hz	4	5	6	B
852 Hz	7	8	9	C
942 Hz	*	0	#	*D*

DTMF信号在电话中有两种作用，一个是用拨号信号去控制交换机接通被叫的用户电话机，另一个作用是控制电话机的各种动作，如播放留言、语音信箱等。

2. 电话中的双音多频(DTMF)信号的产生与检测

(1) 双音多频信号的产生。假设时间连续的DTMF信号用 $x(t)=\sin(2\pi f_1 t)+\sin(2\pi f_2 t)$ 表示，式中 f_1 和 f_2 是按照表8.6.1选择的两个频率，f_1 代表低频带中的一个频率，f_2 代表高频带中的一个频率。显然，采用数字方法产生DTMF信号，优点是方便而且体积小。下面介绍采用数字方法产生DTMF信号。规定用8 kHz对DTMF信号进行采样，采样后得到时域离散信号为

$$x(n)=\sin\frac{2\pi f_1 n}{8000}+\sin\frac{2\pi f_2 n}{8000}$$

形成上面序列的方法有两种，即计算法和查表法。用计算法求正弦波的序列值容易，但实际中要占用一些计算时间，影响运行速度。查表法是预先将正弦波的各序列值计算出来，寄存在存储器中，运行时只要按顺序和一定的速度取出便可。这种方法要占用一定的存储空间，但是速度快。

因为采样频率是8000 Hz，因此要求每125 ms输出一个样本，得到的序列再送到D/A变换器和平滑滤波器，输出便是连续时间的DTMF信号。DTMF信号通过电话线路送到交换机。

(2) 双音多频信号的检测。在接收端，要对收到的双音多频信号进行检测，检测两个正弦波的频率是多少，以判断所对应的十进制数字或者符号。显然，这里仍然要用数字方法进行检测，因此要将收到的时间连续DTMF信号经过A/D变换，变成数字信号进行检测。检测的方法有两种，一种是用一组滤波器提取所关心的频率，根据有输出信号的两个滤波器判断相应的数字或符号。另一种是用DFT(FFT)对双音多频信号进行频谱分析，由信号的幅度谱，判断信号的两个频率，最后确定相应的数字或符号。当检测的音频数目较少时，用滤波器组实现更合适。FFT是DFT的快速算法，但当DFT的变换区间较小时，FFT快速算法的效果并不明显，而且还要占用很多内存，因此不如直接用DFT合适。下面介绍Goertzel算法，这种算法的实质是直接计算DFT的一种线性滤波方法。这里略去Goertzel算法的介绍(请参考文献[19])，可以直接调用MATLAB信号处理工具箱中戈泽尔算法的函数Goertzel，计算N点DFT的几个感兴趣的频点的值。

3. 检测DTMF信号的DFT参数选择

用DFT检测模拟DTMF信号所含有的两个音频频率，是一个用DFT对模拟信号进行频谱分析的问题。根据第3章用DFT对模拟信号进行谱分析的理论，确定三个参数：① 采样频率F_s；② DFT的变换点数N；③ 需要对信号的观察时间的长度T_p。这三个参数不能随意选取，要根据对信号频谱分析的要求进行确定。这里对信号频谱分析也有三个要求：① 频谱分析的分辨率；② 频谱分析的频率范围；③ 检测频率的准确性。

(1) 频谱分析的分辨率。观察要检测的8个频率，相邻间隔最小的是第一和第二个频率，间隔是73 Hz，要求DFT最少能够分辨相隔73 Hz的两个频率，即要求$F_{\min}=73$ Hz。DFT的分辨率与对信号的观察时间T_p有关，$T_{p\min}=1/F=1/73=13.7$ ms。考虑到可靠性，留有富裕量，要求按键的时间大于40 ms。

(2) 频谱分析的频率范围。要检测的信号频率范围是697～1633 Hz，但考虑到存在语音干扰，除了检测这8个频率外，还要检测它们的二次倍频的幅度大小，波形正常且干扰小的正弦波的二次倍频是很小的，如果发现二次谐波很大，则不能确定这是DTMF信号。这样频谱分析的频率范围为697～3266 Hz。按照采样定理，最高频率不能超过折叠频率，即$0.5F_s \geqslant 3622$ Hz，由此要求最小的采样频率应为7.24 kHz。因为数字电话总系统已经规定$F_s=8$ kHz，因此对频谱分析范围的要求是一定满足的。按照$T_{p\min}=13.7$ ms，$F_s=8$ kHz，算出对信号最少的采样点数为$N_{\min}=T_{p\min}\cdot F_s\approx 110$。

(3) 检测频率的准确性。这是一个用DFT检测正弦波频率是否准确的问题。序列的N点DFT是对序列频谱函数在$0\sim 2\pi$区间的N点等间隔采样。如果是一个周期序列，截取周期序列的整数倍周期，进行DFT，其采样点刚好在周期信号的频率上，DFT的幅度最大处就是信号的准确频率。分析这些DTMF信号，发现不可能经过采样而得到周期序列，因此存在检测频率的准确性问题。

DFT 的频率采样点频率为 $\omega_k=2\pi k/N(k=0, 1, 2, \cdots, N-1)$，相应的模拟域采样点频率为 $f_k=F_s k/N(k=0, 1, 2, \cdots, N-1)$，希望选择一个合适的 N，使用该公式算出的 f_k 能接近要检测的频率，或者用 8 个频率中的任一个频率 f_k' 代入公式 $f_k'=F_s k/N$ 中时，得到的 k 值最接近整数值，这样虽然用幅度最大点检测的频率有误差，但可以准确判断所对应的 DTMF 频率，即可以准确判断所对应的数字或符号。经过分析研究，认为 $N=205$ 是最好的。按照 $F_s=8$ kHz，$N=205$，算出的 8 个频率及其二次谐波对应的 k 值，以及 k 取整数时的频率误差见表 8.6.2。

表 8.6.2

8 个基频 /Hz	最近的整数 k 值	DFT 的 k 值	绝对误差	二次谐波 /Hz	对应的 k 值	最近的整数 k 值	绝对误差
697	17.861	18	0.139	1394	35.024	35	0.024
770	19.531	20	0.269	1540	38.692	39	0.308
852	21.833	22	0.167	1704	42.813	43	0.187
941	24.113	24	0.113	1882	47.285	47	0.285
1209	30.981	31	0.019	2418	60.752	61	0.248
1336	34.235	34	0.235	2672	67.134	67	0.134
1477	37.848	38	0.152	2954	74.219	74	0.219
1633	41.846	42	0.154	3266	82.058	82	0.058

通过以上分析，确定 $F_s=8$ kHz，$N=205$，$T_p\geqslant 40$ ms。

4. DTMF 信号的产生与识别仿真实验

下面先介绍 MATLAB 工具箱函数 goertzel，然后介绍 DTMF 信号的产生与识别仿真实验程序。Goerztel 函数的调用格式为

Xgk＝goertzel(xn, K)

xn 是被变换的时域序列，用于 DTMF 信号检测时，xn 就是 DTMF 信号的 205 个采样值。K 是要求计算的 DFT[xn]的频点序号向量，用 N 表示 xn 的长度，则要求 1≤|K|≤N。由表 8.6.2 可知，如果只计算 DTMF 信号 8 个基频时，

K＝[18, 20, 22, 24, 31, 34, 38, 42]

如果同时计算 8 个基频及其二次谐波时，

K＝[18, 20, 22, 24, 31, 34, 35, 38, 39, 42, 43, 47, 61, 67, 74, 82]

Xgk 是变换结果向量，其中存放的是由 K 指定的频率点的 DFT[x(n)]的值。设 X(k)＝DFT[x(n)]，则

$$X(K(i)) = Xgk(i) \qquad i=1, 2, \cdots, \text{length}(K)$$

DTMF 信号的产生与识别仿真实验在 MATLAB 环境下进行，编写仿真程序，运行程序，送入 6 位电话号码，程序自动产生每一位号码数字相应的 DTMF 信号，并送出双频声音，再用 DFT 进行谱分析，显示每一位号码数字的 DTMF 信号的 DFT 幅度谱，按照幅度谱

的最大值确定对应的频率，再按照频率确定每一位对应的号码数字，最后输出 6 位电话号码。

本实验程序较复杂，所以将仿真程序提供给读者，只要求读者读懂程序，直接运行程序仿真。程序名为 exp6. m。程序分四段：第一段(第 2～7 行)设置参数，并读入 6 位电话号码；第二段(第 9～20 行)根据键入的 6 位电话号码产生时域离散 DTMF 信号，并连续发出 6 位号码对应的双音频声音；第三段(第 22～25 行)对时域离散 DTMF 信号进行频率检测，画出幅度谱；第四段(第 26～33 行)根据幅度谱的两个峰值，分别查找并确定输入的 6 位电话号码。根据程序中的注释很容易分析编程思想和处理算法。程序清单如下：

```
%实验六程序 exp6. m
% DTMF 双频拨号信号的生成和检测程序
%clear all；clc；
tm=[1，2，3，65；4，5，6，66；7，8，9，67；42，0，35，68]；   % DTMF 信号代表的 16 个数
N=205；K=[18，20，22，24，31，34，38，42]；
f1=[697，770，852，941]；                        % 行频率向量
f2=[1209，1336，1477，1633]；                    % 列频率向量
TN=input('键入 6 位电话号码= ')；                % 输入 6 位数字
TNr=0；                                          % 接收端电话号码初值为零
for l=1：6；          %分别对每位号码数字进行处理，产生双频信号、发声、检测
    d=fix(TN/10^(6-l))；                         %计算出第 l 位号码的数字
    TN=TN-d*10^(6-l)；
    for p=1：4；
        for q=1：4；
            if tm(p，q)==abs(d)；break，end      % 检测第 l 位号码相符的列号 q
        end
        if tm(p，q)==abs(d)；break，end          % 检测第 l 位号码相符的行号 p
    end
    n=0：1023；                                  % 为了发声，加长序列
    x = sin(2*pi*n*f1(p)/8000) + sin(2*pi*n*f2(q)/8000)；
                                                 % 构成 p 行 q 列对应的双频信号
    sound(x，8000)；                             % 发出声音
    pause(0.1)                                   % 相邻号码之间加 0.1 s 停顿
    % 接收检测端的程序
    X=goertzel(x(1：205)，K+1)；                 % 用 Goertzel 算法计算八点 DFT 样本
    val = abs(X)；                               % 列出八点 DFT 向量
    subplot(3，2，l)；
    stem(K，val，'.')；grid；xlabel('k')；ylabel('|X(k)|')    % 画出 DFT(k)幅度
    axis([10 50 0 120])
    limit = 80；                                 %基频相测门限为 80
    for s=5：8；
        if val(s) > limit，break，end            % 查找列号
    end
    for r=1：4；
        if val(r) > limit，break，end            % 查找行号
```

```
        end
        TNr=TNr+tm(r, s-4) * 10^(6-l);        %将6位电话号码表示成6位数字，便于显示
    end
    disp('接收端检测到的号码为：')              % 显示接收到的6位号码
    disp(TNr)
```

8.6.3 实验内容

(1) 运行仿真程序 exp6.m，任意送入 6 位电话号码，打印出相应的幅度谱。观察程序运行结果，对照表 8.6.1 和表 8.6.2，判断程序谱分析的正确性。

(2) 分析该仿真程序，将产生、检测和识别 6 位电话号码的程序改为能产生、检测和识别 8 位电话号码的程序，并运行一次，打印出相应的幅度谱和 8 位电话号码。

8.6.4 实验报告

(1) 打印 6 位和 8 位电话号码 DTMF 信号的幅度谱。

(2) 简述 DTMF 信号的参数：采样频率、DFT 的变换点数以及观测时间的确定原则。

8.6.5 实验程序清单及运行结果

1. 实验内容①

6 位电话号码的 DTMF 双频拨号信号的生成和检测程序清单 exp6.m 已经在实验指导中给出。运行程序，并输入 6 位电话号码 123456，则输出相应的 6 幅频谱图如图 8.6.1 所示，左上角的第一个图在 k=18 和 k=31 两点出现峰值，所以对应第一位号码数字 1。其他 5 个图请读者对照表 8.6.1 和表 8.6.2，确定其对应的数字，验证程序输出的电话号码“123456”是正确的。

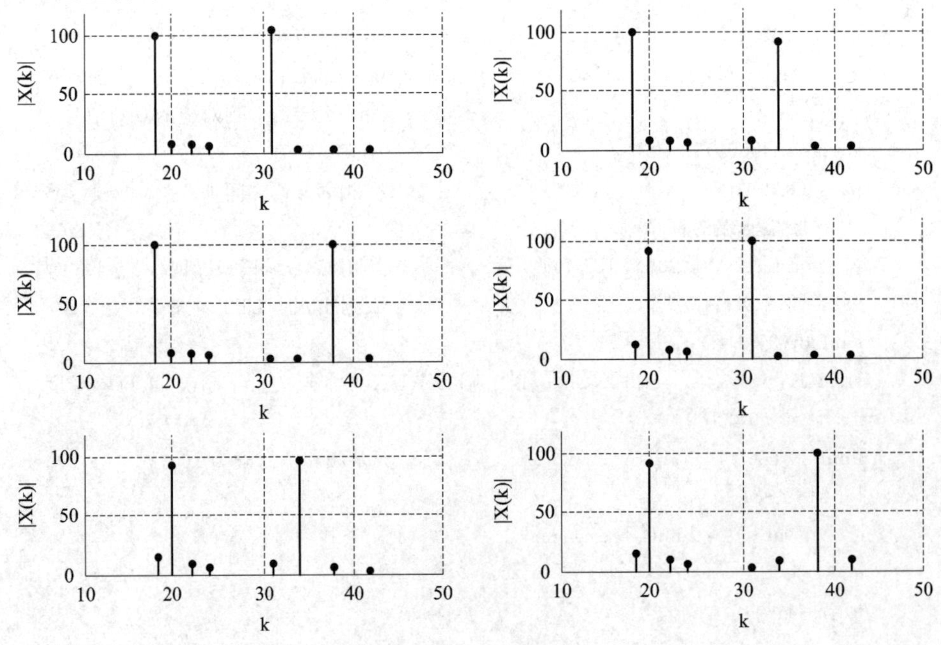

图 8.6.1

2. 实验内容②

只要对 6 位电话号码检测程序 exp6.m 作如下修改，即可产生、检测和识别 8 位电话号码。

(1) 将第 8 行改为 TN＝input('键入 8 位电话号码＝ ')；

(2) 将第 10～12 行改为

```
for l=1：8；
    d=fix(TN/10^(8-l))；
    TN=TN-d*10^(8-l)；
```

(3) 将第 26 行改为 subplot(**4**，2，l)；

(4) 将第 36 行改为 TNr＝TNr＋tm(r，s－4)＊10^(8－l)；

以上修改的语句中，修改之处用粗体数字表示。修改后的程序为 exp6_8.m，程序清单见程序集。运行程序 exp6_8.m，输入 8 位电话号码 87654321，则输出相应的 8 幅频谱图如图 8.6.2 所示。最后显示检测到的电话号码 87654321。

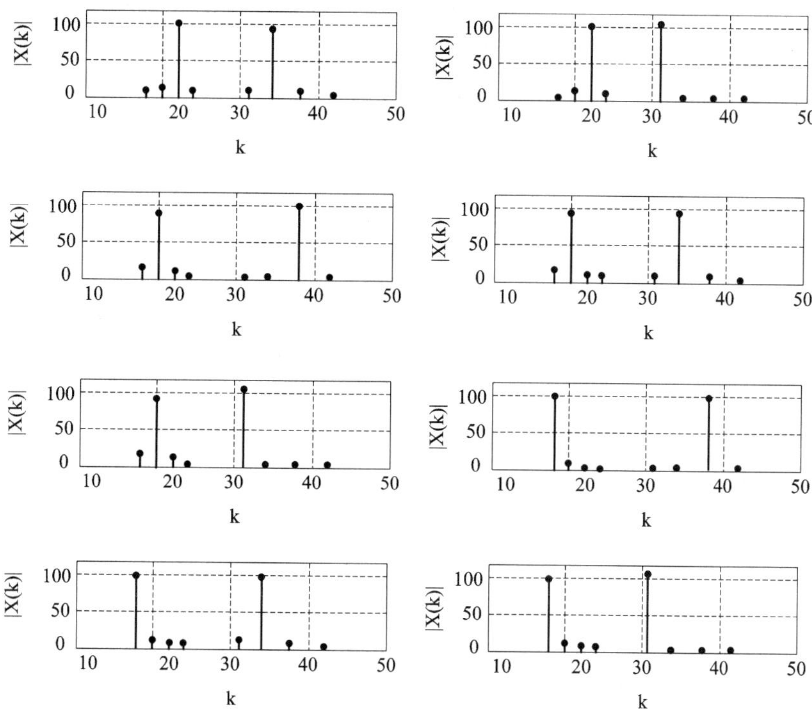

图 8.6.2

第9章 自 测 题

在这一章中准备了五份自测题供读者自我测试和练习用。五份自测题具有不同的题型，但都着重于基本概念和基本分析方法的测试。时间控制在2.5～3小时，每题的分数仅供参考，最后仅提供了参考答案。希望读者一定要在学习了本书配套教材《数字信号处理(第五版)》(高西全、丁玉美编著，西安电子科技大学出版社2022年出版)或者相应的教材或著作的基础上，再进行自我测试。测试前或者测试中，不要急于看参考答案。最后提醒读者自我测试题并不能包括“数字信号处理”这门课的全部内容，也不能包括所有考试题型，这里提供的仅是五份参考测试题。因而即使你自测成绩很好或者较好，也不能完全肯定你自己已经深入掌握了这门课的全部内容。

9.1 自测题(一)

1. 判断下列各题的结论是否正确，你认为正确就在括弧中画“√”，否则画“×”。

(1) 如果 $X(k)=\mathrm{DFT}[x(n)]\qquad k=0, 1, 2, 3, \cdots, 7$

$$y(n)=x((n+5))_8R_8(n)$$

$$Y(k)=\mathrm{DFT}[y(n)]\qquad k=0, 1, 2, 3, \cdots, 7$$

则

$$|Y(k)|=|X(k)|\qquad k=0, 1, 2, 3, \cdots, 7$$ (　　)

(2) 用窗函数法设计FIR数字滤波器时，加大窗函数的长度可以同时加大阻带衰减和减少过渡带的宽度。 (　　)

(3) 如果系统函数用下式表示：

$$H(z)=\frac{1}{(1-0.5z^{-1})(1-0.5z)}$$

可以通过选择适当的收敛域使该系统因果稳定。 (　　)

(4) 令 $x(n)=a^{|n|}\qquad 0<|a|<1, -\infty\leqslant n\leqslant\infty$

$$X(z)=\mathrm{ZT}[x(n)]$$

则 $X(z)$ 的收敛域为

$$a<|z|<a^{-1}$$ (　　)

(5) 令 $x(n)=a^{|n|}\qquad 0<|a|<1, -\infty\leqslant n\leqslant\infty$

$$X(\mathrm{e}^{\mathrm{j}\omega})=\mathrm{FT}\{x(n)]$$

则

$$\int_{-\pi}^{\pi}X(\mathrm{e}^{\mathrm{j}\omega})\mathrm{d}\omega=2\pi x(n)$$ (　　)

(6) 假设一个稳定的IIR滤波器的系统函数和单位脉冲响应分别用 $H(z)$ 和 $h(n)$ 表示，令

$$H(k)=H(z)\big|_{z=e^{j\omega_k}} \qquad \omega_k=\frac{2\pi}{N}k;\ k=0,1,2,3,\cdots,N-1$$

$$h_N(n)=\mathrm{IDFT}[H(k)] \qquad n,k=0,1,2,3,\cdots,N-1$$

则

$$h(n)=h_N(n)$$ (　　)

(该题24分，每小题4分)

2. 完成下列各题：

(1) 已知

$$H(z)=\frac{-3z^{-1}}{2-5z^{-1}+2z^{-2}}$$

设 $H(z)$ 是一个因果系统，求它的单位脉冲响应 $h(n)$。

(2) 设

$$x(n)=\begin{cases}a^n & n\geqslant 0\\ 1 & n<0\end{cases},\ |a|<1$$

求出 $x(n)$ 的Z变换 $X(z)$、收敛域以及零极点。

(3) 假设系统的结构图如题2图所示。求出该系统的系统函数和单位脉冲响应。

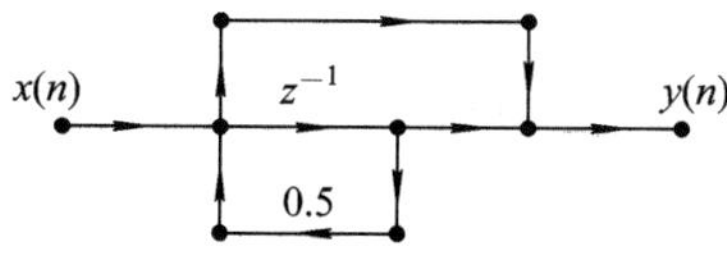

题2图

(4) 画出下面系统函数的直接型和级联型结构图：

$$H(z)=\frac{4z^3-2.83z^2+z}{(z^2+1.4z+1)(z+0.7)}$$

(该题25分，(1)4分，(2)7分，(3)7分，(4)7分)

3. 对 $x(t)$ 进行理想采样，采样间隔 $T=0.25$ s，得到 $\hat{x}(t)$，再让 $\hat{x}(t)$ 通过理想低通滤波器 $G(j\Omega)$，$Gj(\Omega)$ 用下式表示：

$$G(j\Omega)=\begin{cases}0.25 & |\Omega|\leqslant 4\pi\\ 0 & 4\pi<|\Omega|\end{cases}$$

设

$$x(t)=\cos(2\pi t)+\cos(5\pi t)$$

要求：

(1) 写出 $\hat{x}(t)$ 的表达式；

(2) 求出理想低通滤波器的输出信号 $y(t)$。

(该题14分，(1)6分，(2)8分)

4. 假设线性非时变系统的单位脉冲响应 $h(n)$ 和输入信号 $x(n)$ 分别用下式表示：

$$h(n)=R_8(n),\quad x(n)=0.5^nR_8(n)$$

(1) 计算并图示该系统的输出信号 $y(n)$；

(2) 如果对 $x(n)$和 $h(n)$分别进行 16 点 DFT，得到 $X(k)$和 $H(k)$，令

$$Y_1(k) = H(k)X(k) \qquad k = 0, 1, 2, 3, \cdots, 15$$

$$y_1(n) = \mathrm{IDFT}[Y(k)] \qquad n, k = 0, 1, 2, 3, \cdots, 15$$

画出 $y_1(n)$的波形。

(3) 画出用快速卷积法计算该系统输出 $y(n)$的计算框图(FFT 计算作为一个框图)，并注明 FFT 的最小计算区间 N 等于多少。

(该题 22 分，(1) 7 分，(2) 7 分，(3) 8 分)

5. 二阶归一化低通巴特沃斯模拟滤波器的系统函数为

$$H_a(s) = \frac{1}{s^2 + \sqrt{2}s + 1}$$

采样间隔 $T=2$ s，为简单起见，令 3 dB 截止频率 $\Omega_c=1$ rad/s，用双线性变换法将该模拟滤波器转换成数字滤波器 $H(z)$，要求：

(1) 求出 $H(z)$；

(2) 计算数字滤波器的 3 dB 截止频率；

(3) 画出数字滤波器的直接型结构图。

(该题 15 分，(1) 5 分，(2) 5 分，(3) 5 分)

(自测时间 2.5～3 小时，满分 100 分)

9.2 自测题(二)

1. 假设 $x(n)=\delta(n)+\delta(n-1)$，完成下列各题：

(1) 求出 $x(n)$的傅里叶变换 $X(e^{j\omega})$，并画出它的幅频特性曲线；

(2) 求出 $x(n)$的离散傅里叶变换 $X(k)$，变换区间的长度 $N=4$，并画出$|X(k)| \sim k$ 曲线；

(3) 将 $x(n)$以 4 为周期进行延拓，得到周期序列 $\tilde{x}(n)$，求出 $\tilde{x}(n)$的离散傅里叶级数系数 $\tilde{X}(k)$，并画出$|\tilde{X}(k)|\sim k$ 曲线；

(4) 求出(3)中 $\tilde{x}(n)$的傅里叶变换表示式 $X(e^{j\omega})$，并画出$|X(e^{j\omega})|\sim\omega$ 曲线。

(该题 24 分，每小题 6 分)

2. 假设 $f(n)=x(n)+jy(n)$，$x(n)$和 $y(n)$均为有限长实序列，已知 $f(n)$的 DFT 如下式：

$$F(k) = 1 + e^{-j\frac{\pi}{2}k} + j(2 + e^{-j\pi k}) \qquad k = 0, 1, 2, 3$$

(1) 由 $F(k)$分别求出 $x(n)$和 $y(n)$的离散傅里叶变换 $X(k)$和 $Y(k)$。

(2) 分别求出 $x(n)$和 $y(n)$。

(该题 16 分，每小题 8 分)

3. 数字滤波器的结构如题 3 图所示。

(1) 写出它的差分方程和系统函数；

(2) 判断该滤波器是否因果稳定；

(3) 按照零极点分布定性画出其幅频特性

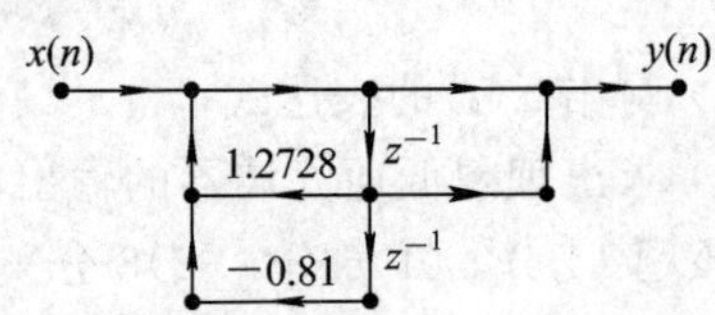

题 3 图

曲线，并近似求出幅频特性的峰值点频率(计算时保留4位小数)。

(该题18分，每小题6分)

4. 设FIR数字滤波器的单位脉冲响应为

$$h(n)=2\delta(n)+\delta(n-1)+\delta(n-3)+2\delta(n-4)$$

(1) 试画出直接型结构(要求用的乘法器个数最少)；

(2) 试画出频率采样型结构，采样点数为 $N=5$；为简单起见，结构中可以使用复数乘法器；要求写出每个乘法器系数的计算公式；

(3) 该滤波器是否具有线性相位特性，为什么？

(该题21分，每小题7分)

5. 已知归一化二阶巴特沃斯低通滤波器的传输函数为

$$H_a(s)=\frac{1}{s^2+\sqrt{2}s+1}$$

要求用双线性变换法设计一个二阶巴特沃斯数字低通滤波器，该滤波器的3 dB截止频率 $\omega_c=\frac{\pi}{3}$ rad，为简单起见，设采样间隔 $T=2$ s。

(1) 求出该数字低通滤波器的系统函数 $H(z)$；

(2) 画出该数字低通滤波器的直接型结构图；

(3) 设：$H(k)=H(z)\big|_{z=\exp\left[j\frac{2\pi}{15}k\right]}$ $\quad k=0, 1, 2, 3, \cdots, 14$

$h_{15}(n)=\text{IDFT}[H(k)]$ $\quad n=0, 1, 2, 3, \cdots, 14$

$h(n)=\text{IZT}[H(z)]$

试写出 $h_{15}(n)$ 与 $h(n)$ 之间的关系式。

(该题21分，每小题7分)

(自测时间2.5～3小时，满分100分)

9.3 自测题(三)

1. 设

$$X(z)=\frac{0.36}{(1-0.8z)(1-0.8z^{-1})}$$

试求与 $X(z)$ 对应的因果序列 $x(n)$。

(该题7分)

2. 因果线性时不变系统用下面差分方程描述：

$$y(n)=\sum_{k=0}^{4}\left(\frac{1}{2}\right)^k x(n-k)+\sum_{k=1}^{5}\left(\frac{1}{3}\right)^k y(n-k)$$

试画出该系统的直接型结构图。

(该题7分)

3. 如果FIR网络用下面差分方程描述：

$$y(n)=\sum_{k=0}^{6}\left(\frac{1}{2}\right)^{|3-k|}x(n-k)$$

(1) 画出直接型结构图，要求使用的乘法器最少；

(2) 判断该滤波器是否具有线性相位特性，如果具有线性相位特性，写出相位特性公式。

(该题 11 分，(1)6 分，(2)5 分)

4. 已知因果序列 $x(n)=\{1, 2, 3, 1, 0, -3, -2\}$，设

$$X(e^{j\omega}) = FT[x(n)]$$

$$X(e^{j\omega_k}) = X(e^{j\omega})\big|_{\omega=\omega_k} \qquad \omega_k = \frac{2\pi}{5}k;\ k = 0, 1, 2, 3, 4$$

$$y(n) = IDFT[X(e^{j\omega_k})] \qquad n, k = 0, 1, 2, 3, 4$$

试写出 $y(n)$与 $x(n)$之间的关系式，并画出 $y(n)$的波形图。

(该题 14 分)

5. 已知 $x(n)$是实序列，其 8 点 DFT 的前 5 点值为：{0.25, 0.125－j0.3, 0, 0.125－j0.06, 0.5}，

(1) 写出 $x(n)$8 点 DFT 的后 3 点值；

(2) 如果 $x_1(n)=x((n+2))_8R_8(n)$，求出 $x_1(n)$的 8 点 DFT 值。

(该题 14 分，每小题 7 分)

6. 设 $H(e^{j\omega})$是因果线性时不变系统的传输函数，它的单位脉冲响应是实序列。已知 $H(e^{j\omega})$的实部为

$$H_R(e^{j\omega}) = \sum_{n=0}^{5} 0.5^n \cos(\omega n)$$

求系统的单位脉冲响应 $h(n)$。

(该题 8 分)

7. 假设网络系统函数为 $H(z)=\dfrac{1+z^{-1}}{1-0.9z^{-1}}$，如将 $H(z)$中的 z 用 z^4 代替，形成新的网络系统函数，$H_1(z)=H(z^4)$。试画出 $|H_1(e^{j\omega})|\sim\omega$ 曲线，并求出它的峰值点频率。

(该题 10 分)

8. 设网络的单位脉冲响应 $h(n)$以及输入信号 $x(n)$的波形如题 8 图所示，试用圆卷积作图法画出该网络的输出 $y(n)$波形(要求画出作图过程)。

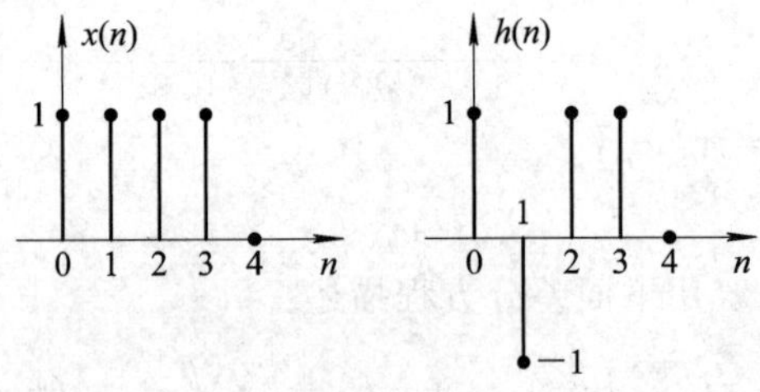

题 8 图

(该题 8 分)

9. 已知 RC 模拟滤波网络如题 9 图所示。

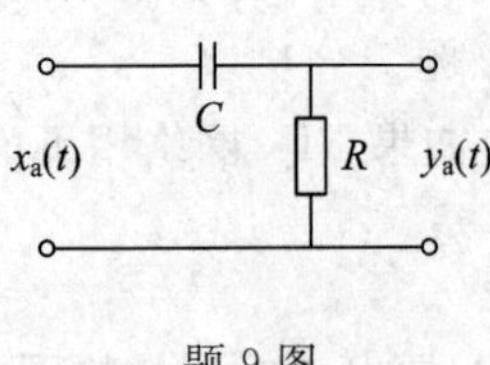

题 9 图

(1) 试利用双线性变换法将该模拟滤波器转换成数字滤波器，求出该数字滤波器的系统函数，并画出它的结构图。最后分析该数字滤波器的频率特性相对原模拟

滤波器的频率特性是否有失真。

(2) 能否用脉冲响应不变法将该模拟滤波器转换成数字滤波器？为什么？

(该题21分，(1)15分，(2)6分)

(自测时间2.5～3小时，满分100分)

9.4　自测题(四)

1. 设 $X(z)=\dfrac{0.19}{(1-0.9z)(1-0.9z^{-1})}$，试求与 $X(z)$ 对应的所有可能的序列 $x(n)$。

(该题12分)

2. 假设 $x(n)=R_8(n)$，$h(n)=R_4(n)$。

(1) 令 $y(n)=x(n)\quad h(n)$，求 $y(n)$。要求写出 $y(n)$ 的表达式，并画出 $y(n)$ 的波形。

(2) 令 $y_c(n)=x(n)\circledast y(n)$，圆卷积的长度 $L=8$，求 $y_c(n)$。要求写出 $y_c(n)$ 的表达式，并画出 $y_c(n)$ 的波形。

(该题10分，每小题5分)

3. 设数字网络的输入是以 N 为周期的周期序列 $\tilde{x}(n)$，该网络的单位脉冲响应是长度为 M 的 $h(n)$，试用FFT计算该网络的输出。要求画出计算框图(FFT作为一个框图)，并注明FFT的计算区间。

(该题10分)

4. 已知

$$x(n)=\begin{cases}1 & |n|\leqslant 3\\ 0 & \text{其他 } n\end{cases}$$

(1) 求出该信号的傅里叶变换；

(2) 利用 $x(n)$ 求出该信号的DFT，$X(k)=\mathrm{DFT}[x(n)]$，区间为8。(提示：注意 $x(n)$ 的区间不符合DFT要求的区间。)

(该题10分，每小题5分)

5. 已知 $x(n)$ 的 N 点DFT为

$$X(k)=\begin{cases}\dfrac{N}{2}(1-\mathrm{j}) & k=m\\ \dfrac{N}{2}(1+\mathrm{j}) & k=N-m\\ 0 & \text{其他 } k\end{cases}$$

式中，m、N 是正的整常数，$0<m<N/2$。

(1) 求出 $x(n)$；

(2) 用 $x_e(n)$ 和 $x_o(n)$ 分别表示 $x(n)$ 的共轭对称序列和共轭反对称序列，分别求 $\mathrm{DFT}[x_e(n)]$ 和 $\mathrm{DFT}[x_o(n)]$；

(3) 求 $X(k)$ 的共轭对称序列 $X_e(k)$ 和共轭反对称序列 $X_o(k)$。

(该题16分，(1)4分，(2)6分，(3)6分)

6. 用窗口法设计第一类线性相位高通滤波器，用理想高通滤波器作为逼近滤波器，截止频率为 ω_c，选用矩形窗 $w(n)=R_N(n)$，长度 $N=31$。

(1) 求出理想高通滤波器的单位脉冲响应 $h_d(n)$；

(2) 求出所设计的滤波器的单位脉冲响应 $h(n)$。

(该题 10 分，每小题 5 分)

7. 用频率采样法设计第一类线性相位低通滤波器，采样点数 $N=15$，要求逼近的滤波器的幅度特性曲线如题 7 图所示。

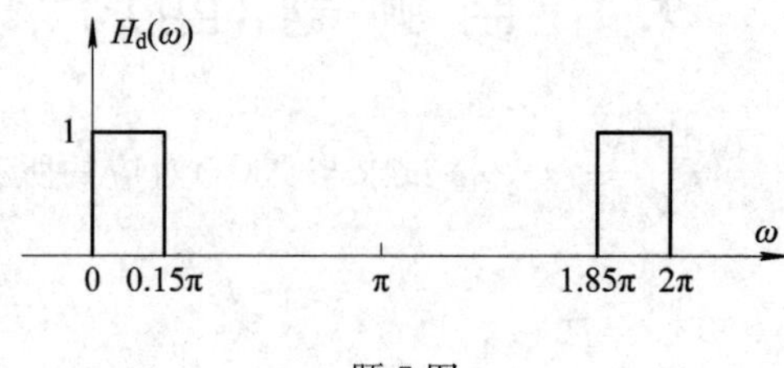

题 7 图

(1) 写出频率采样值 $H_d(k)=H_k e^{j\theta_k}$ 的表达式；

(2) 画出频率采样结构图；

(3) 求出它的单位脉冲响应 $h(n)$，并画出直接型结构图。

(该题 16 分，(1)4 分，(2)4 分，(3)8 分)

8. 设

$$x_a(t) = x_1(t) + x_2(t) + x_3(t)$$

式中

$$x_1(t) = \cos(8\pi t),\quad x_2(t) = \cos(16\pi t),\ x_3(t) = \cos(20\pi t)$$

(1) 如用 FFT 对 $x_a(t)$进行频谱分析，问采样频率 f_s 和采样点数 N 应如何选择，才能精确地求出 $x_1(t)$、$x_2(t)$、$x_3(t)$的中心频率。

(2) 按照你选择的 f_s、N 对 $x_a(t)$进行采样，得到 $x(n)$，进行 FFT，得到 $X(k)$。画出 $|X(k)|\sim k$ 曲线，并标出 $x_1(t)$、$x_2(t)$、$x_3(t)$各自的峰值对应的 k 值。

(该题 16 分，(1)8 分，(2)8 分)

(自测时间 2.5～3 小时，满分 100 分)

9.5 自测题(五)

1. 填空题。

(1) 已知序列 $x(n)=\sin\left(\frac{\pi}{8}n\right)$，其周期是(　　　　　　)。

(2) 系统函数 $H(z)$的收敛域包含单位圆时，$H(z)$是(　　　　　　)系统。

系统函数 $H(z)$的收敛域包含∞时，$H(z)$是(　　　　)系统。

(3) 若 $X(e^{j\omega})=\mathrm{FT}[x(n)]$，则 $\mathrm{FT}[x(n)e^{j\omega_0 n}]$的结果为(　　　　)。

(4) 已知

$$X(e^{j\omega}) = \mathrm{FT}[x(n)],\ H(e^{j\omega}) = \mathrm{FT}[h(n)]$$

$$y(n) = x(n) * h(n),\ w(n) = x(n)h(n)$$

则

$$Y(e^{j\omega}) = \mathrm{FT}[y(n)] = (\qquad\qquad)$$

$$W(e^{j\omega}) = FT[w(n)] = (\qquad\qquad)$$

(5) $x(n)$的 N 点 DFT 用 $X(k)$表示，$X(k)$是在单位圆上(　　　　)的结果。

(6) 有限长复数序列的实部的傅里叶变换具有(　　　　　　　)性质。

(7) 已知 $y(n)=x(n)*h(n)$，$x(n)$和 $h(n)$的长度分别为 M 和 N。$x(n)$和 $h(n)$的 $L(L>M, L>N)$点循环卷积用 $w(n)$表示，$w(n)=y(n)=x(n)*h(n)$的条件是(　　　)。

(8) 对信号进行频谱分析时，截断信号引起的截断效应表现为两方面：(　　　　　)和(　　　　　)。

(9) 线性相位 FIR 滤波器的单位脉冲响应 $h(n)$应满足条件(　　　　)。

(10) 将模拟滤波器的传输函数 $H_a(s)$转换为数字滤波器的系统函数 $H(z)$的常用方法有两种：(　　　　　　　)和(　　　　　　　)。

(该题 40 分，每小题 4 分)

2. 完成下面各题：

(1) 已知周期序列 $\tilde{x}(n) = \sum_{k=-\infty}^{\infty} \delta(n-8k)$，求 $X(e^{j\omega}) = FT[\tilde{x}(n)]$。

(2) 已知系统的输入序列 $x(n)=R_4(n)$，系统单位脉冲响应 $h(n)=a^n u(n)$，$0<a<1$，求系统的输出序列 $y(n)$。

(3) 已知 $x(n)=a^{|n|}$，求 $X(z)=ZT[x(n)]$。

(4) 试叙述用双线性变换法和脉冲响应不变法设计数字低通滤波器的基本步骤。

(5) 试画出 $N=8$ 点的基 2DIT－FFT 运算流图。

(6) 试叙述 IIR 滤波器级联型结构和并联型结构相对比的优缺点。

(该题 30 分，每小题 5 分)

3. 计算题。

(1) 已知

$$X(z) = \frac{-3z^{-1}}{2-5z^{-1}+2z^{-2}} \qquad 0.5<|z|<2$$

求原序列 $x(n)$。

(2) 已知 $H_a(s)=\dfrac{2}{s^2+3s+2}$，试用脉冲响应不变法将 $H_a(s)$转换成 $H(z)$，并画出直接型结构。

(3) 设采样率转换系统输入为 $x(n_1 T_1)$，输出为 $y(n_2 T_2)$。

① 试画出信号整数倍内插系统原理框图，并解释其中各功能框的作用。

② 假设内插因子 $I=5$，试画出镜像频谱滤波器的幅频特性和系统中各点信号的频谱示意图。

(该题 30 分，每小题 10 分)

(自测时间 2.5～3 小时，满分 100 分)

9.6 自测题(一)参考答案

1. (1) √，(2) ×，(3) ×，(4) √，(5) ×，(6) ×

2. (1) $h(n)=[(0.5)^n-2^n]u(n)$

(2) $X(z)=\dfrac{1-a}{(1-az^{-1})(1-z)}$，收敛域是：$a<|z|<1$

极点为：$z_1=1$，$z_2=a$；零点为：$z=0$

(3) $H(z)=\dfrac{1+z^{-1}}{1-0.5z^{-1}}$，$h(n)=3\cdot 0.5^n u(n-1)+\delta(n)$

(4) 将题中系统函数写成下式：

$$H(z)=\frac{4z^3-2.83z^2+z}{z^3+2.1z^2+1.98z+0.7}=\frac{0.25z^{-2}-0.7075z^{-1}+1}{0.7z^{-3}+1.98z^{-2}+2.1z^{-1}+1}\cdot 4$$

画出直接型结构如题 2(4)解图(一)所示。

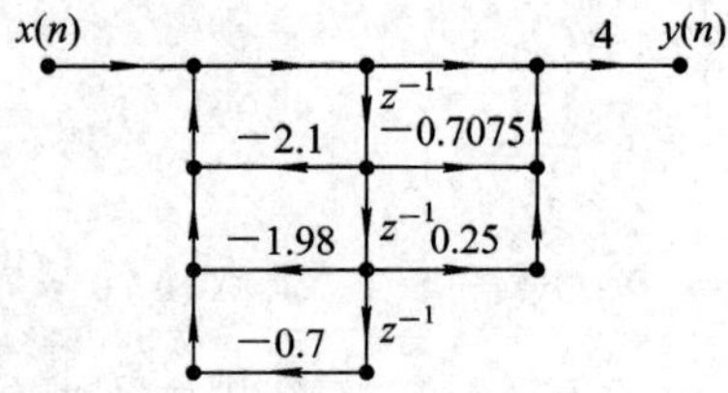

题 2(4)解图(一)

将系统函数分子分母多项式写成因式分解形式：

$$H(z)=4\cdot\frac{0.25z^{-2}-0.7075z^{-1}+1}{z^{-2}+1.4z^{-1}+1}\cdot\frac{1}{0.7z^{-1}+1}$$

画出级联型结构如题 2(4)解图(二)所示。

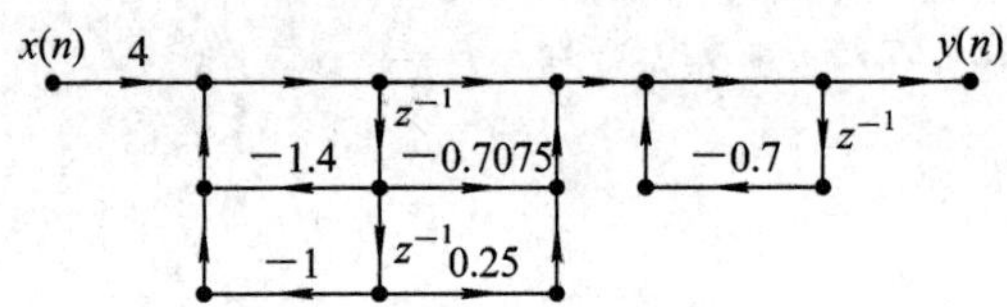

题 2(4)解图(二)

3. (1) $\hat{x}(t)=\sum_{n=-\infty}^{\infty}[\cos(2\pi nT)+\cos(5\pi nT)]\delta(t-nT)$

(2) 题中信号的采样间隔为 $T=0.25$ s，采样角频率为 8π。画出 $x(t)$、$\hat{x}(t)$和$G(\mathrm{j}\Omega)$的频谱图如题 3 解图所示。图中实线箭头是 $x(t)$的频谱，实线箭头和虚线箭头合起来是 $\hat{x}(t)$的频谱，按照 $G(\mathrm{j}\Omega)$的频谱所示，通带内只有 2π 和 3π 的信号，因此理想低通滤波器的输出信号为：$y(t)=\cos(2\pi t)+\cos(3\pi t)$。

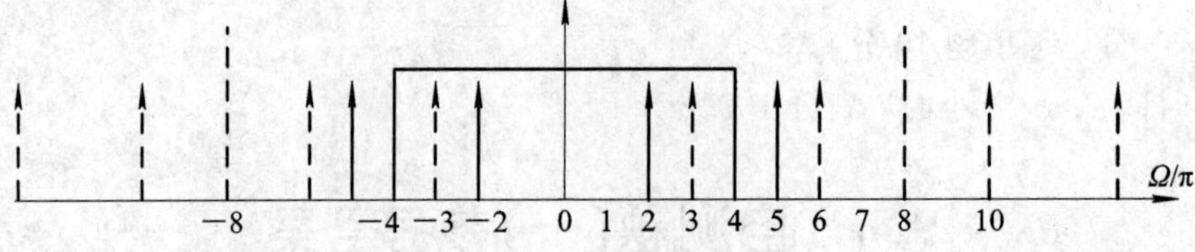

题 3 解图

4. (1) $y(n)=x(n)*h(n)$

$$=\begin{cases}0 & n<0\\ 2-0.5^n & 0\leqslant n\leqslant 7\\ 2^8\cdot 0.5^n-2^{-7} & 8\leqslant n\leqslant 14\\ 0 & 15<n\end{cases}$$

输出信号的波形如题 4(1)解图所示。

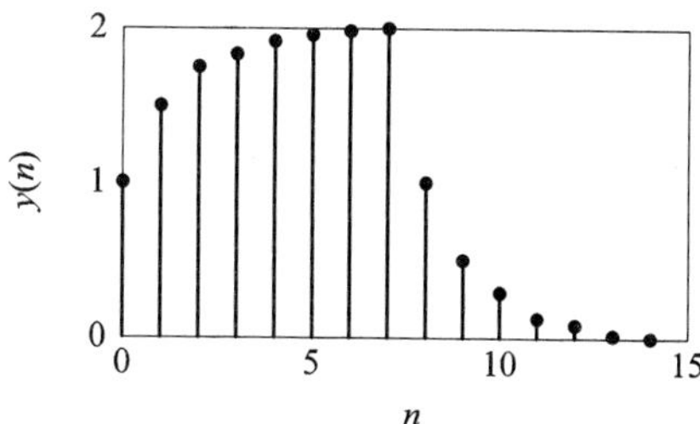

题 4(1)解图

(2) 因为 $x(n)$和 $h(n)$的长度分别为 8，$y(n)=x(n)*h(n)$的长度为 15，现在对 $x(n)$ 和 $h(n)$ 分别作 16 点 DFT，相乘后再作 16 点 IDFT，得到的 $y_1(n)$应该和 $y(n)$的波形一样，这样 $y_1(n)$的波形也形如题 4(1)解图所示。

(3) 用快速卷积法计算系统输出 $y(n)$的计算框图如题 4(2)解图所示。

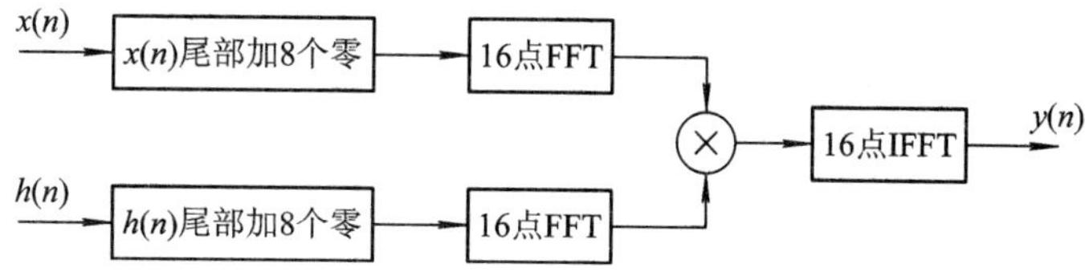

题 4(2)解图

图中 FFT 和 IFFT 的最小变换区间 N 为 16。

5. (1) $H(z)=H_a(s)\big|_{s=\frac{1-z^{-2}}{1+z^{-2}}}$

$$=\frac{(1+z^{-1})^2}{(2+\sqrt{2})+(2-\sqrt{2})z^{-2}}=\frac{1+2z^{-1}+z^{-2}}{1+\dfrac{2-\sqrt{2}}{2+\sqrt{2}}z^{-2}}\cdot\frac{1}{2+\sqrt{2}}$$

(2) 利用$|H(e^{j\omega_c})|^2=\dfrac{1}{2}$得到，数字滤波器的 3 dB 截止频率 $\omega_c=\dfrac{\pi}{2}$ rad。

(3) 数字滤波器直接型结构图如题 5(3)解图所示。

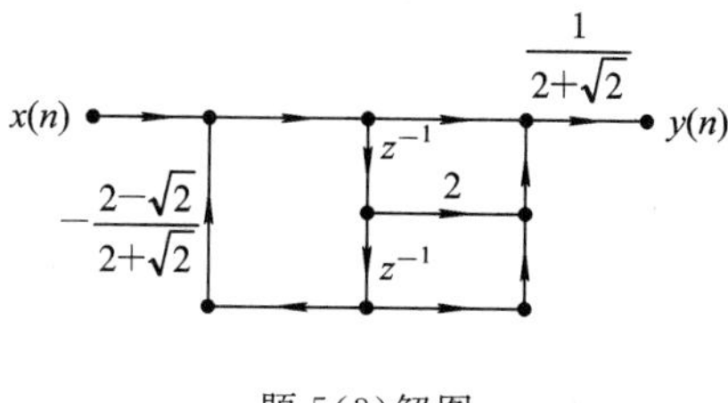

题 5(3)解图

9.7　自测题(二)参考答案

1. (1) $X(e^{j\omega})=FT[\delta(n)+\delta(n-1)]=2\cos\left(\frac{\omega}{2}\right)\cdot e^{-j\frac{\omega}{2}}$，其幅频特性如题1(1)解图所示。

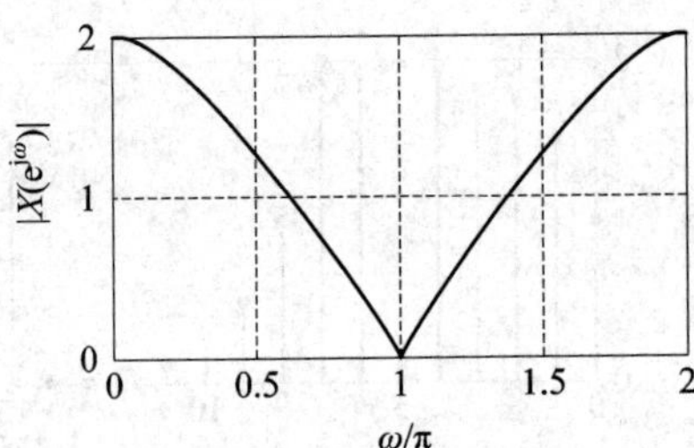

题1(1)解图

(2) $X(k)=DFT[\delta(n)+\delta(n-1)]=2e^{-j\frac{\pi}{4}k}\cos\left(\frac{\pi}{4}k\right)$

$|X(k)|\sim k$ 曲线如题1(2)解图所示。

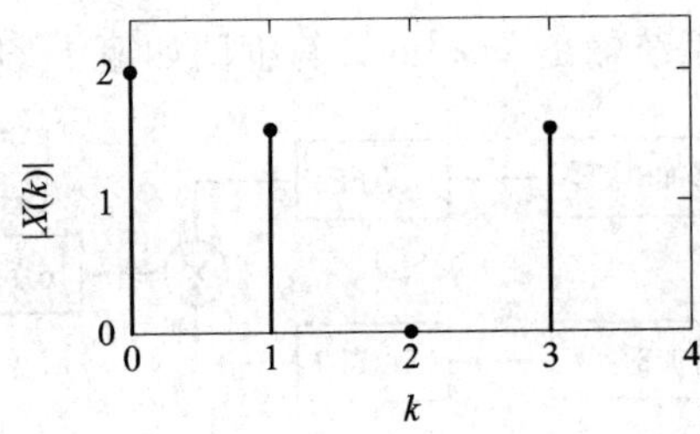

题1(2)解图

(3) $\tilde{X}(k)=DFS[\tilde{x}(n)]=1+e^{-j\frac{\pi}{2}k}=2e^{-j\frac{\pi}{4}k}\cos\left(\frac{\pi}{2}k\right)\qquad -\infty<k<\infty$

$|\tilde{X}(k)|\sim k$ 曲线如题1(3)解图所示。

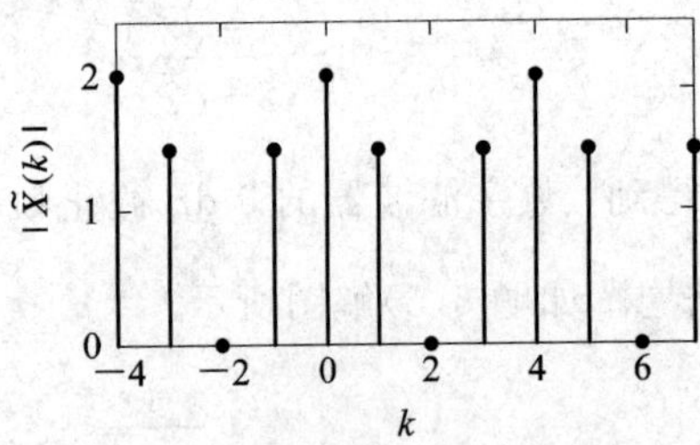

题1(3)解图

(4)
$$X(e^{j\omega})=FT[\tilde{x}(n)]=\frac{\pi}{2}\sum_{k=-\infty}^{\infty}(1+e^{-j\frac{\pi}{2}k})\delta\left(\omega-\frac{\pi}{2}k\right)$$
$$=\pi\sum_{k=-\infty}^{\infty}\cos\left(\frac{\pi}{4}k\right)e^{-j\frac{\pi}{4}k}\delta\left(\omega-\frac{\pi}{2}k\right)$$

$|X(e^{j\omega})| \sim \omega$ 曲线如题1(4)解图所示。

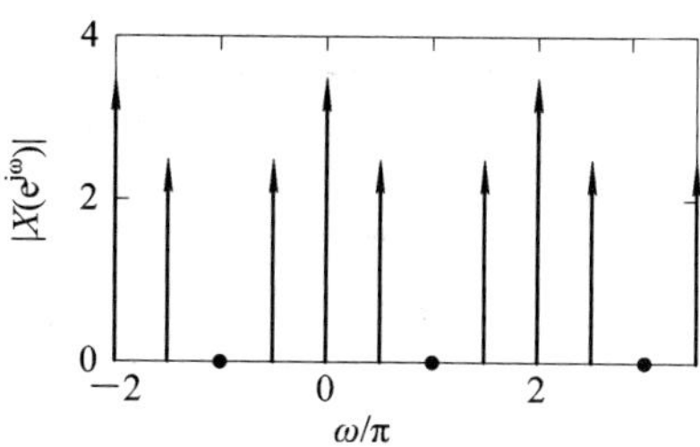

题1(4)解图

2. (1) $X(k)=F_e(k)=\frac{1}{2}(F(k)+F^*(N-k))=1+e^{-j\frac{\pi}{2}k}\qquad k=0, 1, 2, 3$

$jY(k)=j(2+e^{-j\pi k})$

$Y(k)=(2+e^{-j\pi k})\qquad k=0, 1, 2, 3$

(2) $x(n)=\delta(n)+\delta(n-1)$, $y(n)=2\delta(n)+\delta(n-2)$

3. (1) $y(n)=1.2728y(n-1)-0.81y(n-2)+x(n)+x(n-1)$

$$H(z)=\frac{1+z^{-1}}{1-1.2728z^{-1}+0.81z^{-2}}$$

(2) $H(z)$的极点为

$$z_1=0.6364+j0.6364=0.9e^{j\frac{\pi}{4}}$$

$$z_2=0.6364-j0.6364=0.9e^{-j\frac{\pi}{4}}$$

收敛域为：$|z|>0.9$，滤波器因果稳定。

(3) 滤波器的幅频特性如题3(3)解图所示。

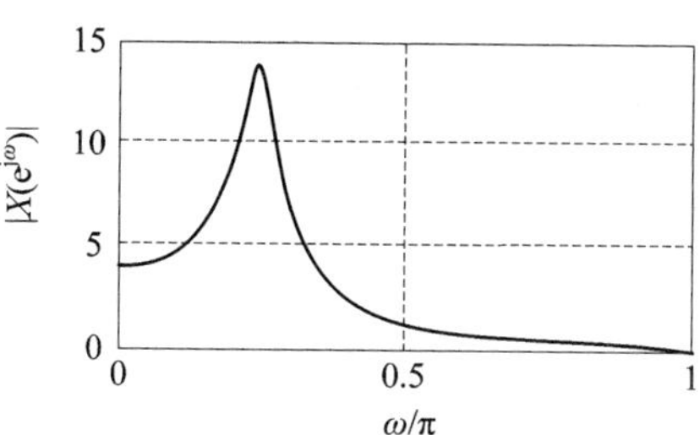

题3(3)解图

其幅频特性峰值点频率近似为：$\frac{\pi}{4}$，$\frac{7}{4}\pi$。

4. (1) 滤波器的直接型结构如题4(1)解图所示。

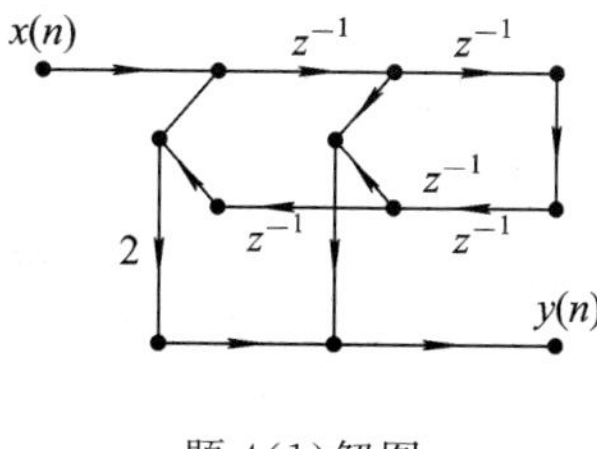

题4(1)解图

(2) 滤波器的频率采样型结构如题 4(2)解图所示。

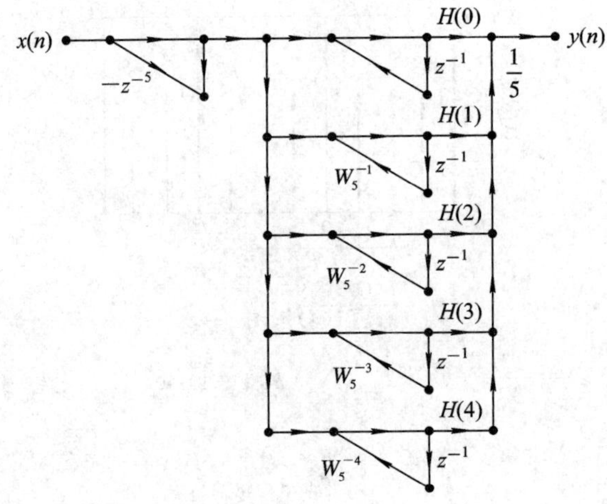

题 4(2)解图

滤波器乘法器系数的计算公式为

$$H(k)=\sum_{n=0}^{4}h(n)\mathrm{e}^{-\mathrm{j}\frac{2\pi}{5}kn}=2+\mathrm{e}^{-\mathrm{j}\frac{2\pi}{5}k}+\mathrm{e}^{-\mathrm{j}\frac{6\pi}{5}k}+2\mathrm{e}^{-\mathrm{j}\frac{8\pi}{5}k}\qquad k=0,1,2,3,4$$

(3) 滤波器具有线性相位特性，因为 $h(n)$满足对关于$(N-1)/2$ 偶对称的条件。

5. (1) 将 $H_a(s)$去归一化，得到

$$H_a(s)=\frac{\Omega_c^2}{s^2+\sqrt{2}\Omega_c s+\Omega_c^2}$$

$$\Omega_c=\tan\frac{\omega_c}{2}=\tan\frac{\pi}{6}=\frac{1}{\sqrt{3}}$$

$$\begin{aligned}H(z)&=H_a(s)\Big|_{s=\frac{1-z^{-1}}{1+z^{-1}}}=\frac{1+2z^{-1}+z^{-2}}{(4+\sqrt{6})-4z^{-1}+(4-\sqrt{6})z^{-2}}\\&=\frac{0.155(1+2z^{-1}+z^{-2})}{1-0.62z^{-1}+0.24z^{-2}}\end{aligned}$$

(2) 滤波器直接型结构图如题 5(2)解图所示。

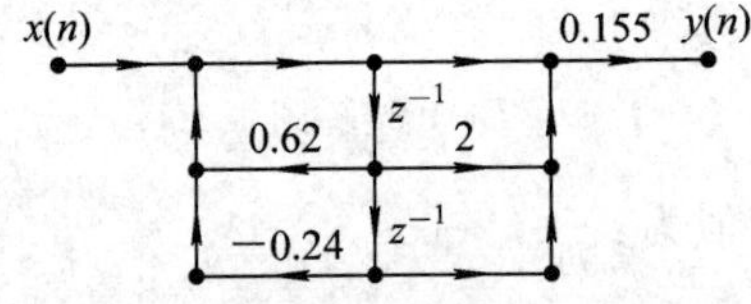

题 5(2)解图

(3)
$$h_{15}(n)=\sum_{k=-\infty}^{\infty}h(n+15k)R_{15}(n)$$

9.8 自测题(三)参考答案

1. $x(n)=(0.8^n-0.8^{-n})u(n)$

2. 系统的直接型结构图如题2解图所示。

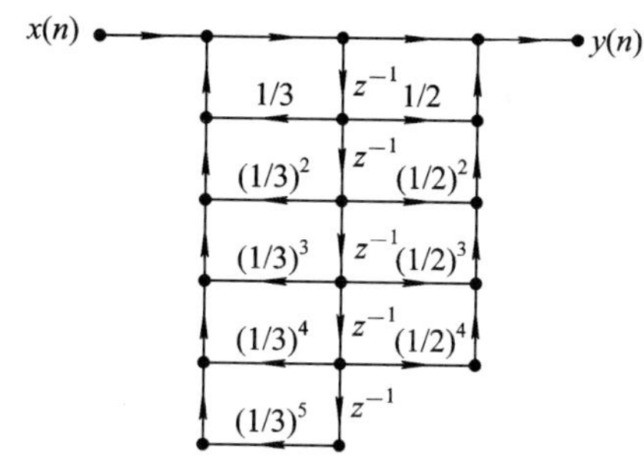

题2解图

3. (1) 所求直接型结构图如题3(1)解图所示。

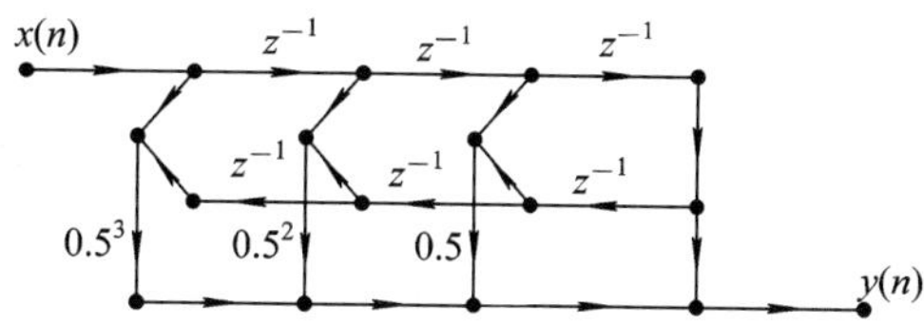

题3(1)解图

(2) 该滤波器具有线性相位特性，相位特性公式为

$$\theta(\omega)=-3\omega$$

4. $y(n)=\sum_{M=-\infty}^{\infty}x(n+5M)R_5(n)$

$y(n)$的波形如题4解图所示。

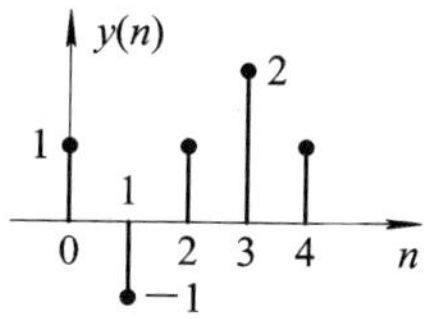

题4解图

5. (1) $x(n)$ 8点DFT的后3点值为：0.125+j0.3，0，0.125+j0.3。

(2) $X_1(k)=X(k)W_8^{-2k}$，它的8点DFT值为

0.25，0.3+j0.125，0，−0.06−j0.125，0.5，0.06+j0.125，0，0.3−j0.125

6. 因为 $$H(\mathrm{e}^{\mathrm{j}\omega})=\sum_n h(n)\mathrm{e}^{-\mathrm{j}\omega}=\sum_n[h(n)\cos\omega n-\mathrm{j}h(n)\sin\omega n]$$

所以 $$H_{\mathrm{R}}(\mathrm{e}^{\mathrm{j}\omega})=\sum_n h(n)\cos\omega n$$

对比 $$H_{\mathrm{R}}(\mathrm{e}^{\mathrm{j}\omega})=\sum_{n=0}^{5}0.5^n\cos\omega n$$

故

$$h(n)=0.5^nR_6(n)$$

7. $H_1(z)=H(z^4)=\dfrac{1+z^{-4}}{1-0.9z^{-4}}$

$|H_1(\mathrm{e}^{\mathrm{j}\omega})|\sim\omega$ 曲线如题 7 解图所示。其峰值点频率为：$\omega=0$，$\dfrac{\pi}{2}$，π，$\dfrac{3}{2\pi}$。

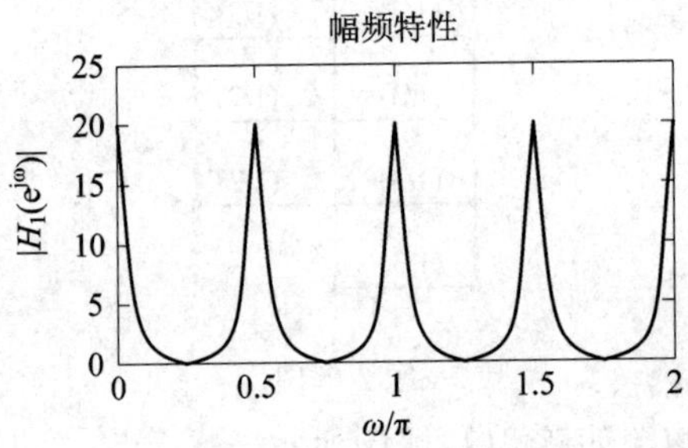

题 7 解图

8. $y(n)=x(n)*h(n)$，它的长度为 7。取圆卷积的长度为 7，将 $x(n)$和 $h(n)$进行圆卷积，得到同样的 $y(n)$的波形。按照要求画出 $y(n)$的波形如题 8 解图所示。

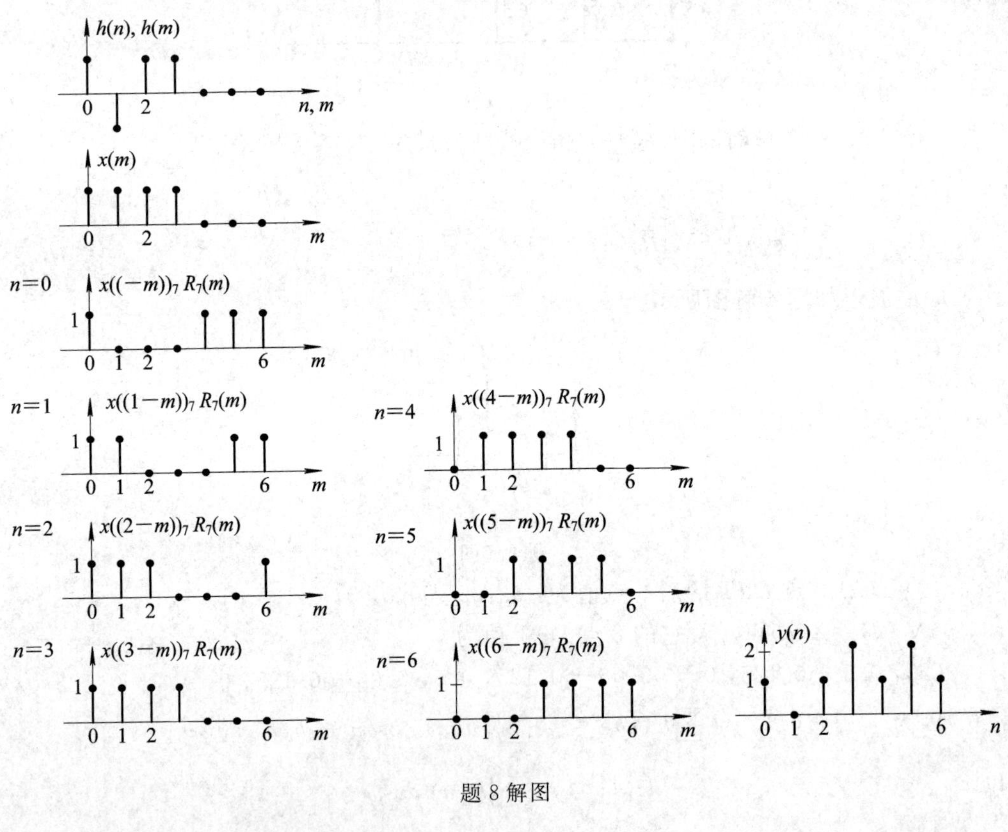

题 8 解图

9. (1) $H_a(s)=\dfrac{s\tau}{1+s\tau}\qquad \tau=RC$

$$H(z)=\frac{D(1-z^{-1})}{(1+D)+(1-D)z^{-1}}=\frac{D}{1+D}\frac{1-z^{-1}}{1+\dfrac{1-D}{1+D}z^{-1}}\qquad D=\frac{2}{T}\tau$$

式中，T 是采样间隔，可以取 $T=1$ s。

结构图如题 9(1)解图所示。

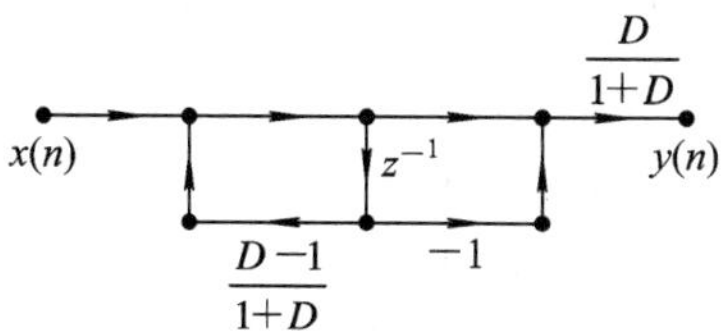

题 9(1)图

该数字滤波器相对原模拟滤波器，无论幅度特性还是相位特性均有失真，因为双线性变换关系是一种非线性映射关系，模拟频率和数字频率之间的关系服从正切函数关系，公式为

$$\Omega=\frac{2}{T}\tan\frac{\omega}{2}$$

因此双线性变换法适合具有片断常数特性的滤波器的设计，本题模拟滤波器是一个具有缓慢变化特性的高通滤波器，因此无论幅度特性还是相位特性均有失真。

(2) 该题不能用脉冲响应不变法将模拟滤波器转换成数字滤波器，因为这是一模拟高通滤波器，如果采用脉冲响应不变法将模拟滤波器转换成数字滤波器，会产生严重的频率混叠现象。

9.9 自测题(四)参考答案

1. 收敛域为 $|z|>0.9$ 时，$x(n)=(0.9^n-0.9^{-n})u(n)$

收敛域为 $|z|<0.9$ 时，$x(n)=(0.9^{-n}-0.9^n)u(-n-1)$

收敛域为 $0.9<|z|<0.9^{-1}$ 时，$x(n)=0.9^{|n|}$

2.

(1)
$$y(n)=\begin{cases}n+1 & 0\leqslant n\leqslant 3\\ 4 & 4\leqslant n\leqslant 7\\ 11-n & 8\leqslant n\leqslant 10\\ 0 & 其他\ n\end{cases}$$

$y(n)$的波形如题 2(1)解图所示。

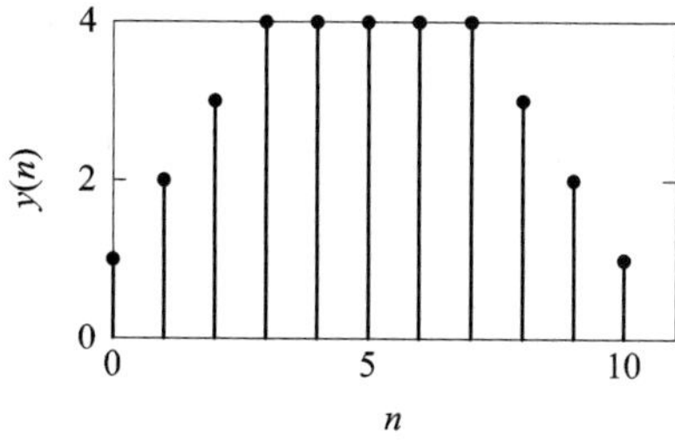

题 2(1)解图

(2) $y_c(n)=4 \qquad n=0, 1, 2, 3, \cdots, 7$

$y_c(n)$的波形如题 2(2)解图所示。

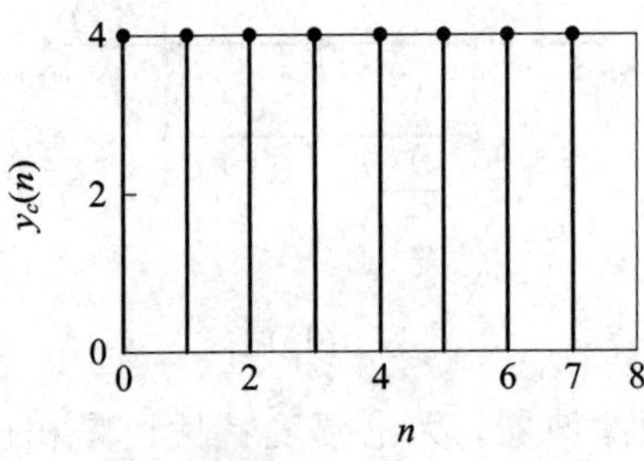

题 2(2)解图

3. **分析：** 网络输出仍是以 N 为周期的周期序列，计算时用 $\tilde{x}(n)$的一个周期和 $h(n)$进行线性卷积，卷积结果的长度为$(N+M-1)$，再以 N 为周期进行周期延拓，得到网络输出 $\tilde{y}(n)$。其中计算线性卷积要用 FFT 做出。

根据以上分析计算 $\tilde{y}(n)$的框图如题 3 解图所示。

$\tilde{x}(n)$ → [$x(n)=\tilde{x}(n)R_N(n)$] → [$x(n)$尾部加$(M-1)$个零] → [L点FFT] → ⊗

$h(n)$ → [$h(n)$尾部加$(N-1)$个零] → [L点FFT] → ⊗

$L=N+M-1$

⊗ → [L点FFT] → $y(n)$ → [将$y(n)$以N为周期进行周期延拓] → $\tilde{y}(n)$

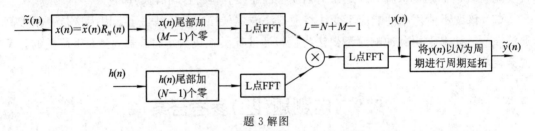

题 3 解图

4.

(1) $X(e^{j\omega})=\mathrm{FT}[x(n)]=e^{j3\omega}\dfrac{1-e^{-j7\omega}}{1-e^{-j\omega}}=e^{j3\omega}\dfrac{\sin\frac{7}{2}\omega}{\sin\frac{1}{2}\omega}$

(2) $x(n)$的长度为 7，将 $x(n)$以 8 为周期进行周期延拓，再取其主值区，得到

$$x'(n)=\{1, 1, 1, 1, 0, 1, 1, 1;\ n=0, 1, 2, 3, 4, 5, 6, 7\}$$

$$X(k)=\mathrm{DFT}[x'(n)]=\frac{1-e^{-jk\pi}+e^{-j\frac{5}{4}k\pi}}{1-e^{-j\frac{1}{4}\pi k}}=\frac{-e^{-jk\pi}+e^{-j\frac{5}{4}k\pi}}{1-e^{-j\frac{1}{4}\pi k}}$$

5.

(1) $x(n)=\mathrm{IDFT}[X(k)]=\left[\cos\left(\dfrac{2\pi}{N}mn\right)+\sin\left(\dfrac{2\pi}{N}mn\right)\right]R_N(n)$

(2) $\mathrm{DFT}[x_e(n)]=X_R(e^{j\omega})=\begin{cases}\dfrac{N}{2} & k=m \text{ 或 } N-m\\ 0 & \text{其他 } k\end{cases}$

$$\mathrm{DFT}[x_o(n)]=jX_I(k)=\begin{cases}-j\dfrac{N}{2} & k=m\\ j\dfrac{N}{2} & k=N-m\\ 0 & \text{其他 } k\end{cases}$$

(3) 因为 $x(n)$是实序列，$X_e(k)=X(k)$，$X_o(k)=0$。

6.

(1) $h_d(n)=\dfrac{1}{2\pi}\displaystyle\int_{\omega_c}^{2\pi-\omega_c}e^{-j\omega\alpha}e^{j\omega n}d\omega=\dfrac{-1}{\pi n}\sin(\omega_c(n-\alpha))$，$\alpha=\dfrac{N-1}{2}$

(2) $h(n)=h_d(n)R_N(n)$

7.

(1) $H_k=\begin{cases}1 & k=0, 1, 14\\ 0 & k=2\sim 13\end{cases}$

$$\theta_k=\begin{cases}-\dfrac{N-1}{N}\pi k=-\dfrac{14}{15}\pi k & 0\leqslant k\leqslant 7\\ \dfrac{N-1}{N}\pi(N-k)=\dfrac{14}{15}(15-k)\pi & 8\leqslant k\leqslant 14\end{cases}$$

$$H_d(k)=\begin{cases}e^{-j\frac{14}{15}\pi k} & k=0, 1\\ 0 & 2\leqslant k\leqslant 13\\ e^{j\frac{14}{15}(15-k)\pi} & k=14\end{cases}$$

(2) 频率采样结构如题 7(2)解图所示。

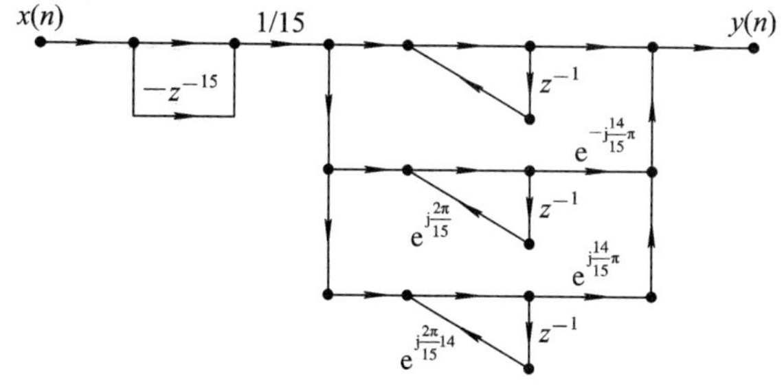

题 7(2)解图

(3) $h(n)=\text{IDFT}[H_d(k)]=\dfrac{1}{15}\{1+e^{j\frac{2\pi}{15}(n-7)}+e^{-j\frac{2\pi}{15}(n-7)}]=\dfrac{1}{15}\left\{1+2\cos\left[\dfrac{2\pi}{15}(n-7)\right]\right\}$

$n=0, 1, 2, 3, \cdots, 14$

直接型结构图如题 7(3)解图所示。

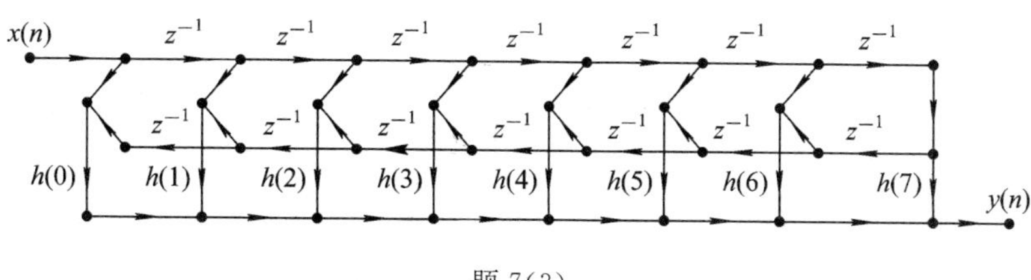

题 7(3)

8. (1) 为了精确地求出题中三个信号的频率，采样频率和截取的信号长度要分别满足采样定理和三个周期信号的周期的整数倍长度。另外，还要满足 FFT 要求变换长度为 2 的整数次幂的条件。

① $f_s=32$ Hz，$N=16$。这样 $x_1(t)$一周期取 8 点，共取 2 个周期；$x_2(t)$一周期取 4 点，共取 4 个周期；$x_3(t)$一周期取 3.2 点，共取 5 个周期。

或者 N 取 16 的整数倍也可，但最少为 16。

② $f_s=64$ Hz，$N=32$。这样 $x_1(t)$一周期取 16 点，共取 2 个周期；$x_2(t)$一周期取 8 点，共取 4 个周期；$x_3(t)$一周期取 6.4 点，共取 5 个周期。

或者 N 取 32 的整数倍也可，但最少为 32。

以此类推，采样频率可以取 32 Hz 的整数倍，但最小为 32 Hz。为了使计算点数最少，该题选用 $f_s=32$ Hz，$N=16$。

(2) $|X(k)|\sim k$ 曲线如题 8(2)解图所示。

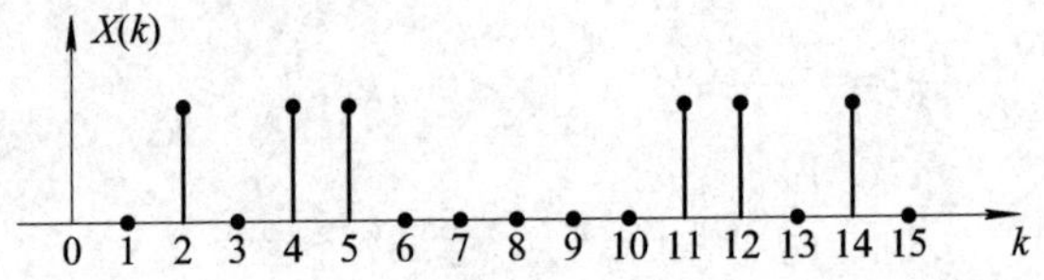

题 8(2)解图

图中，峰值坐标 $k=2$，14 对应 $x_1(t)$；峰值坐标 $k=4$，12 对应 $x_2(t)$；峰值坐标 $k=5$，11 对应 $x_3(t)$。

9.10 自测题(五)参考答案

1. 填空题。

(1) 16。

(2) 稳定　因果

(3) $X(e^{j(\omega-\omega_0)})$

(4) $X(e^{j\omega})H(e^{j\omega})$

$$\frac{1}{2\pi}X(e^{j\omega})*H(e^{j\omega})$$

(5) N 点等间隔采样

(6) 共轭对称

(7) $L\geqslant N+M-1$

(8) 通带内有波动　阻带衰减不够大

(9) $h(n)=\pm h(N-1-n)$

(10) 脉冲响应不变法　双线性变换法

2. 完成下面各题：

(1) 求周期信号的 FT 用到的基本公式为

$$X(e^{j\omega})=\mathrm{FT}[\tilde{x}(n)]=\frac{2\pi}{N}\sum_{k=-\infty}^{\infty}\tilde{X}(k)\delta\left(\omega-\frac{2\pi}{N}k\right)$$

式中

$$\tilde{X}(k)=\mathrm{DFT}[\tilde{x}(n)]=\sum_{n=0}^{N-1}\tilde{x}(n)e^{-j\frac{2\pi}{N}kn}$$

该题中 $N=8$，

$$\widetilde{X}(k)=\sum_{n=0}^{N-1}\widetilde{x}(n)\mathrm{e}^{-\mathrm{j}\frac{2\pi}{N}kn}=\sum_{n=0}^{7}\delta(n)\mathrm{e}^{-\mathrm{j}\frac{2\pi}{N}kn}=1$$

$$X(\mathrm{e}^{\mathrm{j}\omega})=\frac{\pi}{4}\sum_{k=-\infty}^{\infty}\delta\left(\omega-\frac{\pi}{4}k\right)$$

(2) $y(n)=x(n)*h(n)=\sum_{m=-\infty}^{\infty}R_4(m)a^{n-m}u(n-m)$

$m\leqslant n$，$0\leqslant m\leqslant 3$

$n<0$ 时，　　　　$y(n)=0$

$0\leqslant n\leqslant 3$ 时，

$$y(n)=\sum_{m=0}^{n}a^{n-m}=a^n\frac{1-a^{-n-1}}{1-a^{-1}}$$

$n\geqslant 4$ 时，

$$y(n)=\sum_{m=0}^{3}a^{n-m}=a^n\frac{1-a^{-4}}{1-a^{-1}}$$

写成统一表达式为

$$y(n)=\begin{cases}0 & n<0\\ a^n\dfrac{1-a^{-n-1}}{1-a^{-1}} & 0\leqslant n\leqslant 3\\ a^n\dfrac{1-a^{-4}}{1-a^{-1}} & 4\leqslant n\leqslant\infty\end{cases}$$

(3)

$$X(z)=\sum_{n=-\infty}^{\infty}a^{|n|}z^{-n}=\sum_{n=0}^{\infty}z^nz^{-n}+\sum_{n=-1}^{-\infty}a^{-n}z^{-n}$$

$$=\sum_{n=0}^{\infty}a^nz^{-n}+\sum_{n=1}^{\infty}a^nz^n$$

第一部分是一个因果序列的Z变换，要求$|az^{-1}|<1$，得到收敛域为$|a|<|z|\leqslant\infty$。第二部分要求$|az|<1$，得到收敛域为$|z|<|a|^{-1}$。取它们收敛域的公共部分，最后得到收敛域为$|a|<|z|<|a|^{-1}$。在该环状域中，Z变换为

$$X(z)=\frac{1}{1-az^{-1}}+\frac{az}{1-az}$$

$$=\frac{1-a^2}{(1-az)(1-az^{-1})}$$

收敛域为

$$|a|<|z|<|a|^{-1}$$

(4) ① 确定数字低通滤波器的指标；

② 将数字低通滤波器的指标要求转换成模拟低通滤波器的指标要求；

③ 设计模拟低通滤波器；

④ 将模拟低通滤波器按照双线性变换法或者脉冲响应不变法转换成数字低通滤波器。

(5) 画出8点的基2DIT-FFT运算的流图如题2(5)解图所示。

(6) IIR滤波器级联型结构：能独立地调节零、极点位置；运算速度较慢。

IIR滤波器并联型结构：能独立地调节极点位置，运算速度快；零点位置较难调整。

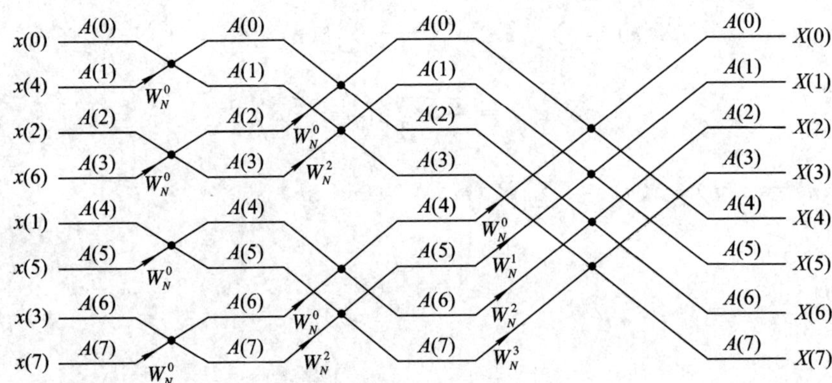

题 2(5)解图

3. 计算题。

(1)

$$X(z)=\frac{-3z^{-1}}{2-5z^{-1}+2z^{-2}}=\frac{-3z^{-1}}{(2-z^{-1})(1-2z^{-1})}=\frac{-1.5z}{(z-0.5)(z-2)}$$

$$x(n)=\frac{1}{2\pi j}\oint_c X(z)z^{n-1}\mathrm{d}z$$

$$F(z)=X(z)z^{n-1}=\frac{-3\cdot z^n}{2(z-0.5)(z-2)}$$

$n\geqslant 0$ 时，c 内有极点 0.5，

$$x(n)=\mathrm{Res}[F(z),0.5]=0.5^n=2^{-n}$$

$n<0$ 时，c 内有极点 0.5、0，但 0 是一个 n 阶极点，改求 c 外极点留数，c 外极点只有 2。

$$x(n)=-\mathrm{Res}[F(z),2]=2^n$$

最后得到

$$x(n)=2^{-n}u(n)+2^n u(-n-1)=2^{-|n|}\qquad -\infty<n<\infty$$

(2)

$$H_a(s)=\frac{2}{s^2+3s+2}=\frac{2}{(s+1)(s+2)}=\frac{2}{s+1}-\frac{2}{s+2}$$

$$H(z)=\frac{2T}{1-e^{-T}z^{-1}}-\frac{2T}{1-e^{-2T}z^{-1}}=\frac{2T(e^{-T}-e^{-2T})z^{-1}}{1-(e^{-T}+e^{-2T})z^{-1}+e^{-3T}z^{-2}}$$

画出直接型结构如题 3(2)解图所示。

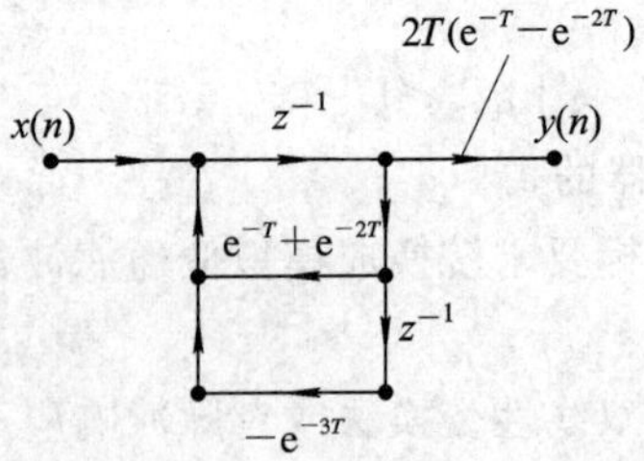

题 3(2)解图

(3) ① 信号整数倍内插系统原理框图如题 3(3)解图所示。

$x(n)$ $F_x=1/T_x$ → $\uparrow I$ → $v(m)$ → $h_I(m)$ → $y(m)=x_a(mT_y)$ $F_y=1/T_y=IF_x$

题 3(3)解图

按整数因子 I 内插的过程是：首先在 $x(n)$ 的两个相邻样值之间插入 $I-1$ 个零样值，称之为“零值内插”，用符号 $\boxed{\uparrow I}$ 表示。然后再进行滤波，则得到按整数因子 I 内插的序列 $y(m)=x_a(mT_y)$。

② 理想情况下，镜像滤波器 $h_I(n)$ 的频率响应特性为

$$H_I(e^{j\omega_y})=\begin{cases} C & 0\leqslant|\omega_y|<\dfrac{\pi}{I} \\ 0 & \dfrac{\pi}{I}\leqslant|\omega_y|\leqslant\pi \end{cases}$$

按整数因子 I 内插过程中的各点信号的频域示意图($I=5$)如题 3(4)解图所示。

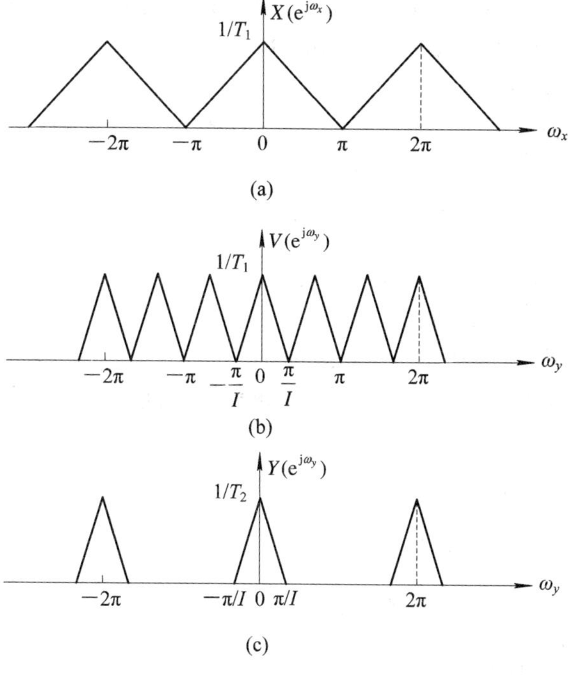

题 3(4)解图

附录　特殊绘图函数

由于本书中上机题和实验程序中绘图部分占较大篇幅，而且很多绘图语句都是重复的，因而，为了简化程序，这里将给出本书常用的6个绘图函数(时域离散系统损耗函数的绘图函数 myplot；时域离散系统损耗函数和相频特性函数的绘图函数 mpplot；时域序列连续曲线的绘图函数 tplot；时域序列离散波形绘图函数 tstem；计算序列向量 xn 的 N 点 fft 并绘制其幅频特性曲线的绘图函数 mfftplot；Xk 的幅频特性绘制函数 mstem)的清单。这6个绘图函数的帮助说明很清楚地揭示了其功能和调用参数。这6个绘图函数清单如下：

(1) myplot：计算时域离散系统损耗函数并绘制曲线图。函数清单如下：

```
function myplot(B, A)
%B为系统函数分子多项式系数向量
%A为系统函数分母多项式系数向量
[H, W]=freqz(B, A, 1000);
m=abs(H);
plot(W/pi, 20*log10(m/max(m))); grid on;
xlabel('\omega/\pi'); ylabel('幅度(dB)')
axis([0, 1, -80, 5]); title('损耗函数曲线');
```

(2) mpplot：计算时域离散系统损耗函数和相频特性函数，并绘制曲线图。函数清单如下：

```
function mpplot(B, A, Rs)
%mpplot(B, A, Rs)
%时域离散系统损耗函数及相频特性绘图
%B为系统函数分子多项式系数向量
%A为系统函数分母多项式系数向量
%Rs为滤波器阻带最小衰减，省略则幅频曲线最小值取-80 dB
if nargin<3 ymin=-80; else ymin=-Rs-20; end ; %确定幅频曲线纵坐标最小值
[H, W]=freqz(B, A, 1000);
m=abs(H); p=angle(H);
subplot(2, 2, 1);
plot(W/pi, 20*log10(m/max(m))); grid on;
xlabel('\omega/\pi'); ylabel('幅度(dB)')
axis([0, 1, ymin, 5]); title('(a) 损耗函数曲线');
subplot(2, 2, 3);
plot(W/pi, p/pi);
xlabel('\omega/\pi'); ylabel('相位/\pi'); grid on;
```

```
title('(b) 相频特性曲线');
```

(3) tplot：时域序列连续曲线绘图函数，将采样序列绘图。函数清单如下：

```
function tplot(xn, T, yn)
%时域序列连续曲线绘图函数
% xn：信号数据序列，yn：绘图信号的纵坐标名称(字符串)
% T 为采样间隔
n=0：length(xn)-1；t=n*T；
plot(t, xn);
xlabel('t/s'); ylabel(yn);
axis([0, t(end), min(xn), 1.2*max(xn)])
```

(4) tstem：时域序列离散波形绘图函数。函数清单如下：

```
function tstem(xn, yn)
%时域序列绘图函数
% xn：被绘图的信号数据序列，yn：绘图信号的纵坐标名称(字符串)
n=0：length(xn)-1;
stem(n, xn, '.');
xlabel('n'); ylabel(yn);
axis([0, n(end), min(xn), 1.2*max(xn)])
```

(5) mfftplot：计算序列向量 xn 的 N 点 fft 并绘制其幅频特性曲线。函数清单如下：

```
function mfftplot(xn, N)
% mfftplot(xn, N) 计算序列向量 xn 的 N 点 fft 并绘制其幅频特性曲线
Xk=fft(xn, N); %计算信号 xn 的频谱的 N 点采样
%====以下为绘图部分====================
k=0：N-1; wk=2*k/N;
m=abs(Xk); mm=max(m);
plot(wk, m/mm); grid on;
xlabel('\omega/\pi'); ylabel('幅度(dB)')
axis([0, 2, 0, 1.2]); title('幅频特性曲线');
```

(6) mstem：Xk 的离散幅频特性绘制函数。函数清单如下：

```
function mstem(Xk)
% mstem(Xk)绘制频域采样序列向量 Xk 的幅频特性图
M=length(Xk);
k=0：M-1; wk=2*k/M;    %产生 M 点 DFT 对应的采样点频率(关于 π 归一化值)
stem(wk, abs(Xk), '.'); box on      %绘制 M 点 DFT 的幅频特性图
xlabel('ω/π'); ylabel('幅度'); axis([0, 2, 0, 1.2*max(abs(Xk))])
```

参考文献

[1] 丁玉美，高西全. 数字信号处理. 2版. 西安：西安电子科技大学出版社，2001.

[2] 丁玉美，高西全，彭学愚. 数字信号处理. 西安：西安电子科技大学出版社，1994.

[3] OPPPENHEIM A V, SCHAFER. Digital Signal Processing. Engelwood Cliffs, NJ: Prentice-Hall Inc., 1975.

[4] 胡广书. 数字信号处理：理论、算法与实现. 北京：清华大学出版社，1998.

[5] 奥本海姆，等. 信号与系统. 刘树棠，译. 西安：西安交通大学出版社，1985.

[6] 刘益成，孙祥娥. 数字信号处理. 北京：电子工业出版社，2004.

[7] MITRA S K. 数字信号处理：基于计算机的方法. 2版. 北京：清华大学出版社，2001.

[8] CONSTANTINIDES A C. Spectral Transformations for Digital Filters. proc. IEEE, 1970, 117(8):1585-1590.

[9] LAM H Y-F. 模拟和数字滤波器设计与实现. 冯橘云，等译. 北京：人民邮电出版社，1985.

[10] 陈怀琛. 数字信号处理教程：MATLAB释疑与实现. 北京：电子工业出版社，2004.

[11] 刘顺兰，吴杰. 数字信号处理. 西安：西安电子科技大学出版社. 2003.

[12] PROAKIS J G, MANOLAKIS D G. 数字信号处理：原理、算法与应用. 张晓林，译. 北京：电子工业出版社，2004.

[13] LYONS R G. Understanding Digital Signal Processing. 北京：科学出版社，2003.

[14] 丁玉美，高西全. 数字信号处理. 西安：西安电子科技大学出版社，2005.

[15] CHEN C T. Digital Signal Processing: Spectral Computation and Filter Design. 北京：电子工业出版社，2002.

[16] ZAHRADNIK P, VĬCEK M. Analytical Design Method for Optimal Equiripple Comb FIR Filters. IEEE TRANSACTIONS ON CIRCUITS AND SYSTEMS — Ⅱ: EXPRESS BRIEFS, VOL. 52, NO. 2, FEBRUARY 200.

[17] MITRA S K. Digital Signal Processing a Computer-based approach. 3rd ed. McGraw Hill higher education.

[18] 高西全，丁玉美. 数字信号处理(第二版)学习指导. 西安：西安电子科技大学出版社，2001.

[19] 高西全，丁玉美. 数字信号处理：原理、实现及应用. 北京：电子工业出版社，2006.

[20] MOODER J A. About this reverberation business. Computer Music Journal, 1979, 3(2); 13-28.

[21] REGALIA P A, MITRA S K. Tunable digital frequency response equalization filters. IEEE Trans. Acoustics, Speech and Signal Processing ASSP - 35: 118 - 120, February 1987.

[22] 王世一. 数字信号处理. 北京：北京工业学院出版社，1987.

[23] VAN DE VEGTE J. Fundamentals of Digital Signal Processing. 北京：电子工业出版社，2003.

[24] 宗孔德. 多抽样率信号处理. 北京：清华大学出版社.

[25] 胡广书. 数字信号处理导论. 2版. 北京：清华大学出版社. 2013.